智慧機電裝備系統設計與實例

徐明剛，張從鵬 等 著

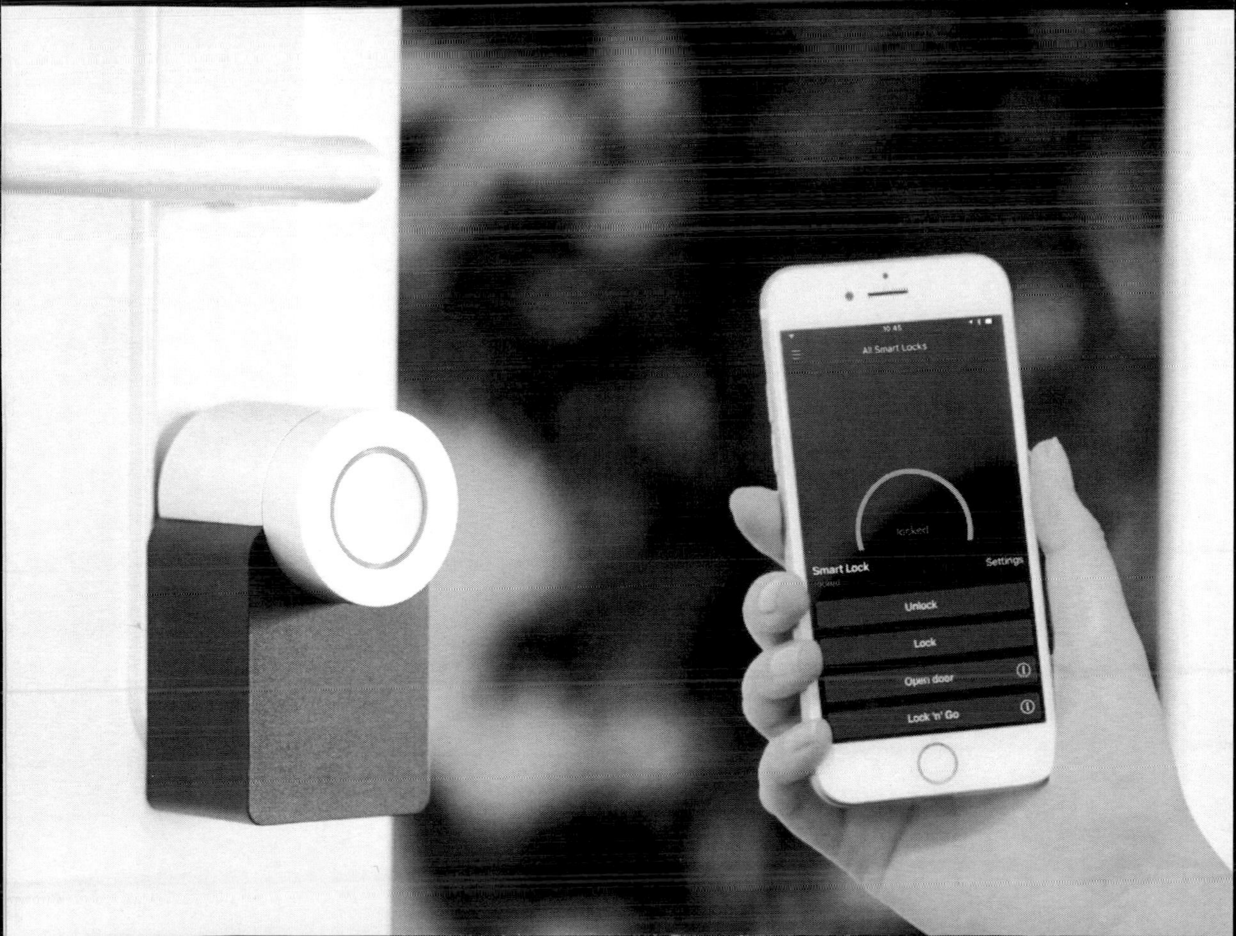

目　　錄

第1章　智慧裝備概述 …… 1
1.1 智慧製造裝備的概念、組成及特點 …… 2
1.1.1 智慧製造裝備的概念 …… 2
1.1.2 智慧製造裝備的組成 …… 5
1.1.3 智慧製造裝備的特點及關鍵技術 …… 6
1.1.4 智慧裝備應用領域 …… 10
1.2 智慧製造裝備的發展概況 …… 16
1.2.1 數控機床發展現狀 …… 17
1.2.2 工業機器人發展現狀 …… 19
1.2.3 未來的智慧製造裝備發展 …… 19
1.3 智慧製造裝備研發內容 …… 21
1.3.1 智慧機床與基礎製造裝備 …… 21
1.3.2 工業機器人 …… 23
1.3.3 積層製造 …… 25
1.4 智慧製造裝備的發展趨勢 …… 28
1.4.1 智慧機床裝備 …… 28
1.4.2 智慧工程機械 …… 32
1.4.3 智慧動力裝備 …… 32
1.4.4 智慧機器人 …… 32
1.4.5 智慧終端產品 …… 33
1.5 本章小結 …… 33
第2章　智慧裝備的機械本體設計 …… 34
2.1 機械設計的基本要求 …… 34

2.2 智慧製造裝備機械本體整體設計 ……………………………………37
2.2.1 機械結構設計的任務……………………………………………37
2.2.2 機械結構設計的特點……………………………………………37
2.2.3 機械結構件的結構要素和設計方法……………………………38
2.3 智慧製造裝備本體設計的主要內容 ………………………………39
2.3.1 功能原理設計……………………………………………………39
2.3.2 方案評價與篩選…………………………………………………42
2.3.3 機械結構設計的基本要求………………………………………44
2.3.4 機械結構基本設計準則…………………………………………45
2.3.5 機械結構設計步驟………………………………………………52
2.4 智慧製造裝備進給傳動系統設計 …………………………………53
2.4.1 智慧製造裝備進給傳動系統的功能要求………………………53
2.4.2 智慧製造裝備進給傳動系統的組成……………………………54
2.4.3 智慧製造裝備傳動系統的分析及運算…………………………55
2.4.4 智慧製造裝備傳動系統結構的設計……………………………56
2.4.5 滾動導軌副的設計………………………………………………56
2.4.6 滾珠絲槓的設計…………………………………………………59
2.5 智慧製造裝備支承系統設計 ………………………………………65
2.5.1 設計支承系統需注意的問題……………………………………65
2.5.2 支承件的設計……………………………………………………66
2.5.3 旋轉支承部件設計………………………………………………72
2.5.4 移動支承部件結構方案設計……………………………………80
2.6 智慧製造裝備執行系統設計 ………………………………………86
2.7 智慧製造裝備本體動態設計 ………………………………………98
2.7.1 動態設計的原則…………………………………………………98
2.7.2 機體動態設計的步驟……………………………………………98
2.7.3 智慧製造裝備本體動態性能分析………………………………99
2.8 智慧製造裝備本體優化設計 ……………………………………… 102

2.8.1 本體設計的主要內容…… 102
2.8.2 結構模組的優化設計…… 102
2.8.3 系統模組的優化設計…… 103
2.8.4 產品特徵的優化設計…… 104
2.8.5 機械結構優化方法…… 105
2.9 智慧製造裝備數位化設計 …… 105
2.9.1 數位化設計的現狀…… 106
2.9.2 數位化設計的發展…… 109
2.9.3 數位化設計製造的主要方法和常用文件交換類型…… 109
2.9.4 數位化設計製造的未來趨勢…… 114
2.9.5 參考文獻…… 116
2.9.6 綠色設計…… 117
2.10 本章小結…… 118
第3章 智慧製造裝備驅動系統設計 …… 119
3.1 驅動機構的分類和特性 …… 119
3.1.1 驅動機構的分類…… 119
3.1.2 驅動機構的技術特性…… 121
3.2 電機驅動系統 …… 123
3.2.1 電機驅動系統概述…… 123
3.2.2 步進電機的選擇…… 136
3.2.3 伺服電機的選擇原則…… 136
3.2.4 伺服電機選擇注意的問題…… 138
3.2.5 根據負載轉矩選擇伺服電機…… 139
3.2.6 根據負載慣量選擇伺服電機…… 140
3.2.7 根據電機加減速時的轉矩選擇伺服電機…… 141
3.2.8 根據電機轉矩均方根值選擇伺服電機…… 142
3.2.9 伺服電機選擇的步驟、方法、公式 …… 143
3.3 液壓驅動系統 …… 144

3.3.1 概述…… 145
3.3.2 液壓系統的形式…… 148
3.3.3 液壓系統性能評價…… 156
3.3.4 液壓動力系統…… 157
3.3.5 液壓系統設計…… 161
3.4 氣壓傳動系統設計 …… 164
3.5 驅動機構的發展方向 …… 169
3.6 本章小結 …… 172
第4章 智慧裝備的感知系統設計 …… 173
4.1 感測器的概念 …… 173
4.1.1 感測器的概念和組成…… 173
4.1.2 感測器的特性…… 174
4.1.3 智慧感測器的特點和作用…… 178
4.1.4 感測器的分類…… 179
4.1.5 微機電系統(MEMS)感測器 …… 181
4.1.6 感測器的發展…… 187
4.2 智慧製造裝備感測器 …… 188
4.2.1 概述…… 188
4.2.2 智慧製造裝備感測器的作用…… 189
4.2.3 智慧製造裝備感測器的分類…… 191
4.2.4 無線感測器網路…… 191
4.2.5 模糊感測器…… 194
4.3 智慧製造裝備感測器的選擇 …… 195
4.4 智慧製造裝備感知系統設計 …… 197
4.4.1 感知系統定製開發…… 197
4.4.2 感知系統定製開發方式及案例…… 203
4.5 工業機器人的感測器 …… 207
4.5.1 工業機器人的感覺系統…… 207

4.5.2 工業機器人內部感測器…… 208
4.5.3 工業機器人外部感測器…… 209
4.6 智慧製造裝備感測器的發展趨勢 …… 211
4.7 本章小結 …… 213
第5章 智慧製造裝備控制系統設計 …… 214
5.1 智慧控制概述 …… 214
5.2 智慧製造裝備的控制系統分類 …… 217
5.2.1 分級遞階控制系統…… 217
5.2.2 模糊控制系統…… 219
5.2.3 神經網路控制系統…… 220
5.2.4 專家控制系統…… 221
5.2.5 仿人智慧控制…… 222
5.2.6 集成智慧控制系統…… 223
5.3 智慧製造裝備控制系統的硬體平台設計 …… 227
5.3.1 概述…… 227
5.3.2 常見控制系統硬體…… 229
5.3.3 機器人控制系統…… 229
5.4 智慧製造裝備控制系統的軟體設計 …… 232
5.4.1 概述…… 232
5.4.2 智慧控制系統常用的軟體設計方法…… 234
5.5 現代工業裝備自動控制技術 …… 235
5.5.1 概述…… 235
5.5.2 可編程邏輯控制器…… 236
5.5.3 DCS控制系統 …… 244
5.5.4 現場總線…… 250
5.5.5 PC數控 …… 260
5.5.6 先進控制技術方…… 263
5.6 PLC控制系統設計 …… 264

5.6.1 PLC控制系統的硬體設計 …… 265
5.6.2 PLC控制系統的軟體設計 …… 269
5.6.3 PLC系統的抗干擾設計 …… 284
5.6.4 PLC系統的除錯 …… 285
5.7 電氣控制系統設計 …… 286
5.7.1 概述 …… 286
5.7.2 常用的控制線路的基本迴路 …… 287
5.7.3 常用保護環節 …… 288
5.7.4 故障維修 …… 289
5.8 本章小結 …… 290
第6章 智慧物聯網機電裝備系統的設計 …… 291
6.1 物聯網概述 …… 292
6.1.1 物聯網的主要功能 …… 294
6.1.2 物聯網的關鍵技術 …… 295
6.1.3 物聯網的應用 …… 297
6.2 物聯網架構 …… 308
6.3 物聯網的終端 …… 310
6.3.1 物聯網終端的概念 …… 310
6.3.2 物聯網終端的基本原理及作用 …… 310
6.3.3 物聯網終端的分類 …… 310
6.3.4 物聯網終端的標準化 …… 313
6.4 物聯網技術在裝備中的應用 …… 314
6.5 機電裝備物聯網設計 …… 316
6.5.1 概述 …… 316
6.5.2 物聯網平台架構設計過程 …… 317
6.6 本章小結 …… 319
第7章 具有複雜工藝與高性能運動要求的工業裝備系統 …… 320
7.1 案例一 中空玻璃全自動塗膠機開發 …… 320

7.1.1 中空玻璃全自動塗膠機機械本體設計………………………… 321
7.1.2 中空玻璃全自動塗膠機驅動系統設計………………………… 323
7.1.3 中空玻璃全自動塗膠機控制系統……………………………… 324
7.1.4 中空玻璃全自動塗膠機下位控制……………………………… 338
7.2 案例二 全自動立式玻璃磨邊機開發 ……………………………… 343
7.2.1 全自動立式玻璃磨邊機機械本體設計………………………… 343
7.2.2 全自動立式玻璃磨邊機控制系統設計………………………… 348
參考文獻………………………………………………………………………… 348

第1章

智慧製造裝備概述

智慧製造（Intelligent Manufacturing，IM）是由智慧機器和人類專家共同組成的人機一體化智慧系統，通過人機合作進行生產過程的分析、推理、判斷、構思和決策等智慧活動，可擴大、延伸和部分地取代人類專家在製造過程中的腦力勞動。它把製造自動化的概念更新，使其擴展到柔性化、智慧化和高度集成化，具有自感知、自學習、自決策、自執行、自適應等功能。智慧製造集自動化、柔性化、集成化和智慧化於一身，具有自組織能力、自律能力、自學習和自維護能力及整個環境的智慧集成、人機一體化等特徵，涉及機器人技術、3D列印技術、虛擬實境技術等十項技術基礎[1]。其主要特點是隨著製造業再次成為全球經濟穩定發展的驅動力，世界各主要工業國家都加快了工業發展的步伐，製造業正逐步成為各國發展的重中之重，引領未來製造業的方向也成為製造業強國競爭的一個策略制高點[2]。中國是製造業大國，智慧製造是製造業的重要發展趨勢。製造裝備是國民經濟及國家科技發展的基礎性、策略性產業，是世界各國一直高度重視的產業。

智慧生產是「智慧製造工程」的主戰場；生產模式變革是「製造業服務化行動計劃」的主戰場，而智慧製造裝備則是「裝備創新工程」的主戰場。到2025年中國邁入製造強國行列，2035年製造業整體達到世界製造強國陣營中等水平。推進高端裝備製造業創新，在實施互聯網、高端數控裝備、大飛機等專項的基礎上，推進高端裝備創新專項，通過智慧製造帶動產業數位化水平和智慧化水平的提高[3]。圖1-1所示為製造業發展趨勢。

智慧製造裝備是高端裝備製造業的重點發展方向和資訊化與工業化深度融合的重要體現方式，大力培育和發展智慧製造裝備產業對於加快製造業轉型升級，提升生產效率、技術水平和產品質量，降低能源資源消耗，實現製造過程的智慧化和綠色化發展具有重要的現實意義。當今世界，第四次工業革命的浪潮已經到來[4]，智慧製造裝備不僅是海洋工程、高鐵、大型飛機、衛星等高端裝備的基礎支援，而且可通過將測量控制系統、自動化成套生產線、機器人等技術融入製造裝備來實現產業的提升。對中國來說，智慧製造發展瓶頸主要有創新能力不強，核心競爭力不足，產品附加值較低，品牌競爭力弱，能耗高、效率低[5]。

圖 1-1　製造業發展趨勢

中國智慧製造裝備重點發展高檔數控機床與基礎製造裝備，自動化成套生產線，智慧控制系統，精密和智慧儀器儀表與試驗設備，關鍵基礎零部件、元件及通用部件，智慧專用裝備，實現生產過程自動化、智慧化、資訊化、精密化、綠色化，帶動工業整體技術水平的提升。

1.1　智慧製造裝備的概念、組成及特點

1.1.1　智慧製造裝備的概念

智慧製造包含智慧製造技術和智慧製造系統。智慧製造技術是指利用電腦模擬製造專家的分析、判斷、推理、構思和決策等智慧活動，並與智慧機器有機地融合在一起，貫穿應用於整個製造企業的經營決策、採購、產品設計、生產計劃、製造、裝配、質量保證和市場銷售等各個子系統，實現整個製造企業的高度柔性化和集成化，對製造業專家的智慧資訊進行收集、儲存、完善、共享、繼承和發展，並極大地提高生產效率的一種先進製造技術。智慧製造系統是指基於智慧製造技術，利用電腦綜合應用人工智慧技術、智慧製造機器、材料技術、現代管理技術、製造技術、資訊技術、自動化技術、並行工程、生命科學和系統工程理論與方法，在國際標準化和互換性的基礎上，使整個企業製造系統中的各個子系統分別智慧化，並使製造系統形成網路集成的、高度自動化的製造系統，目的是通過設備柔性和電腦人工智慧控制自動完成設計、加工、控制管理過程，提高

高度變化環境下製造的有效性。

「工業 4.0」的推進實施，對製造裝備提出了更高的要求。工業 4.0 是德國 BITKOM 協會提出的，代表了通過自配置機自動化系統實現的不斷進步的工業生產自動化[6]。工業 4.0 的提出及演變過程如圖 1-2 所示，其本質是資訊技術與傳統製造相結合，通過工業物聯網實現人與設備、產品的互聯互通，構建數位化的智慧製造模式，實現智慧生產。其核心是通過智慧

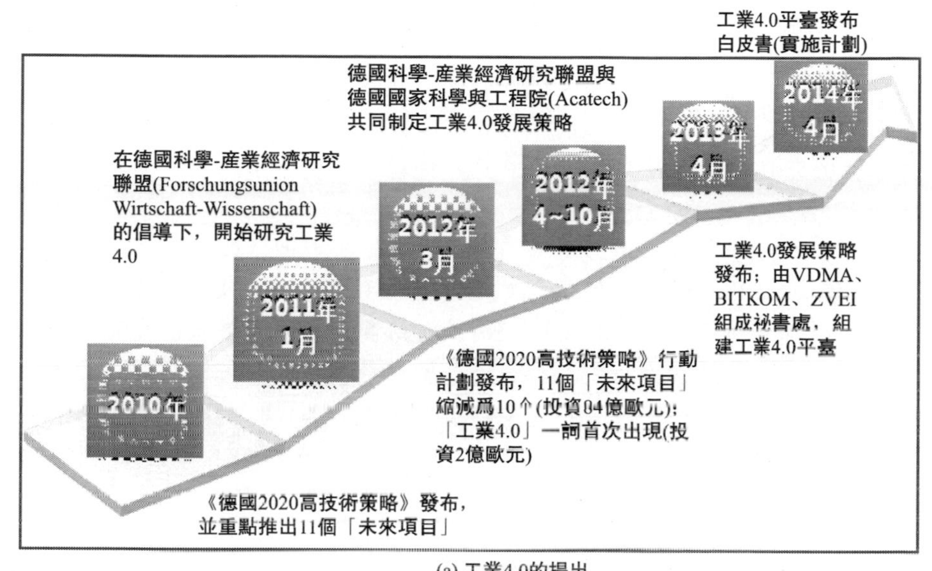

(a) 工業4.0的提出

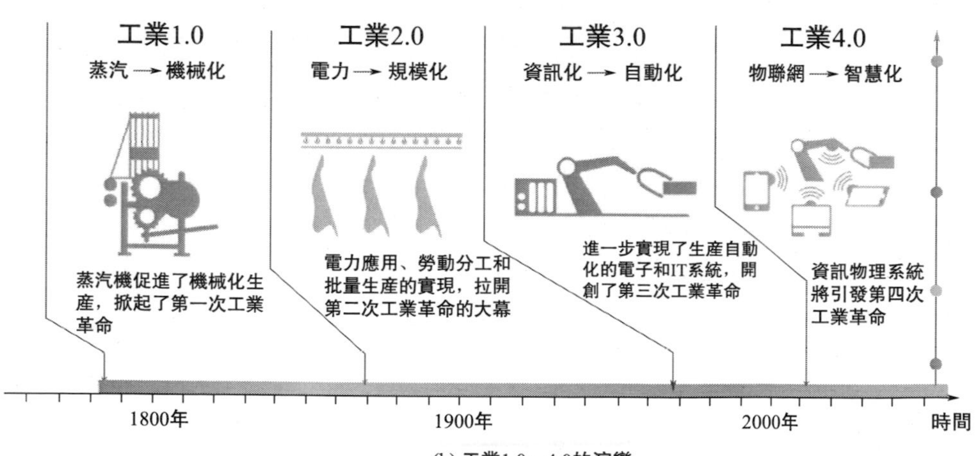

(b) 工業1.0～4.0的演變

圖 1-2 工業 4.0 的提出及演變過程

機器、大數據分析來幫助工人甚至取代工人，實現製造業的全面智慧化[7]。智慧製造裝備是指具有感知、分析、推理、決策、控制功能的製造裝備，是先進製造技術、資訊技術和智慧技術集成和深度融合的產物，在中國建設製造業強國中的地位越來越重要。

智慧製造裝備主要分為智慧機床和智慧基礎製造裝備，是在數位化裝備基礎上改進而成的一種更先進、生產效率和製造精度更高的裝備。與傳統裝備不同的是，智慧製造裝備具有感知、分析、推理、決策和控制功能，可以將感測器及智慧診斷和決策軟體集成到裝備中，使製造工藝適應製造環境和製造過程的變化。它以推進高檔數控機床與基礎製造裝備，自動化成套生產線，智慧控制系統，精密和智慧儀器儀表與試驗設備，關鍵基礎零部件、元件及通用部件，智慧專用裝備的發展，實現生產過程自動化、智慧化、精密化、綠色化，帶動工業整體技術水平的提升為重點。

智慧製造裝備是數控制造裝備的延續和發展，是裝備性能的巨大飛躍，可以更有效、更經濟地實現航太、核電、航空、雷射核聚變等領域的普通數控裝備難以實現的超常規製造任務，以提升中國的核心競爭力。中國是製造業大國，在從製造業大國到強國邁進的過程中，智慧製造裝備是製造裝備發展的方向，是中國製造裝備產品走向高端並提升其技術附加值的重大機遇，是中國經濟策略的尖端技術領域，也是中國製造業進行策略性調整的方向性技術。智慧製造範疇如圖 1-3所示。

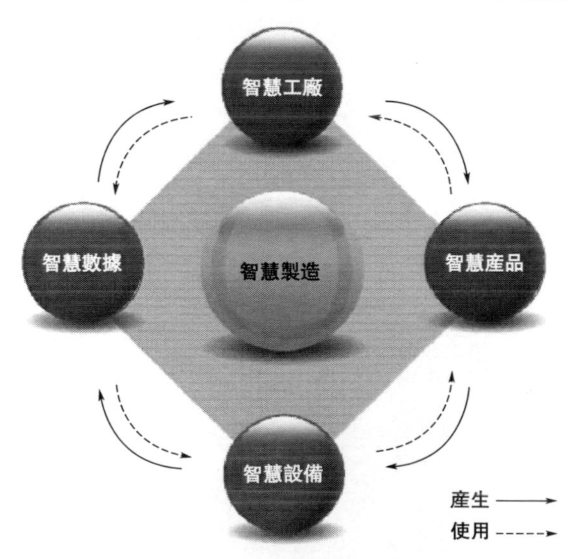

圖 1-3　智慧製造範疇

當前，以高檔數控機床、先進工業機器人、智慧儀器儀表為代表的關鍵技術裝備取得了積極進展，成果豐富；智慧製造裝備和先進工藝在重點行業不斷普及，製造裝備的數位化、網路化、智慧化步伐不斷加快。中國製造願景如圖 1-4 所示。

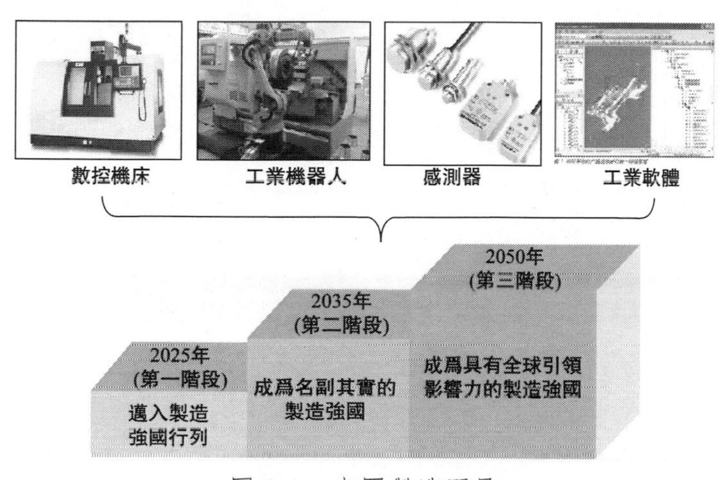

圖 1 4　中國製造願景

1.1.2 智慧製造裝備的組成

智慧製造裝備的組成如圖 1-5 所示，機械系統是智慧製造裝備的基礎。

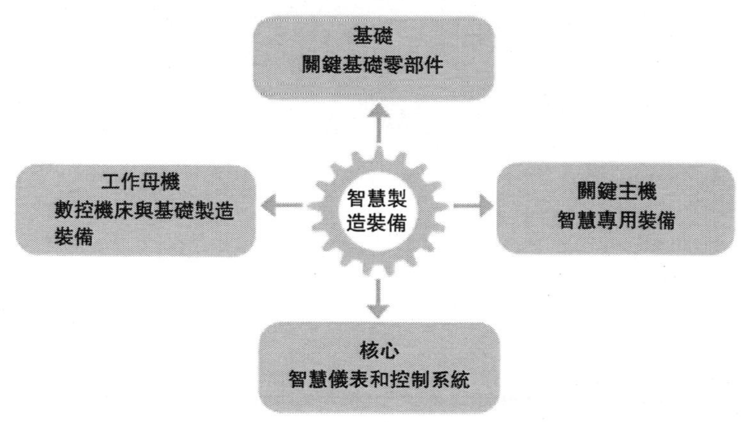

圖 1-5　智慧製造裝備的組成

除了機械系統，智慧製造裝備關鍵技術涉及智慧感知系統、機械執行系統、運動控制系統和智慧決策系統等模組，每一部分都有涉及軟硬體的關鍵技術，具有廣闊的發展空間。

(1) 智慧感知系統

智慧感知系統是智慧製造裝備高速發展的一個方向。感知系統模擬智慧體的視覺、聽覺、觸覺等，是智慧製造裝備的輸入和起點，也是智慧製造裝備「智慧」起作用的基礎。智慧製造裝備不是完全仿真人類的智慧，而是參考人類的智慧，利用各種超越人類感知能力的感測器，比如超音感測器、紅外感測器等，去解決實際問題。智慧製造裝備常用的感測器有視覺感測器（鏡頭等）、距離感測器（雷射測距儀、紅外測距儀等）、射頻辨識（RFID）感測器、聲音感測器、觸覺感測器等。高精度、高靈敏度的感測器是人類不懈追求的目標。

(2) 機械執行系統

機械執行系統即機械執行機構，是智慧製造裝備中與工作對象直接接觸、相互作用，同時與傳動系統、支承系統相互連繫的子系統，是機械系統中直接完成預期功能的部分。現代機械執行系統包括產生實際運動規律的機構和驅動機構運動的原動機等驅動設備，常用的原動機有電動機、內燃機、液壓馬達、氣動馬達等。

(3) 運動控制系統

運動控制是自動化的一個分支，是現代工業生產不可或缺的一部分。運動控制系統通過控制伺服機構的執行設備，如液壓泵、線性執行機或電機等，來控制機器的位置或速度，使裝備按照給定的指令進行複雜的操作，是實現設備智慧化的橋梁。

(4) 智慧決策系統

智慧決策系統根據各種感知系統收集的資訊，進行複雜的決策運算，優化出合理的指令，指揮控制系統來驅動執行系統，從而最終實現複雜的智慧行為。智慧決策系統是目前智慧製造裝備發展的瓶頸，目前工業領域還沒有好的通用解決方案。

1.1.3 智慧製造裝備的特點及關鍵技術

現代生產對裝備製造業提出了更高的要求，傳統裝備製造業急待轉型升級。傳統裝備製造業在產量與質量方面都有待提高，且生產週期長，產品設計、生產、投放市場以及產品更新換代的時間都有待提高。傳統裝備製造業生產效率低已經不能滿足現代生產的需要，隨著工業經濟效益的持續成長，企業致力於擴大生產規模，製造產品的數量比之前有大幅度增加[8]。與此同時，傳統設備節能降耗也不能滿足現代環保的要求，一些傳統裝備製造企業是在大量的能源與材料消耗的基礎上進行生產的，很少注意節能降耗的問題。因此，傳統製造裝備市場競爭能力弱，產品更新換代慢、生產工藝差、生產效益低，難以滿足使用者的個性化需要。因此，對傳統製造裝備提出了更高的要求，帶動以智慧製造裝備為載體的先進製造技術的發展。先進製造技術的優勢主要體現在以下幾個方面：

① 高精度。速度、精度和效率是裝備製造技術的關鍵性能指標。智慧製造裝備採用先進控制系統、高解析度檢測元件、高性能的交流數位伺服系統，並採取改善機床動、靜態特性等有效措施，使生產速度、精度、效率大大提高。

② 自動化。先進製造技術的發展離不開自動化技術的發展。自動化技術，特別是智慧控制技術，大多首先應用於先進製造技術的發展領域。現代的智慧製造裝備大規模採用工業機器人及智慧機床，實現了加工過程的高度自動化。

③ 集成化。現代數控系統等智慧製造裝備的核心部分體積越來越小、功能越來越強大，其原因就是採用高度集成化的晶片和大規模可編程式集成電路，提高了數控系統的集成度和軟硬體運行速度。通過提高集成電路密度等方式，還可以提高產品的CP值，減小組件尺寸，提高系統的可靠性。

④ 資訊化。先進製造技術的發展離不開資訊技術的發展，資訊技術的發展也離不開製造技術的發展，製造業是發展資訊產業的基礎產業。製造技術的發展與資訊技術的發展密不可分。

⑤ 柔性化。柔性製造系統（Flexible Manufacturing System，FMS）是指由統一的資訊控制系統、物料儲運系統和一組數位控制加工設備組成，能適應加工對象變換的自動化機械製造系統。柔性製造的關鍵在於裝備的柔性化，包含數控系統本身的柔性化和群控系統的柔性化。數控系統本身的柔性是指數控系統採用模組化設計，功能覆蓋面廣，系統可裁剪性強，便於滿足不同使用者的需要。群控系統的柔性是指同一群控系統能依據不同生產流程的要求，使物料流和資訊流自動進行動態調整，從而最大限度地起群控系統的效能。

⑥ 圖形化視覺化。人機介面是數控系統與人之間的對話介面，良好的圖形使用者介面可以使操作者通過視窗和選單進行操作，方便使用。視覺化人機介面使用圖形、圖像、動畫等視覺資訊高效處理和解釋數據。「傻瓜式」的人機介面結合虛擬實境技術使其應用領域大大拓展，可以縮短產品設計週期、提高產品質量、降低產品成本。

⑦ 智慧化。在科學技術快速發展的今天，人工智慧試圖用運算模型實現人類的各種智慧行為，使其正朝著具有即時響應、更現實的領域發展，而即時系統也朝著具有智慧行為、更複雜的應用發展。人工智慧和即時系統相互結合，由此產生了即時智慧控制這一新的領域。

⑧ 多媒體化。多媒體技術集電腦、聲像和通訊技術於一體，使電腦具有綜合處理聲音、文字、圖像和影片資訊的能力。在先進製造技術領域，應用多媒體

技術可以實現資訊處理綜合化、智慧化，在即時監控系統和生產現場設備的故障診斷、生產過程參數監測等方面有著重大的應用價值。

⑨ 網路化。隨著物聯網的快速發展，製造裝備可進行遠端控制和無人化操作，可在任何一臺製造裝備上對其他裝備進行編程和操作。不同裝備的畫面可同時顯示在任一臺裝備的螢幕上。

智慧製造裝備關鍵在於裝備的「智慧」。其核心技術離不開電腦技術、控制系統、工業物聯網（IIOT）、大數據分析和人工智慧等關鍵技術。

(1) 人工智慧

人工智慧技術的發展促進了智慧製造裝備的發展。人工智慧（Artificial Intelligence，AI）是研究、開發用於模擬、延伸和擴展人的智慧的理論、方法、技術及應用系統，企圖了解智慧的實質，並生產出一種新的能以與人類智慧相似的方式做出反應的智慧機器，該領域的研究包括機器人、語言辨識、圖像辨識、自然語言處理和專家系統等。裝備本身具備工藝優化的智慧化、知識化功能，能夠根據運行狀態變化即時自主規劃、控制和決策。

(2) 智慧感知

智慧感知是指對裝備運行狀態和環境的即時感知、分析和處理能力。研究內容包括高靈敏度、高精度、高可靠性和強環境適應能力的感測技術，新原理、新材料、新工藝的感測技術，微弱感測訊號提取與處理技術，光學精密測量與分析儀器儀表技術，即時環境建模、圖像理解和多源資訊融合導航技術，力或負載即時感知和辨識技術，多感測器優化布置和感知系統組網配置技術。

(3) 智慧編程與工藝規劃

運用專家系統與運算智慧的融合技術，提升智慧規劃和工藝決策的能力，建立規劃與編程的智慧推理和決策的方法，實現基於幾何與物理多約束的軌跡規劃和數控編程。建立面向典型行業的工藝資料庫和知識庫，完善機床、機器人及其生產線的模型庫，根據運行過程中的監測資訊，實現工藝參數和作業任務的多目標優化。通過深入研究各子系統之間的複雜介面行為和耦合關係，建立面向優化目標（效率、質量、成本等）的工藝系統模型與優化方法，實現加工和作業過程的分析、預測及仿真，使裝備能夠根據運行狀態自主規劃、控制和決策。裝備本身具備工藝優化的智慧化、知識化功能，採用軟體和網路工具實現製造工藝的智慧設計和即時規劃。

(4) 智慧數控系統與智慧伺服驅動技術

研究智慧伺服控制技術、運動軸負載和運行過程的自動辨識技術，實現控制參數自動匹配、各種誤差線上補償、面向控形和控性的智慧加工和成形，並研究基於智慧材料和伺服智慧控制的主動控制技術。單機系統和機群控制系統實現無縫連結，作業機群具備完善的資訊通訊功能、資源優化配置功能和調度功能，機群能高效合作施工，實現系統優化。完善機器人的視覺、感知和伺服功能及非結構環境中的智慧診斷技術，實現生產線的智慧控制與優化。運用人工智慧與虛擬實境等智慧化技術，實現語音控制和基於虛擬實境技術的智慧操作，發展智慧化人機互動技術。

（5）物聯網+工業互聯網

物聯網（Internet of Things，IoT）就是物物相連的互聯網，指通過各種資訊感測設備，即時採集任何需要監控、連接、互動的物體或過程等的各種資訊，與互聯網結合形成的一個巨大網路。其目的是實現物與物、物與人、所有的物品與網路的連接，方便辨識、管理和控制。物聯網的發展促進了智慧製造裝備「感覺」的發展，這些「感覺」是製造自動化的基礎。

工業互聯網的本質是通過對工業數據深度感知、即時傳輸、快速運算及高級建模分析，實現生產及營運組織方式的變革。工業互聯網融合了聯網裝置、感測器、自動化設備、資料儲存、大數據分析、人工智慧、高效運算、4G/5G/物聯網等新興技術，覆蓋電腦、通訊、機械等多個行業。

（6）故障自診斷及智慧維護

預測與健康管理（Prognostics and Health Management，PHM）是綜合利用現代資訊技術、人工智慧技術的最新研究成果而提出的一種全新的管理健康狀態的解決方案。一般而言，系統主要由六部分構成：資料採集、資訊歸納處理、狀態監測、健康評估、故障預測決策、保障決策。線上和遠端狀態監測、故障診斷、智慧維護，建立製造過程裝備狀況的參數表徵體系及與裝備性能表徵指標的映射關係，實現智慧辨識，對自身性能劣化進行主動分析和維護、自癒合調控與智慧維護，實現對故障的自診斷、自修復。

（7）工業大數據、雲端運算

隨著「雲端」時代的到來，大數據獲得了快速發展。工業大數據是將大數據理念應用於工業領域，使設備數據、運行數據、環境數據、服務數據、經營數據、市場數據和上下游產業鏈數據等相互連接，實現人與人、物與物、人與物之間的連接。工業大數據具有更強的專業性、關聯性、流程性、時序性和解析性等特點，尤其是實現終端使用者與製造、服務過程的連接，通過新的處理模式，根據業務場景對即時性的要求，實現數據、資訊與知識的相互轉換，使其具有更強的決策力、洞察力和流程優化能力。

雲端運算是分布式運算的一種，指的是通過網路「雲端」將巨量資料運算處理程式分解成無數個小程式，然後通過多部伺服器組成的系統對這些小程式進行處理和分析，得到結果並返回給使用者。雲端運算早期就是簡單的分布式運算，解決任務分發，並進行運算結果的合並，又稱為網格運算。雲端運算可以在很短的時間內完成數以萬計的資料的處理，從而實現強大的網路服務。

(8) 網路集成和網路協同

基於網路的工廠內外環境智慧感知技術，包括物流、環境和能量流的資訊以及互聯網和企業資訊系統中的相關資訊等。網路化集成製造綜合運用現代設計技術、製造自動化技術、系統工程方法、動態聯盟方法、並行工程方法、供應鏈管理技術、Agent 技術、知識管理技術、分布式資料庫管理技術、Internet 和 Web 技術以及網路通訊技術等，在電腦網路和分布式資料庫的支援下，將合作夥伴的資訊、過程、組織和知識有機集成，並實現整個系統的綜合優化，從而達到產品上市快、質量高、成本低、服務好和環境影響小的目標，使系統贏得競爭，取得良好的經濟效益和社會效益。

(9) 資訊安全

工廠資訊安全是將資訊安全理念應用於工業領域，對工廠及產品使用維護環節所涵蓋的系統及終端進行安全防護。所涉及的終端設備及系統包括工業乙太網、資料採集與監控、分布式控制系統、過程控制系統、可編程邏輯控制器、遠端監控系統等網路設備及工業控制系統，確保工業互聯網及工業系統未經授權不能被訪問、使用、泄露、中斷、修改和破壞，為企業正常生產和產品正常使用提供資訊服務。

1.1.4 智慧裝備應用領域

智慧裝備主要分布在製造業及農業中，智慧設備應用領域廣泛，幾乎分布在生產生活的各個方面，但智慧設備和智慧裝備的概念越來越模糊。如果以產品形態劃分，可將智慧裝備大致分為三類：以某個製造行業過程加工、裝配和分裝等為側重的過程自動化生產線，主要功能是高效生產和人工替代；相對以標準化產品形式出售的智慧終端設備，具有擬人特徵，可以完成特殊環境作業或高頻重複作業；側重探測和數據收集，往往集合多種探測元件的設備，檢測標的項目數據並給出綜合評價回饋。

(1) 智慧製造

智慧化是製造自動化的發展方向。智慧製造技術是在現代感測技術、網路技術、自動化技術、擬人化智慧技術等先進技術的基礎上，通過智慧化的感知、人機互動、決策和執行技術，實現設計過程、製造過程和製造裝備的智慧化，是資訊技術、智慧技術與裝備製造技術的深度融合與集成，是面向產品全生命週期[9]，實現泛在感知條件下的資訊化製造，是資訊化與工業化深度融合的大趨勢。智慧製造日益成為未來製造業發展的重大趨勢和核心內容，也是加快發展方式轉變，促進工業向中高端邁進、建設製造強國的重要舉措，也是新常態下打造新的國際競爭優勢的必然選擇。

2011 年德國提出「工業 4.0」的概念，即通過數位化和智慧化來提升製造業的水平。中國也相應提出了「中國製造 2025」的概念，其核心是通過智慧機器、大數據分析來幫助工人甚至取代工人，實現製造業的全面智慧化。在美國，特斯拉汽車公司已經嘗試全部使用機器人來裝配汽車，是「智慧製造」的典範之一，不僅解放了人類的勞動，而且提高了產品的性能和質量[10]。

(2) 智慧感測器

傳統感測器已經不能滿足智慧裝備的需要。智慧感測器（Intelligent Sensor）是具有資訊處理功能的感測器，是智慧裝備的「感覺器官」。智慧感測器體現在「智慧」上，感測器自身帶有微處理器（晶片），具有資料採集、處理、分析能力，是現代微電子技術、資訊技術、材料技術、加工技術的產物，在智慧裝備上得到了廣泛的應用。智慧感測器的功能是通過模擬人的感官和大腦的協調動作，結合長期以來測試技術的研究和實際經驗而提出來的。智慧感測器是一個相對獨立的智慧單元，它的出現降低了對硬體性能的要求，借助軟體使感測器的性能大幅度提高。相較於一般的感測器，智慧感測器具有高精度、高可靠性、高CP 值、功能多樣化等特點，可以實現多感測器多參數綜合測量，通過編程擴大測量與使用範圍。它還有一定的自適應能力，可根據檢測對象或條件相應地改變量程反輸出數據的形式。智慧感測器具有數位通訊介面功能，直接送入遠端電腦進行處理，具有多種資料輸出形式，適配各種應用系統。智慧感測器作為廣泛智慧裝備系統前端感知裝置，可以助推傳統產業的升級，在工業自動化、天文探索、地海勘探、環保節能、醫療健康、國防、生物製藥等諸多領域獲得了廣泛的應用。

(3) 智慧控制軟體

智慧製造裝備的價值不僅體現在機械本體、感測器等硬體上，還體現在各種智慧軟體上，最高層次為實現最佳控制、線性規劃等調度層和決策層的軟體。智慧軟體具有現場感應、自組織性與自適應性的能力，能夠對所處環境進行感知、學習、推理、判斷並做出相應的動作。通過智慧控制軟體的預測、判定和自適應調整功能，可實現裝備的智慧加工。智慧控制軟體為製造裝備企業提供智慧工藝優化與技術支援，實力強的企業可將原來製造裝備的企業體系發展為系統集成企業。

(4) 工業機器人

工業機器人是廣泛用於工業領域的多關節機械手或多自由度機械裝置，具有一定的自動性，可依靠自身的動力源和控制能力實現各種工業加工製造功能。工業機器人被廣泛應用於電子、物流、化工等工業領域中。工業機器人的推廣是智慧製造的典型代表，大大降低了工人的勞動強度，改善了生產環境。中國產工業機器人主要以中低端為主，需以汽車、飛機、軍工等行業應用的工業機器人為牽引，重點攻克控制器、減速器、伺服與電機等核心部件的共性技術，突破機械結構系統、驅動系統、感知系統、機器人-環境互動系統、人機互動系統和控制系統 6 個子系統，解決工業機器人自動化生產線與核心部件的設計工藝、可靠性、測試標準等問題，提高中國產工業機器人的市場保有率，打破國外壟斷，力爭在汽車製造、數控加工、飛機裝配、船舶製造等典型行業進行工業機器人生產線的示範應用，形成中國自主的工業機器人規範標準。

（5）積層製造

傳統製造思維是根據使用目的形成三維構想，轉化成二維圖紙，再製造成三維實體。傳統機加工是車、銑、刨、磨等去除材料的加工。與傳統去除材料加工不同，積層製造（Additive Manufacturing，AM），也稱為 3D 列印技術，是以電腦輔助設計、材料加工與成型等技術為基礎，通過軟體與數控系統將專用的非金屬材料、金屬材料以及醫用生物材料，按照擠壓、燒結、熔融、光固化、噴射等方式逐層堆積，製造出實體物品的製造技術，是一種「自下而上」材料累加的製造方法。

3D 列印的特點是單件或小批量的快速製造，利用這一特點可以實現產品的快速開發和創新設計。以雷射束、電子束、等離子或離子束為熱源加熱材料，使之結合直接製造零件的方法，稱為高能束流快速製造。高能束流快速製造是積層製造領域的重要分支，在工業領域最為常見。金屬、非金屬或金屬基複合材料的高能束流快速製造是當前發展最快的研究方向，在航空航太、工業領域有著廣泛的應用前景，且應重點發展 3D 列印在航太航空、生物醫療等領域的高端應用產業，如控制中的複雜精密金屬零部件製造。以 3D 列印技術在個性化消費產品、文化創意產業等領域的應用為牽引，加強其在產品開發中的技術研究及推廣應用。以 3D 列印技術為依託，建立技術服務網路，形成產品設計、原材料、關鍵元件、裝備、工業應用等完整的產業鏈條，形成以互聯網技術為依託的「雲端製造」模式，與傳統製造業相融合，進行系統創新發展。充分起社會各個群體的創新能力，推動創新型社會的實現。

（6）智慧農業

中國是農業大國，而非農業強國，農業生產仍然以傳統生產模式為主。傳統耕種只能憑經驗施肥灌溉，不僅浪費大量的人力物力，而且對環境保護與水土保持構成嚴重威脅，給農業的可持續性發展帶來嚴峻挑戰。智慧農業（圖 1-6）與現代生物技術、種植技術等高新技術融於一體，對建設世界水平農業具有重要意義。

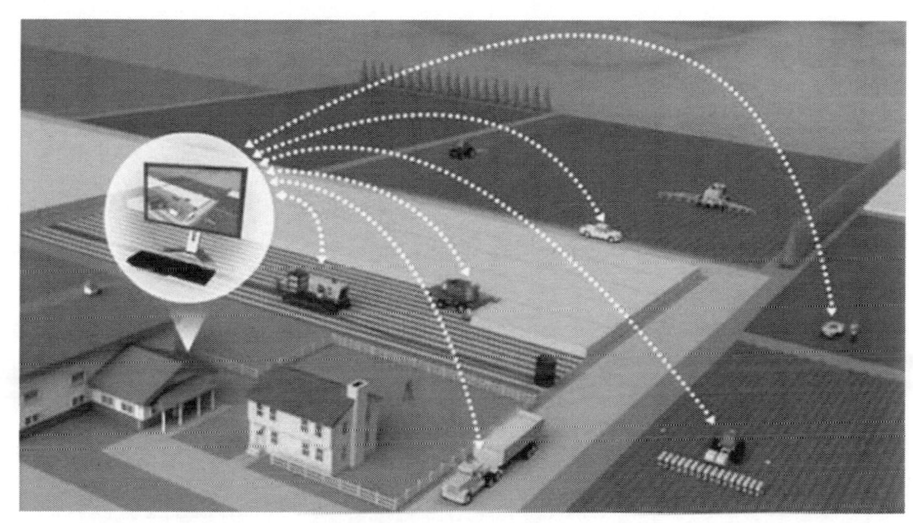

圖 1-6 智慧農業

智慧農業就是將物聯網技術運用到傳統農業中去，充分應用現代資訊技術成果，集成應用電腦與網路技術、物聯網技術、音影片技術、3S 技術、無線通訊技術及專家智慧與知識，通過手機、平板等行動終端或電腦平台對農業生產進行控制，使傳統農業更具有「智慧」，實現農業生產環境的智慧感知、智慧預警、智慧決策、智慧分析、專家線上指導，做到農業視覺化遠端診斷、遠端控制、災變預警等智慧管理，實現集約高效可持續發展的現代超前農業生產方式。

從傳統農業到現代農業轉變的過程中，農業資訊化的發展大致經歷了電腦農業、數位農業、精準農業和智慧農業 4 個過程。

(7) 智慧醫療

2020 年，新型冠狀病毒肺炎的全球蔓延對世界各國的醫療系統提出了嚴峻的考驗，同時，也帶來了醫療系統轉型升級的巨大機遇。未來，醫療領域的智慧裝備將大規模投入使用，當面對不可預知的流行病毒或者其他危及人類健康的疾病時，可做到即時感知、處理和分析重大醫療事件，從而快速、有效地做出響應。

智慧醫療是發展趨勢。互聯網與醫療行業的融合產生了互聯網醫療，即把互聯網作為技術手段和平台，為使用者提供醫療諮詢、健康指標監測、健康教育、電子健康檔案、遠端診斷治療、電子處方和遠端康復指導等形式多樣的健康管理服務[11]。通過無線網路，使用手持 PDA 便捷地聯通各種診療儀器，使醫務人員隨時掌握每個病人的病案資訊和最新診療報告，隨時隨地地快速制定診療方案；在醫院任何一個地方，醫護人員都可以登入距自己最近的系統查詢醫學影像資料和醫囑；患者的轉診資訊及病歷可以在任意一家醫院通過醫療聯網方式調閱。

醫患資訊倉庫變成可分享的紀錄，整合並共享醫療資訊和紀錄，以期構建一個綜合的專業的醫療網路。借助大數據或區塊鏈技術，經授權的醫生能夠隨時查閱病人的病歷、患史、治療措施和保險細則，患者也可以自主選擇更換醫生或醫院。醫療資料庫的建立使從業醫生能夠搜尋、分析和引用大量科學證據來支援他們的診斷。

在農村，智慧醫療支援鄉鎮醫院和社區醫院無縫地連結到中心醫院，以便可以即時地獲取專家建議、安排轉診和接受培訓，提升鄉鎮醫生從業知識和過程處理能力，進一步推動臨床創新和研究。

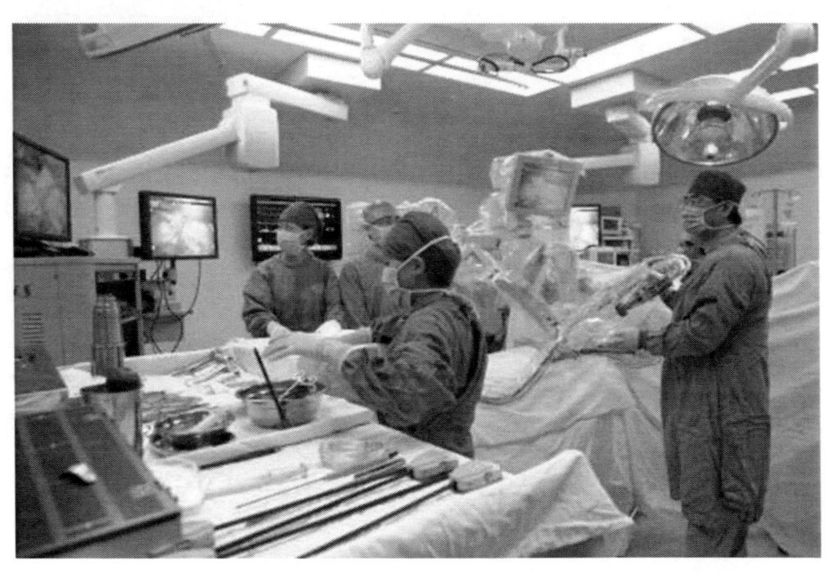

圖 1-7 機器人手術

智慧機器人不僅能幫助診斷，還可以進行手術，如圖 1-7 所示。機械手臂的靈活性遠遠超過人，且帶有攝影機，可以進入人體內進行手術，手術創口小，並能實施高難度手術，相當於實現了「醫生進入病人的身體進行治療」。以甲狀腺手術為例，之前需要在喉嚨下方橫向切一刀，患者會留下疤痕。現在機器人手術已經很成熟，可在腋窩、乳腺處開口使微型機械手進去，精準實施甲狀腺切除手術。術後患者暴露部位無疤痕，大大改善了患者的手術效果和術後狀態。腹腔鏡機器人可以進行大部分的腹腔手術，大大提高了手術效率、精準性，並減輕了病人的出血量。在控制終端上，電腦可以利用幾臺攝影機拍攝的二維圖像還原出人體內的高清晰度的三維圖像，以監控整個手術過程。醫生也可以遠端對手術的過程進行人工介入。

（8）智慧環境

環境監測是環境監測機構對環境質量狀況進行監測的活動，通過對反映環境質量的指標進行監視和測定，確定環境汙染狀況和環境質量。環境監測的內容主要包括物理指標的監測、化學指標的監測和生態系統的監測，是科學管理環境和環境執法監督的基礎，是環境保護必不可少的基礎性工作。環境監測的核心目標是提供環境質量現狀及變化趨勢的數據，判斷環境質量，評價當前主要環境問題，為環境管理服務[12]。環境線上監測系統如圖 1-8 所示。

環境監測智慧化是發展趨勢。隨著物聯網技術的發展，傳統的環境監測方法已經逐漸被遠端監測所取代。環保監測涵蓋水質監測、環境空氣質量監測、固定汙染源監測（CEMS）、大氣環境監測以及影片監測等多種環境線上監測應用。系統以汙染物線上監測為基礎，充分貫徹總量管理、總量控制的原則，包含了環境管理資訊系統的許多重要功能，充分滿足各級環保部門環境資訊網路的建設要求，為相關職能部門決策提供可靠的數據支援。支援各級環保部門環境監理與環境監測工作，適應不同層級使用者的管理需要。

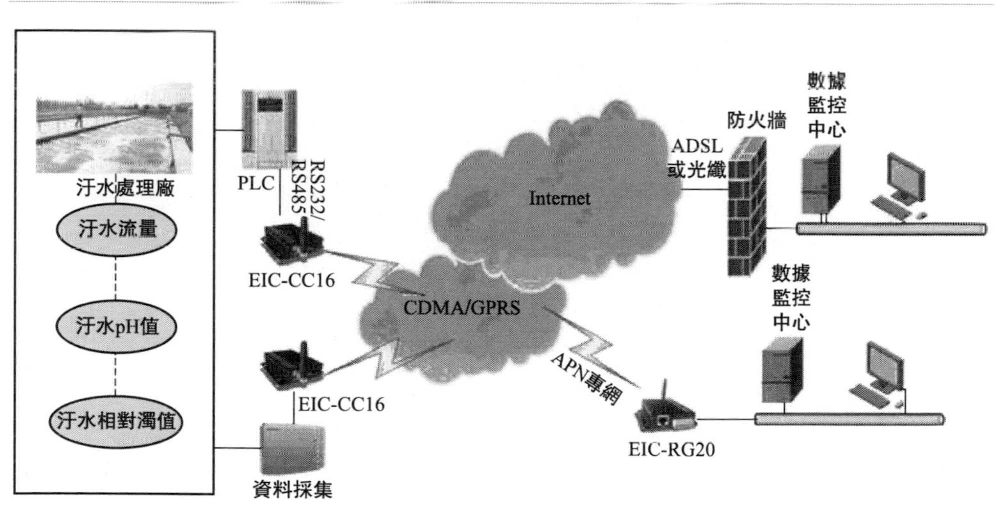

圖 1-8　環境線上監測系統

在自動監測方面，某些已開發國家已有成熟的技術和產品，如在大氣、地表水、企業廢氣廢水及城市汙水等方面均有成熟的自動連續監測系統。筆者所在科學研究團隊經過多年的努力，研發出了地下水水位水質、地表水水位水質等多種環境的智慧監測設備，在一些省份的地下水、地表水水位水質監測以及多個灌區中獲得了廣泛的應用。

1.2 智慧製造裝備的發展概況

美國、德國、日本是當前世界數控機床實力較強的國家，是世界數控機床技術的開拓者，智慧製造裝備跨國企業也主要集中在這幾個國家。智慧製造的發展歷程如圖 1-9 所示。智慧機床與基礎製造裝備主要由美、德、日等國的跨國公司進行提升研發，當前世界四大國際機床廠商數控機床技術方面的創新，主要體現了這些公司在智慧製造裝備方面的進展，數控裝備的性能和效率有大幅度提升。智慧製造裝備的發展高度依賴於工程製造科學、技術基礎與發展經驗的積累，由此導致這一行業壟斷性普遍很強，壟斷力量主要來自已開發國家和領先的跨國企業。

中國已成為世界第二大經濟體和製造業大國，智慧裝備製造業仍處於由自動化向智慧化發展的初級階段，智慧製造裝備產業整體上水平不高，一些行業甚至連基本的裝備自動化都沒有完成。中國裝備製造業數控化程度不高，大部分高精度和超高精度機床的性能還不能滿足要求，數控機床裝備基本上是中等規格的車

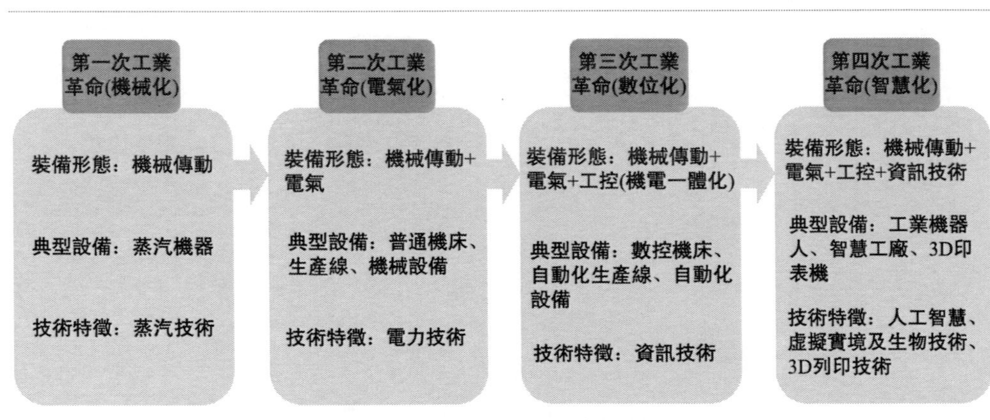

圖 1-9　智慧製造的發展歷程

床、銑床和加工中心等[13]。中國發展智慧製造裝備的技術發展方向應是軟硬體搭配，著力發展網路化、控制軟體模組化。

1.2.1 數控機床發展現狀

加工機床數位化是製造業的發展趨勢。數控機床作為機床工業的主流代表產品，已成為實現裝備製造業現代化的關鍵設備，是國防軍工裝備發展的策略物資。數控機床是數位控制機床的簡稱，是一種裝有程式控制系統的自動化機床，能夠邏輯地處理具有控制編碼或其他符號指令規定的程式，並將其譯碼，用代碼化的數位表示，通過資訊載體輸入數控裝置。經運算處理由數控裝置發出各種控制訊號，控制機床的動作，按圖紙要求的形狀和尺寸自動地加工零件，是一種柔性的、高效能的自動化機床，較好地解決了複雜、精密、小批量、多品種的零件加工問題。

美、德、日三國是當今世界上數控機床科學研究、設計、製造、使用技術比較先進和經驗比較豐富的國家。近些年，中國的數控技術有了一定的發展，每年國際機床展都會有中國產新型數控機床問世，但和其他先進國家的相比，還是有一定差距。中國產數控機床經歷了 30 餘年的發展，質量和可靠性可以滿足大部分使用者的需要。中國能自行設計系統配套，能自行設計及製造高速、高性能、多面、多軸聯動的數控機床，先後開發出了立式加工中心、臥式加工中心，以及數控車床、數控銑床等多種數控機床，在重型機床、高精度機床、特種加工機床、鍛壓設備、尖端高技術機床等領域，特別是在五軸聯動數控機床、數控超重型機床、立式臥式加工中心、數控車床、數控齒輪加工機床領域，部分技術已經達到先進水平。

中國數控機床有 60%~70%是中國產機床，但這些中國產數控機床應用國外數控系統的比例很高，且高檔數控機床中國產率較低。市場需要方面低檔機床和中檔機床分別占約 50%和 40%，高檔數控機床的需要大約是 10%，所以中國數控機床的發展任重而道遠，發展前景廣闊。

目前，數控機床的發展日新月異，高速化、高可靠性、高精度化、複合化、智慧化、開放化、網路化、新型功能部件、綠色化已成為數控機床發展的趨勢和方向。

(1) 高速化

高速化主要體現在主軸轉速、進給量、數控系統運算速度、換刀速度等方面。例如，現代數控機床普遍採用電主軸，其主軸最高轉速達 200000r/min；德國 Chiron 公司某刀庫通過特殊設計，換刀時間僅 0.9s。

(2) 高可靠性

與傳統機床相比，數控機床複雜，加工週期長，加工的零件型面複雜，各類裝置應用更多，導致機床出現失效的機率增大。同時，數控系統的穩定性、工業電網電壓的波動和干擾、工廠環境的因素等也可能影響數控機床的可靠性。所以可靠性是數控機床的發展方向之一。

(3) 高精度化

數控機床精度的要求現在已經不侷限於靜態的幾何精度，機床的運動精度、熱變形以及對振動的監測和補償越來越受到重視。利用高速插補技術，並採用高解析度位置檢測裝置提高精度。採用反向間隙補償、絲槓螺距誤差補償和刀具誤差補償等技術，對設備的熱變形誤差和空間誤差進行綜合補償。

(4) 功能複合化

在一臺機床上實現或盡可能完成從毛坯至成品的多種要素加工。根據其結構特點可分為工藝複合型和工序複合型兩類。工藝複合型機床如鏜銑鑽複合加工中心等；工序複合型機床如多面多軸聯動加工的複合機床和雙主軸車削中心等。

(5) 控制智慧化

隨著人工智慧技術的發展，為了滿足製造業生產柔性化、製造自動化的發展需要，數控機床的智慧化程度在不斷提高。具體體現在加工過程自適應控制技術、加工參數的智慧優化與選擇、智慧故障診斷與自修復技術、智慧故障回放和故障仿真技術、智慧化交流伺服驅動裝置、智慧 4M 數控系統，將測量（Measurement）、建模（Modelling）、加工（Manufacturing）、機器操作（Manipulator）四者融合在一個系統中實現資訊共享，促進測量、建模、加工、裝夾、操作的一體化。

(6) 體系開放化

現代數控機床軟硬體介面都遵循公認的標準協議，新一代的通用軟硬體資源更易於被現有系統採納、吸收和兼容，同時國際上正致力於實現整個製造過程乃至各個工業領域產品資訊的標準化。標準化的編程語言、標準化的介面既方便使用者使用，又可以降低和操作效率直接有關的勞動消耗。

(7) 資訊互動網路化

隨著物聯網技術的發展，具有雙向、高速的聯網通訊功能的數控機床可以保證資訊流動暢通，企業既可以實現網路資源共享，又能實現數控機床的遠端監視、控制，還可實現數控裝備的數位化服務。例如，日本馬扎克公司推出的新一代加工中心配備了資訊塔，能夠實現語音、圖形、視像和文本的通訊故障警報顯示、線上幫助排除故障等功能。

(8) 新型功能部件

高精度和高可靠性的新型功能部件能夠提高數控機床各方面的性能，具有代表性的新型功能部件包括高頻電主軸、直線電機、電滾珠絲槓等。新功能部件的使用可以簡化機床結構，提高機床的性能。

(9) 加工過程綠色化

隨著資源與環境問題的日益突出，綠色製造越來越受到重視。近年來，不用或少用冷卻液實現干切削、半乾切削節能環保的機床不斷出現，並處在進一步發展當中，是未來機床發展的主流。

1.2.2 工業機器人發展現狀

人口高齡化、勞動力短缺是人類面臨的一個問題。勞動力成本增加迫使人們用機器人來代替人進行生產，機器換人已是大勢所趨。

工業機器人是智慧製造業最具代表性的裝備。根據國際機器人聯合會發布的數據，2016 年全球工業機器人銷量繼續保持高速成長，銷量約 29.0 萬臺，其中中國工業機器人銷量 9 萬臺，同比成長 31%。國際機器人聯合會預測未來十年，全球工業機器人銷量年平均成長率將保持在 12%左右。目前，工業機器人基本上按照它的用途進行分類，如銲接機器人、搬運機器人、加工機器人、裝備機器人。工業機器人在主要行業的應用中，汽車行業占比 38%，汽車行業自動化裝備的生產線大部分使用工業機器人。中國自主品牌的工業機器人最應該出現的領域就是汽車領域，但是數據顯示：中國汽車廠基本不用中國自主品牌的工業機器人。目前汽車廠商，尤其中國的汽車廠商，基本上都是使用國際機器人四大家（ABB、KUKA、FANUC、YASKAWA）的工業機器人。

ABB、KUKA、FANUC、YASKAWA 在工業機器人產業內部稱為國際四大家。ABB 主要是瑞士和瑞典的合資公司，總部在歐洲；KUKA 本是德國的公司，2015 年被美的以 300 億收購；FANUC、YASKAWA 都是日本公司，也體現了日本在工業機器人領域的獨特優勢。人形機器人方面，最受人們喜愛的有 Aldebaran 公司的 Nao，本田公司的 ASIMO，川田公司的 HRP-4，索尼公司的 AIBO 和 QRIO[14]。

中國工業機器人市場發展前景廣闊，中國相關機器人廠商競爭力、盈利能力正逐步加強。隨著中國人口紅利的不斷消退，各地工業發展加速轉型升級，由政府力推、企業力行的「機器換人」潮正加快部署，完全由機器人來代替人工進行生產的「黑燈工廠」不斷湧現。自 2013 年起，中國已經成為全球第一大工業機器人市場。2013 年，工信部《關於推進工業機器人產業發展的指導意見》指出，2020 年工業機器人裝機量達到 100 萬臺，大概需要 20 萬與工業機器人應用相關的從業人員。此外，深部地下、深海、深空等極端危險環境下的作業也需要使用機器人來實現少人化和無人化。

中國機器人的一些核心部件（如 RV 減速器、伺服控制器、控制器等）已經逐漸國產化，對於低端的機器人已經實現了核心部件的國產化，但是高端還不行；隨著新技術的出現，將會促進機器人技術的進一步發展。隨著中國工業轉型升級、勞動力成本不斷攀升及機器人生產成本下降，「十三五」、「十四五」期間，機器人成為重點發展對象之一，工業機器人有了一定的發展基礎，目前正進入全面普及的階段。未來中國工業機器人的行業需要將會持續增加，規模將進一步擴大[15]。

《機器人產業發展規劃（2016～2020 年）》提出，2020 年中國自主品牌工業機器人年產量達到 10 萬臺，六軸及以上工業機器人年產量達 5 萬臺以上；工業機器人速度、載荷、精度、自重比等主要技術指標達到國外同類產品水平，平均無故障時間達到 8 萬小時；機器人用精密減速器、伺服電機及驅動器、控制器的性能、精度、可靠性達到國外同類產品水平，在六軸及以上工業機器人中實現批量應用，市場占有率達到 50％以上；完成 30 個以上典型領域機器人綜合應用解決方案，並形成相應的標準和規範，實現機器人在重點行業的規模化應用。

但應該看到，中國中國產機器人市場占有率低。中國機器人產業這些年獲得了長足發展，湧現出了一批高新產業。但總體上還是以中低端市場為主，中國應用自主品牌工業機器人最大的領域是電子行業，高端市場還是以進口為主。以汽車工業為例，中國汽車生產線基本上都是使用前文提到的國際四大家的工業機器人。

減速器、伺服控制器等核心零部件性能有待提高。高端減速器等核心部件進口比例太高。精密減速器在額定扭矩和傳動效率等方面需要進一步提升。伺服系統的電機動態響應、過載能力、效率等均有很大的提升空間。

中國機器人高端技術人才比例與國際已開發國家存在一定差距。機器人工程是一門在真實世界環境下將感知、決策、運算和執行驅動組合在一起的應用交叉學科和技術，是研究機器人的智慧感知、優化控制與系統設計、人機互動模式等的一個多領域交叉的尖端學科。[16]。

1.2.3 未來的智慧製造裝備發展

未來，中國智慧製造裝備產業重點發展與國家重大需要、策略安全相關的製造行業，如航空航太、國防工業急需的難加工材料與新材料應用領域的裝備。這些領域有國家支援，技術要求高、難度大，主要通過國家對大型骨幹裝備製造企業、有技術優勢的高等院校和科學研究院所、國家級研究基地進行有計劃和持續的支援研究，以攻堅克難，解決核心技術，擴大應用和市場推廣。

以國家重大需要與策略安全相關的製造行業為對象，重點研製若干類自動化基礎好、智慧化要求迫切的製造裝備。這些製造裝備主要有高速加工中心、超精密機床、葉輪葉片加工機床、飛機大型柔性結構件加工機床、航空航太領域難加工材料加工機床、五軸曲面銑床等，為中國智慧製造裝備發展奠定基礎。智慧專用裝備主要包括大型智慧工程機械、高效農業機械、環保機械、自動化紡織機械、智慧印刷機械、煤炭機械、冶金機械等各類專用裝備，實現各種製造過程自動化、智慧化、精益化，帶動整體智慧製造裝備水平的提升。

大力開展工藝優化研究和智慧感測器開發，發展可國產化的感測網路系統，發展感測器製造企業，支援學科交叉研究，開發實用的機床參數測量，著重發展MEMS與無線感測器。開發適合製造裝備的智慧數控系統，奠定智慧製造裝備的技術基礎，形成智慧製造裝備的產業化鏈條。在推進大型製造裝備企業發展智慧型裝備的同時，支援若干專業化科技型企業開展數控機床的智慧化改造，形成自主品牌，開拓和占領國際市場。

1.3 智慧製造裝備研發內容

智慧製造裝備是具有感知、分析、推理、決策、執行功能的各類製造裝備的統稱，是先進製造技術、資訊技術和智慧技術的集成和深度融合。智慧製造裝備產業主要包括高檔數控機床、智慧測控裝置、關鍵基礎零部件、重大集成智慧製造裝備等，智慧製造裝備產業是衡量一個國家工業水平和核心競爭力的重要標誌。

根據工業和資訊化部制定和發布的《智慧製造裝備產業「十二五」發展路線圖》規劃，智慧製造裝備的發展包括以下內容：

① 關鍵智慧基礎共性技術。大力發展包括智慧感測技術、模組化嵌入式控制系統設計技術、先進控制與優化技術、系統協同技術、故障診斷與健康維護技術、高可靠即時通訊網路技術、功能安全技術、特種工藝與精密製造技術以及辨識技術等在內的智慧共性技術，是裝備智慧化的基礎。

② 核心智慧測控裝置與部件。包括新型感測器及其系統、智慧控制系統現場總線、智慧儀表、精密儀器、工業機器人與專用機器人、精密傳動裝置、伺服控制機構、液壓氣動密封元件及系統。

③ 重大智慧製造成套裝備。包括石油石化智慧成套設備集成、冶金智慧成套設備集成、智慧化成形和加工成套設備集成、自動化物流成套設備集成、建材製造成套設備集成、智慧化食品製造生產線集成、智慧化紡織成套裝備集成、智慧化印刷裝備集成。

④ 重點應用示範推廣領域。包括電力、節能環保、農業裝備、資源開採、國防軍工、基礎設施建設等領域。

1.3.1 智慧機床與基礎製造裝備

機床從誕生發展到智慧化大致經歷了三個階段。第一階段是1930到1960

年代，從手動機床向機、電、液高效自動化機床和自動線發展，將工人從體力勞動中解放出來。第二階段是 1960 年代數控機床的誕生開始到 21 世紀初，數控機床的快速發展進一步解決了減少體力和部分腦力勞動的問題。第三階段是智慧機床。智慧化機床的加速發展，將進一步解決減少腦力勞動問題。

圖 1-10　某種型號的加工中心

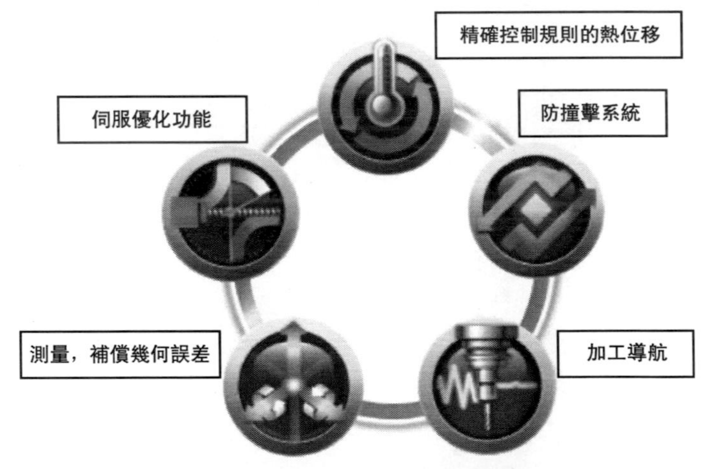

圖 1-11　智慧數控機床的功能

現在的智慧機床（圖 1-10），有自動抑制振動的功能；能自動測量和自動補償，減少高速主軸、立柱、床身熱變形的影響；有自動防碰刀功能；自動補充潤滑油和抑制噪音；語音資訊系統具有人機對話功能，有遠端故障診斷功能。智慧數控機床的功能如圖 1-11 所示。

1.3.2 工業機器人

工業機器人是機器人領域的重要分支，是集機械、電子、控制、電腦、感測器、人工智慧等諸多先進技術於一體的高度自動化裝備，在現代工業、國防以及其他行業中起著重要作用。工業機器人結構框圖如圖 1-12 所示。汽車生產線的機器人應用如圖 1-13 所示。

製造業中機器人技術的研究不斷向智慧化、合作化、模組化、多功能化以及高性能、自診斷、自修復的方向發展，以應對敏捷製造、多樣化、個性化製造的需要，使機器人能夠適應多變的作業環境，在機械製造業中獲得廣泛的應用。

(1) 基於切削力控制的自主加工

國外相關學者根據給定的砂輪直徑、進給速率和旋轉速度，測量不同磨削法向力能夠獲得的磨削深度，通過這個測量曲線並依據初始的磨削深度來獲得期望的磨削力，建立磨削深度和磨削力的模型，基於此力的回饋，機器人自主控制磨削參數，提高磨削效果。除了磨削，車削、銑削也是如此，系統可以根據切削力即時調整切削參數，達到最佳的加工效果。

(2) 基於機器視覺的自主銲接

機器人銲接是機器人重要的應用領域之一。基於視覺的機器人銲接系統使機器人長了「眼睛」，機器人可以自主彌補焊槍位置、夾具夾持位置和工件自身存在的位置偏差導致的銲接誤差，提高銲接的精度和質量。國際一些著名的銲接設備製造廠商相繼研發出基於視覺的智慧銲接系統。

(3) 基於視覺的工件檢測

機器視覺是指用機器代替人眼來做測量和判斷，屬於人工智慧的範疇，在感知、理解工作環境和工件資訊的任務中具有出色的表現，在機器人領域獲得了廣泛的應用。通過機器視覺資訊，工業機器人能夠自動辨識、定位工件，可應用到汽車生產線的很多工序中。國外諸多公司相繼研製出用於零件尺寸測量的視覺檢測設備，在汽車工業和機械製造其他領域獲得了越來越廣泛的應用。

(4) 基於力感測的自主裝配

基於力感測（扭矩感測）的機器人控制技術是國外知名院校和主要機器人公司的研究重點之一。工業機器人基於力感測器能夠感知機械臂與工件之間的接觸力，實現高精度的裝配。ABB 公司研發出基於力或位置混合控制的工業機器人平台。通過控制工業機器人末端操作器的接觸力和力矩，使工業機器人具有對接觸資訊做出反應的能力，這種基於力控制的工業機器人裝配系統已成功應用到汽車總成裝配線中。日本 FANUC 公司主要研究基於力資訊的三維裝配技術，工業機器人在力或力矩控制器的控制下實現零部件的裝配。

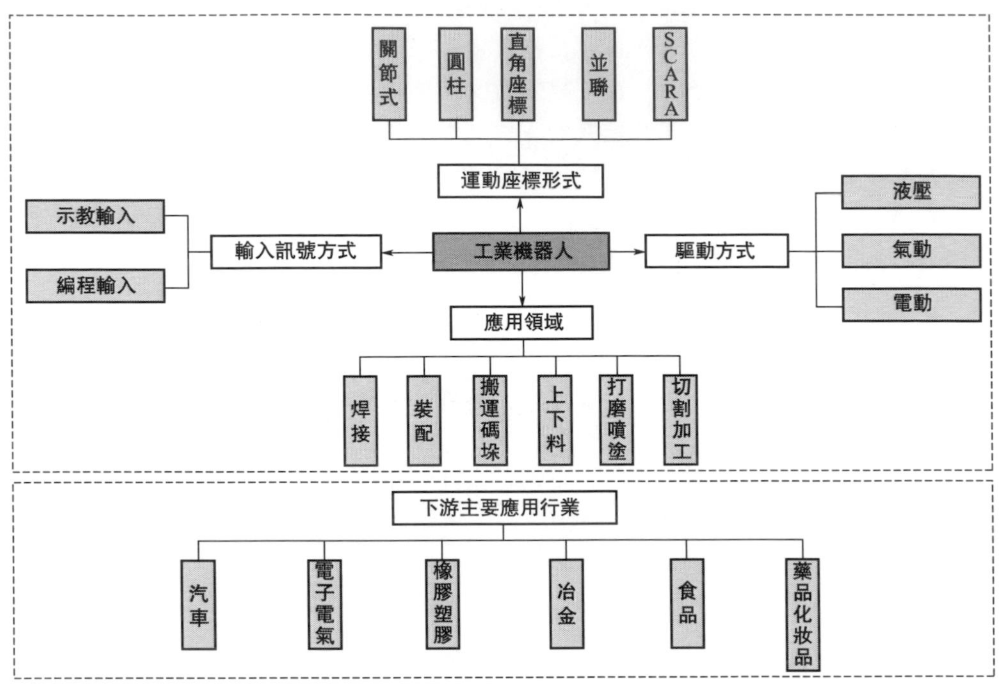

圖 1-12 工業機器人結構框圖

圖 1-13 汽車生產線機器人應用

(5) 人與機協調型單元生產技術

傳統的多品種、變批量生產主要依靠人工完成，不僅培養熟練操作人員時間和物質的成本高，而且難以進行質量管理。通過在單元生產方式中加入機器人與人工協調工作，充分起機器的自主性和人的主觀能動性，生產效率大幅提高。ABB公司等國際主要的工業機器人企業相繼研製並推出了工業用雙臂機器人與人協調生產，能夠在視覺引導下配合工人完成裝配工作。

(6) 機器人自身的發展

工業機器人技術發展還包括工業機器人的機械結構向模組化、可重構化發展。例如，關節模組中的伺服電機、減速器、檢測系統三位一體化，並配合關節模組、連桿模組用重組方式構造機器人整機。

工業機器人控制系統向基於個人電腦（Personal Computer，PC）的開放型控制器方向發展，使其向標準化、網路化模式發展。機器人裝置集成度提高，控制器日漸小巧，且採用模組化結構，大大提高了系統的可用性、易操作性和可維修性[17]。

1.3.3 積層製造

(1) 積層製造概述

積層製造（Additive Manufacturing，AM）技術是根據CAD設計數據，採用材料逐層累加的方法製造實體零件的技術，相對於傳統的材料去除技術，是一種自下而上、材料累加的製造方法，又稱為「快速原型」技術。積層製造是依據三維CAD數據將材料連接製作物體的過程，不需要傳統的刀具、夾具及多道加工工序，在一臺設備上可快速而精確地製造出任意複雜形狀的零件，從無到有積層製造，縮短了生產週期，獲得了廣泛的應用。

3D列印技術是積層製造技術的代表形式，其發展研究有以下幾方面：

① 研究原創性技術、共性技術與標準。3D列印技術是電腦圖形學、電腦輔助設計、材料科學等多學科交叉和新技術廣泛應用的製造技術，借助高端人才和科學研究團隊，依託高校及科學研究院所研究原創性技術、共性技術與標準，並採用有活力的研發和運行模式進行發展研究。

② 原理創新及其相關支援技術。建立數學、物理、化學、材料、生命等多學科交融的研究體系，研究新材料、新裝置、新軟體、新成形原理、新設備工藝，大力發展支援技術並探索新的應用領域。開展關鍵裝置、智慧控制軟體、原材料及成形工藝研發，打造3D列印智慧製造裝備產業鏈。

③ 以重大工程和行業應用為牽引推動3D列印技術產業化。開展關鍵領域如航空航太、生物、醫療、汽車、家電、微奈感測器等的應用技術研究，研究3D

列印技術與傳統製造技術的結合和工藝優化。某種型號的 3D 印表機如圖 1-14 所示。

(2) 積層製造的發展趨勢

① 向日常消費品製造方向發展。3D 列印技術在科學教育、工業造型、產品創意、工藝美術等領域有著廣泛的應用前景和商業價值，向著高精度、低成本、高性能材料發展，3D 列印已經不是實驗室的產品，正向日常消費品製造方向發展，如圖 1-15 所示為 3D 列印的汽車。無論是 3D 印表機本身還是依託 3D 列印技術的產品，都正在逐漸走向家庭，一個龐大的消費市場正在形成。

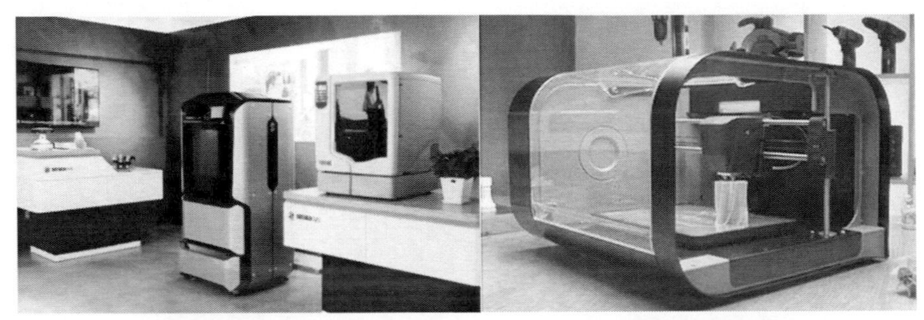

圖 1-14 某種型號的 3D 印表機

圖 1-15 3D 列印的汽車

② 向功能零件製造發展。3D 列印不僅侷限於樹脂、塑料等材料，還可以採用雷射或電子束直接熔化金屬粉，通過逐層堆積金屬，形成金屬直接成形技術。圖 1-16 所示為 3D 列印的金屬零件。該技術可以直接製造複雜結構金屬功能零件，製件力學性能可以達到鍛件性能指標。未來的發展方向是進一步提高精度和

性能，同時向陶瓷零件的積層製造技術和複合材料的積層製造技術發展。

③ 向智慧化裝備發展。裝備智慧化是發展趨勢，3D列印也不例外。目前積層製造設備在軟體功能和後處理方面還有許多問題需要優化，例如，成形過程中需要加支承件；軟體智慧化和自動化需要進一步提高；工藝參數與材料的匹配性需要智慧化；加工完成後的粉料或支承件需要去除等問題。未來智慧化3D列印裝備將解決這些問題。

圖 1-16　3D列印的金屬零件

④ 向組織與結構一體化製造發展。實現從微觀組織到宏觀結構的可控3D製造。例如，在製造複合材料時，將複合材料組織設計製造與外形結構設計製造同步完成，從微觀到宏觀尺度上實現同步製造，實現結構體的「設計－材料－製造」一體化。支援生物組織製造、複合材料等複雜結構零件的製造，給製造技術帶來革命性發展。

2020年，在醫療保健中應用3D列印技術的市值達到21.3億美元。例如，牙科行業的商業化運作已經非常成功，某公司預計每天都會有50000個客戶定製化牙齒矯正器使用3D印表機列印出來。專家預測，在20年內將實現真正的全功能3D列印心臟（圖1-17）。而現在3D列印技術的難點在於列印複雜的血管。未來，3D列印技術前景無限，列印心臟、肝臟和腎臟這樣複雜的器官將不再是夢。3D列印也向著兩個極端方向發展，可以大型化，比如列印房屋；也可以小型化，比如使用小型化低成本的桌面印表機來列印活體細胞。

英國《經濟學人》雜誌認為積層製造會與其他數位化生產模式一起推動實現第三次工業革命，改變未來生產與生活模式，實現社會化製造，改變製造商品的方式以及人類的生活方式。美國已經將積層製造技術作為國家製造業發展的首要策略任務並給予支援。未來，3D 列印將走進千家萬戶，人們或許可以隨時製造屬於自己的產品，這些產品可能涉及生活的方方面面，3D 列印發展前景廣闊。

圖 1-17 3D 列印 「心臟」

1.4 智慧製造裝備的發展趨勢

1.4.1 智慧機床裝備

數控機床的發展歷程見表 1-1。機床技術發展的前景是能夠實現裝備製造業自動化，由單機自動化向 FMC、CIM、CIMS 發展，提高加工精度、效率，降低製造成本。智慧機床的出現，為未來裝備製造業實現全盤生產自動化創造了條件。通過自抑制振動、減少熱變形、防止干涉、自調節潤滑油量、減少噪音等，可提高機床的加工精度、效率。機床自動化水平提高後，可以減少人在管理機床方面的工作量。數控系統的開發創新對機床智慧化造成了極其重大的作用。

表 1-1 數控機床的發展歷程

階段	年代	發展歷程

續表

階段	年代	發展歷程
第一階段	1930～1960 年	從手動機床向機、電、液高效半自動化、自動化機床和自動生產線發展，解決減少工人體力勞動的問題
第二階段	1960～2006 年	數位控制機床發展，解決了進一步減少體力和部分腦力勞動的問題
第三階段	2006 年至今	機床智慧化階段。智慧化機床的加速發展，將進一步解決減少腦力勞動問題

隨著人工智慧技術的發展，為了滿足製造業生產柔性化、製造自動化的發展需要，數控機床的智慧化程度在不斷提高，智慧化與網路化是大勢所趨。智慧機床是指對其加工製造過程能夠進行智慧決策、自動感知、智慧監測、智慧調節和智慧維護的機床，能夠實現加工製造過程的高效、優質和綠色的多目標優化運行。智慧機床的功能特徵有操作智慧功能、管理智慧功能、維護智慧功能等（圖 1-18）。具體體現在以下幾個方面：

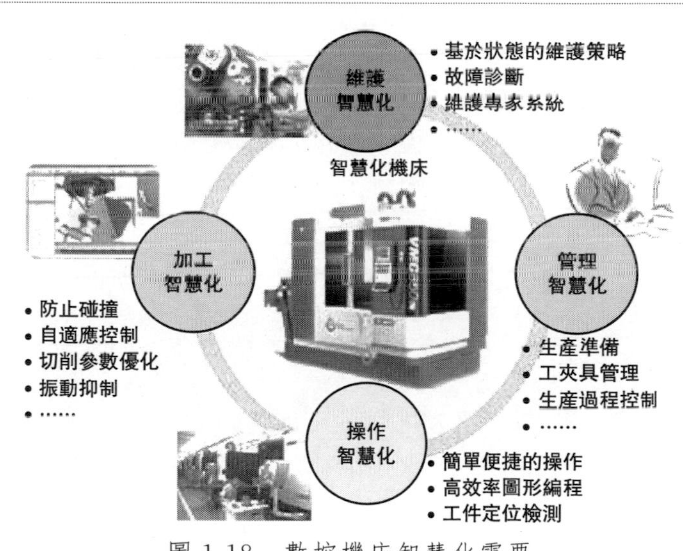

圖 1-18　數控機床智慧化需要

① 加工過程自適應控制技術。通過即時監測加工過程中的切削力、主軸和進給電機的功率、電流、電壓等資訊，系統自主辨識出刀具的受力、磨損、破損狀態及機床加工的穩定性狀態，並即時調整加工參數（主軸轉速、進給速度）和加工指令，使設備處於最佳運行狀態，提高加工精度，降低加工表面粗糙度，提高設備運行的安全性。

② 加工參數的智慧優化與選擇。構造基於專家系統或基於模型的「加工參

數的智慧優化與選擇器」，獲得優化的加工參數，提高編程效率和加工工藝水平，縮短生產準備時間。

③ 智慧故障診斷與自修復技術。根據已有的故障資訊，應用現代智慧方法實現故障的快速準確定位；完整紀錄系統的各種資訊，對數控機床發生的各種錯誤和事故進行回放和仿真，及時修復解決問題。

④ 智慧化交流伺服驅動裝置。智慧機床控制系統能自動辨識負載並自動調整參數，智慧主軸交流驅動裝置和智慧化進給伺服裝置能自動辨識電機及負載的轉動慣量，並自動對控制系統參數進行優化和調整。

⑤ 智慧 4M 數控系統。隨著大數據及雲端儲存等技術的發展，智慧機床可以將測量（Measurement）、建模（Modelling）、加工（Manufacturing）、機器操作（Manipulator）融合在一個系統中，實現資訊共享，促進測量、建模、加工、裝夾等操作的一體化。

例如，Okuma 的智慧數位控制系統的名稱為「THINK」，具備思考能力。Okuma 認為當前經典的數控系統的設計、執行和使用三個方面已經過時，對它進行根本性變革的時機已經到來。「THINK」不僅可在無人工介入時，對變化了的情況做出聰明的決策，還可使機床到了用戶廠後，以增量的方式使其功能在應用中自行成長，並更加自適應新的情況和需要，更加容錯，更容易編程和使用。總之，在不受人工介入的情況下，機床將為使用者帶來更高的生產效率。

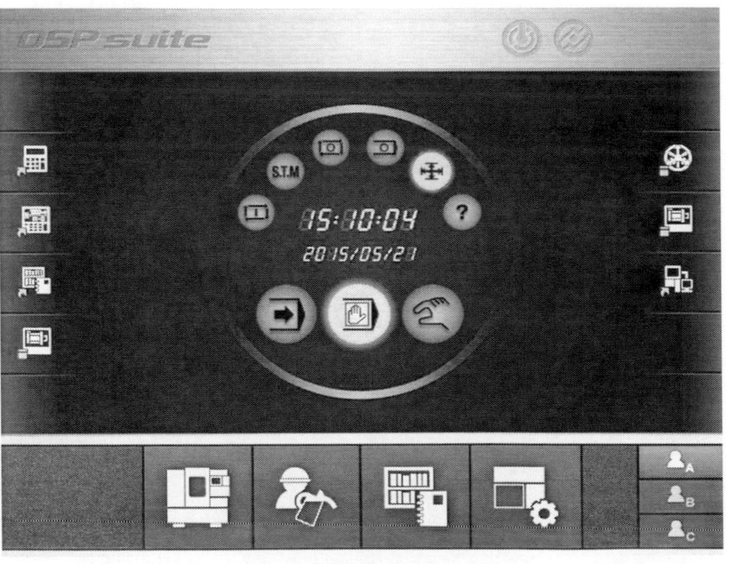

圖 1-19　OSP suite 數控系統

公司推出開放式體系結構 CNC 數控系統「OSP suite」，如圖 1-19 所示，基於 OSP-P300 控制平台，將視覺愉悅且易於使用的操作介面與可定製布局、機床應用程式、視窗小部件、快捷鍵和觸摸屏技術進行了完美結合，提高工廠生產效率。

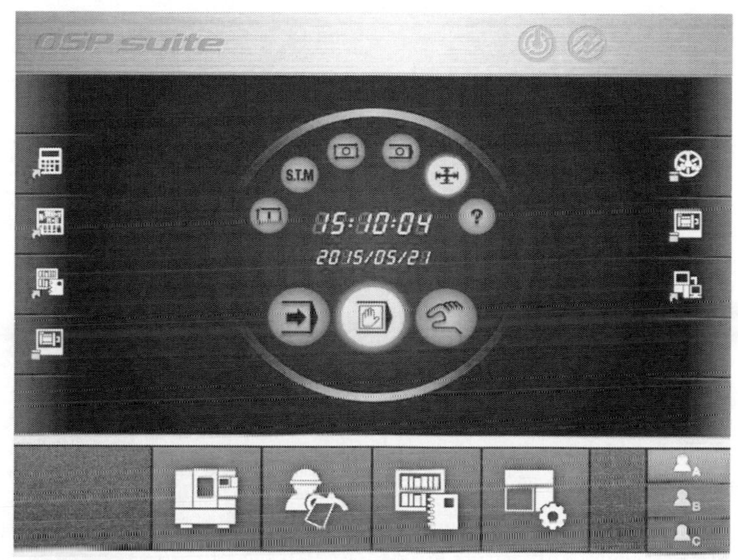

圖 1-19　OSP suite 數控系統

圖 1-20　中國的「華中數控」

值得一提的是，除了國外的數控產品，中國很多數控系統和數控機床表現也很優秀，如華中數控（圖 1-20）。以華中 8 型為代表的中國產高檔數控系統，綜合性能可以和國外數控系統媲美，達到國際先進水平。華中數控已經在飛機製造、汽車製造等領域的重點企業，如成飛、沈飛等，獲得了廣泛應用。大力發展中國產數控，儘快填補中國高檔數控的空白，占領數控市場，為中國裝備製造業的整體提升奠定基礎。

1.4.2 智慧工程機械

工程機械行業的智慧化以及智慧工程機械的發展，最為直接的體現就是機器人的引入與機器人技術的應用。現在，很多企業都在生產過程中大規模使用機器人進行銲接、塗裝、裝配等工作。

工程機械智慧化不僅體現在智慧工作上，而且還體現在故障診斷、產品壽命預估等環節上。借助大數據、物聯網、深度學習等技術，企業能夠對工程機械產品的基本狀態進行即時掌握，並及時發現故障、及時做出應對。同時，企業還能通過無線或有線網路獲取智慧工程機械的即時運行數據，並即時進行數據分析和研判，進一步起這些數據的價值。不久的將來，在科技發展變化與施工項目要求變化等多重因素影響下，工程機械應用對於集成化操作和智慧控制的需要會越來越高。而在資訊化、智慧化熱潮推動下，新一代工程機械發展的目標將日益明確，步伐也會不斷加快。

1.4.3 智慧動力裝備

智慧動力裝備不僅能提供動力，而且還是一臺具有「智慧」的機器。通過感測器即時採集動力裝備工作過程的數據，可以對智慧動力裝備的全生命週期進行監測和支援，並進行動力裝備全生命週期故障診斷和全生命週期性能優化，達到設備動態自適應監測，通過數據分析與研判，實現健康狀態預示與評估、故障預警和快速智慧診斷、遠端及現場快速動平衡維護以及智慧維修決策等關鍵技術。

1.4.4 智慧機器人

智慧機器人的特點就是「智慧」，它擁有相當發達的大腦（中央處理器）和神經中樞（智慧感測器），可進行判斷、邏輯分析、理解等智力活動，能夠理解人類語言，用人類語言同操作者對話，能分析出現的情況，能調整自己的動作以達到操作者所提出的全部要求並擬定所希望的動作，而且能在資訊不充分的情況下和環境迅速變化的條件下自主完成這些動作。智慧機器人還有「五官」，其五官是形形色色的內部資訊感測器和外部資訊感測器，如視覺感測器、聽覺感測器、觸覺感測器、嗅覺感測器等。另外，智慧機器人還有感知功能等[18,19]。

智慧機器人包括工業機器人和服務機器人兩個領域。

在工業機器人領域，聚焦智慧生產、智慧物流，攻克工業機器人關鍵技術，提升可操作性和可維護性，重點發展弧焊機器人、真空（潔淨）機器人、全自主編程智慧工業機器人、人機合作機器人、雙臂機器人、重載 AGV 6 種代表性工業機器人產品，引導中國工業機器人向中高端發展。

在服務機器人領域，重點發展消防救援機器人、手術機器人、智慧型公共服務機器人、智慧護理機器人 4 種代表性產品，推進專業服務機器人實現系列化，個人/家庭服務機器人實現商品化。

1.4.5 智慧終端產品

現在我們生活在智慧終端產品的世界裡，日常生活接觸的智慧包括手機、智慧電子產品、車載的導航、智慧導航機器人等。未來，任何人用到的或與人有關聯的機器、設備、工具等，都可能是一個「智慧終端」，都具有資訊採集、分析、處理的功能。

1.5 本章小結

本章主要對智慧製造裝備的概念、組成及特點，智慧製造裝備的發展概況、智慧製造裝備的研發內容、智慧製造裝備的發展趨勢進行介紹，使讀者對智慧製造裝備有充分的了解，以利於對後續章節內容的理解。

第2章

智慧製造裝備機械本體設計

智慧製造裝備的機械本體設計主要是機械部分的設計。機械設計就是根據使用要求確定產品應該具備的功能，構想出產品的工作原理、結構形狀、運動方式、力和能量的傳遞以及所用材料等，並轉化為具體的描述，例如圖紙和設計文件等，以此作為製造的依據。機械設計是產品從需要分析、設計、製造、銷售、使用到回收整個產品生命週期中的一個重要環節，對產品成本的影響占 80%。

2.1 機械設計的基本要求

機械設計是產品設計中重要的環節，其主要任務如圖 2-1 所示。機械設計的基本要求是：所設計的機械產品在完成規定功能的前提下，力求產品造型美觀、性能優、生產效率高、使用成本低；在規定的使用週期內，產品要安全可靠、操

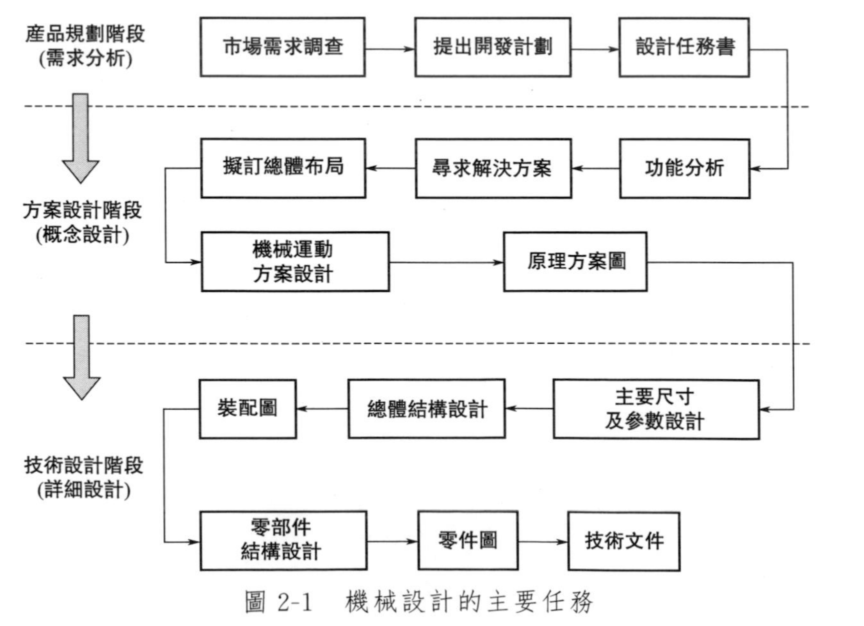

圖 2-1　機械設計的主要任務

作方便、維護簡單等。在長期的工程設計與製造使用過程中，人們總結出九字評價方法：產（生產性），靠（可靠性），能（性能好，節能），修（維護方便），保（環保），用（好用），成（成本，包括製造成本和使用維護成本），靈（靈活性），美（美觀）[20]。

機械設計一般應滿足以下幾方面要求：

(1) 使用要求

使用要求是對機械產品的首要要求，也是最基本的要求。機械的使用要求是指機械產品必須滿足使用者對所需產品功能的具體要求，這是機械設計最根本的出發點。不能滿足客戶的使用要求，設計就失去了意義。

(2) 可靠性和安全性要求

機械產品的可靠性和安全性是指在規定的使用條件下和壽命週期內，機械產品應具有的完成規定功能的能力。安全可靠是機械產品的必備條件，機械安全運轉是安全生產的前提，保護操作者的人身安全是以人為本的重要體現。

(3) 經濟性和社會性要求

經濟性要求是指所設計的機械產品在設計、製造方面週期短、成本低；在使用方面效率高、能耗少、生產率高、維護與管理的費用少等。此外，機械產品應操作方便，安全可靠，外觀舒適，色調宜人，產品生產過程和使用過程均需符合國家環境保護和勞動法規的要求。

(4) 其他要求

一些機械產品由於工作環境和要求不同，進行設計時會有某些特殊要求。例如設計航空飛行器時有質量小、飛行阻力小和運載能力大的要求；流動使用的機械（如塔式起重機、鑽探機等）要便於安裝、拆卸和運輸；設計機床時應考慮長期保持精度的要求；對食品、印刷、紡織、造紙機械等應有保持清潔，不得汙染產品的要求等。

根據機械設計的基本要求，設計機械產品時應遵循以下基本原則：

(1) 以市場需要為導向

機械設計與市場是緊密連繫在一起的。好的設計能夠迅速占領市場並獲取利潤。從確定設計項目、使用要求、技術指標、設計與製造工期到拿出總體方案、進行可行性論證、綜合效用分析、盈虧分析，再到具體設計、試制、鑒定、產品投放市場後的資訊回饋等都是緊緊圍繞市場需要來運作的。如何設計才能使產品具有競爭力，贏得市場，是機械設計人員時刻該思考的問題。

(2) 創造性原則

創造就是把以前沒有的事物生產出來，是典型的人類自主行為。創造是人類特有的，是有意識地對世界進行探索的勞動。設計只有作為一種創造性活動才具有強大的生命力。因循守舊，不敢創新，只能落後「挨打」。在世界科技飛速發展的今天，機械設計創造性原則尤為重要。

(3)「三化」原則

標準化、系列化、通用化簡稱為「三化」，是中國現行的一項很重要的技術政策。標準化是指將產品的質量、規格、性能、結構等方面的技術指標加以統一規定並作為標準來執行。常見的標準代號有 GB（中華人民共和國國家標準）、JB（機械工業標準）和 ISO（國際標準化組織標準）等。系列化是指對同一產品，在同一基本結構或基本條件下規定出若干不同的尺寸系列。通用化是指不同種類的產品或不同規格的同類產品盡量採用同一結構和尺寸的零部件。

執行「三化」可以減輕設計工作量，提高設計質量，縮短生產週期；減少刀具和量具的規格，便於設計與製造，降低成本；便於組織標準件的規模化、專門化生產；易於保證產品質量，節約材料，降低成本；提高互換性，便於維修；便於國家的宏觀管理與調控以及內外貿易；便於評價產品質量，解決經濟糾紛。

(4) 整體優化原則

機械設計者要具有系統化和優化的思想，整體綜合考慮產品。性能最好的機器其內部零件不一定是最好的，效益也未必最佳。設計人員要將設計方案放在大系統中去考慮，從經濟、技術、社會效益等各方面去分析、運算，權衡利弊，尋求最佳方案，使設計效果最佳，經濟效益最好。

(5) 連繫實際原則

設計要為之所用，所有的設計都不能脫離實際。機械設計人員，在設計某一產品時，要綜合考慮當前的物料供應情況、企業自身的生產條件、使用者的使用條件和要求等，這樣設計出來的產品才是符合實際需要的。

(6) 人機工程原則

機器是為人服務的，但機器在工作過程中也是需要人去操作使用的，人始終是主導，是最活躍、最容易受到傷害的，好的產品設計需要符合人機工程學原理。人機工程強調的是不同的作業中人、機器及環境三者間的協調，研究方法和評價手段涉及心理學、生理學、醫學、人體測量學、美學、設計學和工程技術等多個領域，通過多學科知識來指導工作器具、工作方式和工作環境的設計和改造，提高產品效率、安全、健康、舒適等方面的特性。如何使機器適應人的操作要求，投入產出比率高，整體效果最好，是設計人員應該考慮的問題。設計時要合理分配人機功能，盡量減少操作者介入或介入危險的機會。在確定機器相關尺寸時，要考慮人體參數，使機器裝備適應人體特性。要有友好的人機介面設計以及合理的作業空間布置。

智慧製造裝備的機械系統主要分為動力系統、執行系統、傳動系統、支承系統和操作控制系統五部分，其相互作用關係如圖 2-2 所示。本章將重點介紹智慧製造裝備的機械本體設計，即傳動系統、支承系統以及執行系統設計。

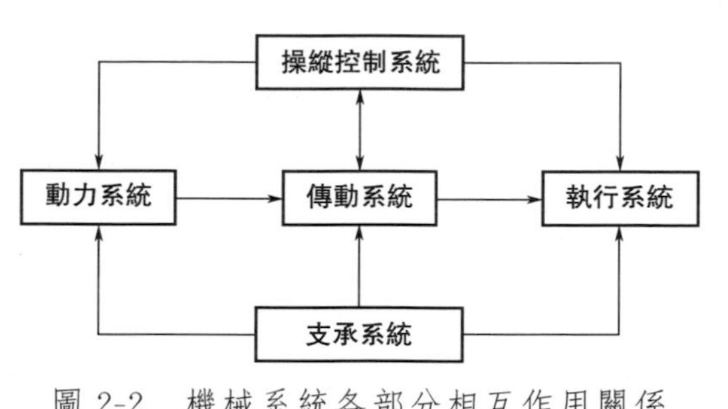

圖 2-2　機械系統各部分相互作用關係

2.2　智慧製造裝備機械本體整體設計

2.2.1　機械結構設計的任務

結構設計的任務是在總體設計的基礎上，根據機械原理方案，確定並繪出具體的機械結構圖，滿足實際要求的功能。結構設計過程是將抽象的工作原理具體化為某類構件或零部件，在確定結構件的材料、形狀、尺寸、公差、熱處理方式和表面狀況等因素的同時，還需綜合考慮零部件的加工工藝、強度、剛度、精度以及零部件之間的裝配關係、互換等問題。機械結構設計的直接產物是技術圖紙，包括三維模型、二維工程圖、仿真分析等。機械結構設計的產物雖然是技術圖紙，但結構設計工作不僅僅是簡單的機械製圖，圖紙只是表達設計方案的語言，綜合技術的具體化是結構設計的基本內容。

2.2.2　機械結構設計的特點

產品結構設計階段包括外觀建模及評審、外觀手板製作、產品內部結構設計及評審等內容，是產品結構設計中的重要階段[21]。機械結構設計是機械設計的主要工作。其主要特點有：

① 機械結構設計對機械設計的成敗起著舉足輕重的作用，是機械設計中涉及問題最多、最具體、工作量最大的階段。結構設計是集思考、討論、運算、繪

圖（包括三維建模和二維工程圖）、仿真、實驗、快速原型樣機於一體的設計過程。機械設計過程中約80％的時間用於結構設計，從事機械結構設計的工程師也最多。

② 機械結構設計問題具有多解性，即滿足同一設計要求的機械結構並不是唯一的。因此需要機械結構設計工程師具有完備的專業知識及豐富的實踐經驗，能夠根據實際要求在眾多的設計方案中選擇最合適的設計方案，以期達到最佳工作性能、最低製造成本、最小尺寸和質量、使用中最高可靠性、最低消耗和最小環境汙染。這些要求常是互相矛盾的，而且它們之間的相對重要性因機械種類和用途的不同而異。設計者的任務是按具體情況權衡輕重，統籌兼顧，使設計的機械有最佳的綜合技術經濟效果。

③ 機械結構設計階段是機械設計過程中比較活躍的環節，在進行機械結構設計時，必須從機器的整體出發對機械結構的基本要求進行分析，常常需反覆、螺旋式上升進行。

2.2.3 機械結構件的結構要素和設計方法

（1）結構件的幾何要素

機械結構的功能主要是靠機械零部件的幾何形狀及各個零部件之間的相對位置關係及相對運動關係實現的。各個幾何表面構成了零部件的幾何形狀，一個零件通常有多個表面，在這些表面中有的與其他零部件表面直接接觸，這一部分表面為功能表面，連接部分稱為連接表面。零件的功能表面是決定機械功能的重要因素，功能表面的設計是零部件結構設計的核心問題。描述功能表面的主要幾何參數有表面的幾何形狀、尺度、表面數量、位置、順序等。對功能表面進行不同的設計可以實現同一技術要求的多種結構方案設計。

（2）結構件之間的連接

機械裝備或產品任何零件都不是孤立存在的，而是相互關聯的。因此在結構設計中除了研究零件本身的功能和其他特徵外，還需研究零件之間的相互關係。零件的相關分為直接相關和間接相關兩類。兩零件有直接裝配關係的，稱為直接相關，否則為間接相關。間接相關又分為位置相關和運動相關兩類。位置相關是指兩零件在相互位置上有要求，如減速器中兩相鄰的傳動軸，其中心距必須保證一定的精度，兩軸線必須平行，以保證齒輪的正常嚙合。運動相關是指一零件的運動軌跡與另一零件有關，如車床刀架的運動軌跡必須平行於主軸的中心線，靠床身導軌和主軸軸線的平行來保證。所以，主軸與導軌之間為位置相關，而刀架與主軸之間為運動相關。多數零件都有兩個或更多的直接相關零件，每個零件都有兩個或多個部位在結構上與其他零件有關。在進行結構設計時，兩零件直接相關部位必須同時考慮，以合理地選擇零件的熱處理方式、形狀、尺寸、精度及表面質量等因素。同時還必須考慮滿足間接相關條件，如進行尺寸鏈和精度運算等。一般來說，若某零件直接相關零件越多，其結構就越複雜；零件的間接相關零件越多，其精度要求越高。

（3）考慮結構件的材料及熱處理

材料是人類賴以生存和發展的物質基礎。資訊、材料和能源是當代文明的重要組成部分，國際社會競爭的很多方面是材料的競爭。機械設計中可以選擇的材料眾多，不同的材料具有不同的性質，對應不同的加工工藝。結構設計中既要根據功能要求合理地選擇適當的材料，又要根據材料的種類確定適當的加工工藝，並根據加工工藝的要求確定適當的結構，只有通過適當的結構設計才能使選擇的材料最充分地起優勢。設計者要做到正確地選擇材料就必須充分地了解所選材料的力學性能、加工性能、使用成本等資訊。結構設計中應根據所選材料的特性及其所對應的加工工藝而遵循不同的設計原則。

金屬熱處理是機械製造中重要的工藝之一，是機械產品性能得以提升的重要手段。與其他加工工藝相比，熱處理一般不改變工件的幾何形狀和整體的化學成分，而是通過改變工件內部的顯微組織，或改變工件表面的化學成分，改善工件的使用性能。熱處理工藝一般包括淬火、正火、回火等。需要熱處理的零件的結構設計要求是：零件的幾何形狀應簡單、對稱；具有不等截面的零件，其大小截面的變化要平緩，避免突變（如果相鄰部分的變化過大，大小截面冷卻不均，必然形成內應力）；避免銳邊尖角結構（為了防止銳邊尖角處熔化或過熱，一般在槽或孔的邊緣上切出 2～3mm 的倒角）；避免厚薄懸殊的截面（因其在淬火冷卻時易變形，開裂的傾向較大）。

2.3 智慧製造裝備本體設計的主要內容

2.3.1 功能原理設計

方案設計是指根據實際需要進行產品功能原理設計，這個階段是設計過程非常重要的階段，主要進行設計任務的抽象、功能分解、建立功能結構、尋求求解方法、形成方案以及評價等內容。

（1）功能分解

在機械設計過程中，需要設計的裝備往往比較複雜，很難直接找到滿足總功能的最佳的原理方案。設計過程中可採用功能分析的方法進行功能分解，將總功能分解為多個功能元，抓住主要要求，兼顧次要要求。再通過對功能元進行求解和組合，得到原理方案的多種解。

例如，飲料自動灌裝機用來實現飲料的自動灌裝。其分功能包括飲料瓶、蓋、飲料的儲存、輸送、灌裝、加蓋、封口、噴碼、貼商標、成品輸送、包裝。對於某機器，可以按照原動機、工作機、傳動機、控制器、支承件等進行分解。

機械設計中常用的功能元有物理功能元、數學功能元和邏輯功能元。物理功能元反映了技術系統中物質、能量和資訊在傳遞和變換中的基本物理關係，包括變換、放大與縮小、分離與合並、傳導與阻隔、儲存等；數學功能元包括加、減、乘、除、乘方、微分與積分等；邏輯功能元包括與、或、非三種邏輯關係。

(2) 繪製功能結構

功能元的分解和組合關係稱為功能結構。對任務進行分解與抽象，可明確產品的總功能。功能結構直觀地反映了系統工作過程中物質、能量、資訊的傳遞和轉換過程。功能結構主要分為鏈式結構、並聯結構和循環結構三種，如圖 2-3 所示，圖中 F_1、F_2、F_3 代表不同的功能。

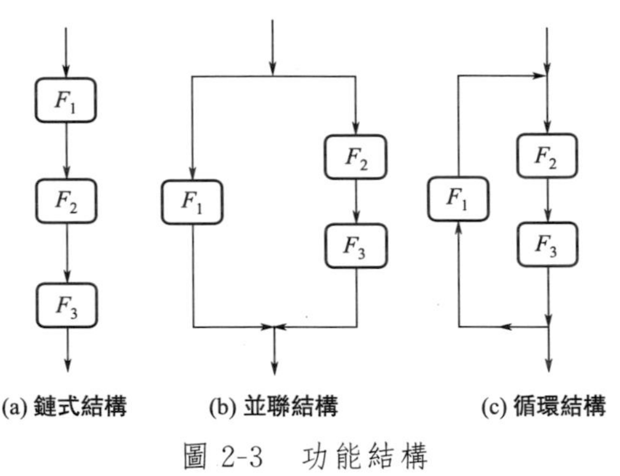

圖 2-3　功能結構

不同功能層關係如圖 2-4 所示。將不同的功能層的功能結構連接起來，層層傳遞，直至滿足總功能的要求。

(3) 功能元求解

功能元求解方法一般有設計目錄求解法、創新性求解法等。設計目錄是一種設計資訊的載體，對設計過程中需要的大量資訊按照某規則有規律地進行分類、排序、儲存，方便設計人員查找和使用。設計目錄分為對象目錄、操作目錄和解法目錄三大類。圖 2-5 為四桿機構運動轉換求解目錄，○表示可以，⊗表示不可以。

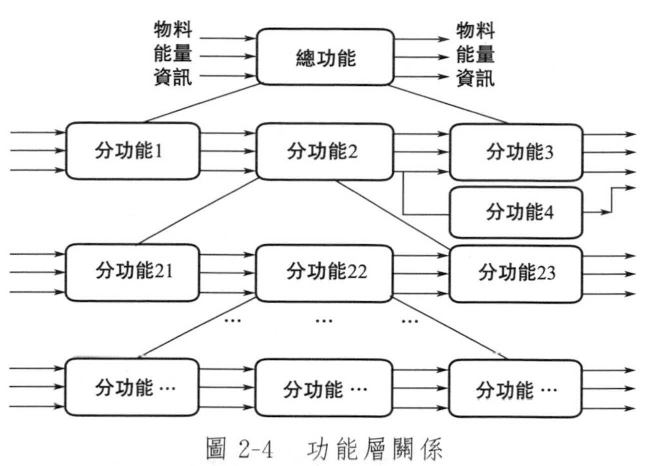

圖 2-4　功能層關係

四桿機構圖		運動副轉換			四桿機構圖		運動副轉換		
		旋轉／旋轉	旋轉／平移	平移／平移			旋轉／旋轉	旋轉／平移	平移／平移
1		○	⊗	⊗	9		⊗	○	⊗
2		⊗	○	⊗	10		⊗	⊗	○
3		○	⊗	⊗	11		○	○	⊗
4		⊗	○	⊗	12		⊗	○	○
5		⊗	⊗	○	13		○	○	⊗
6		○	⊗	⊗	14		⊗	⊗	○
7		⊗	○	⊗	15		⊗	⊗	○
8		○	⊗	⊗	16		⊗	⊗	○

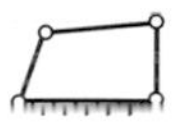

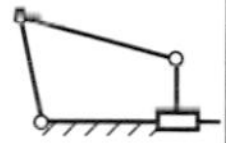

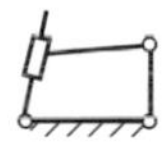

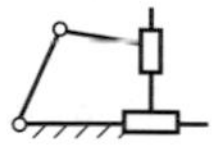

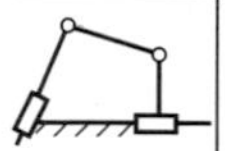

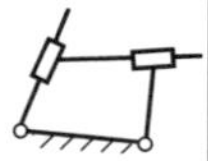

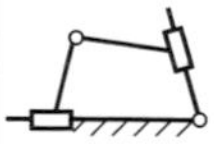

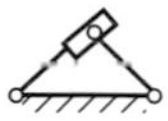

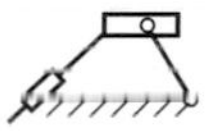

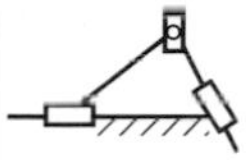

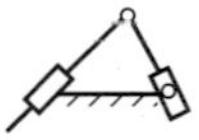

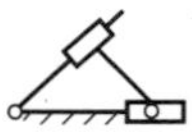

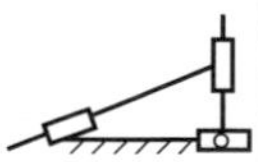

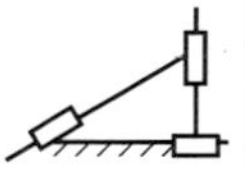

圖 2-5　四桿機構運動轉換求解目錄

(4) 原理方案求解

原理解就是能實現某種功能的工作原理以及實現該工作原理的技術手段和結構原理。原理方案的分析與求解一般借助形態學矩陣。將系統功能元和其對應的各個解分別作為座標，列出系統的「功能求解矩陣」，然後從每個功能元中取出一個對應解進行有機組合，構成一個系統解[22]。

(5) 初步設計方案成形

將所有的子功能原理結合，形成總功能。原理解的結合可以得到多個設計方案，可以採用系統結合法或數學方法結合法等得到理想的初步設計方案。然後就可以進行方案評價、總體結構布置、參數運算。

(6) 總體結構布置

選定初步方案以後，就可以進行方案的具體化。比如對空間布局、質量、技術參數、材料、性能、工藝、成本、維護等進行量化。

機械系統的總體布置是結構設計的重要環節，應滿足功能、性能合理，結構緊湊，層次清晰，比例協調，具有可擴展性等要求。總體布置的設計順序應由簡到繁，反覆多次。按執行件的布置方向，分為水平式、傾斜式、直立式等。按執行件的運動方式，分為迴轉式、直線式、振動式等。按原動機的相對位置，分為前置式、中置式、後置式等。

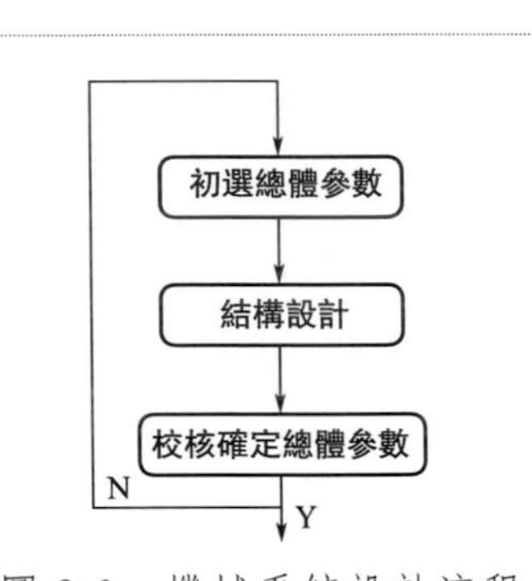

圖 2-6　機械系統設計流程

(7) 主要參數運算

機械系統的主要參數分為性能參數、尺寸參數、動力參數和運動參數。設計時，應根據實際要求，初選總體參數進行結構設計，校核確定總體參數，根據存在的問題調整參數和結構，直至總體技術參數滿足要求為止（圖 2-6）。做好初選總體參數需要一定的設計經驗。

2.3.2 方案評價與篩選

(1) 確定評價指標

產品總體方案評價是產品設計過程中的重要步驟，是確定總體設計之後進行詳細設計的關鍵環節。在產品總方案評價指標體系中，既有定量的指標，又有定性的指標。定性指標評價值通常由於資訊的不完全或者評價指標的定性屬性而無法量化。不同的定量指標評價價值不具有可比性。而評價指標需要建立可以相互比較的同一量綱的評價指標值，因此需要對定性指標和定量指標規範化。對於定性指標，通常採用相同水平的模糊數表示指標評價值；對於定量指標，其性能評價常採用的方法有線性變換、標準 0-1 變換、向量規範化等。

（2）確定評價模型

評價指標是評價的依據。評價指標包括技術評價指標（即技術上的可能性和先進性，包括工作性能指標、可靠性、可維護性等），經濟評價指標（包括成本、利潤、實施費用及投資回收期等），社會評價指標（是否符合國家科技發展的政策和規劃，是否有利於改善環境，是否有利於資源開發和節約能源等）。

通過對設計總目標的分析，選擇要求和約束條件中最重要的幾項作為評價指標。同時根據各評價目標的重要程度分別設置加權係數。一般取各評價指標加權係數 $W_i \in [0,1]$，且 $\sum W_i = 1$。常用的評價模型建立方法包括有效值評分法、模糊評價法、層次分析法等。

設計評價的內容很多，對智慧機電裝備的評價來說，主要有技術經濟評價、可靠性評價、結構工藝性評價、人機工程學評價、產品造型評價、標準化評價等。

以結構工藝性評價為例進行介紹。結構工藝性評價可以降低生產成本，縮短生產時間，提高產品質量。結構工藝性的評價內容有加工工藝性、裝配、維護等。

加工工藝性可以從產品結構的合理組合和零件加工工藝性兩方面評價。產品是由部件、組件和零件組成的。組成產品的零部件越少，結構越簡單，重量可能越輕，但可能導致零件的形狀複雜，加工工藝性差。根據工藝要求，設計時應合理地考慮產品的結構組合，把工藝性不太好或尺寸較大的零件分解成多個工藝性好的小零件，使零件的尺寸與企業生產設備尺寸相適應，但增加了加工費用和裝配費用，連接面增加也會使剛度、抗震性和密封性能皆有所降低。產品結構的合理組合也包括設計時把多個結構簡單、尺寸較小的零件合並為一個零件，以減輕重量，減少連接面數量，節省加工和裝配費用，改善結構的力學性能。

零件的結構形狀、材料、尺寸、表面質量、公差和配合等確定了其加工工藝性。加工工藝性的評價沒有統一標準，可以根據工廠現有生產條件確定，比如傳統的工藝習慣，工廠的現有加工設備的加工能力和工裝條件，外協加工條件和能力，材料、毛坯和半成品的供應情況和質量檢驗的可能性等。鑄造類零件、鍛造類零件、冷壓類零件、車削加工零件、特種加工零件、銑削零件、磨削零件等，具有自己的工藝要求，篇幅關係這裡不再詳述，需要時可以參閱金屬加工手冊，供設計時參考。

產品設計不僅決定了零件加工的成本和質量，而且決定了裝配的成本和質量。裝配的成本和質量取決於裝配操作的種類和次數，裝配操作的種類和次數又與產品結構、零件及其結合部位的結構和生產類型有關。

便於裝配的產品結構會將產品合理地分解成部件，部件分解成組件，組件再分解成零件，實現平行裝配，縮短裝配週期，保證裝配質量。結構簡單的零件合並為一個零件，以減少裝配工作量；滿足功能的前提下，盡可能減少零件、接合部位和接合表面的數量；裝配時盡可能採用統一的工具、統一的裝配方向和方法。零件接合部位結構的合理性可以改善裝配工藝性和維修工藝性。

產品設計應充分考慮整個產品生命週期，設計之初就應考慮產品的維護：平均修復時間要短；維修所需元件或零部件的互換性好，並容易尋找；設備零部件間有充足的操作空間；維修工具、附件及輔助維修設備的數量和種類少；維修成本低、工時少。

其他評價這裡不再贅述。在形成的初步方案比較多的情況下，可以對方案進行初選，比如可以通過觀察比較，先淘汰方案裡面不能實現的方案，也可以給每個方案進行指標打份量化，通過得分來確定最終方案。

2.3.3 機械結構設計的基本要求

工業文明以來，人類創造了各種各樣的機械產品，並應用於生產生活中，改變了人類的生活方式。機械結構設計的內容和要求千差萬別，但不同的機械有共性部分。機械結構設計的要求可以從機械結構設計的三個不同層次來說明。

（1）功能原理設計

功能是對某產品的工作功能的抽象化描述，基本功能是產品所具有的用以滿足使用者某種需要的效能，即產品的用途或使用價值。產品的設計就是要給從無到有的機器或裝置賦予使用價值，也就是說要有用。功能設計要滿足主要機械功能要求，技術上要具體化，並以工程圖紙等形式表達，如工作原理的實現、工作的可靠性、工藝、材料和裝配等方面要求的具體化。功能原理設計首先要通過調查研究，確定符合客戶要求的功能目標，然後進行創新，進行功能設計並進行原理驗證，確定方案及評價，得出最佳方案。具體來說包括功能原理分析、功能分解、分功能求解和功能原理方案確定。

（2）質量設計

質量設計非常重要，是現代工程設計的特徵，是提高產品競爭力的重要因素。設計時兼顧各種要求和限制（操作、美觀、成本、安全、環保等），提高產品的質量和 CP 值。統籌兼顧各種要求，提高產品的質量，是現代機械設計的關鍵所在，也是產品具有旺盛競爭力的關鍵所在。產品質量問題不僅僅是工藝和材料的問題，提高質量應始於設計。優秀的設計能讓產品迅速占領市場，為企業贏得利潤和競爭力。

(3) 優化設計和創新設計

隨著市場對產品性能要求的提高，優化設計和創新設計在現代機械設計中的作用越來越重要，已成為未來技術產品開發的競爭焦點。企業要求得生存，需要不斷地推出具有競爭力的創新產品。創新設計需依據市場需要發展的預測，進行產品結構的調整，用新的技術手段和技術原理，對傳統產品進行改造升級，開發出新一代的產品，提升產品的附加值，改善其功能、技術指標，降低生產成本和能源消耗，採用先進的生產工藝，縮小與國外先進同類產品之間的差距，提高產品的競爭能力[23]。創新設計是解決發明問題的設計，該過程的核心是概念設計[24]。優化設計和創新設計要求用結構設計變元等方法系統地構造優化設計空間，用創造性設計思維方法和其他科學方法進行優選和創新。機械設計的任務是在眾多的可行性方案中尋求最佳的方案。結構優化設計的前提是要能構造出大量可供優選的可行性方案，即構造出大量的優化求解空間，這也是結構設計最具創造性的地方。結構優化設計目前仍侷限在用數理模型描述的此類問題上。建立在由工藝、材料、連接方式、形狀、順序、方位、數量、尺寸等結構設計變元所構成的結構設計解空間基礎上的優化設計，更具發展潛力。

一般情況下，創新和優化設計需要從市場調研和需要預測開始。在市場調研的基礎上，明確裝備產品設計任務，進行產品的規劃、方案設計、技術設計和施工設計等。最後，需要產品樣機試制或者快速原型樣機，進行產品試驗，驗證新產品的性能，然後進行中試。

2.3.4 機械結構基本設計準則

機械設計的最終結果是以一定的結構形式表現並按所設計的結構進行加工、裝配、除錯，形成新的產品。結構設計應滿足產品在功能、可靠性、工藝性和經濟性等諸多方面的要求，還應對零件的受力平衡、強度、剛度、精度和壽命等不斷改進，因此機械結構設計是一項綜合性的技術工作。錯誤的或不合理的結構設計會造成零部件的失效，使機器達不到設計精度的要求，給裝配和維修帶來極大的不方便。機械結構設計過程中應考慮的結構設計準則有：

(1) 明確預期功能

產品設計的主要目的是實現預定的功能要求，因此實現預期功能的設計準則是結構設計首先考慮的問題。原則是明確，簡單，安全可靠。

① 明確功能。進行結構設計首先要明確產品功能，產品設計中的問題都應該在結構方案中有明確的體現，做到功能明確，工作原理明確，使用工況及應力狀態明確。結構設計是根據零部件在機器中的功能和與其他零部件相互的連接關係，設計結構和尺寸參數。零部件主要的功能有承受載荷，傳遞運動和動力，以

及保證或保持有關零件或部件之間的相對位置或運動軌跡等。設計的結構首先應能滿足機器的基本功能要求，在此基礎上，再逐步優化。

② 功能合理分配。產品設計時，根據具體情況有時需要將任務進行合理的分配，將一個功能分解為多個分功能。每個分功能都要有確定的結構承擔，各部分結構之間應具有合理、協調的連繫，以實現總功能。多結構零件承擔同一功能可以減輕單個零件負擔，延長使用壽命。以帶傳動的 V 帶為例，抗拉層纖維繩用來承受拉力；橡膠填充層承受帶彎曲時的交變彎曲應力；包布層與帶輪輪槽作用，產生傳動所需的摩擦力。再如，承受橫向載荷的螺紋連接中，如果只靠螺栓預緊產生的摩擦力來承受橫向載荷，會使螺栓的尺寸過大或螺栓數目太多，在設計時可增加抗剪元件分擔橫向載荷。這樣，連接主要靠螺栓完成，抗剪主要由抗剪元件完成，如圖 2-7 所示。

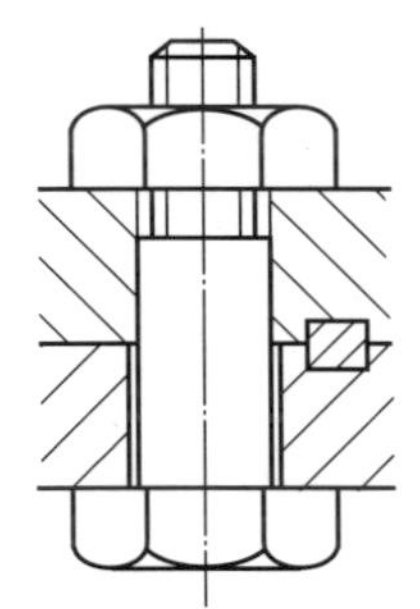
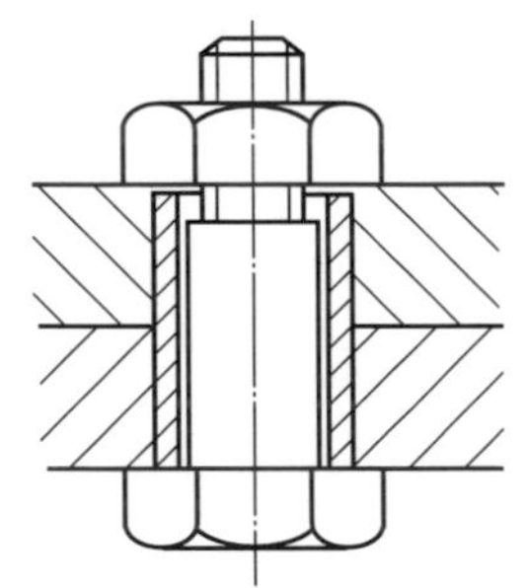
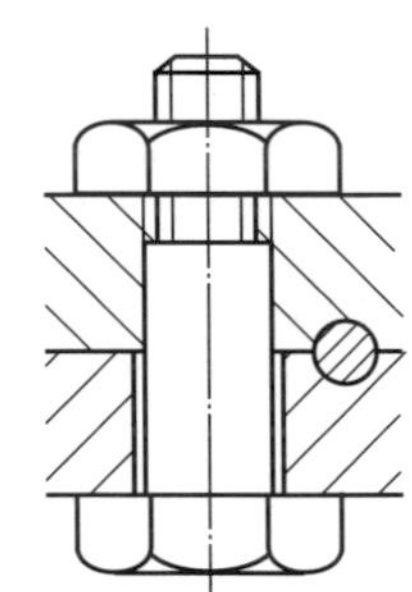

圖 2-7　採用抗剪元件分擔載荷

③ 功能集中。為了簡化機械產品的結構、降低加工成本、便於安裝，在某些情況下，可由一個零件或部件承擔多個功能。功能集中有一定的優勢，但過度會使零件的形狀更加複雜，反而影響加工工藝、增加加工成本，設計時應根據具體情況而定。

④ 簡單可靠。在確定結構方案時，零件數目和加工工序盡可能減少，零件形狀結構要簡單，盡量減少加工面，減少機加工次數及熱處理工序。

(2) 滿足強度要求的設計準則

① 等強度準則。零件截面尺寸的變化應與其內應力變化相適應，使各截面的強度相等。按等強度原理設計的結構，材料可以得到充分的利用，從而減輕重量、降低成本。如懸臂支架、階梯軸、飛機機翼的設計（圖 2-8）等。

② 力流結構要合理。力流就是力在傳遞過程中的軌跡。機械系統中的力是通過各個相互連接面傳遞的，力的傳遞方向即力流方向。為了直觀地表示力在機械構件中傳遞的狀態，可以用力流來表示。力流在結構設計中起著重要的作用。

力流在構件中不會中斷，任何一條力線都不會突然消失，必然是從一處傳入，從另一處傳出。力流的另一個特性是它傾向於沿最短的路線傳遞，從而在最短路線附近力流密集，形成高應力區。其他部位力流稀疏，甚至沒有力流通過，從應力角度上講，材料未能充分利用。力在受載機械系統中的傳遞路線，遵循傳遞路徑最短的規律。為了提高構件的剛度，應盡可能按力流最短路線來設計零件的形狀，減少承載區域，從而使累積變形更小，提高材料利用率和整個構件的剛度。圖 2-9 所示為根據力流結構設計的板簧和軸支承結構。

圖 2-8　飛機機翼的等強度（懸臂梁）設計

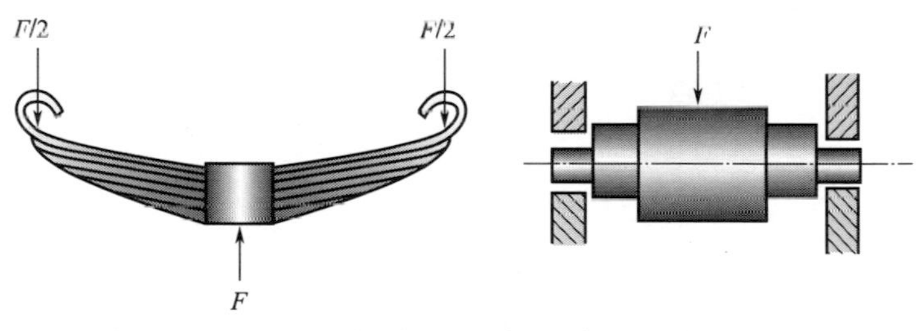

圖 2-9　板簧和軸支承結構設計

③ 減小應力集中結構。力流方向急遽變化會引起應力集中，應力集中在結構設計中經常出現。設計時應在結構上採取措施，使力流轉向平緩。應力集中是影響零件疲勞強度的重要因素，應盡量避免或減小應力集中。避免應力集中的措施可以查閱機械設計相關書籍或手冊，如增大過度圓角、採用卸載結構等。圖 2-10所示為螺紋連接中減小應力集中的結構。表 2-1 給出了降低軸應力集中的措施。

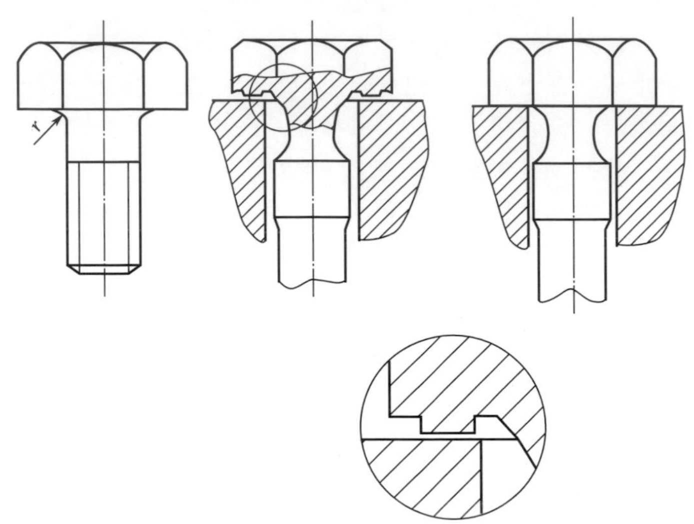

圖 2-10 螺紋連接中減小應力集中的結構

表 2-1 降低軸應力集中的措施

結構名稱	簡圖	措施
圓角		加大圓角半徑 $r/d>0.1$ 減小直徑差 $D/d<1.15\sim1.2$
		加入凹圓角
		加大圓角半徑，設中間環
		加退刀圓角

續表

結構名稱	簡圖	措施
鍵槽		底部加圓角
		用圓盤銑刀
花鍵		增大花鍵直徑 $d_1=(1.1\sim1.3)d$
		花鍵加退刀槽

④ 使載荷平衡。機器工作時，常產生一些無用的力，如慣性力、斜齒輪軸向力等，這些力增加了軸和軸瓦等零件的負荷，降低了其精度和壽命，同時也降低了機器的傳動效率。所謂載荷平衡就是指採取結構措施平衡部分或全部無用力，以減輕或消除其不良的影響。這些結構措施主要包括平衡元件、對稱布置等。

(3) 滿足結構剛度

剛度是指材料或結構在受力時抵抗彈性變形的能力，表徵材料或構件彈性變形的難易程度。構件變形常影響構件的工作，例如齒輪軸的過度變形會影響齒輪嚙合狀況，機床變形過大會降低加工精度等。影響剛度的因素是材料的彈性模量和結構形式，改變結構形式對剛度有顯著影響。為保證機械零部件在使用週期內正常地實現其功能，必須使其具有足夠的剛度。

(4) 考慮加工工藝

機械零部件結構設計的主要目的是使產品實現要求的功能，達到要求的性能。結構設計對產品零部件的加工工藝、生產成本及最終產品質量影響很大，因此，在結構設計中應力求產品有良好的加工工藝性。

機加工工藝是指利用機械加工的方法，按照圖紙的圖樣和尺寸，使毛坯成為形狀、尺寸、相對位置和性質合格的零件的全過程。常規加工工藝有車削、銑削、刨削、磨削、鉗工、特種加工等，任何一種加工工藝都有其侷限性，可能不適用某些結構的零部件的加工或者零件某一工序的加工，或生產成本很高，或質量受到影響。因此，對於機械設計師來說，熟悉常規加工方法的特點、適用範圍非常重要，同時要了解本單位工廠的加工能力，這樣可在設計結構時盡可能地揚長避短。實際生產中，零部件結構工藝性受到諸多因素的制約，如生產批量的大小會影響坯件的生成方法；生產設備的條件可能會限制工件的尺寸；此外，造型、精度、熱處理、成本等方面都有可能對零部件結構的工藝性有制約作用。因此，結構設計時應充分考慮上述因素對工藝性的影響。

(5) 考慮裝配的設計準則

產品都是由若干個零件和部件組成的。按照規定的技術要求與裝配圖紙的設計，若干個零件接合成部件或將若干個零件和部件組裝，並經過除錯、檢驗使之成為合格產品的過程，稱為裝配，是產品製造過程中的重要工序。其中零部件的結構對裝配的質量、成本有直接的影響。有關裝配的結構設計準則有：

① 合理劃分裝配單元。裝配的基本任務是研究在一定的生產條件下，以高效率和低成本裝配出高質量的產品。裝配可以分為部裝和總裝。設計的整機應能分解成若干個可單獨裝配的單元（部件或組件），以實現並行且專業化的裝配作業，縮短裝配週期，並且便於逐級技術檢驗和維修，延長產品的使用壽命。

② 正確安裝零部件。保證零件準確配合定位，避免雙重配合，防止裝配錯誤。合理安排裝配順序和工序，盡量減少手工勞動量，滿足裝配週期的要求，提高裝配效率。

③ 保證裝配精度。裝配精度不僅影響機械零部件的工作性能，而且還影響裝備的使用壽命。裝配精度的主要內容有：各零部件的相互位置精度，各運動部件間的相對運動精度，配合表面間的配合精度和接觸質量。可採取適當的措施保證裝配精度。

④ 使零部件便於裝配和拆卸。結構設計中，應保證有足夠的裝配空間，如扳手空間；避免過長配合以增加裝配難度，使配合面擦傷，如有些階梯軸的設計；為便於拆卸零件，應給出安放拆卸工具的位置，如軸承的拆卸。

⑤ 盡量降低裝配成本。

(6) 考慮維護修理的設計準則

① 產品的配置應根據其故障率的高低、維修的難易、尺寸和質量的大小以及安裝特點等統籌安排，凡需要維修的零件部件、故障率高而又需要經常維修的部位及應急開關，都應具有最佳的可達性。

② 產品特別是易損件、常拆件和附加設備的拆裝要簡便，拆裝時零部件進出要柔和，路線最好是直線或平緩的曲線。

③ 產品的檢查點、測試點、觀察孔、注油孔等維護點，都應布置在便於操作者接近的位置上。

④ 需要維修和拆裝的產品，其周圍要給操作者留足夠的操作空間。

⑤ 考慮維護方便。維修時一般應能看見內部的操作，其通道除了能容納維修人員的手或臂外，還應留有供觀察的適當間隙。

(7) 考慮造型設計的準則

產品的設計不僅要滿足功能要求，還應考慮工業設計，提高產品造型的美學價值，提高市場競爭力。技術產品的社會屬性是商品，在買方市場的時代，為產品設計一個能吸引顧客的外觀是一個重要的設計要求，時尚的有時代感的外觀能迅速鎖定消費者群，及時占領市場。造型設計應注意的問題有：

① 整機尺寸比例要協調。在進行機械結構設計時，應充分考慮外形輪廓各部分尺寸之間均勻協調的比例關係，盡可能地利用一些大眾接受的審美原則，如「黃金分割法」來確定尺寸，使產品造型更具美感。

② 產品外觀顏色。色彩是產品造型要素中的重要因素，具有先聲奪人的效果，能夠第一時間抓住消費者眼球，提高產品檔次和競爭力。

③ 形狀簡單統一。機械產品的外形通常由長方體、圓柱體、錐體等基本的幾何形體，通過差、交、並等組合而成。結構設計時，應使這些形狀配合適當，基本形狀應在視覺上平衡，盡量減少形狀和位置的變化，避免過分凌亂，做到簡約而不簡單。

(8) 考慮成本的設計準則

設計成本是根據一定生產條件，依據產品的設計方案，通過技術分析和經濟分析，採用一定方法確定的最合理的加工方法下的產品預計成本。產品成本雖然主要發生在製造階段，但在很大程度上取決於設計階段。設計中的成本浪費會造成成本控制的「先天」不足。設計成本控制是成本控制的關鍵。控制成本可以採取的措施有：

① 對產品進行功能分解，合並相同或相似功能，去除不必要的功能，盡可能地簡化產品使用和維修操作。

② 在滿足規定功能要求的條件下，盡可能簡化結構，減少產品層次和組成單元的數量，簡化零件的形狀。

③ 為產品設計簡便而可靠的調整機構，以排除磨損或漂移等引起的常見故障。對易發生局部耗損的貴重件，應設計成可調整或可拆卸的組合件，以便於局部更換或修復，避免或減少互相牽連的反覆調校。

④ 合理安排各組成部分的位置，減少連接件、固定件，檢測、更換零部件方便操作，盡量減少拆卸、移動。

⑤ 優先選用標準件。設計時應優先選用標準化的設備、元件、零部件和工具等產品，並盡量減少其品種、規格。

⑥ 提高互換性和通用化程度。

2.3.5 機械結構設計步驟

機械的結構設計通常是確定完成既定功能零部件的形狀、尺寸和布局。結構設計過程是綜合分析、繪圖、運算三者相結合的過程，是從內到外、從重要到次要、從局部到總體、從粗略到精細，權衡利弊，反複檢查，逐步改進的過程。機械結構設計過程大致如下：

① 理清主次、統籌兼顧。明確待設計結構件的主要任務和限制，將實現其目的的功能分解成幾個子功能。然後從實現機器主要功能（指機器中對實現能量或物料轉換起關鍵作用的基本功能）的零部件入手，通常先從實現功能的結構表面開始，考慮與其他相關零件的相互位置、連接關係，逐漸同其他表面一起連接成一個零件，再將這個零件與其他零件連接成部件，最終組合成實現主要功能的機器。而後，再確定次要的、補充或支援主要部件的部件，如密封、潤滑及維護保養部件等。

② 繪製草圖。在繪製草圖之前應該有機構的運動方案設計，在此基礎上，在分析確定結構的同時，粗略估算結構件的主要尺寸，並按一定的比例繪製草圖，初定零部件的結構。這個階段繪製草圖，應表示出零部件的基本形狀、主要尺寸、運動構件的極限位置、空間限制、安裝尺寸等。同時結構設計中要充分注意標準件、常用件和通用件的應用，並盡可能地系列化，即「三化」，以減少設計與製造的工作量，降低成本。

③ 綜合分析，確定結構方案。綜合過程的主要工作是找出實現產品功能目的各種可供選擇的結構，然後分析、評價、討論、比較，最終確定結構。通過改變工作面的大小、方位、數量及結構中的構件材料、表面特性、連接方式，可以產生新方案。

④ 運算、改進結構設計。對承載零部件的結構進行載荷分析，運算載荷作用下結構件的強度和剛度，根據運算結果改進設計，直到符合要求為止，目的是提高承載能力及工作精度。結構設計很重要的一部分內容是零部件裝拆、材料、加工工藝對結構的要求，要根據實際情況對結構進行改進。

⑤ 完善結構設計。考慮產品全生命週期，按技術、經濟和社會指標不斷完善，尋找所選方案中的缺陷和薄弱環節，對照各種要求和限制，反覆改進。考慮

零部件的通用化、標準化，減少零部件的品種，降低生產成本。在結構草圖中注出標準件和外購件。重視安全與勞保，對結構進行完善。

⑥ 外觀設計。綜合考慮機械外觀是否勻稱、美觀。外觀不均勻會造成材料或機構的浪費，出現慣性力時會失去平衡，很小的外部干擾力作用就可能失穩，抗應力集中和抗疲勞的性能也會削弱。外觀設計應該由有工業設計背景的設計人員來完成或參與完成，另外，必要的時候可以做市場調研，了解潛在客戶的心理需要和定位，以此來指導產品的設計。

2.4 智慧製造裝備進給傳動系統設計

進給傳動系統是機械系統的重要組成部分，是將動力系統提供的運動和動力經過變換後傳遞給執行系統的子系統。進給傳動系統由傳動比準確的傳動件組成，常用傳動件有齒輪、蝸輪蝸桿、齒輪齒條等。

2.4.1 智慧製造裝備進給傳動系統的功能要求

(1) 滿足運動要求

進給傳動系統需要實現執行件運動形式和規律的變換以及對不同執行件的運動分配功能，使執行件滿足不同工作環境下的工作要求。最重要的是，進給傳動系統需實現執行件的變速功能，並且實現從動力源到執行件的升、降速功能。系統要有良好的響應特性，低速進給或微量進給時不爬行，運動靈敏度高。

(2) 滿足動力要求

進給傳動系統應具有較高的傳動效率，實現從動力源到執行件的功率和扭矩的動力轉換；具有足夠寬的調速範圍，能夠傳遞較大轉矩，以滿足不同的工況需要。

(3) 滿足性能要求

進給傳動系統中的執行件需要具有足夠的強度、剛度和精度，剛度包括動剛度和靜剛度，且加工和裝配工藝要好。若傳動件和執行元件集中在一個箱體裡，傳動件在運轉過程中產生的振動會直接影響執行件運轉的平穩性，傳動件產生的熱量也會使執行件產生熱變形，影響加工精度。所以，執行件應同時具有良好的抗震性和較小的熱變形特性。

(4) 滿足經濟性要求

進給傳動系統在滿足工作要求的前提下，應盡量減少傳動件的數量，使其結構緊湊，減少效率損耗並且節省材料，降低成本。

目前裝備上廣泛應用的傳動裝置主要有滾珠絲槓螺帽副、靜壓蝸輪蝸桿副、雙導程蝸桿等。以數控機床為例，與傳統進給傳動系統相比，數控機床的進給系統中，每一個運動都由單獨的伺服電機驅動，傳動鏈大大縮短，傳動系統相比傳統進給系統採用大量齒輪傳動的形式，不僅大大減少了傳動件的數量，而且使結構簡單化，同時也減小了傳動誤差，保證了傳動精度。

2.4.2 智慧製造裝備進給傳動系統的組成

(1) 變速裝置

變速裝置又稱變速箱，是最常見的用來改變原動機的輸出轉速和轉矩以適應執行系統工作要求的變速裝置，它能固定或分擋改變輸出軸和輸入軸傳動比，由變速傳動機構和操縱機構組成。常見的變速方式有齒輪系變速、帶傳動變速、離合器變速、嚙合器變速等。變速裝置應滿足變速範圍和級數的要求，傳遞效率高並傳遞足夠的功率或扭矩，結構簡單、重量輕並具有良好的工藝性和潤滑、密封性。

(2) 啟停和換向裝置

啟停和換向是進給傳統系統最基本的功能。啟停和換向裝置用來控制執行件的啟停及運動方向的轉換。裝備中常用的啟停和換向裝置一般分為不頻繁啟停且無換向（自動機械）、不頻繁換向（起重機械）、頻繁啟停和換向（通用機床）三種情況，常見的換向方式有動力機換向、齒輪-離合器換向、滑移齒輪換向等。啟停和換向裝置應滿足結構簡單、操作方便、安全可靠並能夠傳遞足夠的動力等要求。

(3) 進給運動裝置

進給運動裝置的功能是裝備某運動部件的線性或周向進給，也是進給傳統系統最基本的功能之一。進給運動裝置主要由滾珠絲槓螺帽副、導軌等組成。現代的一些智慧製造裝備上，比如高速切削機床，廣泛採用電主軸等進給傳動裝置。直線運動裝置方面，直線電機也獲得了廣泛的應用。

(4) 制動裝置

制動裝置是使執行件由運動狀態迅速停止的裝置，一般用於啟停頻繁、運動構件慣性大或運動速度高的傳動系統，還可以用於裝備發生安全事故或者緊急情況時緊急停車。常用的制動方式有電機制動和制動器制動兩類，電機制動具有結構簡單、操作方便、制動迅速等優點，但傳動件受到的慣性衝擊大；制動器制動通常用於啟動頻繁、傳動鏈較長、傳動慣性和傳動功率大的傳動系統。制動裝置應具有結構簡單、操作方便、耐磨性高、易散熱和制動平穩迅速等特點。

(5) 安全保護裝置

安全保護裝置是對傳動系統中各傳動件起安全保護作用的裝置，避免因過載而損壞機件。常見的安全保護裝置有銷釘式安全聯軸器、鋼球式安全離合器、摩擦式安全離合器等。傳動件要有外殼等保護裝置，不要裸露於環境中，以免造成操作者人身傷害。裝備應該設計有急停裝置，發生意外時緊急斷電。

2.4.3 智慧製造裝備傳動系統的分析及運算

(1) 傳動系統圖

為了便於分析機械系統的運動和傳動情況，設計者通常需要繪製傳動系統圖，傳動系統圖是表示機械系統全部運動傳動關係的示意圖。傳動系統圖應盡量畫在一個能反映傳動件相互位置的投影面上，各傳動件按照傳動順序以展開圖的形式畫出來。傳動關係圖只能表示傳動關係，並不代表各元件的實際尺寸和空間位置。圖中通常需標出齒輪（蝸輪）齒數、帶輪直徑、絲槓導程及頭數、電機的轉速、傳動軸的編號等資訊。圖 2-11 所示為某機床傳動系統圖。

(2) 齒輪齒數的確定

當各變速組的傳動比確定之後，可確定齒輪齒數和帶輪直徑。一般來說，齒輪的齒數與齒輪間中心距呈正相關，而中心距又取決於傳遞的扭矩，主變速傳動系是降速傳動系，越後的變速組傳遞的扭矩越大，因此中心距也越大。但齒數和不應過大，一般推薦 $S_z \leqslant 100 \sim 120$。齒數和也不應過小，最小齒輪的齒數要盡可能小，但要滿足不發生根切的最小齒數條件，並保證作主傳動時具有較好的運動平穩性。受齒輪結構限制的最小齒數的各齒輪，應能可靠地進行安裝，齒輪的齒槽到孔壁或鍵槽的壁厚 $a \geqslant 2m$（m 為模數），以確保有足夠的強度，避免出現變形、斷裂。最小齒數 $Z_{min} \geqslant 6.5 + D/m$（$D$ 為齒輪花鍵孔的大徑；m 為齒輪模數）。兩軸間最小中心距應取得適當，若齒數和 S_z 過小，將導致兩軸的軸承及其他結構之間的距離過近或相碰。另外，分配傳動比時，還要考慮潤滑等情況。

傳動比可表示為

$$i = \frac{n_1}{n_0} = \frac{Z_1}{Z_0} = \frac{d_1}{d_0}$$

式中，n_0、n_1 分別為主動、被動軸轉速；Z_0、Z_1 分別為主動、被動齒輪（鏈輪）齒數；d_0、d_1 分別為主動、被動帶輪直徑。

2.4.4 智慧製造裝備傳動系統結構的設計

(1) 傳動路線的確定

傳動系統傳動路線通常可分為串聯單流傳動、並聯分流傳動、並聯混流傳動、混合傳動四類，如表 2-2 所示。

表 2-2 傳動路線

串聯單流傳動	並聯分流傳動	並聯混流傳動	混合傳動
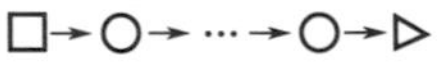 □→○→…→○→▷	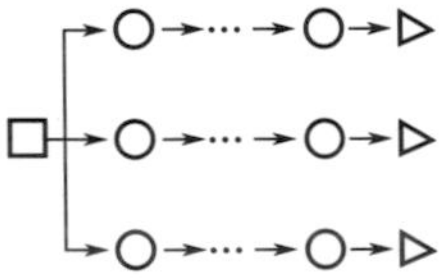 ┌○→…→○→▷ □┼○→…→○→▷ └○→…→○→▷	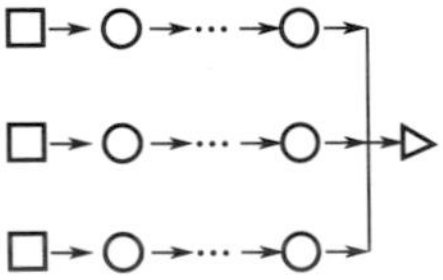 □→○→…→○┐ □→○→…→○┼→▷ □→○→…→○┘	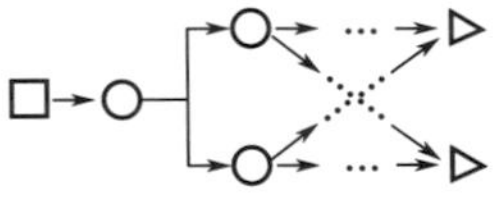 □→○┬○→ … →▷ └○→ … →▷

(2) 傳動順序的安排

斜齒輪與直齒輪傳動均存在時，斜齒輪應放在高速級；圓錐齒輪與圓柱齒輪傳動均存在時，圓錐齒輪應放在高速級；閉式和開式齒輪傳動均存在時，閉式齒輪傳動應放在高速級；鏈傳動放在傳動系統的低速級；帶傳動應放在傳動系統的高速級；對改變運動形式的傳動或機構，如齒輪齒條傳動、螺旋傳動、連桿機構及凸輪機構等一般放置在傳動鏈的末端，使其靠近執行機構；有級變速傳動與定傳動比傳動均存在時，有級變速傳動應放在高速級。

傳動比分配時，通常不應超過各種傳動的推薦傳動比；分配傳動比時應注意使各傳動件尺寸協調、結構勻稱，避免發生干涉；對於多級減速傳動，可按照「前小後大」的原則分配傳動比，且相鄰兩級差值不要過大；在多級齒輪傳動中，低速級傳動比相對較小，有利於減小外廓尺寸和總體質量。

2.4.5 滾動導軌副的設計

導軌是進給系統的重要環節，是智慧製造裝備的基本結構要素之一。智慧製造裝備的精度和使用壽命很大程度上取決於導軌的質量[25]。

滾動導軌副在進給系統工作中直接參與並完成工件與刀具相對位置確定的工作，滾動導軌副的精度直接決定了整個進給傳動系統的工作精度。滾動導軌由標準導軌塊組成，裝拆方便，潤滑簡單，動-靜摩擦因數相差很小，運動輕便靈活。由於滾珠在導軌與滑塊之間的相對運動為滾動，可減少摩擦損失，滾動摩擦係數為滑動摩擦係數的 2%左右，因此採用滾動導軌的傳動機構遠優於傳統滑動導軌。

(1) 滾動導軌副特性

① 定位精度高。滾動直線導軌的運動借助鋼球滾動實現，導軌副摩擦阻力小，動靜摩擦阻力差值小，低速時不易產生爬行。重複定位精度高，適合作頻繁啟動或換向的運動部件。可將機床定位精度設定到超微米級。裝配時增加預載荷，不僅可以實現平穩運動，提高傳動精度，而且可以減小運動的衝擊和振動。

② 摩擦磨損小。對於滑動導軌面的流體潤滑，由於流體潤滑只限於邊界區域，由金屬接觸而產生的直接摩擦是無法避免的。滾動接觸由於摩擦耗能小，滾動面的摩擦損耗也相應減少，故能使滾動直線導軌系統長期處於高精度狀態。滾動面潤滑所需潤滑油或潤滑脂也少，簡化了潤滑系統設計，維護方便。

③ 適合高速運動，綠色節能。採用滾動直線導軌的進給系統由於摩擦阻力小，所需驅動扭矩降低，動力源及動力傳遞機構小型化，使機床能耗大幅降低，節能效果明顯。由於滾動導軌適合高速運動，機床的工作效率提高 20%～30%。

④ 承載能力強。滾動直線導軌副具有較好的承載性能，具有良好的載荷適應性，工作過程中可以承受不同方向的力和力矩載荷，以及顛簸力矩、搖動力矩和擺動力矩。通過預加載荷可以增加阻尼提高抗振性，消除高頻振動現象。

⑤ 安裝簡單、互換性好。傳統的滑動導軌必須對導軌面進行刮研，耗時費力，在機床精度降低時，需要重複刮研。刮研對技工的要求很高，從事刮研工作的經驗豐富的高級鉗工越來越少。滾動導軌具有互換性，只要更換滑塊或導軌或整個滾動導軌副，機床即可重新獲得高精度。

(2) 滾動導軌副的設計與運算[26]

滾動導軌結構如圖 2-12 所示。滾動導軌組件如圖 2-13 所示。

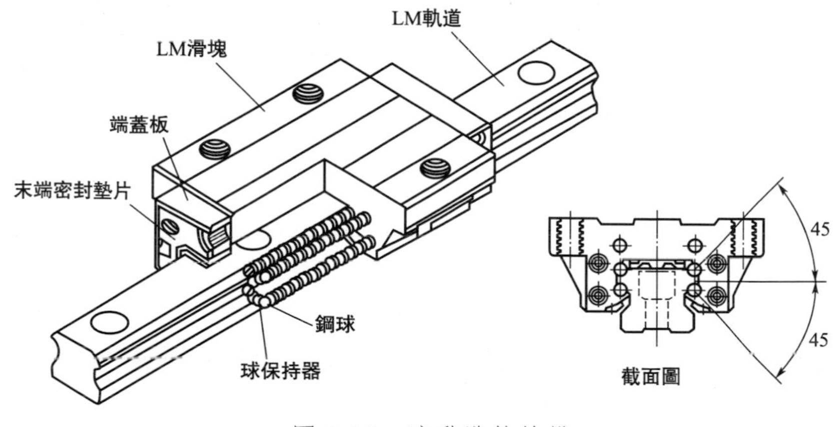

圖 2-12 滾動導軌結構

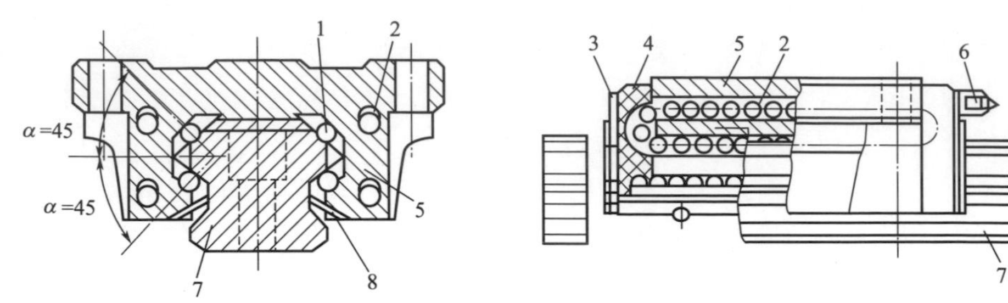

圖 2-13 滾動導軌組件

1—滾動體；2—回珠孔；3，8—密封墊；4—擋板；5—滑板；6—潤滑注油孔；7—導軌條

1）工作檯重量估算 首先確定安裝在導軌副上的工作檯的有效行程，估算 X 向和 Y 向工作檯承載重量 W_X 和 W_Y。取 X 向導軌支承鋼球的中心距為 x_0，Y 向導軌支承鋼球的中心距為 y_0，兩導軌長度均為 L，高度為 h。則

X 向托板尺寸：$S_X = Lx_0h$；

X 向托板重量為：$W_X = S_X \times$ 材料相對密度，單位為 N；

Y 向托板尺寸：$S_Y = Ly_0h$；

Y 向托板重量為：$W_Y = S_Y \times$ 材料相對密度，單位為 N；

工作檯運動部分總重 W 為：

$$W = W_X + W_Y + \text{上導軌(含電機)重量} + \text{夾具及工件重量} \tag{2-1}$$

2）滾動導軌副的設計與運算 根據給定的工作載荷 F_Z 和估算的 W_X、W_Y 運算導軌的靜安全係數：

$$f_{sL} = C_0/P \tag{2-2}$$

式中，C_0 為導軌的基本額定靜載荷，單位為 kN；P 為工作載荷，$P = 0.5(F_Z + W)$。

根據工作情況選取對應的 f_{sL}：$f_{sL} = 1.0 \sim 3.0$ 為一般運行狀況；$f_{sL} = 3.0 \sim 5.0$ 為運動時受衝擊、振動情況。可根據設計要求選擇對應的靜安全係數進行下一步設計運算。

$$C_0 = f_{sL} P_{X,Y} \tag{2-3}$$

$$P_{X,Y} = 0.5(F_Z + W_{X,Y}) \tag{2-4}$$

$$P_X = 0.5(F_Z + W_X), C_{0X} = f_{sL} P_X \tag{2-5}$$

$$P_Y = 0.5(F_Z + W_Y), C_{0Y} = f_{sL} P_Y \tag{2-6}$$

式中，f_{sL} 為導軌的靜安全係數；C_0 為導軌的基本額定靜載荷；C_{0X}，C_{0Y} 分別為 X、Y 軸的靜載荷；P_X 為 X 軸工作載荷；P_Y 為 Y 軸工作載荷；$P_{X,Y}$ 為 X 和 Y 向的工作載荷；$W_{X,Y}$ 為 X 和 Y 向的承載重量。

依據使用速度 v(m/min) 和初選導軌的基本額定動載荷 C_a(kN) 驗算導軌

的工作壽命 L_n^2。

額定行程長度壽命：

$$T_s = K(f_H f_T f_C / f_W \times C_a / F)^3 \quad (2\text{-}7)$$

式中，f_H 為硬度係數；f_W 為載荷係數；f_T 為溫度係數；f_C 為接觸係數；C_a 為導軌的基本額定動載荷；F 為運算載荷，$F = F_Z/M$，F_Z 為工作載荷，M 為滑座數目；K 為導軌參數。

導軌的額定工作時間壽命：

$$T_H = 10^3 T_s/(2 l_s n) \quad (2\text{-}8)$$

式中，T_H 為導軌的額定工作時間壽命；T_s 為額定行程長度壽命；l_s為行程長度；n 為每分鐘往返次數。l_s與 n 均為預選導軌的基本參數。若 T_H 比設計要求壽命時間長，則預選導軌滿足設計要求，可以按設計方案選用。

2.4.6 滾珠絲槓的設計

現代數控機床和高性能智慧製造裝備運動部件廣泛採用滾珠絲槓。滾珠絲槓是實現旋轉運動與直線運動相互轉化的理想產品，它由螺桿、螺帽和滾珠組成，是滾珠螺絲的進一步延伸和發展，同時兼具高精度、可逆性和高效率的特點。滾珠絲槓是將軸承從滾動動作變成滑動動作。由於具有很小的摩擦阻力，滾珠絲槓被廣泛應用於各種工業設備和精密儀器中。滾珠絲槓結構和實物如圖 2-14 所示。

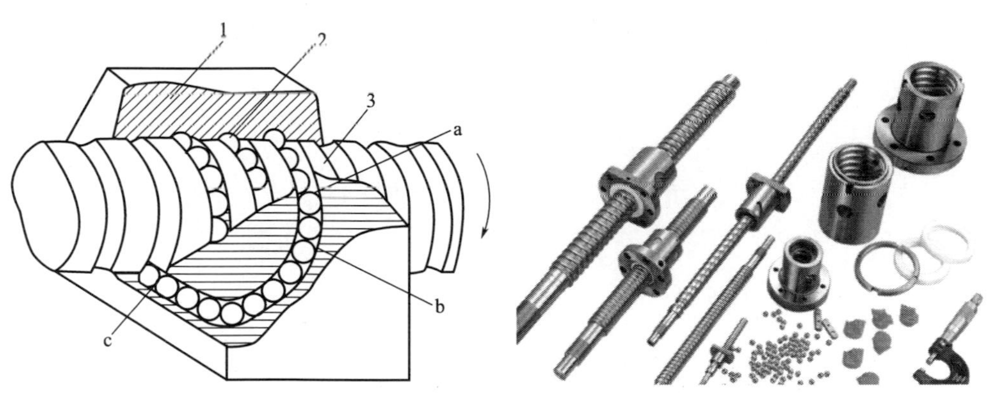

圖 2-14 滾珠絲槓結構和實物

1—螺帽；2—滾珠；3—絲槓；a,c—滾道；b—迴路管道

2.4.6.1 滾珠絲槓特性

① 傳動效率高。滾珠絲槓傳動系統的傳動效率高達 90%～98%，為傳統的滑動絲槓系統的 2～4 倍，所以能以較小的扭矩得到較大的推力，根據運動的可

逆性，可由直線運動轉為旋轉運動。

② 運動平穩。滾珠絲槓傳動系統為點接觸滾動運動，工作中摩擦阻力小、靈敏度高、啟動時無顫動、低速時無爬行現象，因此可精密地控制微量進給。

③ 高精度。滾珠絲槓傳動系統運動中溫升較小，並可預緊消除軸向間隙和對絲槓進行預拉伸以補償熱伸長，因此可以獲得較高的定位精度和重複定位精度。

④ 高耐用性。滾珠絲槓滾動體鋼球滾動接觸處均經硬化（58～63HRC）處理，並經精密磨削，循環體系過程純屬滾動，相對磨損甚微，故具有較高的使用壽命和精度保持性。

⑤ 同步性好。由於滾珠絲槓運動平穩、反應靈敏、無阻滯、無滑移，用幾套相同的滾珠絲槓傳動系統同時傳動幾個相同的部件或裝置，可以獲得很好的同步效果。

⑥ 可靠性高。相較其他傳動機構，滾珠絲槓傳動系統故障率很低，維修保養也較簡單，只需進行一般的潤滑和防塵，特殊場合可在無潤滑狀態下工作。

⑦ 剛度高。滾珠絲槓傳動系統採用歌德式溝槽形狀使鋼珠與溝槽達到最佳接觸以便輕易運轉，通過預緊使滾珠有更佳的剛度，減少滾珠和螺帽、絲槓間的彈性變形，提高傳動系統剛度。

另一種比較新穎的傳動形式是行星滾柱絲槓（圖 2-15）。行星滾柱絲槓與滾珠絲槓的結構相似，區別在於行星滾柱絲槓載荷傳遞元件為螺紋滾柱，是典型的線接觸；而滾珠絲槓載荷傳遞元件為滾珠，是點接觸。行星滾柱絲槓的主要優勢是有眾多的接觸點來支承負載。螺紋滾柱替代滾珠將使負載通過眾多接觸點迅速釋放，從而能有更高的抗衝擊能力。

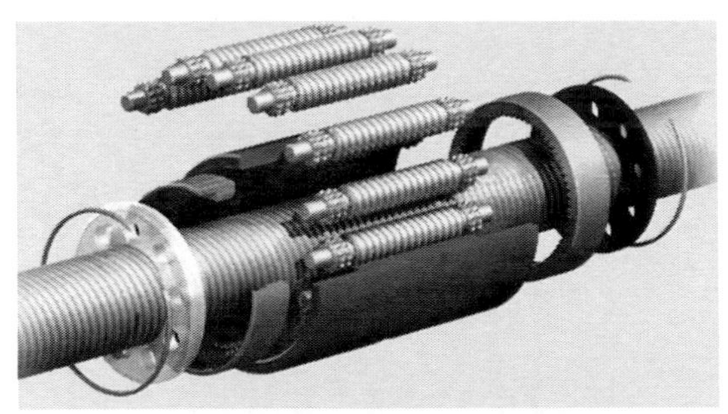

圖 2-15　行星滾柱絲槓

2.4.6.2　橫、縱向滾珠絲槓的設計與運算

首先確定工作檯重量 W_1、工件及夾具最大重量 W_2、工作檯最大行程 L_K、工作檯導軌的摩擦係數 μ、快速進給速度 v_{max}、定位精度、重複定位精度、要求壽命

時間。以及由切削方式決定的如縱向切削力 F_a、速度 v 和時間比例 q 等係數值。

(1) 確定滾珠絲槓副的導程

$$P_h = \frac{v_{max}}{i n_{max}} \tag{2-9}$$

式中，v_{max}為工作檯最高移動速度；n_{max}為電機最高轉速；i 為傳動比。先代入 v_{max}、i、n_{max}得 P_h，再查《現代機床設計手冊》取標準 P_h。

(2) 確定當量轉速與當量載荷

各種切削方式下，絲槓轉速

$$n_i = \frac{v_i}{P_h} \tag{2-10}$$

式中，v_1為強力切削下進給速度；v_2為一般切削下進給速度；v_3為精切削下進給速度；v_4為快速進給下進給速度。並將上面取得標準 P_h值代入得 n_1、n_2、n_3、n_4。

各種切削方式下，絲槓軸向載荷

$$F_i = P_{xi} + (W_1 + W_2 + P_{zi})/10 \tag{2-11}$$

式中，F_i為絲槓軸向載荷；P_{xi}為縱向切削力；P_{zi}為垂向切削力。W_1、W_2、P_{xi}、P_{zi}已知，代入求得各種切削方式下 F_i。

當量轉速 n_m(r/min) 由式(2-12) 求出：

$$n_m = n_1 \frac{t_1}{100} + n_2 \frac{t_2}{100} + \cdots + n_i \frac{t_i}{100} + n_n \frac{t_n}{100} \tag{2-12}$$

式中，t_i為由切削方式確定的工作時間百分比，n_i已在上文求出，代入求出 n_m。

當量載荷 F_m由式(2-13) 求出：

$$F_m = \sqrt[3]{F_1^3 \times \frac{n_1 t_1}{100 n_m} + F_2^3 \times \frac{n_2 t_2}{100 n_m} + F_3^3 \times \frac{n_3 t_3}{100 n_m} + F_4^3 \times \frac{n_4 t_4}{100 n_m}} \tag{2-13}$$

(3) 初選滾珠絲槓副

由《現代機床設計手冊》知滾珠絲槓副要求壽命時長為

$$L_h = \frac{10^6}{60 n_m} \times \left(\frac{c_a}{F_m} \times \frac{f_t f_h f_a f_k}{f_w} \right)^3 \tag{2-14}$$

查《現代機床設計手冊》得 f_t、f_h、f_a、f_k、f_w，且 L_h為要求壽命時長，代入數據可求得 c_a。

(4) 確定允許的最小螺紋底徑

1) 算絲槓允許的最大軸向變形量。

① $\delta_m \leqslant (1/4 \sim 1/3)$ 重複定位精度；

② $\delta_m \leqslant (1/5 \sim 1/4)$ 定位精度。

δ_m（μm）為最大軸向變形量，已知重複定位精度以及定位精度可求出①和②兩種情況下的 δ_m 值，並取兩個結果中的最小值。

2）估算最小螺紋底徑。

絲槓要求預拉伸，取兩端固定的支承形式

$$d_{2m}=0.039\sqrt{\frac{F_0 L}{\delta_m}} \tag{2-15}$$

式中，d_{2m} 為最小螺紋底徑，mm。

$$L=(1.1\sim 1.2)\text{行程}+(10\sim 14)P_h \tag{2-16}$$

靜摩擦力

$$F_0=\mu_0 W_1 \tag{2-17}$$

其中已知行程、W_1、μ_0，代入數據得 L、F_0、d_{2m}。

(5) 確定滾珠絲槓副得規格代號

選內循環浮動式法蘭，直筒螺帽型墊片預緊形式。根據計算出的 P_h、c_a、d_{2m}，在《現代機床設計手冊》中選取相應規格的滾珠絲槓副。

(6) 確定滾珠絲槓副預緊力

$$F_P=\frac{1}{3}F_{max} \tag{2-18}$$

式中，F_{max} 為絲槓軸向載荷在所考慮各種切削方式中的最大值，代入可計算出 F_P。

(7) 行程補償值與拉伸力

1）行程補償值

$$C=11.8\times 10^{-3}\Delta t l_u \tag{2-19}$$

式中，$l_u=L_k+L_n+2L_a$。查《現代機床設計手冊》分別取 L_k、L_n、L_a、Δt，代入得 C（μm）。

2）預拉伸力

$$F_t=1.95\Delta t d_2^2 \tag{2-20}$$

式中，d_2 為絲槓底徑。Δt、d_2 可通過查《現代機床設計手冊》取值。

(8) 確定滾珠絲槓副支承用的軸承代號、規格

1）軸承所承受得最大軸向載荷。

$$F_{Bmax}=F_t+F_{max} \tag{2-21}$$

2）軸承類型。兩端固定的支承形式，選背對背 60°角接觸推力球軸承。

3）軸承內徑 d 應略小於 d_2。

$$F_{BP}=\frac{1}{3}F_{Bmax} \tag{2-22}$$

4）軸承預緊力：預緊力負荷≥F_{BP}。按《現代機床設計手冊》選取軸承型號規格。

(9) 滾珠絲槓副工作圖設計

1）絲槓螺紋長度。

$$L_s=L_u+2L_e \tag{2-23}$$

由表查得余程L_e。

2）兩固定支承距離L_1，絲槓L。

3）行程起點離固定支承距離L_0。

(10) 傳動系統剛度

1）絲槓抗壓剛度。

絲槓最小抗壓剛度

$$k_{smin}=6.6d_2^2/(100L_1) \tag{2-24}$$

式中，d_2為絲槓底徑；L_1為固定支承距離。代入數據得k_{smin}(N/μm)。

絲槓最大抗壓剛度

$$k_{smax}=6.6d_2^2L_1/400L_0(L_1-L_0) \tag{2-25}$$

式中，L_0為行程起點離固定支承距離，代入數據得k_{smax}(N/μm)。

2）支承軸承組合剛度。

一對預緊軸承的組合剛度

$$K_{B0}=2\times2.34\times\sqrt[3]{d_Q z^2 F_{amax}\sin^5\beta} \tag{2-26}$$

式中，d_Q為滾珠直徑，mm；z為滾珠數；F_{amax}為最大軸向工作載荷，N；β為軸承接觸角。

由《現代機床設計手冊》查得軸承編號、F_{amax}與預加載荷的關係以及k_{amax}與K_{B0}的值。

由$k_b=2K_{B0}$可求出支承軸承組合剛度k_b(N/μm)。

滾珠絲槓副滾珠和滾道的接觸剛度為

$$k_c=k'_c\left(\frac{F_P}{0.1c_a}\right)^{1/3} \tag{2-27}$$

式中，k'_c為《現代機床設計手冊》上的剛度；c_a為在《現代機床設計手冊》中選取的滾珠絲槓副參數；F_P為滾珠絲槓副預緊力。代入數據得k_c(N/μm)[27]。

(11) 剛度驗算及精度選擇

由《現代機床設計手冊》查得軸承滾珠直徑d_Q（mm）、滾珠數z以及軸承接觸角β。

① 由公式

$$\frac{1}{k_{\min}}=\frac{1}{k_{\mathrm{smin}}}+\frac{1}{k_{\mathrm{b}}}+\frac{1}{k_{\mathrm{c}}} \tag{2-28}$$

$$\frac{1}{k_{\max}}=\frac{1}{k_{\mathrm{smax}}}+\frac{1}{k_{\mathrm{b}}}+\frac{1}{k_{\mathrm{c}}} \tag{2-29}$$

代入前面所算數據求得 $k_{\min}$ 以及 $k_{\max}$。

由公式 $F_0=\mu_0 W_1$，求得 F_0 靜摩擦力。

式中，μ_0 為靜摩擦係數；W_1 為正壓力。

② 驗算傳動系統剛度。由公式 $k'_{\min}=1.6F_0/$反向差值求得 $k'_{\min}$，其中已知反向差值與重複定位精度數值相同，比較 $k_{\min}$ 和 $k'_{\min}$。一般情況下前者比後者大，若不是則需檢查前面運算設計是否有誤。

③ 傳動系統剛度變化引起的定位誤差

$$\delta_{\mathrm{k}}=F_0\left(\frac{1}{k_{\min}}-\frac{1}{k_{\max}}\right) \tag{2-30}$$

代入前文數值運算得 δ_{k}。

④ 確定精度。

對系統而言：

$$V_{300\mathrm{p}}\leqslant 0.8\times\text{定位精度}-\delta_{\mathrm{k}} \tag{2-31}$$

式中，$V_{300\mathrm{p}}$ 為任意 300mm 內行程變動量，定位精度已知，由運算結果根據 $V_{300\mathrm{p}}$ 範圍取絲槓精度等級並確定 $V_{300\mathrm{p}}$ 標準值。

⑤ 確定滾珠絲槓副的規格代號。根據上文的設計運算確定滾珠絲槓副的相關參數，包括型號、公稱直徑、導程、螺紋長度、絲槓長度、P 類等級精度以及所選規格型號。

（12）驗算臨界壓縮載荷

絲槓所受最大軸向載荷 $F_{\max}$ 小於絲槓預拉伸力 F，表示臨界壓縮載荷已滿足設計需要，不用驗算。

驗算臨界轉速

$$n_{\mathrm{c}}=f\frac{d_2}{L_{\mathrm{c2}}^2}\times 10^7 \tag{2-32}$$

式中，n_{c} 為臨界轉速，r/min；f 為與支承形式有關的係數；d_2 為絲槓底徑；L_{c2} 為臨界轉速運算長度，mm。

由《現代機床設計手冊》得 f、d_2、$L_{\mathrm{c2}}=L_1-L_0$，運算得 n_{c}，將 n_{c} 與最大轉速 $n_{\max}$ 進行比較，若前者大於後者則表示設計運算成功，選型在符合給定條件下可以用在進給系統中；若前者不大於後者則需重新進行設計運算並驗證。

2.5 智慧製造裝備支承系統設計

支承系統是機械系統中起支承和連接作用的機件的統稱，可以保持被支承的零部件間的相互位置關係。以機床為例，支承系統通常由底座、立柱、箱體、工作檯、升降臺等基礎部分組成。設計支承系統時須考慮靜剛度、動特性、熱特性、內應力等。

支承系統由支承件構成，常用的支承件通常分為鑄造支承件和銲接支承件兩大類。鑄造技術可使支承件具有複雜的形狀和內腔，具有良好的抗震性和耐磨性，但製造工藝複雜，需要時效處理，生產週期長。生產中小型支承件時通常使用鑄造技術，批量生產。利用銲接技術可將坯料逐次裝配，適用於製造大型的、結構複雜的支承件。銲接支承件成形工藝簡單，易於修改，通常重量較輕。設計支承系統時，應在滿足工作要求的前提下，考慮支承件的加工工藝和生產成本，合理地配合使用兩類支承件。

值得指出的是，現代智慧製造裝備的支承系統越來越多地採用天然花崗石、人造花崗石等材料。這些材料具有更好的穩定性，特別適合做精密智慧製造裝備的支承材料。

2.5.1 設計支承系統需注意的問題

（1）強度和剛度

支承系統是支承和連接機械系統全部零部件的裝置，支承系統的變形會引起執行機構位置誤差，影響裝備的正常工作，設計時應保證有足夠的強度和剛度。

支承件的靜剛度包括自身剛度、局部剛度、接觸剛度。正確設計支承件的截面形狀對提高支承件的靜剛度有重要影響。空心截面慣性矩大於實心截面，方形截面對抗彎矩更有效，圓形截面對抗扭矩更有效，矩形截面抗彎矩能力更好。封閉截面的剛度大於非封閉截面。合理設置肋板和肋條可以提升支承件的靜剛度。

（2）動態性能

支承系統的動態性能主要指固有頻率、振形和阻尼。為使支承系統擁有良好的抗震性能，以保證執行機構平穩工作，需要使支承件具備較大的動剛度、阻尼以及固有頻率不與激振頻率相同或相近，提高支承系統的動態性能。

（3）熱穩定性

熱穩定性對裝備精度的影響很大。裝備工作時，原動機輸入的能量將有一部分轉化成熱量，使裝備零部件升溫，產生不均勻的熱變形，影響零部件原有的位置關係，使執行機構產生較大誤差。支承系統需合理散熱和隔熱，或將機體內部某部分熱量分散至整體，減小對某一點的影響，防止變形，還需要保持均熱。

（4）工藝性

設計支承系統時，應考慮支承件加工和裝配的方便性。許多支承件結構複雜、尺寸龐大，不方便加工裝配及運輸，所以在設計時需要充分考慮其工藝性是否合理。對於大型的支承系統，需要進行特殊的設計。

2.5.2 支承件的設計

進行支承件的設計時，首先進行受力分析，這是支承件結構設計的基礎和依據。根據執行機構的工作受力以及機件自身重量，分析支承件的受力狀態，為確定其結構、尺寸等提供依據。根據受力確定結構和尺寸，合理選擇支承件的截面形狀，確定其結構和相應的尺寸。在確定結構和尺寸的基礎上，進行結構靜態和動態性能分析，對於已確定的支承件，可繪製出其三維模型，利用有限元仿真分析對支承件的靜態或動態性能進行仿真分析並優化。最後進行方案的評價、修改，分析支承件應用的可行性，從而對其設計方案進行修改與完善，確定最終形式。

（1）支承系統的剛度運算

剛度是材料或結構在受力時抵抗彈性變形的能力，是材料或結構彈性變形難易程度的表徵。剛度與物體的材料性質、幾何形狀、邊界支援情況以及外力作用形式有關。支承件的變形一般可分為自身變形、局部變形和接觸變形三種類型。支承件的變形可以用靜剛度來評價，支承件的靜剛度包括自身剛度、局部剛度和接觸剛度。

1）自身剛度。支承件的自身剛度指抵抗自身變形的能力，主要考慮其彎曲剛度和扭轉剛度。

彎曲剛度 K_w 是指彎曲載荷與變形量之比，可表示為

$$K_w=\frac{F}{\delta}(\mathrm{N}/\mu\mathrm{m}) \tag{2-33}$$

式中，F 為彎曲載荷，N；δ 為彎曲變形量，μm。

扭轉剛度 K_n 是指扭矩與單位長度的轉角之比，可表示為

$$K_n=\frac{M_n}{\theta/l}=\frac{M_n l}{\theta}(\mathrm{N}\cdot\mathrm{m}^2/\mathrm{rad}) \tag{2-34}$$

式中，M_n為扭矩，N・m；l 為受扭段長度，m；θ 為受扭段的轉角，rad。

2）局部剛度。支承件的局部剛度不足會使其局部位置發生較大的變形，嚴重影響機械系統的工作性能。局部剛度主要取決於支承件受載部位的結構和尺寸

及肋條的布置等。

3）接觸剛度。支承件的接觸剛度是指支承件抵抗接觸變形的能力。接觸剛度K_j可表示為

$$K_j=\frac{P}{\delta}(\mathrm{MPa}/\mu\mathrm{m}) \tag{2-35}$$

式中，P 為兩接觸面之間的平均壓強，MPa，δ 為接觸變形量，μm。

接觸法向剛度為

$$k_n=\left[\frac{2\tilde{G}\sqrt{2\tilde{R}}}{3(1-\tilde{\upsilon})}\right]\sqrt{U_i^{\eta}} \tag{2-36}$$

接觸切向剛度為

$$k_s=\frac{2\left[\tilde{G}^2 3(1-\tilde{\upsilon})\tilde{R}\right]^{1/3}}{2-\tilde{\upsilon}}\times\left|F_i^{\eta}\right|^{1/3} \tag{2-37}$$

式中，$\tilde{G}$ 為等效彈性切變模量；$\tilde{\upsilon}$ 為等效泊松比；$\tilde{R}$ 為等效半徑；U_i^{η} 為接觸徑向形變；F_i^{η} 為法向力。

(2) 支承系統的結構設計

1）支承件截面形狀的選擇。支承件截面形狀有圓形、矩形、T形和工字形等。通常，矩形截面抗彎係數高，圓形截面抗扭能力強；採用空心的矩形或圓形截面可顯著提高抗彎或抗扭慣性矩，截面內部空心面積越大，其自身剛度越大。為提高支承件自身剛度，應盡量採用封閉的中空截面，但壁厚不能過薄，以免引起局部剛度不足或出現薄壁振動。不同截面慣性矩運算值和相對值如表 2-3 所示。

表 2-3　不同截面慣性矩運算值和相對值

序號	截面形狀尺寸	截面係數運算值/相對值 /cm⁴	
		抗彎	抗扭
1	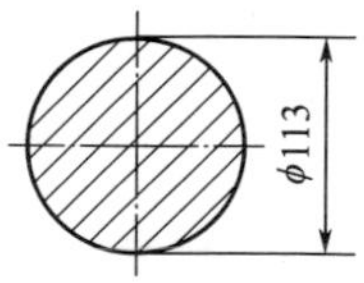 $\phi113$	800/1.0	1600/1.0
2	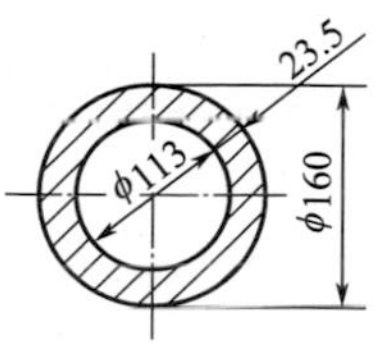 23.5, $\phi113$, $\phi160$	2412/3.02	4824/3.02

續表

序號	截面形狀尺寸	截面係數運算值/相對值 /cm⁴	
		抗彎	抗扭
3	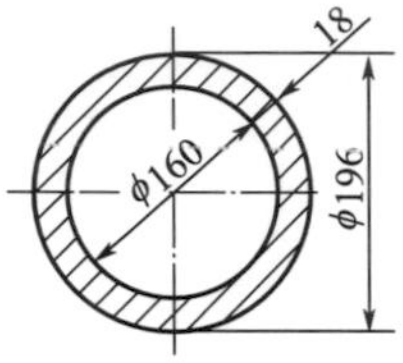 φ160, φ196, 18	4030/5.04	8060/5.04
4	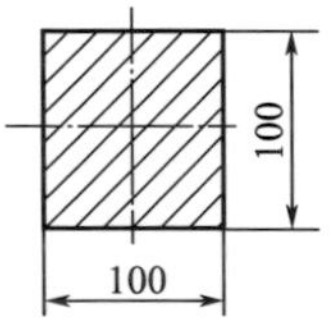 100, 100	833/1.04	1400/0.88
5	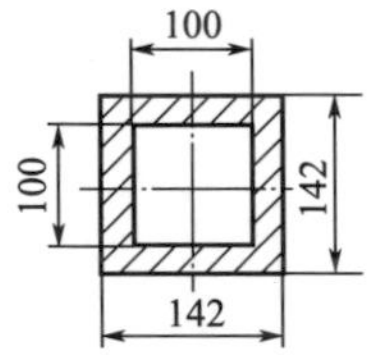 100, 100, 142, 142	2555/3.19	2040/1.27
6	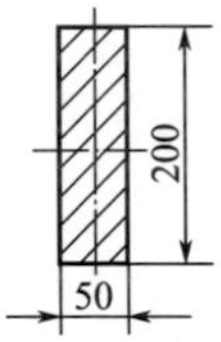 200, 50	3333/4.17	680/0.43
7	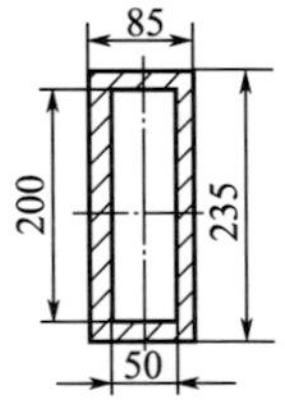 85, 200, 235, 50	5860/7.325	1316/0.82

2）支承件的結構。在進行支承件的結構設計時，合理的結構可提高支承件的靜剛度。支承件的結構主要包括肋板、肋條（筋）和窗孔。肋板通常貫穿支承件的整個斷面，可將支承件承受的局部載荷傳遞給其他壁板，使載荷分布均勻。圖 2-16 所示為肋板常用的布置形式，有縱向布置、橫向布置和斜向布置。縱向肋板能提高抗彎剛度，橫向肋板能提升抗扭剛度，斜板肋板可同時增加抗彎、抗

扭剛度。加強肋的形式如圖 2-17 所示。

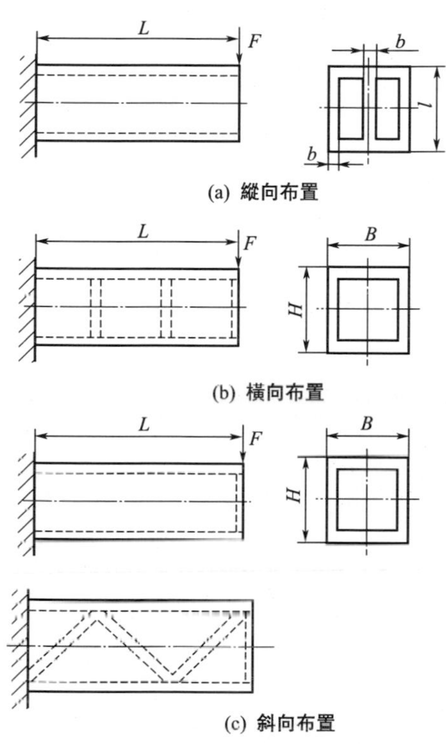

(a) 縱向布置

(b) 橫向布置

(c) 斜向布置

圖 2-16　肋板常用布置方式

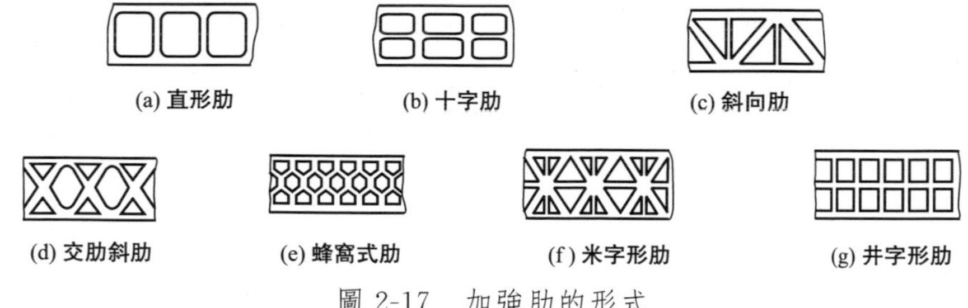

(a) 直形肋　(b) 十字肋　(c) 斜向肋

(d) 交肋斜肋　(e) 蜂窩式肋　(f) 米字形肋　(g) 井字形肋

圖 2-17　加強肋的形式

肋條（筋）是布置在支承件壁板上的條狀結構，不貫穿整個斷面。主要作用是提高支承件的局部剛度，防止產生薄壁振動並降低噪音。常見的肋條有十字形肋條、三角形肋條等。為了滿足安裝機件、清砂等要求，有時需要在支承件壁板上開窗孔，窗孔應開在非主要受力薄壁上且尺寸盡量小。開孔打破了原有材料的連續性，造成材料局部剛度下降，設計時可以適當增加開孔處壁板厚度或加蓋板連接，以補償剛度損失，滿足裝備剛度的要求。

(3) 支承件的材料選擇

機械系統支承件的材料一般應根據其功能和使用要求來選擇，在滿足強度、彈性模量等的情況下，應盡量選擇成本低的材料。裝備支承系統支承件的常用材料有鑄鐵、結構鋼、鋁合金等，分別簡述之。

1）鑄鐵。鑄鐵是由鐵、碳和矽組成的合金的總稱。鑄鐵的碳含量超過在共晶溫度時能保留在奧氏體固溶體中的碳含量。鑄鐵力學性能低，耐磨性能好，消震性能好，切削性能好，且具有良好的鑄造性能，工藝成熟，易鑄造出各種複雜結構的支承件，材料成本低，適於大批量生產，在機床等大型裝備的底座等支承系統中獲得了廣泛的應用。圖 2-18 所示為作者所在科學研究團隊研發的用鑄鐵製造的某智慧製造裝備支承件。

圖 2-18　作者所在科學研究團隊研發的用鑄鐵製造的某智慧製造裝備支承件

2）結構鋼。結構鋼是指符合特定強度和可成形性等級的鋼。可成形性以抗拉試驗中斷後伸長率表示。結構鋼一般用於承載等，在這些用途中鋼的強度是一個重要設計標準。結構鋼一般用於銲接支承件，具有重量輕、易成形、便於修改等特點。結構鋼做機架或支承件時，通常採用銲接成形，但銲接過程中易出現熱變形等缺陷，適於大型支承件、小批量生產。

無論是採用鑄鐵還是採用結構鋼來製造支承件，在冶金或銲接加工過程中均會產生殘餘內應力，內應力會重新分布和逐步消失，引起支承件變形。除了銲接後的加工，還需採用退火、時效處理等方法消除支承件的內應力。

3）鋁合金。鋁合金是以鋁為基添加一定量其他合金化元素的合金，是輕金屬材料之一，密度低，具有良好的鑄造性能和耐腐蝕性能，是應用最多的輕型合金，有較高的強度，其強度接近高合金鋼，剛度超過鋼，有良好的鑄造性能和塑性加工性能、良好的導電導熱性能、良好的耐蝕性和可焊性，可作結構材料使用，在航太、航空、交通運輸、建築、機電、輕化和日用品中有著廣泛的應用。選鋁合金材料做支承件，可以大大減輕支承件的重量。

4）混凝土等非金屬材料。鋼筋混凝土、花崗岩、工程塑料和複合材料，在裝備中也有應用。此類複合材料通常具備材料成本低、重量輕、抗震性能和耐磨性好等優點。採用鋼筋混凝土作為支承件具有良好的動態性能，但其表面需進行塗漆或噴塑處理，否則機油滲入後易導致材質疏鬆；天然花崗岩熱穩定性好，通常用於測量或製造系統的底座、機身等支承件，常用於精度較高的智慧製造裝備中，比如三座標測量機基座（圖 2-19）；工程塑料是一種以樹脂為主體的高分子材料，耐磨、美觀，容易成型，重量僅為鋁合金的二分之一，但易老化變硬，熱變形也較大，通常只用於生產要求外形美觀、載荷小的支承件；複合材料兼具以上不同材料的優點，在機械系統中得到廣泛的應用。

5）其他礦物鑄造材料。這類材料的應用越來越廣泛，主要包括樹脂混凝土、人造花崗岩、各種礦物複合材料等。這類材料可替代鑄鐵應用於機床床身（圖 2-20）、基座、橫梁等關鍵部位，被廣泛應用於機床、電子、醫療、航空、印刷行業等領域。

圖 2-19 三座標測量機花崗石基座

圖 2-20 某礦物鑄造材料床身

2.5.3 旋轉支承部件設計

旋轉支承部件由旋轉軸（如主軸、絲槓等）、支承件（各種軸承、軸承座）和安裝在旋轉軸上的傳動件、密封件等組成。它的主要作用是帶動其他部件進行精確的旋轉運動或分度，並能承受一定的載荷。

旋轉支承部件是數控機床的重要部件，其旋轉速度影響系統的效率，旋轉精度決定系統的精度。因此，旋轉支承部件的工作性能直接影響數控機床的質量和效率。機床作為整體系統，該系統的各個零部件之間的工作性能、結構連接都需要相互協調，以保證機床的旋轉精度、剛度、抗震性、耐磨性、各個部件的連接、旋轉軸及軸承的定位、軸承間隙的調整、潤滑、密封，以及便於製造、裝配和維修等共性問題。

(1) 旋轉支承部件結構方案設計基本要求

設計旋轉支承部件需要考慮旋轉軸軸承的選型、組合及布置。旋轉支承部件的支承數目可根據具體情況的需要而定，常見的是兩支承結構。主軸軸承配置形式的選擇首先應滿足要求的剛度和承載能力，提高前支承的剛度能有效地提高主軸部件的剛度，應將高剛度的軸承配置在前支承處。在相同條件下，點接觸軸承的最高轉速比線接觸軸承的高；圓柱滾子軸承的最高轉速比圓錐滾子軸承高。選取的軸承應同時滿足剛度和轉速的需要。止推軸承分為前端止推、後端止推、兩端止推三種。前端止推適用於對主軸部件軸向精度要求較高的系統，後端止推適用於對主軸部件軸向精度要求不高的系統，兩端止推適用於短軸或中間傳動軸。

(2) 旋轉支承部件兩支承間的跨距

兩支承間的跨距 L 是決定旋轉支承部件剛度的重要因素之一。

軸端部受力後，主軸和支承都會產生彈性變形，從而使主軸端部產生位移，如圖 2-21 所示。根據位移疊加原理，主軸端部位移（撓度）y 由兩部分組成，即

$$y=y_1+y_2 \tag{2-38}$$

式中 y_1——剛性支承（假定支承不變形）上彈性主軸端部的位移，m；

y_2——彈性支承上剛性主軸（假定主軸不變形）端部的位移，m。

$$y_1=\frac{Fa^3}{3EJ_1}\left(\frac{J_1}{J_2}+\frac{L}{a}\right) \tag{2-39}$$

$$y_2=\frac{F}{k_A}\left(1+\frac{a}{L}\right)^2+\frac{F}{k_B}\left(1+\frac{a}{L}\right)^2 \tag{2-40}$$

式中 E——主軸材料的彈性模量，N/m^2；

J_1——主軸兩支承間截面平均慣性矩，m^4；

J_2——主軸懸伸部分橫截面的平均慣性矩，m^4；

a——主軸的懸伸量，m；

k_A，k_B——主軸兩支承端的剛度，N/m；

L——兩支承間的跨距，m；

F——主軸端部所受的力，N。

當主軸的懸伸量 a 一定時，$L > L_{合理}$ 的情況下，主軸部件的剛度不足主要是主軸的剛度不足引起的，此時應採取措施提高主軸的剛度；當 $L < L_{合理}$ 時，主軸部件的剛度不足是支承剛度不足引起的，此時應採取措施提高支承的剛度。由於準確求得 k_A、k_B 困難，在實際結構中一般推薦 $L=(1\sim5)a$，並根據系統 a 值的大小取上限或下限。L 過小時，軸承的徑向跳動對主軸前端的徑向跳動影響很大，因此有時推薦 $L/a \geqslant 2.5$，隨著軸承製造精度不斷提高，L/a 的值還可以減小；若 L 過小，主軸組件加上附件後重心會落在兩支承的外側，主軸易產生振動，振幅較大。工作性能良好的普通機床常取 $L/a=5\sim6$。

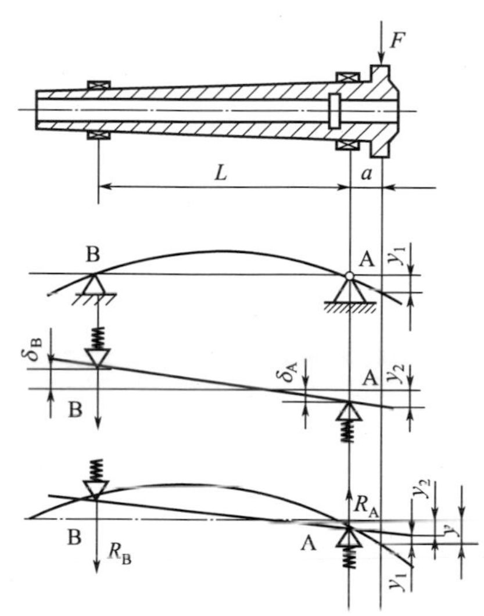

圖 2-21 主軸端部受力後的變形

(3) 旋轉支承部件的軸承選用

軸承是旋轉支承部件的重要組成部分，應具有旋轉精度高、剛度大、承載能力強、抗震性好、速度性能高、摩擦功耗小、噪音低和壽命長等特點。常用軸承有滾動軸承、滑動軸承和磁懸浮軸承。常用滾動軸承的類型、代號和特性見表 2-4。潤滑可以降低摩擦，減少溫升，並與密封裝置在一起，保護軸承不受外物的侵入和防止腐蝕。選取合適的潤滑、密封方式可以降低軸承的工作溫度，延長使用時間。滾動軸承可以用潤滑脂或潤滑油來潤滑。滑動軸承應該用潤滑油潤滑。

表 2-4 常用滾動軸承的類型、代號和特性

軸承名稱	類型代號	結構簡圖	基本額定動載荷比	極限轉速比	主要特性
調心球軸承	10000		0.6～0.9	中	外圈滾道是球面，能自動調心。主要承受徑向載荷，也可以承受少量的軸向載荷。內外圈軸線相對偏斜允許範圍為 0.5°～2°。適用於多點支承和彎曲剛度不足的軸以及難以對中的軸

續表

軸承名稱	類型代號	結構簡圖	基本額定動載荷比	極限轉速比	主要特性
調心滾子軸承	20000	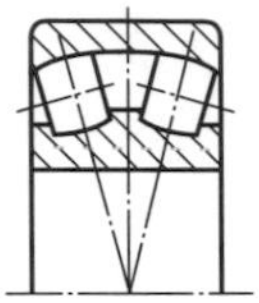	1.8～4	低	外圈滾道是以軸承中心為中心的面，能自動調心。可以承受很大的徑向載荷和少量的軸向載荷，抗震動、衝擊。內外圈軸線相對偏斜允許範圍為 0.5°～2°。適用於其他軸承不能勝任的重載且需要調心的場合
圓錐滾子軸承	30000	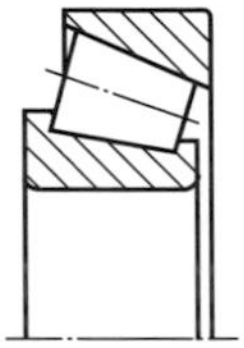	1.1～2.5	中	能同時承受較大的徑向載荷和單向軸向載荷。內外圈可分離，游隙可調整，裝拆方便。一般成對使用。適用於轉速不太高、剛度較大的軸
推力球軸承	50000	單向 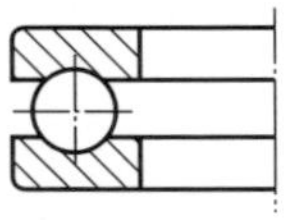	1	低	只能承受單向軸向載荷。兩個圈的內孔直徑不一樣大，內孔較小的緊圈與軸配合，內孔較大的松圈與機座固定在一起
推力球軸承	50000	雙向 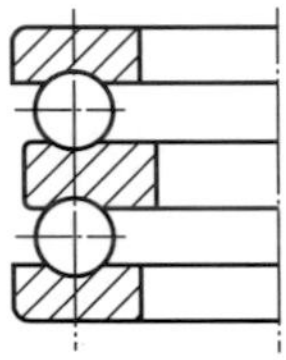	1	低	可以承受雙向軸向載荷。中間圈內孔較小為緊圈，與軸配合，另兩個圈為松圈。適用於軸向載荷大、轉速不高的場合
深溝球軸承	60000	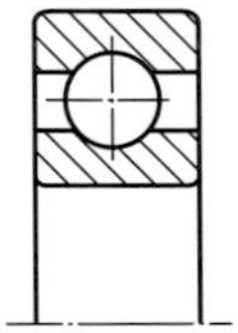	1	高	主要承受徑向載荷，也可以承受一定的軸向載荷。工作時內外圈軸線允許偏差 8′～16′。摩擦阻力小，極限轉速高。結構簡單，價格低，應用最為廣泛。承受衝擊能力較差。適用於高速場合
角接觸球軸承	70000C $\alpha=15°$ 70000AC $\alpha=25°$ 70000B $\alpha=40°$	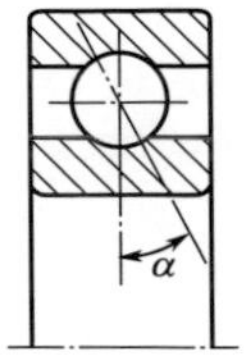 α	1	高	可以同時承受徑向載荷和單向軸向載荷，極限轉速較高。通常成對使用，對稱安裝。適用於轉速較高同時承受徑向和軸向載荷的場合

續表

軸承名稱	類型代號	結構簡圖	基本額定動載荷比	極限轉速比	主要特性
圓柱滾子軸承	外圈無擋邊 N0000		1.5～3	高	只能承受徑向載荷，不能承受軸向載荷。內外圈沿軸線可以分離。承載能力比同尺寸的球軸承大，承受衝擊能力大，極限轉速高。對軸的偏斜敏感，只能用於剛度較大的軸，並要求軸承孔很好地對中
	內圈無擋邊 NU0000				
滾針軸承	NA0000		—	低	徑向結構緊湊，徑向承載能力大，內外圈可以分離。不能承受軸向載荷，極限轉速低，工作時不允許內外圈軸線有偏斜。常用於轉速較低且徑向尺寸受限制的場合

1）軸承所受載荷的大小、方向和性質。是選擇軸承類型的主要依據。根據載荷的大小選擇軸承類型時，由於滾子軸承中主要元件間是線接觸，宜用於承受較大的載荷，承載後的變形也較小。而球軸承中則主要為點接觸，宜用於承受較輕的或中等的載荷，故在載荷較小時，應優先選用球軸承。根據載荷的方向選擇軸承類型時，對於純軸向載荷，一般選用推力軸承。較小的純軸向載荷可選用推力球軸承；較大的純軸向載荷可選用推力滾子軸承。對於純徑向載荷，一般選用深溝球軸承、圓柱滾子軸承或滾針軸承。當軸承在承受徑向載荷的同時，還承受不大的軸向載荷，則可選用深溝球軸承或接觸角不大的角接觸球軸承或圓錐滾子軸承；當軸向載荷較大時，可選用接觸角較大的角接觸球軸承或圓錐滾子軸承，或者選用向心軸承和推力軸承組合在一起的結構，分別承擔徑向載荷和軸向載荷。

2）軸承的轉速。一般轉速下，轉速的高低對軸承類型的選擇影響不大，但當轉速較高時有比較大的影響。軸承樣本中列入了各種類型、各種尺寸軸承的極限轉速 $n_{\lim}$ 值。

與滾子軸承相比，球軸承有較高的極限轉速，故在高速時應優先選用球軸承。在內徑相同的條件下，外徑越小，滾動體就越輕、小，運轉時滾動體加在外圈滾道上的離心慣性力也就越小，更適於在高轉速下工作。高速時宜選用超輕、特輕及輕系列的軸承。重及特重系列的軸承，只用於低速重載的場合。用一個輕系列軸承承載能力達不到要求時，可以兩個並裝，或者採用寬系列的軸承。保持架的材料與結構對軸承轉速影響極大。實體保持架比衝壓保持架允許更高的轉速。推力軸承的極限轉速均很低，一般用在低速場合。當工作轉速高時，在軸向載荷不是很大的情況下可選用角接觸球軸承承受純軸向力；若工作轉速略超過樣本中規定的極限轉速，可以通過提高軸承的公差等級、適當加大軸承的徑向游隙、選用循環潤滑或油霧潤滑、加強對循環油的冷卻等措施來改善軸承的高速性能，或選用特製的高速滾動軸承。

3）軸承的調心性能。當軸的中心線與軸承座中心線不重合而有角度誤差時，或軸因受力而彎曲或傾斜時，會造成軸承的內外圈軸線發生偏斜。這時，應採用有一定調心性能的調心球軸承或調心滾子軸承。這類軸承在內外圈軸線有不大的相對偏斜時仍能正常工作。圓柱滾子軸承和滾針軸承對軸承的偏斜最為敏感，這類軸承在偏斜狀態下的承載能力可能低於球軸承，因此，在軸的剛度和軸承座孔的支承剛度較低時，應盡量避免使用這類軸承。

4）軸承的安裝和拆卸。便於裝拆，也是選擇軸承類型時應考慮的一個因素。當軸承座沒有剖分面而必須沿軸向安裝和拆卸軸承部件時，應優先選用內外圈可分離的軸承；當軸在長軸上安裝時，為了便於裝拆，可以選用其內圈孔為 1：12 的圓錐孔（用以安裝在緊定襯套上）的軸承。

（4）軸承的組合設計

無軸向載荷時，宜選用深溝球軸承，見圖 2-22。

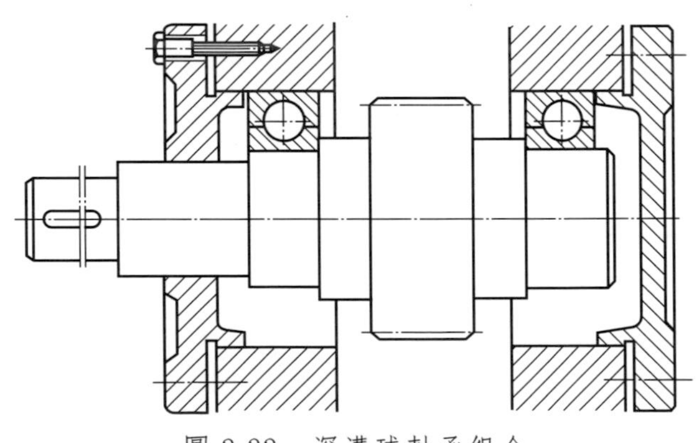

圖 2-22 深溝球軸承組合

徑向與軸向載荷聯合作用時，宜用角接觸球軸承或圓錐滾子軸承，見圖 2-23和圖 2-24。

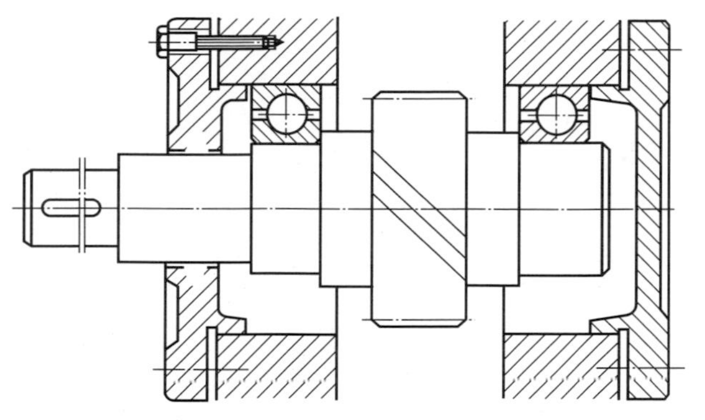

圖 2-23　角接觸球軸承組合

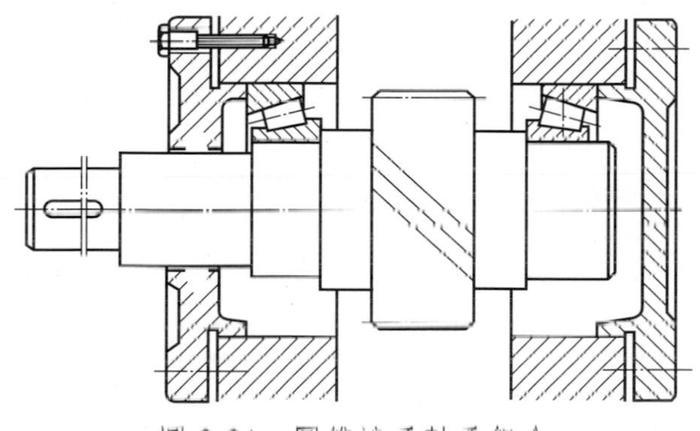

圖 2-24　圓錐滾子軸承組合

軸承的固定方式有兩端固定（圖 2-25）、一端固定一端游動（適用於溫度變化較大的長軸，見圖 2-26）等。

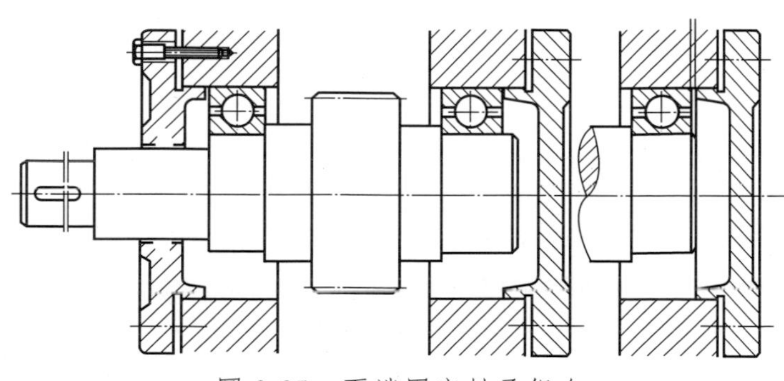

圖 2-25　兩端固定軸承組合

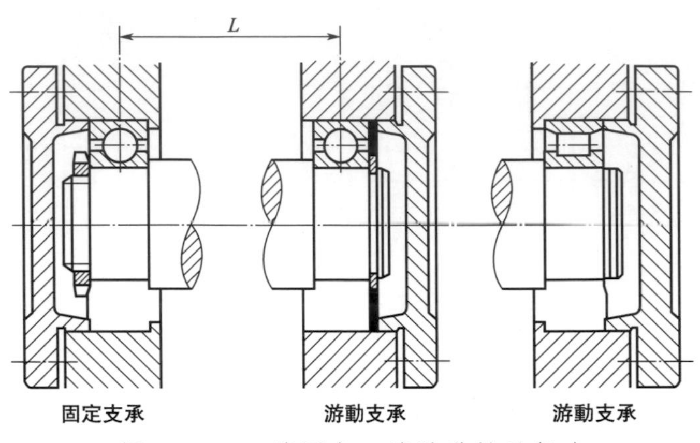

圖 2-26　一端固定一端游動軸承組合

軸承間隙可以用墊片或調整螺帽等進行調整，見圖 2-27。

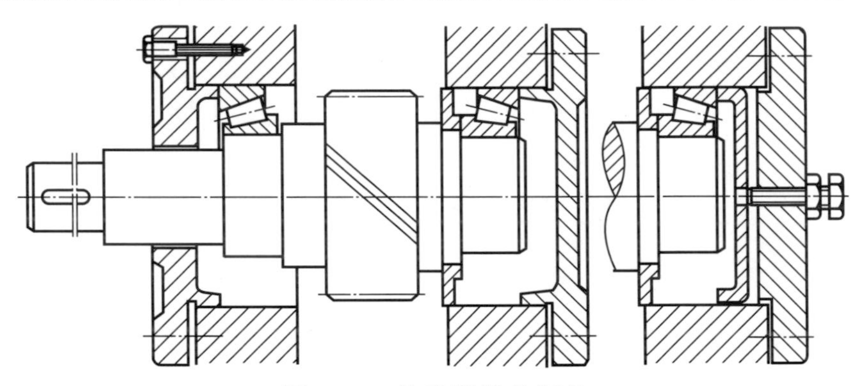
圖 2-27　軸承間隙的調整

對於某些可調游隙的軸承，在安裝時給予一定的軸向壓緊力，使內外圈產生相對移動而消除游隙，並在套圈和滾動體接觸處產生彈性預變形，藉此提高軸的旋轉精度和剛度，稱為軸承的預緊。軸承的預緊如圖 2-28 所示。

為了使軸上的零件具有準確的工作位置，需要對軸承組合的位置進行調整，如圖 2-29 所示。例如，圓錐齒輪傳動，要求兩個節錐頂點相重合，方法之一是套杯＋調整墊片。

滾動軸承的密封方式的選擇與潤滑的種類、工作環境、溫度、密封表面的圓周速度有關。密封方式有接觸式密封，如毛氈和密封圈密封（圖 2-30）；非接觸式密封，如迷宮密封；組合式密封，如毛氈迷宮式密封等。

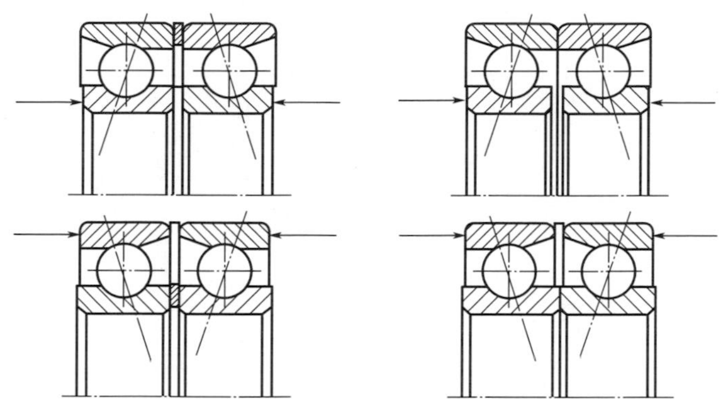

圖 2-28 軸承的預緊

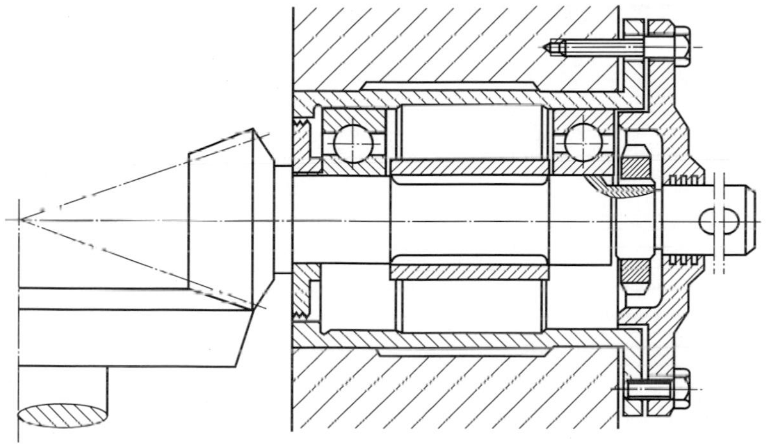

圖 2-29 軸承組合位置的調整

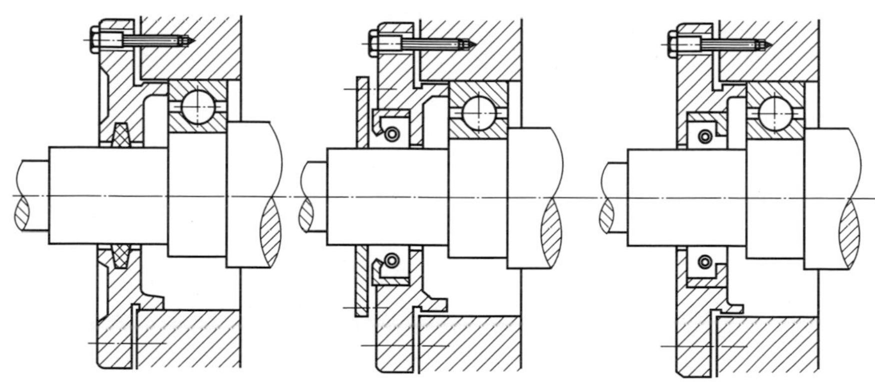

圖 2-30 軸承的毛氈和密封圈密封

間隙密封（圖 2-31）適用於脂潤滑情況、要求環境乾燥清潔的場合。

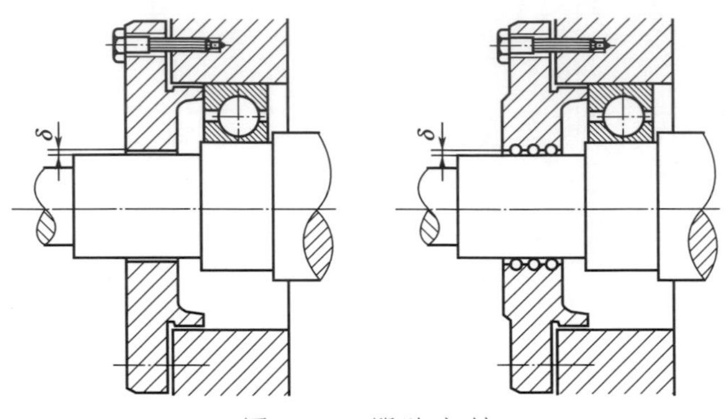

圖 2-31　間隙密封

迷宮式密封（圖 2-32）的密封效果可靠，適用於脂潤滑或油潤滑，工作溫度不能高於密封用脂的滴點。

此外，某些必要場合還可以選用組合式密封，如圖 2-33 所示。

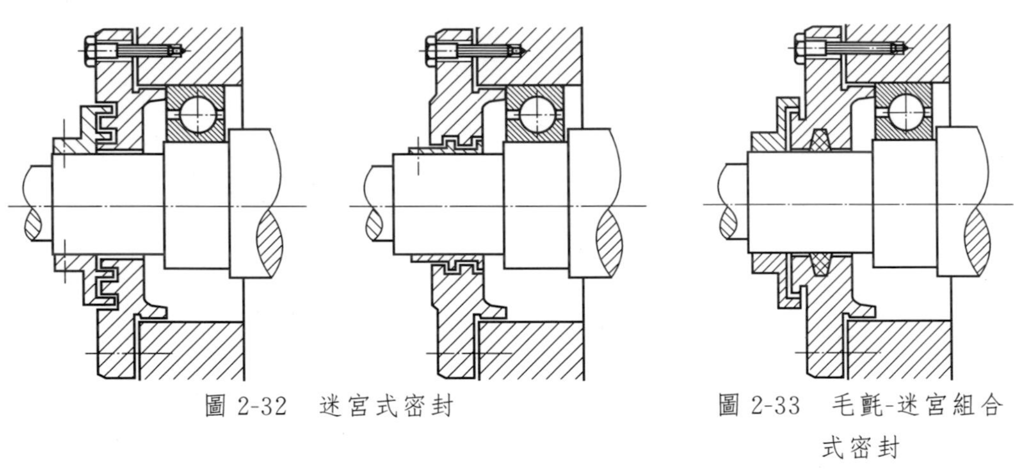

圖 2-32　迷宮式密封

圖 2-33　毛氈-迷宮組合式密封

2.5.4　移動支承部件結構方案設計

導軌的作用是承載和導向，是進給系統的重要環節。運動的導軌稱為動導軌，不動的為支承導軌或靜導軌。導軌面是機床上有相對運動的兩個配合面，因此也稱「導軌副」，屬於低副。配合面有相對運動的導軌稱為動導軌，而配合面相對固定的導軌稱為固定導軌。設計移動支承部件的基本要求有導向精度、耐磨性、剛度、低速運動平穩性、工藝性。

① 導向精度高。導向精度是運動件沿導軌運動的直線性及其與有關基面相互位置的準確性。只有具有高導向精度才能保證導軌的工作質量，並且導向精度與導軌結構、裝配、材料和工藝相關。

② 運動靈活平穩。導軌工作時要輕便省力靈活、速度均勻，低速運動平穩性即動導軌作低速運動或微量位移時，導軌運動具有平穩性，防止出現爬行現象。

③ 導軌要耐磨。導軌長期工作仍能保證一定的精度，只有耐磨性能好才能使機床導軌長期保持精度，應盡可能減小導軌的磨損不均勻程度。但磨損不可避免，應盡量使磨損量小，磨損後便於補償或調整，提高使用壽命。

④ 合適的寬度，盡量降低導軌面的比壓。可以設計輔助導軌承擔載荷。

⑤ 熱影響小。將裝備工作過程溫升降到最小，減少動、靜摩擦係數之差，改變動摩擦係數隨速度變化的特性，提高傳動機構的剛度是消除爬行現象的主要措施。

導軌設計盡量使導軌結構簡單，便於製造、裝配和維護。根據工作條件，選擇合適的導軌類型、合適的截面形狀，選擇適當的導軌結構、尺寸，在額定負載和溫度變化範圍內有足夠的剛度、耐磨性。選擇合理的潤滑方法，減小摩擦磨損。對於需要刮研的導軌，應盡量減少刮研量。對於鑲裝導軌，應做到更換容易。按導軌的結構形式，可以分為開式導軌和閉式導軌，如圖 2-34 所示。開式導軌部件在自重和載荷作用下，動-靜導軌工作面始終保持接觸，結構簡單，但不能承受大的傾覆力矩。閉式導軌在壓板作用下，能承受傾覆力矩。

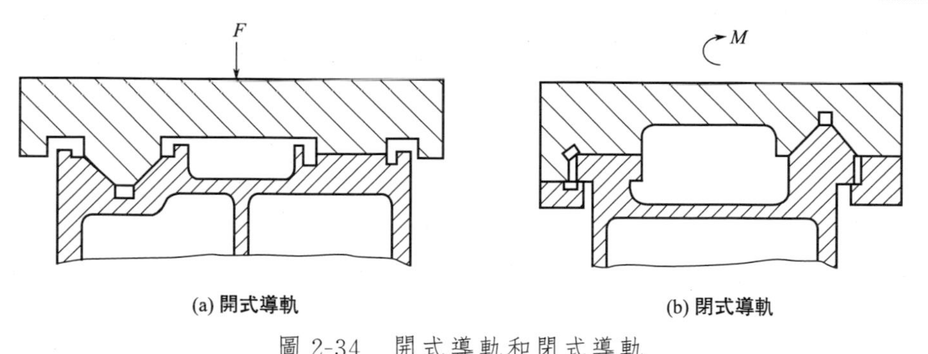

圖 2-34　開式導軌和閉式導軌

(1) 滑動導軌的設計

直線運動導軌截面形狀主要有矩形、三角形、燕尾形和圓形等形式，見表 2-5、表 2-6。

表 2-5　滑動導軌截面形狀

	稜柱形				圓形
	對稱三角形	不對稱三角形	矩形	燕尾形	
凸形	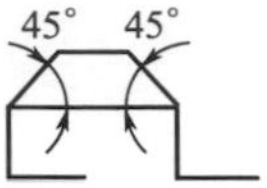 45° 45°	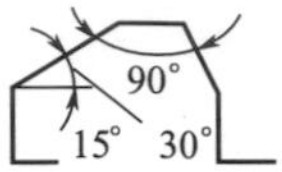 90° 15° 30°		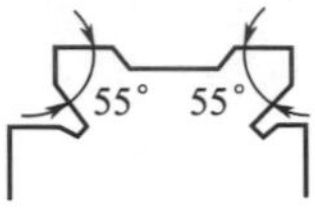 55° 55°	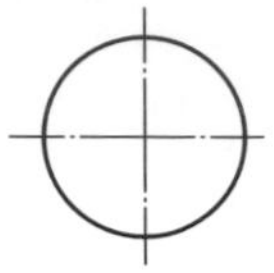
凹形	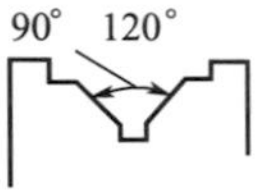 90° 120°	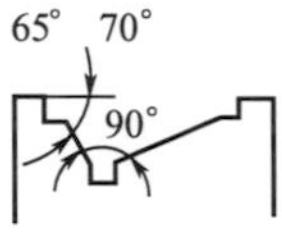 65° 70° 90°	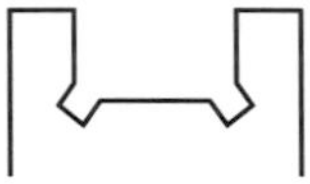	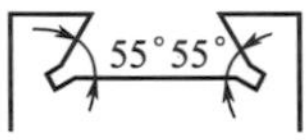 55° 55°	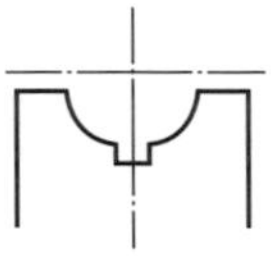

表 2-6　直線運動導軌特點

導軌形式	結構特點	用途	圖例
矩形導軌	製造簡單，剛度和承載能力大，水平方向和垂直方向上的位移互不影響，安裝、調整方便，但導向面磨損後不能自動補償間隙，影響精度	普通精度的機床或重型機床	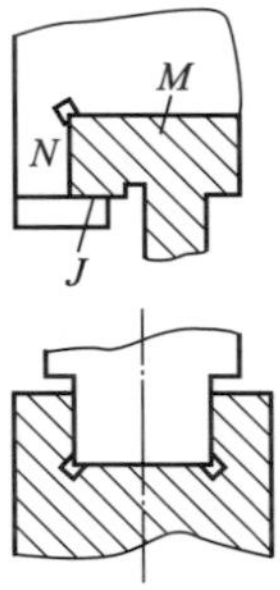 M N J
三角形導軌	三角形導軌在垂直載荷作用下，導軌磨損後能自動補償，導向性好；壓板面需有間隙調整裝置；頂角增大，承載力增加，但導向精度差	普通精度的機床或重型機床	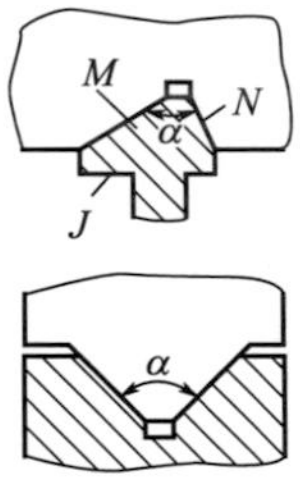 M N α J α
燕尾形導軌	導軌磨損後不能自動補償間隙，需用間隙調整裝置；兩燕尾面起壓板面作用，用一根鑲條就可調整水平、垂直方向的間隙；導軌製造、檢驗和修理較複雜，摩擦阻力大	用於要求高度小的多層移動組合部件，廣泛用於儀表機床	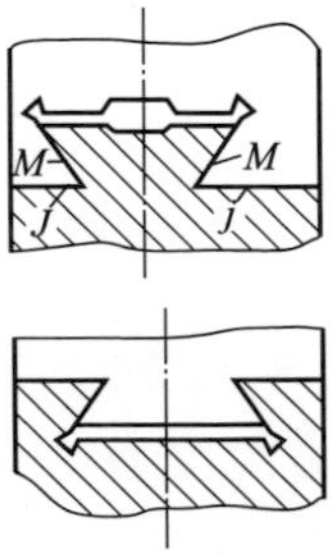 M M J J

續表

導軌形式	結構特點	用途	圖例
圓形導軌	製造簡單，內孔可珩磨，外圓經過磨削可達到精密配合；磨損後調整間隙困難	常用於同時作移動和轉動的場合。如拉床、機械手等	

迴轉運動導軌的截面形狀有平面環形導軌、錐面環形導軌和雙錐面環形導軌。平面環形導軌結構簡單，製造方便，能承受較大的軸向力，但不能承受徑向力。適用於由主軸定心的各種迴轉運動導軌的機床，如高速大載荷立式車床等。

錐面環形導軌能同時承受軸向力和徑向力，但不能承受較大的傾覆力矩。導向性比平面環形導軌好，但製造較難。適用於承受一定徑向載荷和傾覆力矩的場合。雙錐面環形導軌能承受較大的徑向力、軸向力和一定的傾覆力矩，但製造、研磨均較困難。

(2) 導軌材料

由於導軌對導向精度、耐磨性、剛度、低速運動平穩性和工藝性有一定的要求，所以需要耐磨性高、工藝性好、成本低等的材料。常用導軌材料有鑄鐵、鋼、有色金屬、塑料等。鑄鐵（如灰鑄鐵 HT200、孕育鑄鐵 HT300 等）有良好的減震性和耐磨性，且成本低、易於鑄造和切削加工，常用於做機床導軌材料。淬火可以提高導軌表面的硬度，提高耐磨性。鑲鋼支承導軌可大幅度地提高導軌的耐磨性，但工藝複雜、加工較困難、成本也較高。20Cr、45Cr 和 40Cr 都是常用的鋼材料。將有色金屬板材鑲裝在動導軌上，與鑄鐵的支承導軌相搭配，並在動導軌上鑲裝塑料軟帶，與淬硬的鑄鐵支承導軌和鑲鋼支承導軌組成導軌副。為了提高耐磨性並防止咬焊，動導軌和支承導軌應分別採用不同的材料。如果採用相同的材料，也應採用不同的熱處理使雙方具有不同的硬度。

潤滑與防護也是導軌設計必不可少的部分。滑動導軌一般使用潤滑油潤滑，滾動導軌常用潤滑脂潤滑。潤滑得當可以降低摩擦力，減少磨損，降低溫度和防止生鏽。使用刮板式或伸縮式防護可以防止或減少導軌副磨損。

貼塑滑動導軌（圖 2-35）是在導軌滑動面上貼上一層塑料抗磨帶，導軌的另一滑動面為淬火磨削表面。抗磨帶一般為以聚四氟乙烯等材料為基礎再添加合金粉末或者氧化物的高分子複合材料，以增強其耐磨性。

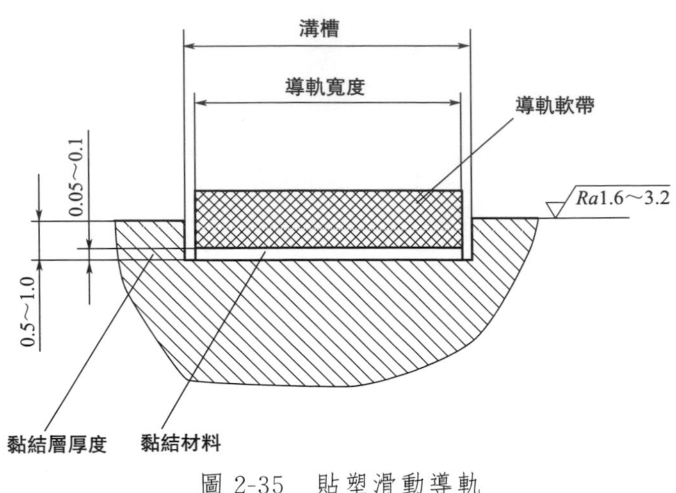

圖 2-35　貼塑滑動導軌

(3) 滑動導軌的組合

滑動導軌經常組合使用，常用的組合形式有直線導軌（通常由兩條導軌組合而成）、雙三角形導軌、雙矩形導軌、矩形和三角形導軌組合、矩形和燕尾形導軌組合等。

1）雙三角形導軌。兩條三角形導軌同時起支承和導向作用。由於結構對稱，驅動元件可對稱地放在兩導軌中間，並且兩條導軌磨損均勻，磨損後相對位置不變，能自動補償垂直和水平方向的磨損，故導向性和精度保持性都高，接觸剛度好。但工藝性差，加工、檢驗、維修比較困難，對導軌的四個表面刮削或磨削也難以完全接觸，如果床身和運動部件熱變形不同，也很難保證四個面同時接觸。因此多用於精度要求較高的機床設備。

2）雙矩形導軌。雙矩形導軌剛度高，承載能力強，摩擦係數小，製造與調整簡單，檢驗、維修較方便，但接觸剛度低，導向性低，適用於重載工作場合。採用矩形和矩形組合時，應合理選擇導向面。

3）三角形與矩形導軌組合。這種組合形式兼有三角形導軌導向性好和矩形導軌製造方便、剛度好等優點，並避免了熱變形引起的配合變化。但導軌磨損不均勻，一般是三角形導軌比矩形導軌磨損快，磨損後又不能通過調節來補償，故對位置精度有影響。閉合導軌有壓板面，能承受傾覆力矩。三角形與矩形組合有V-矩、稜-矩兩種形式。V-矩組合導軌易儲存潤滑油，低、高速都能採用；稜-矩不能儲存潤滑油，只用於低速移動。

4）雙燕尾形導軌。可以承受傾覆力矩，間隙調整方便，但剛度較低，摩擦力較大，加工、檢驗、維修不太方便，適用於層次多、要求間隙調整方便的工作場合。

除此之外，還有矩形與燕尾形，雙圓形等導軌組合方式，在此不一一贅述。

(4) 導軌壓強的運算及壓板使用情況的判斷

導軌所受載荷可簡化為一個集中力 F 和一個集中力偶 M。由 F 和 M 在導軌上引起的壓強為：

$$p_F=\frac{F}{aL} \tag{2-41}$$

而 $M=\frac{1}{2}p_M\times\frac{aL}{2}\times\frac{2}{3}L=\frac{p_M a L^2}{6}$，故

$$p_M=\frac{6M}{a L^2} \tag{2-42}$$

式中 F——導軌受到的集中力；

M——導軌受到的傾覆力矩；

p_M——由傾覆力矩引起的最大壓強；

p_F——由集中力 F 引起的壓強；

a——導軌寬度；

L——導軌的長度。

導軌所受最大、最小和平均壓強分別為

$$p_{max}=p_F+p_M=\frac{F}{aL}\left(1+\frac{6M}{FL}\right) \tag{2-43}$$

$$p_{min}=p_F-p_M=\frac{F}{aL}\left(1-\frac{6M}{FL}\right) \tag{2-44}$$

$$p_{平均}=\frac{1}{2}(p_{max}+p_{min})=\frac{F}{aL} \tag{2-45}$$

當 $\frac{6M}{FL}=0$，即 $M=0$ 時，$p=p_{max}=p_{min}=p_{平均}$，壓強按矩形分布，這時導軌的受力情況最好，但這種受力情況幾乎不存在。

當 $\frac{6M}{FL}\neq 0$，即 $M\neq 0$ 時，由於傾覆力矩的作用，使導軌的壓強不按矩形分布，它的合力作用點偏離導軌的中心。

當 $\frac{6M}{FL}<1$，即 $\frac{M}{FL}<\frac{1}{6}$ 時，$p_{min}>0$，$p_{max}<2p_{平均}$，壓強按梯形分布，設計時應盡可能保證這種情況。

當$\frac{6M}{FL}=1$，即$\frac{M}{FL}=\frac{1}{6}$時，$p_{max}=0$，$p_{min}<2p_{平均}$，壓強按三角形分布，壓強雖然相差較大，但仍可使導軌面在全長上接觸，是一種臨界狀態。

當$\frac{6M}{FL}\leqslant\frac{1}{6}$時，均可採用無壓板的開式導軌。

當$\frac{6M}{FL}>1$，即$\frac{M}{FL}>\frac{1}{6}$時，主導軌面上將有一段出現不接觸，這時必須安裝壓板，形成輔助導軌面。

導軌壓強大小如圖 2-36 所示。

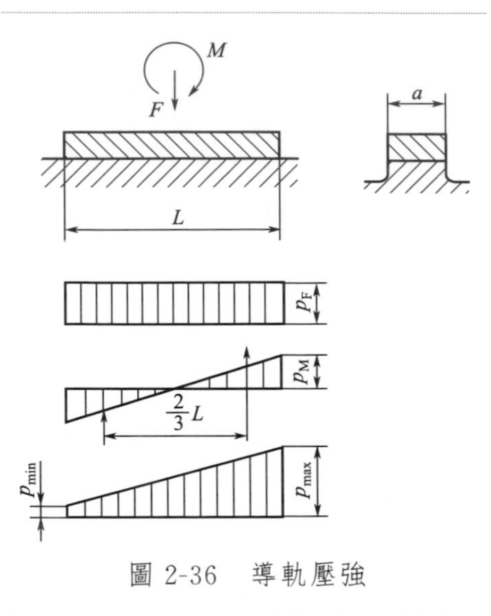

圖 2-36　導軌壓強

除了滑動導軌，還可以在導軌工作面之間安裝滾動件，使導軌兩接觸面之間形成滾動摩擦，減小摩擦係數，降低摩擦力，消除「爬行」，精度高，在高端裝備中的應用越來越廣泛。

2.6　智慧製造裝備執行系統設計

智慧製造裝備主要部件的性能好壞直接體現在裝備的執行系統中，執行系統是在智慧製造裝備中與工作對象直接接觸，相互作用，同時與傳動系統、支承系統相互連繫的子系統，是機械系統中直接完成預期功能的部分。

執行系統由執行構件和執行機構組成。執行構件是執行系統中直接完成功能的零部件，一般直接與工作對象接觸或直接對工作對象執行操作。執行構件的運動和動力必須滿足機械系統預期實現的功能要求，包括運動形式、範圍、精度、載荷類型及大小等。執行機構是帶動執行構件的機構，它將由傳動系統傳遞過來的運動和動力轉換後傳遞給執行構件。執行系統中有一至多個執行機構，執行機構又可驅動多個執行構件。執行系統可將移動、轉動和擺動這三種運動形式進行相互轉換，甚至可將連續轉動變為間歇移動。其功能歸納起來有：夾持、搬運、輸送、分度與轉位、檢測、實現運動形式或運動規律的變換、完成工藝性複雜的運動等。

機械執行系統方案設計主要包括以下內容：

(1) 功能原理設計

任何一種機械的設計都是為了實現某種預期的功能要求，包括工藝要求和使用要求。所謂功能原理設計，就是根據機械預期功能選擇最佳工作原理。實現同一功能要求，可以選擇不同的工作原理，根據不同工作原理設計的機械在工作性能、工作質量和適用場合等方面會有很大差異。

（2）運動規律設計

實現某一工作原理，可以採用不同的運動規律，運動規律設計這一工作通常是通過對工作原理所提出的工藝動作進行分解來進行的。工藝動作分解的方法不同，所得到的運動規律也各不相同。實現同一工作原理可以選用不同的運動方案，所選用的運動方案不同，設計出來的機械產品差別很大。

（3）機構形式設計

實現同一種運動規律，可以選用不同形式的機構。所謂機構形式設計，是指選擇最佳機構以實現上述運動規律。某一運動規律可以由不同的機構來實現，但需要考慮機構的動力特性、機械效率、製造成本、外形尺寸等因素，根據所設計的機械的特點進行綜合考慮，選出合適的機構。

（4）系統的協調設計

執行系統的協調設計是根據工藝過程對各動作的要求，分析各執行機構應當如何協調和配合，設計出機械的運動循環圖，指導各執行機構的設計、安裝和除錯。

複雜的裝備通常由多個執行機構組合而成。當選定各個執行機構的形式後，還必須使這些機構以一定的次序協調運作，使其統一於一個整體，完成預期的工作目標。如果各個機構運作不協調，就會破壞機械的整個工作過程，達不到工作要求，甚至會破壞機件和產品，造成生產和人身事故。

（5）機構尺度設計

機構的尺度設計是指對所選擇的各個執行機構進行運動學和動力學設計，確定各執行機構的運動尺寸，繪製出各執行機構的運動簡圖。

（6）運動和動力分析

對整個執行系統進行運動分析和動力分析，以檢驗其是否滿足運動要求和動力性能方面的要求。

綜上所述，實現同一種功能要求，可以採用不同的工作原理；實現同一種工作原理，可以選擇不同的運動規律；實現同一種運動規律，可以採用不同形式的機構。因此，實現同一種預期的功能要求，可以有多種不同的方案。機械執行系統方案設計所要研究的問題就是合理地利用設計者的專業知識和分析能力，創造性地構思出各種可能的方案，並從中選出最佳方案[28]。

下面以軸（軸系）的設計為例進行說明。

軸的主要功能是支承旋轉零件和傳遞轉矩，是機械設計主要類別之一。典型的軸系結構如圖 2-37 所示。軸上常裝有齒輪、帶輪或鏈輪等，這些轉動的輪通過嚙合齒輪、帶或鏈在軸之間傳遞運動。安裝傳動零件輪轂的軸段稱為軸頭，與軸承配合的軸段稱為軸頸，連接軸頭和軸頸的部分稱為軸身。軸、軸承和軸上零件的組合構成了軸系，它是機器的重要組成部分，對機器的正常運轉有著重大的影響。

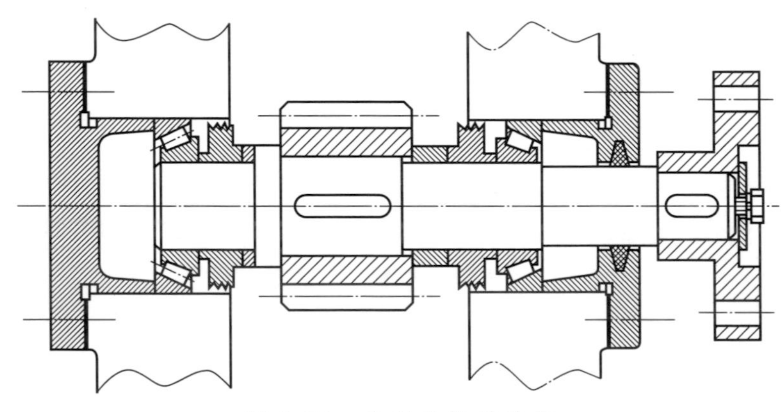

圖 2-37　典型的軸系結構

軸設計的主要任務是選材、結構設計、工作能力運算。一方面要根據使用條件，合理地選擇材料，確定主要尺寸，保證其具有足夠的工作能力，滿足強度、剛度和振動穩定性等要求。另一方面要進行軸的結構設計：根據軸上零件的安裝、定位以及軸的製造工藝等方面的要求，合理地確定軸的結構形式和尺寸。軸的結構設計還包括軸的工作能力運算。軸的承載能力驗算指的是軸的強度、剛度和振動穩定性等方面的驗算，應使軸系受力合理，提高軸的強度、剛度和振動穩定性，節約材料並減輕重量。軸及軸上零件應定位準確，固定可靠，便於裝拆和調整，還應具有良好的加工和裝配工藝性，並盡量避免應力集中。

傳動軸的加載方式主要是傳遞轉矩所引起的扭轉，或者作用在齒輪、帶輪或鏈輪上的橫向載荷引起的彎曲。軸最常見的受載情況是受到波動循環轉矩和波動循環變矩的聯合作用。設計執行軸機構，需要確定執行軸的結構、軸承的類型、軸承的組合與布置、傳動方式和傳動件的布置等[28,29]。

(1) 軸承的選擇

軸承用來支承軸等迴轉零件旋轉，降低支承摩擦，並保證迴轉精度。軸承是軸系的重要零部件，也是當代機械設備中的一種重要零部件。軸承的選擇在前文已經有所敘述，本小節主要討論軸承的布置形式。按相對運動表面的摩擦形式，軸承分為滾動軸承和滑動軸承兩大類。常用的滾動軸承已標準化，由專門的軸承廠家大批量生產，在機械設備中得到了廣泛應用。設計時只需根據工作條件選擇合適的類型，依據壽命運算確定規格尺寸，並進行滾動軸承的組合結構設計。

在分析和設計滾動軸承的組合結構時，應考慮軸及軸上零件的固定（包括軸向定位和周向定位）；軸承與軸、軸承座的配合；軸承的潤滑和密封；提高軸系的剛度等方面的問題。顯然，此時考慮的也應是整個軸系，而不僅僅是軸承本身。

滾動軸承具有適用轉速變化幅度大、承載能力好、摩擦磨損小、潤滑要求低和成本低等特點。可根據載荷、轉速等要求，選擇合適的形式。當執行軸的精度很高或載荷很大時，由於執行軸機構的抗震性主要取決於前支承軸承，故一般執行軸的前支承軸承選用滑動軸承，而後支承和推力軸承仍選用滾動軸承。

(2) 軸承的布置方式

為保證軸系能承受軸向力而不發生軸向竄動，需要合理地設計軸系的軸向支承和固定結構，常用的軸系支承和固定形式有：

1）兩端固定（雙支點單向固定）。軸系兩端由兩個軸承支承，每個軸承分別承受一個方向的軸向力。這種結構較簡單，適用於工作溫度不高，支承跨距較小（跨距≤400mm）的軸系。為補償軸的受熱伸長，在裝配時，軸承應留有0.25～0.4mm的軸向間隙。間隙的大小常用軸承蓋下的調整墊片或擰在軸承蓋上的調節螺釘調整，調節十分方便。通常在執行軸兩端反向配置兩個圓錐滾子軸承或角接觸球軸承，如圖2-38所示。此配置方式結構簡單、調整方便，但受熱後執行軸伸長，將引起軸承的軸向鬆動，影響精度和剛度。適用於精度較高、載荷較小且執行軸長度較短的工作場合。

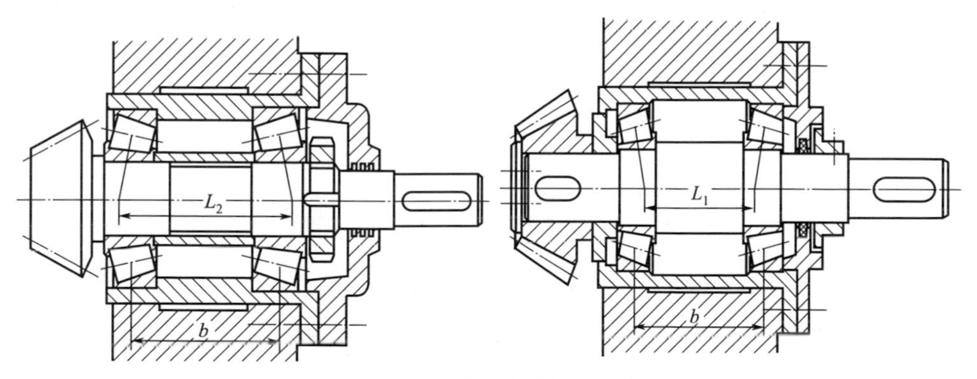

圖2-38　雙支點單向固定

2）一端固定一端游動（單支點雙向固定）。一端固定一端游動軸系由雙向固定端的軸承承受軸向力並控制間隙，由軸向浮動的游動端軸承保證軸伸縮時支承能自由移動。為避免鬆動，游動端軸承內圈應與軸固定。這種結構適用於工作溫度較高、支承跨距較大的軸系。

當軸較長或工作溫度較高時，軸的熱膨脹伸長量較大，宜採用一端固定、一端游動的支點結構。軸承固定在後支承兩側多用於載荷較大、精度不高的工作場合；軸承固定在前支承兩側多用於精度較高、載荷較小的工作場合；軸承固定在前支承內側時，結構較複雜且調整不方便，一般僅在載荷很大、精度很高的工作場合使用。圖 2-39 所示為單支點雙向固定的布置方式。

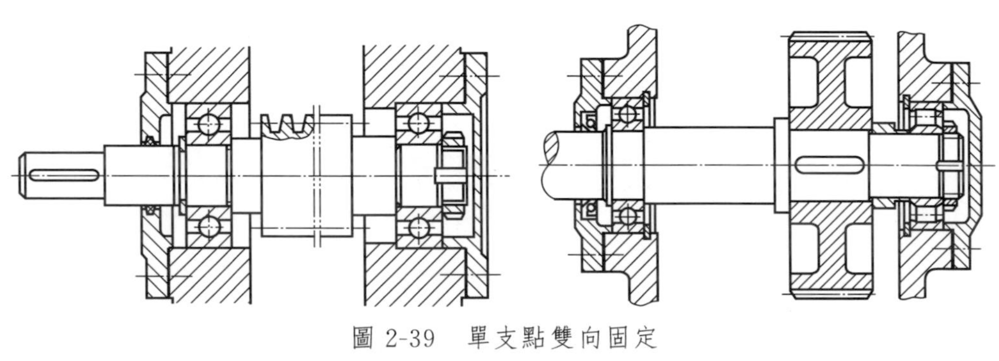

圖 2-39　單支點雙向固定

3）兩端游動支承。軸系兩端的支承軸承（圓柱滾子軸承）軸向均可游動，以適應人字齒輪傳動時，主、從動輪須對正的要求。當然這種結構形式很少採用，僅用於類似的特殊場合。這種支承方式用於要求能左右雙向游動的軸，可採用兩端游動的軸系結構。此配置方式通常用於齒輪傳動的高速軸，以防止齒輪卡死或人字齒的兩側受力不均勻。如圖 2-40 所示，人字齒軸系兩端為圓柱滾子軸承。

值得指出的是，軸上零件和軸承在軸上的軸向位置多採用軸肩或套筒定位，定位端面應與軸線保持良好的垂直度；軸肩圓角半徑必須小於相應的軸上零件或軸承的圓角半徑或倒角寬度。對於滾動軸承的定位，軸肩高度應小於軸承內圈高度的 3/4，以便於拆卸軸承，如圖 2-41 所示。

除了常規軸承，在一些場合還可選用陶瓷軸承、磁浮軸承等高性能先進軸承。陶瓷軸承熱穩定性好，彈性模量大，剛度大，重量輕，高速時作用在滾動體上的離心力小，摩擦小。滾動體為陶瓷，熱膨脹係數小，溫升慢，運動平穩。陶瓷軸承特別適用於高速、超高速、超精密裝備的旋轉部件。

磁浮軸承是用磁力來支承運動部件，使其與固定部件非接觸實現軸承功能（圖 2-42）。磁浮軸承由定子、轉子組成（圖 2-43），工作時無機械磨損，無噪音，溫升小，無須潤滑。磁浮軸承特別適合於高速、超高速加工裝備。

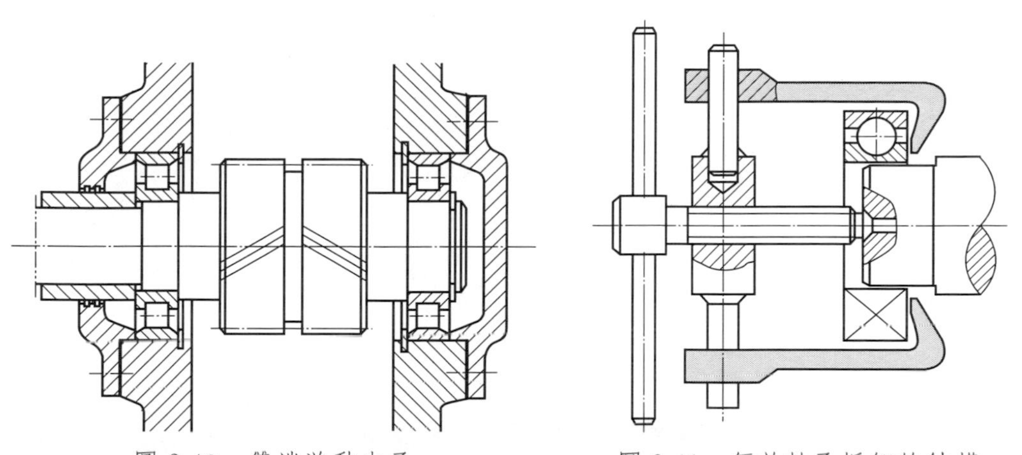

圖 2-40　雙端游動支承

圖 2-41　便於軸承拆卸的結構

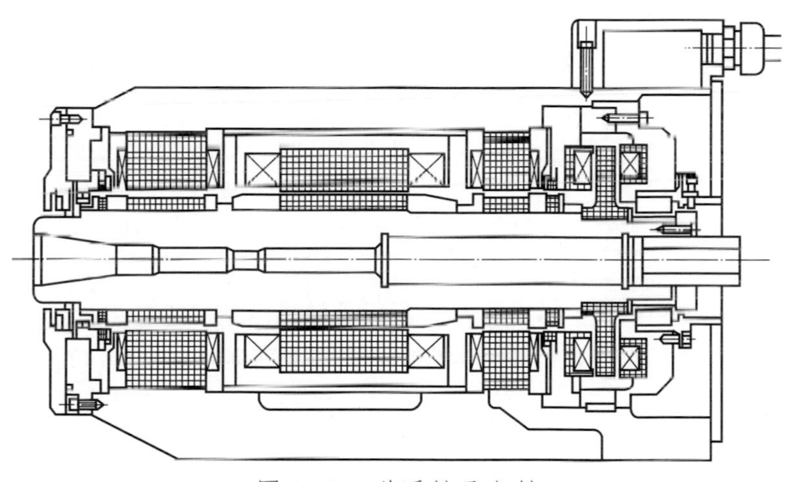

圖 2-42　磁浮軸承主軸

潤滑對軸承非常重要，應根據裝備運轉條件選擇潤滑劑和潤滑方法，考慮的運轉條件主要包括運行溫度、運轉速度。對於一般速度的裝備，軸承潤滑選用潤滑脂即可；對於高速裝備，為提高潤滑的壽命，應使用潤滑油潤滑，必要時還要加其他輔助裝置，比如高壓噴油等。

此外，還需對軸承進行防護，比如裝備長時間不工作，需要對軸承進行防鏽處理；合理設計密封裝置，合理選擇潤滑油潤滑脂，採取措施對軸承絕緣，以防止電流通過等。

本節僅對滾動軸承的選擇做了簡要的說明，有關軸承的設計，可以詳細查閱機械設計手冊。

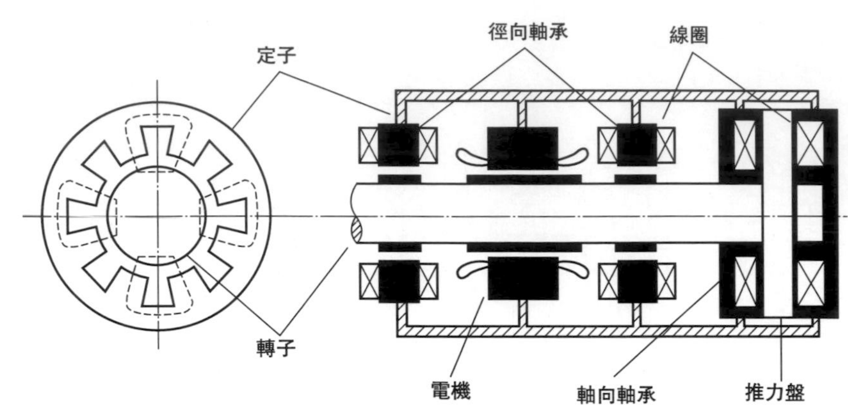

圖 2-43 磁浮軸承結構示意圖

(3) 傳動方式的選擇

1) 齒輪傳動。齒輪傳動是指由齒輪副傳遞運動和動力的裝置，它是現代各種設備中應用最廣泛的一種機械傳動方式。它的傳動比準確，效率高，結構緊湊，工作可靠，壽命長，可傳遞較大的扭矩，適用於變轉速、變載荷的工作場合。但齒形有不可避免的誤差，導致傳動不平穩且傳動精度受到限制。

齒輪傳動有傳動精度高，適用範圍寬，可以實現平行軸、相交軸、交錯軸等空間任意兩軸間的傳動，工作可靠，使用壽命長，傳動效率較高（一般為0.94～0.99），製造和安裝要求較高（成本高），對環境條件要求較嚴，不適用於相距較遠的兩軸間的傳動，減振性和抗衝擊性不如帶傳動等柔性傳動好等特點。

齒輪傳動是靠齒與齒的嚙合進行工作的，輪齒是齒輪直接工作的部分，所以齒輪的失效主要發生在輪齒上。主要的失效形式有輪齒折斷、齒面點蝕、齒面磨損、齒面膠合以及塑性變形等。

① 輪齒折斷。輪齒折斷通常有兩種情況：一種是由於多次重複的彎曲應力和應力集中造成的疲勞折斷；另一種是由於突然產生嚴重過載或衝擊載荷作用引起的過載折斷。尤其是脆性材料（鑄鐵、淬火鋼等）製成的齒輪更容易發生輪齒折斷。兩種折斷均起始於輪齒受拉應力的一側。增大齒根過渡圓角半徑、改善材料的力學性能、降低表面粗糙度以減小應力集中，以及對齒根進行強化處理（如噴丸、滾擠壓）等，均可提高輪齒的抗折斷能力。

② 齒面點蝕。輪齒工作時，前面嚙合處在交變接觸應力的多次反覆作用下，在靠近節線的齒面上會產生若干小裂紋，隨著裂紋的擴展，將導致小塊金屬剝落，這種現象稱為齒面點蝕。齒面點蝕的繼續擴展會影響傳動的平穩性，並產生振動和噪音，導致齒輪不能正常工作。點蝕是潤滑良好的閉式齒輪傳動常見的失

效形式。提高齒面硬度和降低表面粗糙度，均可提高齒面的抗點蝕能力。開式齒輪傳動，由於齒面磨損較快，不出現點蝕。

③ 齒面磨損。輪齒嚙合時，由於相對滑動，特別是外界硬質微粒進入嚙合工作面之間時，會導致輪齒表面磨損。齒面逐漸磨損後，齒面將失去正確的齒形，嚴重時導致輪齒過薄而折斷，齒面磨損是開式齒輪傳動的主要失效形式。為了減少磨損，重要的齒輪傳動應採用閉式傳動，並注意潤滑。

④ 齒面膠合。在高速重載的齒輪傳動中，齒面間的壓力大、溫升高、潤滑效果差，當瞬時溫度過高時，兩齒面局部熔融、金屬相互黏連，當兩齒面做相對運動時，黏連的部分被撕破，從而在齒面上沿著滑動方向形成帶狀或大面積的傷痕。低速重載的傳動不易形成油膜，摩擦發熱雖不大，但也可能因重載而出現冷膠合。採用黏度較大或抗膠合性能好的潤滑油，降低表面粗糙度以形成良好的潤滑條件；提高齒面硬度等均可增強齒面的抗膠合能力。

⑤ 齒面塑性變形。硬度較低的軟齒面齒輪，在低速重載時，由於齒面壓力過大，在摩擦力作用下，齒面金屬產生塑性流動而失去原來的齒形。提高齒面硬度和採用黏度較高的潤滑油，均有助於防止或減輕齒面塑性變形。

齒輪傳動的不同失效形式在一對齒輪上面不一定同時發生，但卻是相互影響的。齒面的點蝕會加劇齒面的磨損，而嚴重的磨損又會導致輪齒折斷。統計表明，在一定條件下輪齒折斷、齒面點蝕失效形式是主要的，因此設計齒輪傳動時，應根據實際工作條件分析其可能發生的主要失效形式，以確定相應的設計準則。

根據齒輪傳動的失效形式，提出以下設計準則：

① 閉式軟齒面（硬度≤350HBW）齒輪傳動。潤滑條件良好時，齒面點蝕將是主要的失效形式，在設計時通常按齒面接觸疲勞強度設計，再按齒根彎曲疲勞強度校核。

② 閉式硬齒面（硬度＞350HBW）齒輪傳動。抗點蝕能力較強，輪齒折斷的可能性大，在設計運算時通常按齒根彎曲疲勞強度設計，再按齒面接觸疲勞強度校核。

③ 開式齒輪傳動。主要失效形式是齒面磨損，但由於磨損的機理比較複雜，尚無成熟的設計運算方法，故只能按齒根彎曲疲勞強度運算，用增大10%～20%模數的辦法加大齒厚，使它有較長的使用壽命，以此來考慮磨損的影響。

2）帶傳動。帶傳動具有結構簡單、傳動平穩、能緩衝吸振、可以在大的軸間距和多軸間傳遞動力，造價低廉、不需潤滑、維護容易等特點，在近代機械傳動中應用十分廣泛。摩擦型帶傳動能過載打滑、運轉噪音低，但傳動比不準確；同步帶傳動可保證傳動同步，但對載荷變動的吸收能力稍差，高速運轉有噪音，占用空間較大。

根據用途不同，帶傳動可分為一般工業用傳動帶、汽車用傳動帶、農業機械用傳動帶和家用電器用傳動帶。摩擦型傳動帶根據其截面形狀的不同又分平帶、V帶和特殊帶（多楔帶、圓帶）等。

傳動帶的種類通常是根據工作機的種類、用途、使用環境和各種帶的特性等綜合選定。當有多種傳動帶滿足傳動需要時，則可根據傳動結構的緊湊性、生產成本和運轉費用，以及市場的供應等因素，綜合選定最佳方案。

① 平帶傳動。平帶傳動工作時，帶套在平滑的輪面上，借帶與輪面間的摩擦進行傳動。傳動形式有開口傳動、交叉傳動和半交叉傳動等，分別適應主動軸與從動軸不同相對位置和不同旋轉方向的需要。平帶傳動結構簡單，但容易打滑，通常用於傳動比為3左右的傳動。

平帶有橡膠帶、編織帶、強力錦綸帶和高速環形帶等。橡膠帶是平帶中用得最多的一種。它強度較高，傳遞功率範圍廣。編織帶撓性好，但易鬆弛。強力錦綸帶強度高，且不易鬆弛。平帶的截面尺寸都有標準規格，可選取任意長度，用膠合、縫合或金屬接頭連接成環形。高速環形帶薄而軟、撓性好、耐磨性好，且能製成無端環形，傳動平穩，專用於高速傳動。

② V帶傳動。V帶傳動工作時，帶安裝在帶輪上相應的型槽內，靠帶與型槽兩壁面的摩擦實現傳動。V帶通常是數根並用，帶輪上有相應數目的型槽。V帶傳動時，帶與帶輪接觸良好，打滑小，傳動比相對穩定，運行平穩。V帶傳動適用於中心距較短和較大傳動比（但一般不超過7）的場合，在垂直和傾斜的傳動中也能較好工作。此外，因V帶數根並用，其中一根破壞也不致發生事故。

V帶（又稱三角帶）是由強力層、伸張層、壓縮層和包布層製成的無端環形膠帶（圖2-44）。強力層主要用來承受拉力，伸張層和壓縮層在彎曲時起伸張和壓縮作用，包布層的作用主要是增強帶的強度。三角帶的截面尺寸和長度都有標準規格，如圖2-45所示。此外，還有一種活絡三角帶，它的截面尺寸標準與三角帶相同，但長度規格不受限制，便於安裝調緊，局部損壞可局部更換，但強度和平穩性等都不如三角帶。三角帶常多根並列使用，設計時可按傳遞的功率和小輪的轉速確定帶的型號、根數和帶輪的結構尺寸。

a. 標準型V帶。多用於家用設施、農用機械、重型機械。頂部寬度與高度之比為1.6∶1。使用簾線和纖維束作為承拉元件的帶比等寬窄型三角帶傳遞的功率要小得多。由於它們的抗拉強度和橫向剛度高，這種帶適用於載荷突然變化的惡劣工作狀況。帶速最高達30m/s，彎曲頻率可達40Hz。

b. 窄型V帶。這種V帶頂部寬度與高度之比為1.2∶1。窄型V帶是標準型V帶的一種變型，它取消了對功率傳遞作用不大的中心部分，傳遞的功率要比同等寬度的標準型V帶高。帶速最高達42m/s，彎曲頻率可達100Hz。

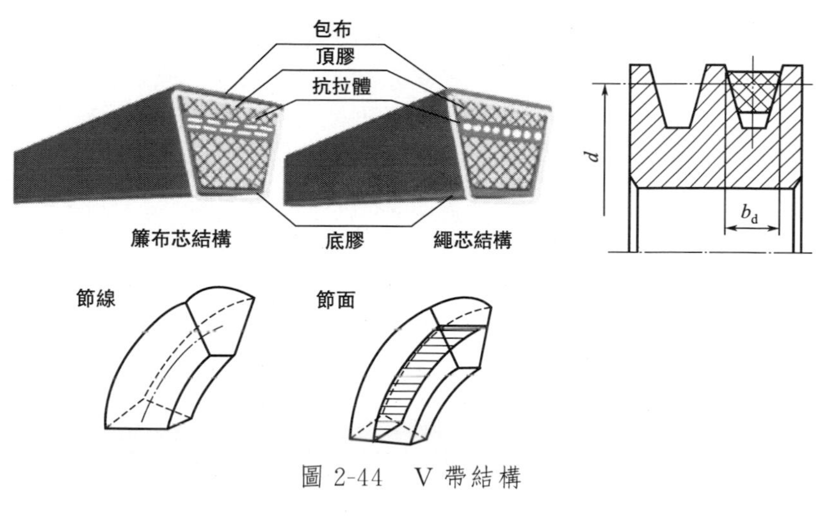

圖 2-44 V 帶結構

型號	Y	Z	A	B	C	D	E	F
頂寬 b/mm	6	10	13	17	22	32	38	50
節寬 h_d/mm	5.3	8.5	11	14	19	27	32	42
高度 h/mm	4	6	8	10.5	13.5	19	23.5	30
楔角 φ	40°							
截面面積 A/mm²	18	47	81	138	230	476	692	1173

圖 2-45 部分 V 帶截面尺寸（更多 V 帶尺寸請查閱機械設計手冊）

c. 粗邊型 V 帶。汽車用粗邊窄型 V 帶，表層下面的纖維垂直於帶的運動方向，使帶具有高柔性，同時還有極好的橫向剛度和高耐磨性。這些纖維還能給經過特殊處理的承拉元件提供良好的支承。用在小直徑的帶輪上時比包邊的窄型 V 帶傳動能力強，壽命長。

d. 其他。最新發展的 V 帶是用 Kevlar 製作纖維承拉元件的 V 帶。Kevlar 具有很高的抗拉強度、伸長率很小，並能承受較高的溫度。

③ 多楔帶（多槽帶）傳動。柔性很好，帶背面也可用來傳遞功率。如果圍繞每個被驅動帶輪的包容角足夠大，就能夠用一條這樣的帶同時驅動車輛的幾個附件（交流發電機、風扇、水泵、空調壓縮機、動力轉向泵等）。它有 5 種斷面供選用，允許使用比窄型 V 帶更窄的帶輪（直徑 $d_{min} \approx 45$mm）。為了能夠傳遞同樣的功率，這種帶的預緊力最好比窄型三角帶增大 20％左右。

④ 同步帶傳動。同步帶傳動是一種特殊的帶傳動。帶的工作面做成齒形，帶輪的輪緣表面也做成相應的齒形，帶與帶輪主要靠嚙合進行傳動。同步齒形帶一般採用細鋼絲繩作強力層，外面包覆聚氨酯或氯丁橡膠。強力層中線定為帶的節線，帶線周長為公稱長度。帶的基本參數是周節 p 和模數 m。周節 p 等於相鄰兩齒對應點間沿節線量得的尺寸，模數 $m=p/\pi$。中國的同步齒形帶採用模數制，其規格用「模數×帶寬×齒數」表示。

同步齒形帶傳動主要用於要求傳動比準確的場合，如電腦中的外部設備、電影放映機、錄影機和紡織機械等。與普通帶傳動相比，同步齒形帶傳動的優點是結構緊湊，耐磨性好；鋼絲繩製成的強力層受載後變形小，齒形帶的周節基本不變，帶與帶輪間無相對滑動，傳動比恆定、準確；齒形帶薄且輕，可用於速度較高的場合，傳動時線速度可達 40m/s，傳動比可達 10，傳動效率可達 98%。

缺點是由於預拉力小，承載能力也較小；製造和安裝精度要求高，要求有嚴格的中心距，成本較高。

除了齒輪傳動、帶傳動，常見的傳動形式還有鏈傳動和直聯原動機傳動（電主軸）。鏈傳動是以鏈條為中間撓性件的嚙合傳動，與帶傳動相比，具有平均傳動比穩定、壓軸力小、效率高等優點。與齒輪傳動相比，具有環境適應性好、成本低、適合遠距離傳動等優點。圖 2-46 為套筒滾子鏈的結構圖。直聯原動機傳動是利用原動機直接帶動執行軸轉動的傳動方式。原動機的轉子軸可與執行軸直

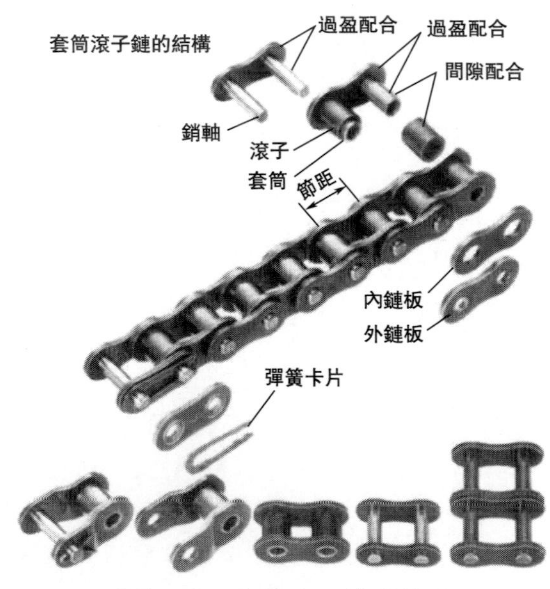

圖 2-46 套筒滾子鏈的結構

接連接，適用於高速的執行軸機構。圖 2-47 所示為數控機床電主軸結構。篇幅關係，這裡不再贅述。

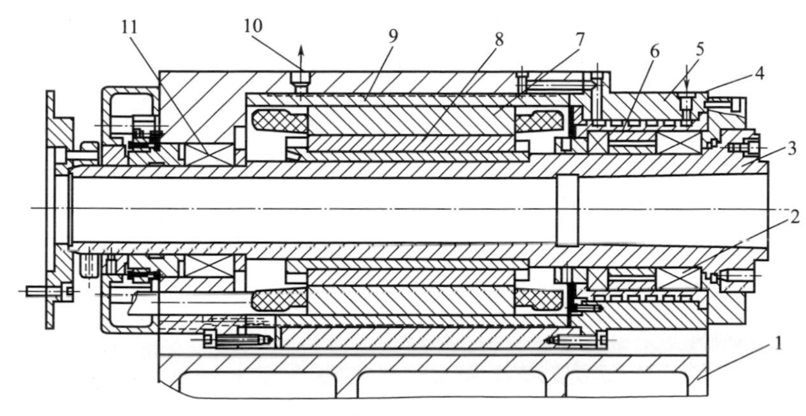

圖 2-47 數控機床電主軸結構

1—主軸箱；2—主軸前軸承；3—主軸；4—冷卻液進口；5—主軸前軸承座；6—前軸承冷卻套；7—定子；8—轉子；9—定子冷卻套；10—冷卻液出口；11—主軸後軸承

(4) 軸傳動件的布置

為了減小傳動力引起執行軸的彎曲變形，應將傳動件布置在前、後支承之間，並盡量靠近前支承，以減小執行軸的受扭段長度，如圖 2-48 所示。當執行軸上有幾個傳動件時，應將較大的傳動件布置在前支承附近，以減小執行軸的變形。

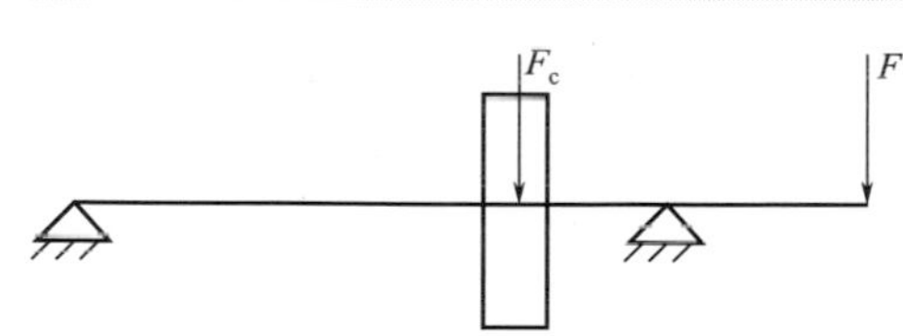

圖 2-48 執行件傳動布置方式

若要求軸的剛度較高而支承軸承剛度較低，應將傳動力方向與工作外載荷方向反向布置，以減小前支承的支反力；反之，則同向布置，以減小執行軸的變形量，如圖 2-49 所示。

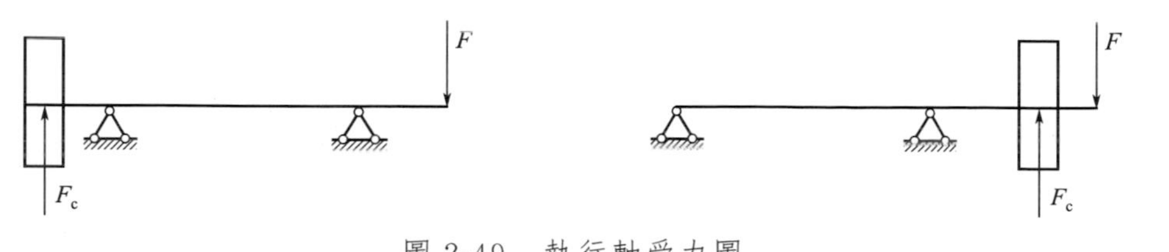

圖 2-49 執行軸受力圖

2.7 智慧製造裝備本體動態設計

自動化水平的提高大大降低了人類的勞動強度和生產難度，減少了人力物力消耗。當前工業生產對機械設備性能、精度、自動化程度、智慧化程度提出了更多要求，機械系統的振動問題日益突出，機械結構設計面臨新挑戰。傳統的設計模式與方法已不能滿足當前裝備工業發展需要，融入動態設計理論勢在必行。機械系統動態性能已經成為產品開發設計中的重要指標之一。

動態設計是指機械結構和機械系統的動態性能在圖紙設計階段就得到充分考慮，整個設計過程實質上是用動態分析技術，借助電腦分析、電腦輔助設計和仿真來實現的，以達到提高設計效率和設計質量的目的。

傳統的機械設計屬於靜態設計，對各項參數考慮不充分，設計過程基於理論與經驗展開，缺乏針對性和適用性，難以適應市場競爭和社會發展需要。而機械結構動態設計是基於動態載荷作用，設計結構各項參數，確定結構形式，設計出一個安全而經濟的結構，來滿足實際使用要求。這種設計模式能充分了解結構動態特性，快速找出結構運行狀態下可能發生的問題，為修改結構提供依據，解決結構運行問題，有效提高結構穩定性、可靠性、安全性，保障機械設備工作壽命，優化結構性能。

智慧製造裝備結構動態設計涉及電腦技術、設計技術、動態分析技術、力學建模等。具體設計中要根據功能要求及設計標準，構建動力學模型並進行動態特性分析，結構在動載荷狀態下滿足動態特性設計要求，使機械結構具有優良動態性能。

2.7.1 動態設計的原則

智慧製造裝備本身是為了方便使用者操作而生產的，所以設計機體時應從使用者角度出發，滿足使用者對不同產品功能的需要。同時，隨著科學技術的發展，設計者需要大量收集技術資訊，掌握目前智慧製造裝備的發展趨勢和動向，設計機體時需要注意對新技術、新工藝和新材料的資訊收集，保持產品的先進性。進一步設計時，需要考慮機體的系統性，從整體入手，保證各個子系統之間相互協調。在滿足功能要求的條件下，盡量使結構簡單，零部件數目少的機體，使其利於加工裝配並且方便操作使用。

2.7.2 機體動態設計的步驟

智慧製造裝備機體動態設計步驟主要包括整體方案設計、主要參數運算、總體結構設計、分析與評價、修改與完善等。

(1) 整體方案設計

在方案設計階段，設計者須明確機體需實現的功能要求，做大量的調研分析，全面考慮外部環境的限制和影響，盡可能多地提出設計方案，通過對不同方案的優缺點進行比較，確定出一個最佳方案。

(2) 主要參數運算

機體的主要參數是指尺寸參數、運動參數和動力參數等，其反映了機械產品的工作特徵和技術性能，運算主要參數時，需合理確定參數大小，避免不合理的設計，尺寸過大不僅占空間大顯得笨重，而且會造成材料浪費，使成本升高；尺寸過小，力學性能指標未必滿足要求，產品壽命和可靠性難以保障。

(3) 總體結構設計

在確定方案並計算出主要參數後，設計者需要考慮裝備的整體布局和零部件的選擇，確定主要機構尺寸，並繪製總體結構圖。零部件的選擇應盡量通用化、標準化、系列化，以降低設計和製造成本。結構圖中應體現主要零部件的基本構造、相對位置關係以及傳動方式等。

(4) 分析與評價

機體總體設計完成後，還需要技術人員對其進行分析、討論和評價。主要針對原理方案、技術設計和結構方案進行評價，指出設計中存在的缺點和改進方向。

(5) 修改與完善

在找出設計中存在的問題或不足後，設計者還需要對總體設計進行修改和完善。機體結構的設計只是初步設計，必然存在各種各樣的問題，因此在機體的全生命週期內，對產品不斷進行修改和完善，只有這樣產品才能逐漸成熟。

(6) 給出最終設計方案

在經過不斷討論、修改完善後，給出詳細的設計方案，包括裝配圖、零件圖、設計說明書、軟體等。

2.7.3 智慧製造裝備本體動態性能分析

機械系統的動態特性是機械系統本身的固有頻率、阻尼特性和對應於各階固有頻率的振型及機械在動載荷作用下的響應。模態是機械結構的固有振動特性，每一個模態具有特定的固有頻率、阻尼比和模態振型。分析這些模態參數的過程稱為模態分析，是研究結構動力特性的一種方法，是系統辨識方法在工程振動領域中的應用。這些模態參數可以通過運算或試驗分析獲得，這樣一個運算或試驗分析過程稱為模態分析。模態分析可以評價現有結構系統的動態特性，診斷及預報結構系統的故障；在新產品設計中進行結構動態特性的預估和優化設計，辨識結構系統的載荷，控制結構的輻射噪音等。

設計智慧製造裝備的機械系統，不僅要滿足靜態要求，而且要保證良好的動態性能。因此在機體設計完成後，還需要進行動態性能分析。動態性能分析的理論基礎是模態分析和模態綜合理論。採用的主要方法包含有限元分析法、模型試驗法及傳遞函數分析法等。

（1）有限元分析法

有限元分析（Finite Element Analysis，FEA）法是利用與數學近似的方法對真實物理系統（幾何和載荷工況）進行模擬。利用簡單而又相互作用的元素（即單元），就可以用有限數量的未知量去逼近無限未知量的真實系統。隨著電腦技術和運算方法的發展，有限元分析法在工程設計和科學研究領域越來越受到重視並得到了廣泛的應用，已經成為解決複雜工程分析運算問題的有效途徑，從汽車到航太飛機幾乎所有的設計製造都已離不開有限元分析運算，其在機械製造、材料加工、航空航太、汽車、土木建築、電子電氣、國防軍工、船舶、鐵道、石化、能源和科學研究等領域的廣泛使用已使設計水平產生根本性的改變。

（2）模型試驗法

模型試驗法是指運用各種技術和模擬裝置，對操作系統進行逼真的試驗，得到所需的符合實際的數據的一種方法。模型試驗法是將作用在機體上的力學現象，按一定的相似關係縮小，再重演到模型上，對機械系統進行激振輸入，通過測量與運算獲得表達機械系統動態特性的參數（固有頻率、阻尼比、模態振型），再通過相似關係換算到原型，判斷機體的動態性能，驗證設計的合理性。

通過試驗對採集的系統輸入與輸出訊號進行參數辨識獲得模態參數的過程，稱為試驗模態分析。通常，模態分析都是指試驗模態分析。振動模態是彈性結構固有的、整體的特性。如果通過模態分析方法了解了結構物在某一易受影響的頻率範圍內各階主要模態的特性，就可以預言結構在此頻段內在外部或內部各種振源作用下實際振動響應。因此，模態分析是結構動態設計及設備故障診斷的重要方法。模態分析最終目標在是辨識出系統的模態參數，為結構系統的振動特性分析、振動故障診斷和預報以及結構動力特性的優化設計提供依據。

錘擊法模態測試又稱錘擊法結構模態試驗，是以簡明、直觀的方法測量和處理輸入力和響應數據，並顯示結果。提供兩種錘擊方法：固定敲擊點移動響應點和固定響應點移動敲擊點。用力錘來激勵結構，同時進行加速度和力訊號的採集和處理，即時得到結構的傳遞函數矩陣。同時，能夠方便地設置測量參數。

激振器法模態測試主要是通過分析儀輸出訊號源來控制激振器，激勵被測試件，輸出訊號有掃頻正弦、隨機噪音、正弦、調頻脈衝等訊號。

試驗模態分析第一步需建立測試系統，確定試驗對象，選擇激振方式，選擇力感測器和響應感測器，並對整個測試系統進行校準。第二步測量被測系統的響應數據，這是試驗模態的關鍵一步，測量得到的數據的準確性和可靠性直接影響模態試驗的結果。在某一激振力的作用下，被測系統一旦被激振起來，就可以通過測試儀器測量得到激振力或響應的時域訊號，得到系統頻響函數的平均估計。第三步進行模態參數估計，利用測量得到的頻響函數或時間歷程來估計模態參數，包括固有頻率、模態振型、模態阻尼、模態剛度和模態質量等。最後進行模態模型驗證，對第三步模態參數估計所得結果的正確性進行檢驗，是對模態試驗成果評定以及進一步對被測系統進行動力學分析的必要過程。

激振方式有天然振源激振和人工振源激振。天然振源包括地震、地脈動、風振、海浪等。地脈動常被用作大型結構的激勵，其特點是頻帶很寬，包含了各種頻率的成分，但是隨機性很大，採樣時間要求較長。人工振源包括起振機、激振器、地震模擬臺、車輛振動、爆破、張拉釋放、機械振動、人體晃動和打樁等。其中爆破和張拉釋放這兩種方法應用較為廣泛。在工程實際中應當根據被測對象的特點，選取適當的激振方式。

(3) 傳遞函數分析法

傳遞函數是指零初始條件下線性系統響應（即輸出量）的拉普拉斯變換與激勵（即輸入量）的拉普拉斯變換之比。記作 $G(s)=Y(s)/U(s)$，其中 $Y(s)$、$U(s)$分別為輸出量和輸入量的拉普拉斯變換。傳遞函數是描述線性系統動態特性的基本數學工具之一，經典控制理論的主要研究方法——頻率響應法和根軌跡法，都是建立在傳遞函數的基礎之上的。傳遞函數是研究經典控制理論的主要工具之一。系統的傳遞函數與描述其運動規律的微分方程是對應的。可根據組成系統各單元的傳遞函數和它們之間的關係導出整體系統的傳遞函數，並用它分析系統的動態特性、穩定性，或根據給定要求綜合控制系統，設計滿意的控制器。以傳遞函數為工具分析和綜合控制系統的方法稱為頻域法。它不但是經典控制理論的基礎，而且在以時域方法為基礎的現代控制理論發展過程中，也不斷發展形成了多變量頻域控制理論，成為研究多變量控制系統的有力工具。

機械結構動態設計是一種理論結合實踐，涉及多學科技術的先進設計方法，目前許多已開發國家都已經廣泛推廣了機械結構動態設計技術。通過機械結構動態設計建立精確動力學模型，保證了設計與運算精度，分析了結構動態特性，對於設計複雜的機械結構具有明顯的優勢。動態設計中利用建模獲得即時動態測試數據，為結構修改提供了依據，具有很大的推廣和應用價值。

2.8 智慧製造裝備本體優化設計

2.8.1 本體設計的主要內容

對於精密、複雜、大型結構件而言，採用一般的力學方法運算其靜態及動態性能已經難以滿足工程的要求。結構優化設計是在給定約束條件下，按某種目標（如重量最輕、成本最低、剛度最大等）求出最好的設計方案，曾稱為結構最佳設計或結構最佳設計，相對於「結構分析」而言，又稱「結構綜合」。如以結構的重量最小為目標，則稱為最小重量設計。

優化設計主要研究結構設計的理論和方法，內容廣泛，包括結構尺寸優化、結構形式優化、拓撲優化，布局優化等，也可包括可靠性指標優化，材料性能優化，動力性能優化，控制結構優化等。機械結構優化設計是以電腦為手段，集有限元分析技術、數值優化方法和電腦圖形技術於一體的綜合性方法和技術，是多學科交叉的機械結構設計理論和技術。

結構形狀優化設計是確定二維和三維結構形狀的機械結構優化設計，旨在改善結構特性，改善應力集中、應力場及溫度場的分布，提高構件的疲勞強度。內容包括確定連續結構的邊界形狀和內部形狀、結構件的結構布局等。

結構優化的方法主要有數值方法、變分方法、敏度分析以及有限元分析等。

用有限元分析法，利用狀態方程運算圖 2-50 所示算例的軸端變形 y 和固有頻率 ω，即求 D_i、l_i、a 的值，使質量最小，並滿足條件 $y \leqslant [y]$。

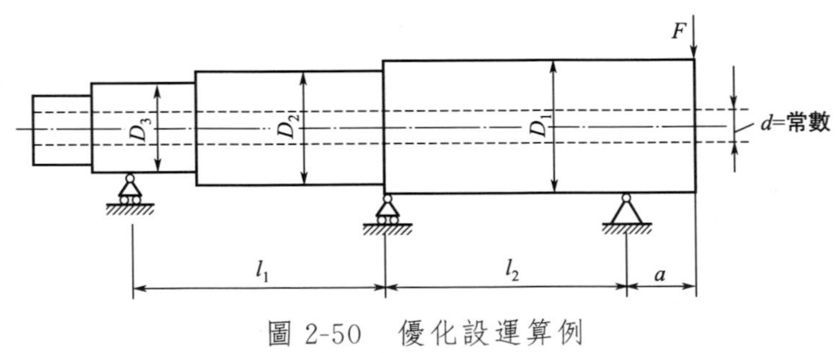

圖 2-50 優化設運算例

2.8.2 結構模組的優化設計

這種優化方式是結合產品規劃的不同角度提出不同的優化方法。也就是說，結構模組優化是從產品規劃角度出發，將規劃分解成單獨的任務，從源頭處解決優化問題，在減少產品問題的基礎上，實現較高的工作效率。用這樣的方式，能夠在保障優化設計質量的同時，提高優化設計的效率。機械機構設計應尊重產品的原設計和規劃，並在細節方面進行優化。結合 Feldman 理念，在優化產品結構時，需要涉及產品四個階段的任務功能，包括功能元件階段、功能組件階段、功能組成階段、產品階段。優秀高質量的模組結構能夠實現配合與連接並行，有標準化介面，能夠在靈便化、通用化、經濟化、層次化、系列化、集成化的過程中，產生相容性、互換性、相關性。在此基礎上，進行機械結構的設計與優化時，還要結合 CAD 製圖技術與軟體設計，實現優化過程中的變形設計與組合設計。根據分級原理，將機械機構模組按照大小分級，分為元件、組件、部件、產品四個等級。在制定機械機構的優化設計方案中用功能模組區分功能區域是非常常見的方法。功能分解能夠將基礎粒化，使機械機構與功能一一對應。這樣機械機構模組便能夠實現映射效果，是提高機械機構優化順利進行的重要前提[30]。

2.8.3 系統模組的優化設計

系統優化是層次化設計，設計人員先將機械機構視作一個整體，將優化流程看作是完整的結構，每一個優化元素視覺作單獨的部件，明確這些單獨部件間存在的密切連繫。層次化設計既考慮整體，又考慮局部，能夠實現設計元素既是單獨的個體，又是共同的整體，達成整體優化的目的。

目前機械機構優化系統模式一般是按照德國 VDI 2221 設計方式（圖 2-51 和圖 2-52），也有一些機構優化系統採用的是中國自主研發的系統設想。將設計看成由若干個設計要素組成的系統，每個設計要素是獨立的，要素間有層次連繫。根據使用者需要進行機械結構設計，質量功能分部位首先根據使用者需要明確機械結構基本功能和特徵，之後根據機械結構的功能特徵確定各個零部件的特徵。將零部件特徵作為核心，在討論和實驗的過程中明確零件工藝特徵。最後按照工藝特徵分析，得出系統優化作業特徵，決定最後的系統優化方法。系統優化與設計建立在將產品視作整體系統，通過不同區域和不同特徵的規劃與明確，實現產品的整體性設計，最終得出產品成品的設計結果。代表性設計方法包括鍵合圖法、舉證設計法、構思設計法、圖形建模法、設計元素法等。每一種方法都需要結合系統完成優化設計方法與方案的制訂。

2.8.4 產品特徵的優化設計

機械系統結構優化設計時，需要根據產品發展特點進行相應的優化設計。電腦輔助設計能夠提高優化設計效果和自動化水平，完成機械機構優化的管理、協調、表達，並在此過程中起舉足輕重的作用，貫穿機械產品優化設計的始終。

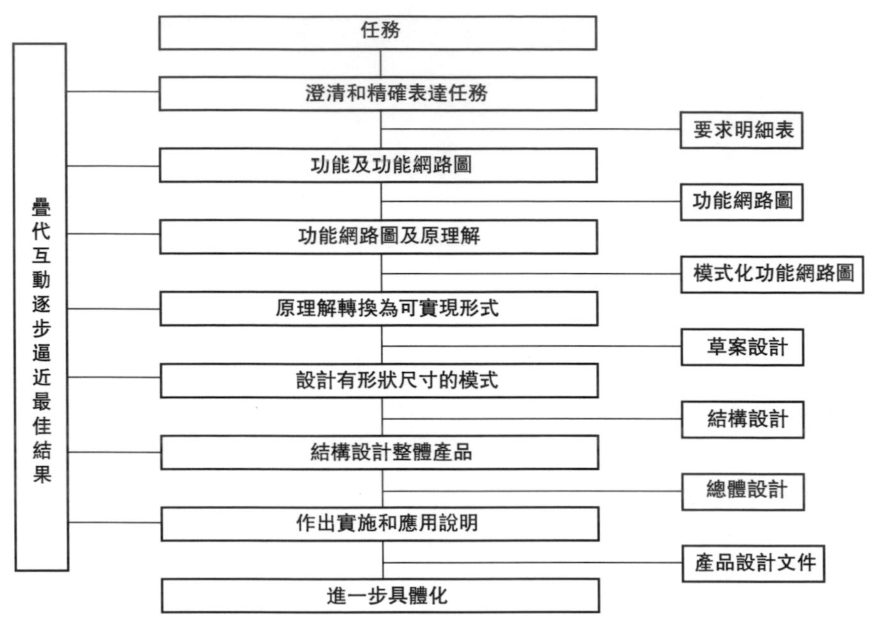

圖 2-51 產品開發設計的一般進程（VDI 2221）

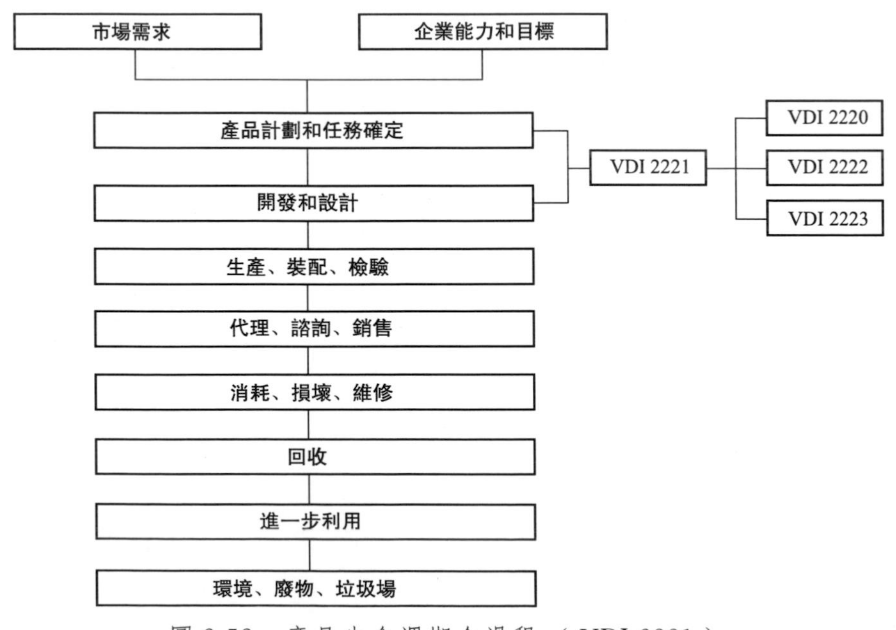

圖 2-52 產品生命週期全過程（VDI 2221）

當今產品特徵優化方法主要包括實例法、編碼法和混合法。實例法通過框架結構完成概念實體、工程實例描述，在推理過程中獲取候選資源，並將候選資源匹配進入到優化防範與匹配設計中。編碼法結合運動轉換，實現機構整理與分離。通過知識庫蒐集與整理方式，完成機械結構優化設計，確定優化設計的方案。最後是混合性表達，這種方式將網路系統、框架、過程、規則進行整合，實現高質量的產品特徵設計。

2.8.5 機械結構優化方法

機械結構優化主要包括設計參數和設計規則兩方面，是決定設計成敗的關鍵。

（1）設計參數優化

機械結構優化涉及數千個設計變量與數百個設計函數。由於包含大量的函數和變量，所以設計程式時有很大困難。針對這一問題，在設計時需要建立參數資訊模型，這樣才能夠在優化時，有參數借鑑，提高設計優化效果。

（2）設計規則提取

通過提取優化規則，改變模型設計參數，得出有效的優化實例。在進行運算時，將結果計入資料庫，通過管理系統將數據離散，採集數據有限元。用粗糙集理論分析有限元，挖掘數據提取數據優化規則。

2.9 智慧製造裝備數位化設計

智慧製造裝備屬於高端裝備，對社會生產和經濟發展有著重要的推進作用。數位化設計即通過數位化的手段來改造傳統的產品設計方法，旨在建立一套基於電腦技術、網路資訊技術，支援產品開發與生產全過程的設計方法。數位化設計的內涵是支援產品開發全過程、產品創新設計、相關數據管理、開發流程的控制與優化等。智慧製造裝備數位化設計中，產品建模是基礎，優化設計是主體，數據管理是核心。

隨著電腦技術及資訊技術的發展，數位化設計已進入中國工業設計、檢驗、生產等各個環節。2020 年中國製造業重點領域企業數位化研發設計工具普及率超過 70%，關鍵工序數控化率超過 50%，數位化工廠/智慧工廠普及率超過 20%，營運成本、產品研製週期和產品不良品率大幅度降低。圖 2-53 所示為製造業數位化工廠架構。雖然數位化設計已經迅速發展，但距實現整個設計生產數位化還有一定的距離。對智慧製造裝備數位化設計的分析有助於我們理性認識目

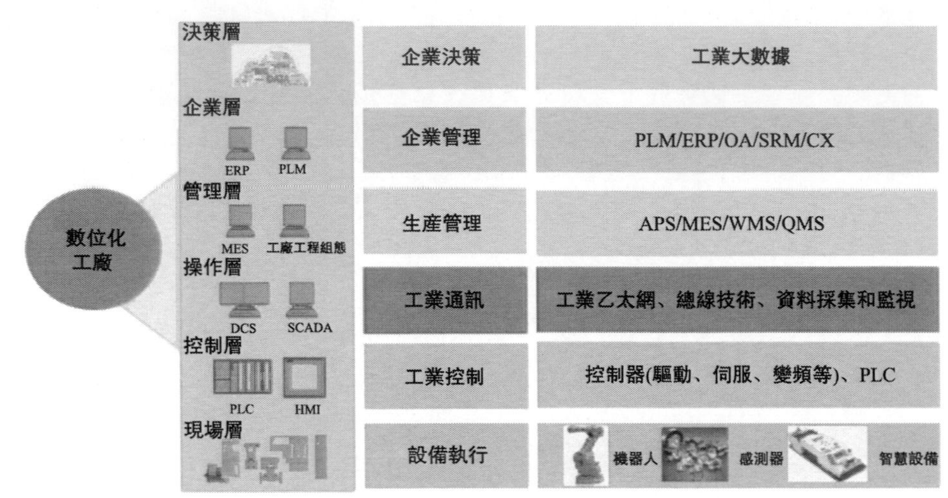

圖 2-53　製造業數位化工廠架構

前數位化設計及智慧製造裝備設計生產方面的發展水平並為其發展方向提供建議。

2.9.1　數位化設計的現狀

數位化設計製造工作模式主要分為串行設計與並行設計。串行設計的組織模式是遞階結構，各階段的活動按時間順序進行，各階段依次排列，都有自己的輸入和輸出；並行設計的工作模式是在產品設計的同時考慮後續階段的相關工作，包括加工工藝、裝配、檢驗等，並行設計產品開發過程各階段的工作是交叉進行的，如圖 2-54 所示。相對於傳統設計製造過程，數位化設計製造有過程延伸、智慧水平高、集成度高等特點，其性能要求有穩定性、集成性、敏捷性、製造工程資訊的主動共享能力、數位仿真能力、支援異構分布式環境的能力、擴展能力七個主要方面。

數位化製造是指製造領域的數位化，它是製造技術、電腦技術、網路技術與管理科學的交叉、融合、發展與應用的結果，也是製造企業、製造系統與生產過程、生產系統不斷實現數位化的必然趨勢，其內涵包括三個層面：以設計為中心的數位化製造技術、以控制為中心的數位化製造技術、以管理為中心的數位化製造技術。數位化製造利用數控機床、加工中心、測量設備、運輸小車、立體倉庫、多級分布式控制電腦等數位化裝備根據產品的工程技術資訊、工廠層加工指令，通過電腦調度與控制完成零件加工、裝配、物料儲存與輸送、自動檢測

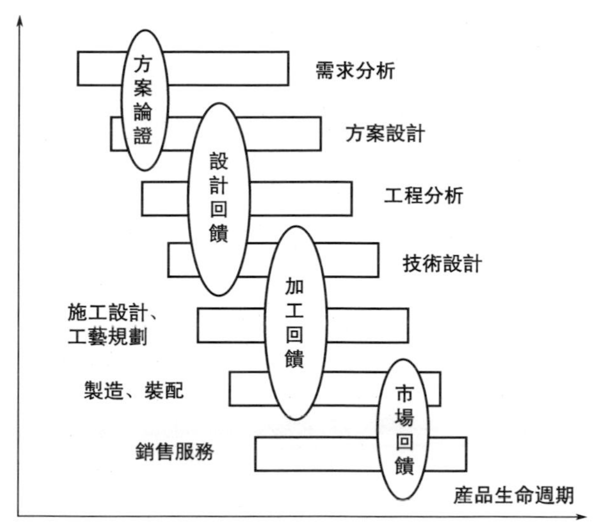

圖 2-54　並行設計

與監控等製造活動。可以實現多品種、中小批量產品的柔性自動化製造，提高生產效率和產品質量，縮短生產週期，降低成本，以滿足市場的快速響應需要。其關鍵技術包括快速工藝準備、複雜結構件高速切削加工、快速成形、柔性和可重構生產線以及製造執行系統等。

數位化設計作為數位化製造技術的基礎和主要環節，利用數位化的產品建模、仿真、多學科綜合優化、虛擬樣機以及資訊集成與過程集成等技術和方法，完成產品的概念設計、工程與結構分析、結構性能優化、工藝設計與數控編程。數位化設計可以實現機械裝備的優化設計，提高開發決策能力，加速產品開發過程，縮短研製週期，降低研製成本。

數位化設計可以減少設計過程中實物模型的製造。傳統設計在產品研製中需經過重複的「樣機試制－樣機測試－修改設計」過程，產品研製週期延長，費時耗力，成本高昂。數位化設計則在製造物理樣機之前，對數位化模型進行仿真分析與測試，及時發現並優化設計不合理性的部分，並且易於實現設計的並行化。數位化設計可以使一項設計工作由多個設計隊伍在不同的地域分頭並行設計、共同裝配，這對提高產品設計質量與速度具有重要的意義。

並行設計是利用電腦技術、通訊技術和管理技術來輔助產品設計的一種現代產品開發模式。打破傳統的部門分割、封閉的組織模式，強調多功能團隊的協同工作，重視產品開發過程的重組和優化，要求產品開發人員從設計之初即考慮產品生命週期中的各種因素。通過組建由多學科人員組成的產品開發隊伍，改進產品開發流程，利用各種電腦輔助工具等，在產品開發的早期階段就能考慮產品生命週期中的各種因素，以保證產品設計、製造一次成功。

數位化設計的關鍵技術包括全生命週期數位化建模、基於知識的創新設計、多學科綜合優化、並行工程、虛擬樣機、異地協同設計等。

2.9.2 數位化設計的發展

隨著電腦技術的發展，1950 年代，CAD 技術誕生了，該技術是集電腦圖形學、資料庫、網路通訊等電腦及其他領域知識於一體的綜合性高新技術，輔助設計時進行工程和產品的設計與分析，以達到理想的目的或取得創新成果[31]。產品設計實現了從手工繪圖到電腦數位繪圖，設計師們甩掉了用了 200 多年的繪圖板。1970 年代，飛機和汽車工業的迅速發展要求用電腦處理很多樣條曲線和空間曲線，數位化設計得到突飛猛進的發展，後期加入質量、重心、慣性矩等參數，誕生了 CAE、CAM 模型表達，發展為數位化設計製造技術。數位化設計發展歷程如圖 2-55 所示。

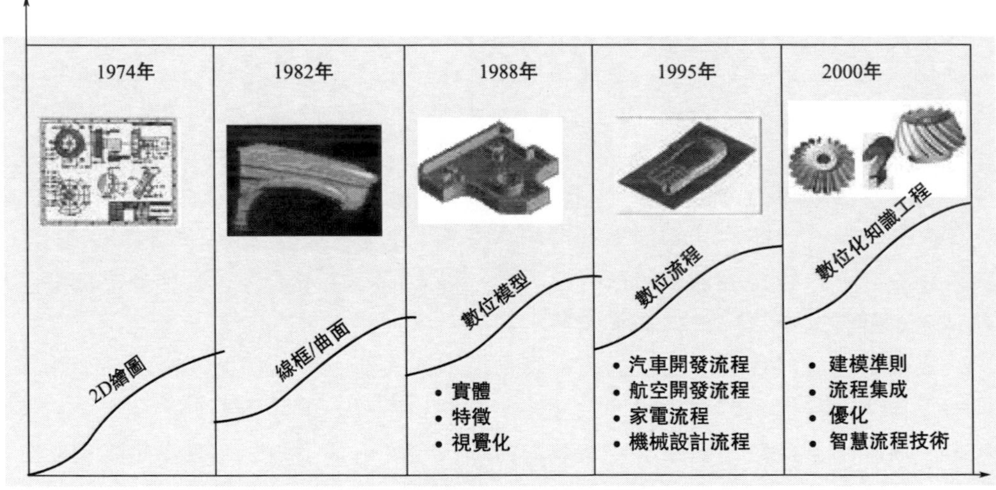

圖 2-55 數位化設計發展歷程

目前大多數企業只使用 CAD 圖紙進行設計、生產等，部分企業使用三維作為輔助設計，工程圖依舊用二維圖，設計效率不高。部分企業基於 MBD 的數位化設計製造技術，即基於模型的數位化定義技術，將三維製造資訊 PMI 與三維設計資訊共同定義到產品三維數位化模型中，使 CAD 和 CAM 等實現真正高度集成，使生產製造過程可不再使用二維圖紙，這部分企業目前還是少數，主要集中在航空以及汽車領域。MBD 應用如圖 2-56 所示。

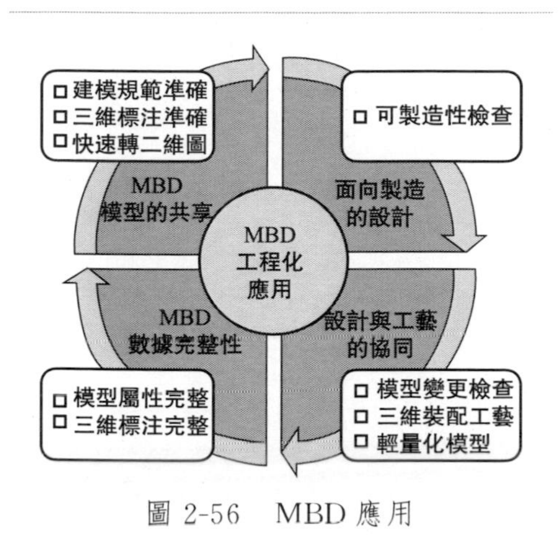

圖 2-56 MBD 應用

MBD 技術也稱為三維標註技術，是三維設計發展的必經之路，是三維模型取代二維工程圖成為加工製造的唯一數據源的核心技術。MBD 技術概念的提出及相應規範的建立已經面世多年，起源於波音，並在國外眾多企業中得到應用。波音 787 客機研製過程中，全面採用了 MBD 技術，將三維產品製造資訊與三維設計資訊共同定義到產品的三維數位化模型中，摒棄二維圖樣，直接使用三維標註模型作為製造依據，實現了產品設計、工藝設計、工裝設計、零件加工、部件裝配、零部件檢測檢驗的高度集成、協同和融合[32]。

2.9.3 數位化設計製造的主要方法和常用文件交換類型

(1) 特徵建模

特徵是一組具有確定的約束關係的幾何實體，它同時包含某種特定的功能語義資訊。特徵可以表達為：產品特徵＝形狀特徵＋語義資訊。特徵建模框架結構如圖 2-57 所示。

其中，產品特徵是具有一定屬性的幾何實體，包括特徵屬性數據、特徵功能和特徵間的關係。特徵設計是在實體模型基礎上，根據特徵分類，對一個特徵進行定義，對操作特徵進行描述，指定特徵的表示方法，並且利用實體造型具體實現，是產品各種資訊的載體，包括幾何資訊和非幾何資訊。具體有形狀特徵、材料特徵、精度特徵、裝配特徵四類。

通過特徵技術，可以將設計意圖融入產品模型之中，並且可以隨時進行調整。另外，由於採用具有工程性的單元特徵進行造型，減少了設計師在設計時的隨意性，有助於消除設計結果與製造實現之間的衝突。特徵造型的本質還是實體造型，但是進行了工程語義的抽象，即語義＋形狀特徵。目前，應用最好和最為成熟的是形狀特徵設計。

特徵造型系統要求所建立的產品零件模型應包括幾何數據、拓撲數據、形狀特徵數據、精度數據、技術數據 5 種數據類型，方式靈活多變，能方便地實現特徵和零件模型的建立、修改、刪除、更新，能單獨定義和分別引用產品模型中的各個層次數據並對其進行關聯，構成新的特徵與零件模型，滿足各應用領域的需要。產品形狀特徵分類如圖 2-58 所示。

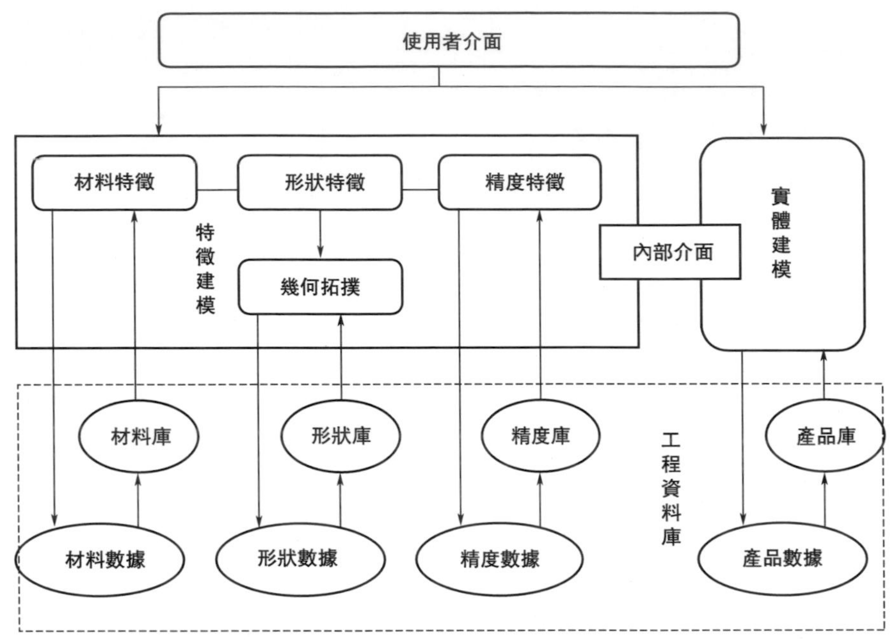

圖 2-57　特徵建模框架結構

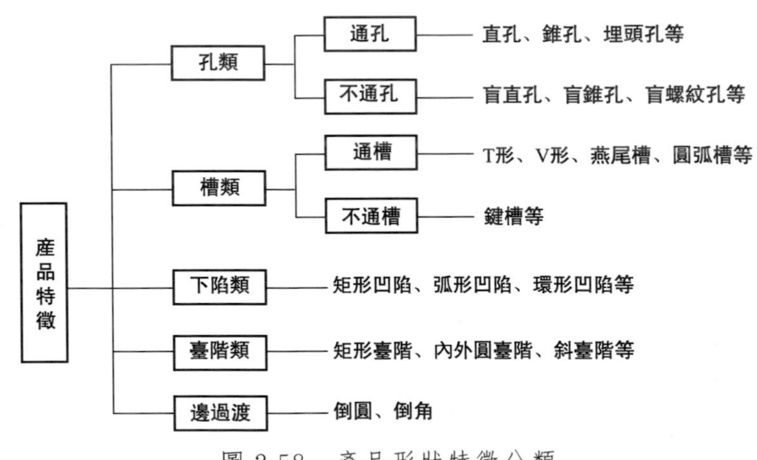

圖 2-58　產品形狀特徵分類

(2) 參數化設計與變量化設計（表 2-7）

參數化設計是指設計對象的結構形狀基本不變，用一組參數來約定尺寸關係的方法。參數化設計基於特徵、全尺寸約束、尺寸驅動實現設計修改、全數據相關，控制尺寸有顯示對應關係，結果的修改受尺寸驅動。

表 2-7　變量化技術與參數化技術對比

變量化技術	參數化技術
設計過程將形狀約束和尺寸約束分開處理	設計過程將形狀和尺寸聯合起來一並考慮，通過尺寸約束實現對幾何形狀的控制
可以先決定所感興趣的形狀，然後再給一些必要的尺寸，尺寸是否注全並不影響後續操作	在非全約束時，造型系統不許可執行後續操作
工程關係可以作為約束直接與幾何方程耦合，最後再通過約束解算器統一解算	工程關係不直接參與約束管理，而是另由單獨的處理器外置處理
採用聯立求解的數學手段，方程求解順序無所謂	苛求全約束，每一個方程式必須是顯函數，即所使用的變量必須在前面的方程式內已經定義過並賦值於某尺寸參數，其幾何方程的求解只能是順序求解
變量化技術解決的是任意約束情況下的產品設計問題，不僅可以做到尺寸驅動，還可以實現約束驅動	解決的是特定情況（全約束）下的幾何圖形問題，表現形式是尺寸驅動幾何形狀修改

變量化設計為使用者提供了一種互動操作模型的三維環境，設計人員在零部件上定義關係時可直接操作，不再關心二維設計資訊如何變成三維，從而簡化了設計建模的過程。設計人員可以對零件上的任意特徵直接進行圖形化的編輯、修改，可以實現動態地捕捉設計、分析和製造的意圖。

(3) 數位化設計製造常用文件交換類型

常見的數位化設計製造常用文件交換類型有 IGES、STEP、DXF 三種。IGES初始圖形交換規範，是國際上產生最早、應用最廣泛的圖形數據交換標準。IGES 文件資訊的基本單位是實體。STEP 產品模型數據交換標準是國際標準化組織（ISO）制定的產品數據表達與交換標準，產品模型數據覆蓋產品的整個生命週期，形狀特徵資訊模型是 STEP 產品模型的核心，幾何資訊交換是 STEP 標準應用較廣泛的一部分。DXF（數據交換文件）是一種開放的矢量數據格式，DXF 在 CAD 系統被廣泛使用，大多數 CAD 系統都能讀入或輸出 DXF 文件。

(4) 數位化設計製造的主要過程

產品數位化模型是數位化設計製造的集中體現，是產品功能資訊、性能資訊、結構資訊、零件幾何資訊、裝配資訊、工藝和加工資訊等的載體。設計過程首先設定一個或一組零件模型為主模型，其他模型均以主模型為基礎，在此基礎上進行新模型的構建。

產品設計階段的模型包括概念設計、零件幾何模型、產品模型仿真、產品模型裝配四個階段。

概念設計包括產品的方案構圖、創新設計等，設計師遵循設計規範，從功能需要分析出發，提出產品的設計方案，以方案報告、草圖等形式完成設計，這個階段不需要考慮產品的精確形狀和幾何參數設計。

零件幾何模型階段是產品詳細設計的核心，是將概念設計進行細化的關鍵內容，是所有後續工作的基礎，也是最適合以電腦表示產品模型的階段。幾何模型的幾何資訊用二維或者三維模型表示，非幾何資訊以屬性表示，屬性資訊的定義以文本的形式說明。零件幾何模型是詳細設計階段產生的資訊模型，是其他各階段設計的資訊載體，通常作為主模型。

幾何模型可用線框模型、表面模型、實體模型表達。線框模型是指在電腦內描述一個三維線框模型並給出頂點表及邊表兩類資訊。它的缺點是資訊過於簡單，沒有面資訊，不能進行消隱處理，模型在顯示時理解上存在二義性，不便於描述含有曲面的物體，無法應用於工程分析和數控加工刀具軌跡的自動運算。表面模型是指數據結構是以「面-稜邊-點」三層資訊表示。表面模型避免了線框模型的二義性，表示的是零件幾何形狀的外殼，不具備零件的實體特徵，不能進行物理特性運算，如轉動慣量、體積等。實體模型一般是指以「體-面-環-稜邊-點」五層結構資訊表示的模型。實體建模最常用的是邊界描述法和構造性實體幾何法。實體建模方法在表示物體形狀和幾何特性方面是完全有效的。

產品模型仿真階段一般不直接在詳細設計階段產生的零件幾何模型上進行。產品仿真模型表達了仿真分析階段的資訊，仿真模型以設計階段的幾何模型為基礎，需要進行必要的優化與細節刪減，以減少運算量。所以需要不斷回饋給相關的設計工程師進行產品模型的調整或修改。產品 CAE 仿真如圖 2-59 所示。

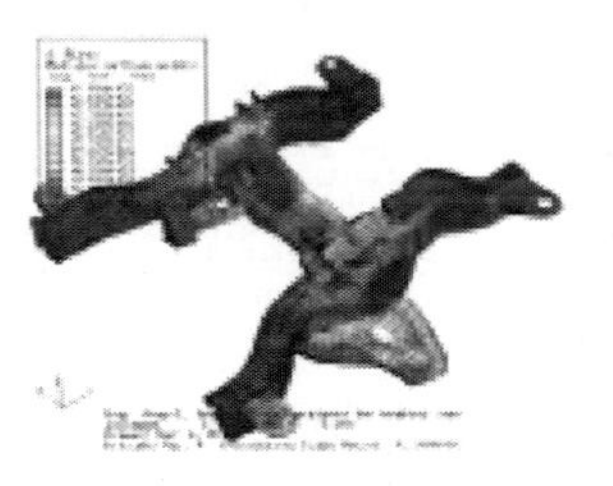

(a) 汽車底盤

(b) 飛機整機

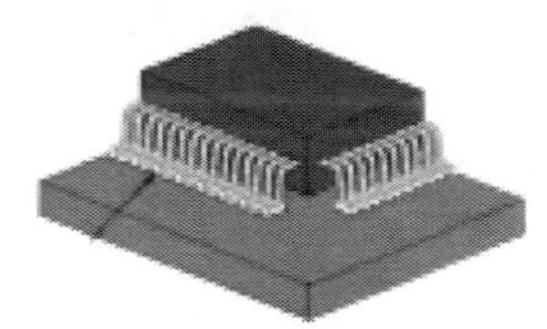

(c) 電子晶片

圖 2-59 產品 CAE 仿真

在產品模型裝配階段，產品裝配模型表示產品各零部件間的結構關係、裝配的物料清單、裝配的約束關係、面向實際的裝配順序和路徑規劃等完整體現產品模型的裝配情況。裝配結構樹反映產品的總體結構；屬性資訊表用來表示產品的非幾何資訊；裝配約束模型包括裝配特徵描述、裝配關係描述、裝配操作描述以及裝配約束參數；裝配規劃模型用於裝配順序規劃和路徑規劃。

產品製造階段的模型總體包括工藝資訊模型設計階段、工裝模型階段、數控加工模型階段三個階段。

工藝資訊模型設計階段為 CAPP 提供基本資訊，根據零件加工要求和尺寸、粗糙度、基準、加工方法等資訊，建立工藝資訊模型。工藝設計的數據源自詳細公差設計階段產生的幾何模型和裝配模型。工裝模型階段是經過不斷演化產生的中間狀態模型階段。工裝模型包含了兩大部分：工裝設計模型和產品過程模型。數控加工模型階段是數控加工設計的模型和產生相應 NC 程式的階段。

數位化設計製造過程（圖 2-60）相較於傳統的二維藍圖設計製造過程（圖 2-61）的區別除了資訊轉換過程數位化以外，數位化設計製造多使用數位樣機進行分析檢查，而傳統設計製造過程則需要物理樣機進行輔助。

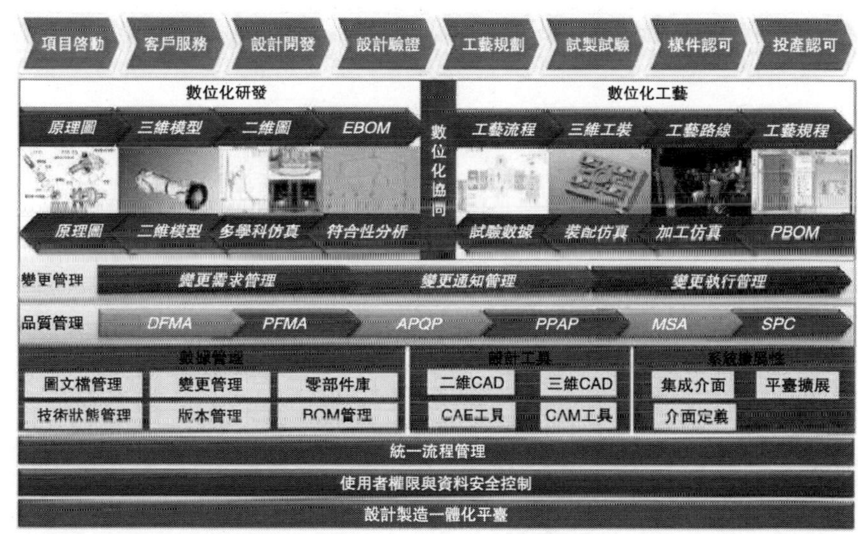

圖 2-60　數位化設計製造過程

圖 2-61　二維藍圖設計製造過程

物理樣機一般為用物質材料製作的產品模型，數位化樣機指以電腦為載體表達的機械產品整機或子系統的全數位化模型，它以 1：1 的尺寸比例精確地表達真實物理產品，其作用是用數位樣機驗證物理樣機的功能和性能。數位樣機是相對於物理樣機在電腦上表達的產品數位化模型。在 CAD 領域，虛擬樣機的概念實際上是數位樣機的含義。而建立虛擬樣機用到的虛擬實境技術因其自主性、互動性和浸沒性的特徵極大地增強了數位化設計製造的實用性。數位樣機的特點有：

① 真實性。數位樣機的目的是取代或精簡物理樣機，在仿真等重要方面等同於物理樣機，在幾何外觀、物理特性以及行為特性上與物理樣機保持一致。

② 面向產品全生命週期。傳統的工程仿真僅針對產品某個方面進行分析，數位樣機是對產品全方位的仿真。數位樣機是由分布的、不同工具開發的甚至是異構子模型組成的聯合體，主要包括 CAD 模型、外觀模型、功能和性能仿真模型、各種分析模型、使用維護模型以及環境模型。

③ 多學科交叉性。複雜產品設計通常涉及機械、控制、電子、流體動力等多個不同領域，需將多個不同學科領域的子系統作為一個整體進行完整而準確的仿真分析，使數位樣機能夠滿足設計者進行功能驗證與性能分析的要求。

分類標準不同，數位樣機的類別不同，下面是常見的數位樣機的分類。

按照數位樣機反映機械產品的完整程度不同，可將其分為全機樣機和子系統樣機。全機樣機是對系統所有結構零部件、系統設備、功能組成、附件等進行完整描述的數位樣機；子系統樣機是按照機械產品不同功能劃分的子系統包含的全部資訊的數位化描述。

按照數位樣機研製流程不同，可將其分為方案樣機、詳細樣機和生產樣機。方案樣機指產品方案設計階段的樣機，包含產品方案設計全部資訊的數位化描述；詳細樣機指產品詳細設計階段的樣機，包含產品詳細設計全部資訊的數位化描述；生產樣機指產品生產階段的樣機，包含產品製造、裝配全部資訊的數位化描述。

按照數位樣機的特殊用途或使用目的不同，可將其分為幾何樣機、功能樣機、性能樣機和專用樣機等。幾何樣機側重於產品幾何描述；功能樣機側重於產品功能描述；性能樣機側重於產品性能描述；專用樣機能夠支援仿真、培訓、市場宣傳等特殊目的。

2.9.4 數位化設計製造的未來趨勢

隨著網路技術的不斷發展，具有環境感知能力的各類終端、基於網路技術的運算模式等優勢促使物聯網在工業領域應用越來越廣泛，並不斷融入工業生產的各個環節，將傳統工業提升到智慧工業。生產過程檢測、參數採集、設備監控、材料消耗等生產環節都可以做到即時監測，實現生產過程的智慧監視、智慧控制、智慧診斷、智慧決策以及智慧維護，以達到建立數位化工廠（圖 2-62）的目的。企業之間亦可借助工業雲端平台（圖 2-63）實現協同研發、製造、供應等數位化融合。

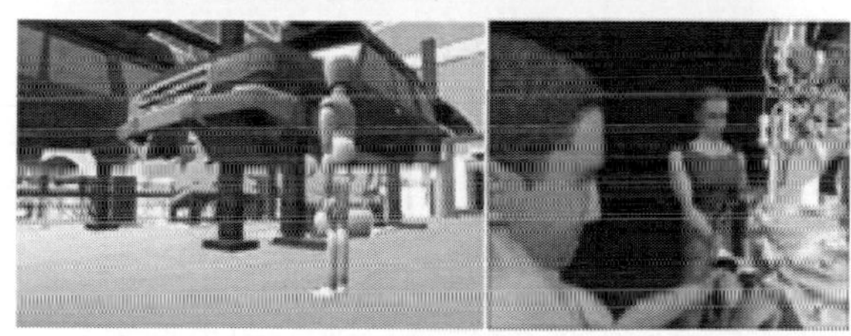

- 裝配線校驗
- 靜態干涉檢查
- 動態干涉檢查
- 過程仿真
- 工作指南
- 人類工程學建模
- 人機工程分析
- 虛擬實境透視
- 與PDM系統集成
- 支持Web瀏覽器
- 成本建模

圖 2-62　數位化工廠

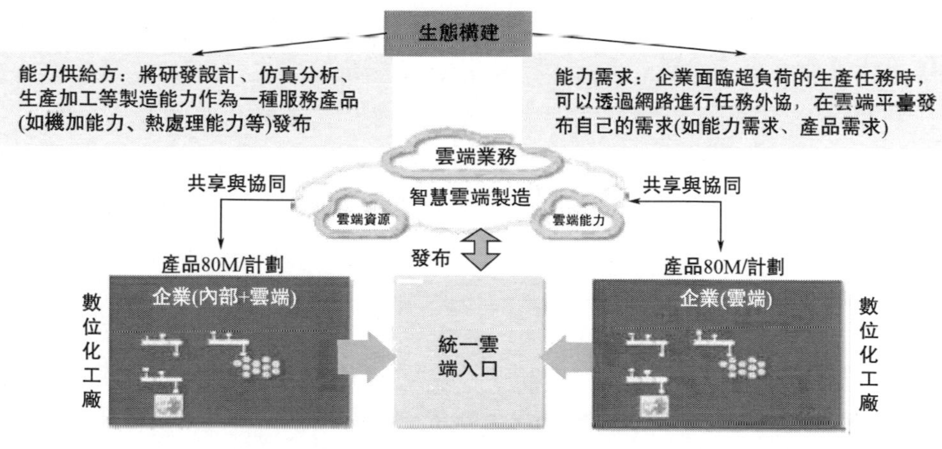

圖 2-63　數位化雲端平台

當前汽車生產線智慧化設備普及率很高，車身拼裝等工藝過程都是由智慧機器人自動完成的。因採用的智慧製造裝備來自不同供應商，所有智慧製造裝備的管理、監控和控制相對孤立，如果能對智慧製造裝備狀態、故障和控制的統一系統平台進行集中化管理，就能最大化地提高汽車生產的智慧化和效率。

車企智慧製造裝備自動化控制方案採用協同中間件系統為基礎系統，基礎系統由數據服務層、物聯網感知層、平台服務層等組成。通過物聯網感知層可以連結各種智慧化設備，包括機器人、I/O 設備、感測器設備等；感知層可以將智慧製造裝備的數據通過協議轉換器解析為平台數據，發送給平台服務層，平台服務層對智慧的設備數據進行處理，並發送到數據服務層；數據服務層負責進行大數據分析和資料儲存。平台服務是整個平台的「大腦」，負責平台所有的設備管理、數據管理、通訊管理、權限管理等，並且可以將平台的服務以標準的通訊協議進行發布，支援第三方系統的協同調用。物聯網感知層支援所有設備的連結並進行控制。

2.9.5 智慧製造裝備數位化設計

數位化設計是指將電腦輔助設計技術應用於產品設計領域，通過基於產品描述的數位化平台，建立數位化產品模型，並在產品開發過程中應用，達到減少或避免實物模型的產品開發技術。數位化設計避免了傳統設計的「樣機生產－樣機測試－修改設計」環節，在樣機誕生之前就通過電腦手段對數位模型進行仿真、測試，將不合理的設計因素消滅在萌芽狀態，可以減少設計過程實物模型的製造，加快開發週期，減少設計成本。圖 2-64 所示為智慧製造裝備數位化設計。

智慧製造裝備數位化設計方法可以採用「1＋3＋X」綜合設計法，即採用功能優化、動態優化、智慧優化和視覺優化及對某種產品有特殊要求的設計等方法來完成設計工作。21 世紀是一個自動化相對成熟的工業時代，隨著「工業 4.0」的提出，自動化已經讓標準化的大規模生產達到了極高的水平，但是當生產的個性化、小批量需要變得越來越多時，就出現了新的挑戰，從精益角度出發，質量、成本與交付都成了困難。

當前的智慧製造裝備互動介面大多是由工程技術人員基於功能需要進行設計的，忽略了人、機、環境給互動介面帶來的影響，單純的技術性資訊難以實現正確高效的指引。這就需要設計師對智慧製造裝備終端的介面互動設計進行深入系統地研究。智慧製造裝備的資訊傳達由行動終端的互動介面輸出或回饋給使用者，進而由使用者輸入指令。人機介面是否友好、邏輯運算是否準確、資料庫是否合理等性能指標直接影響智慧製造裝備系統的整體使用效果與智慧化程度。數位化設計製造以及智慧製造裝備的應用和普及是歷史發展的必然趨勢。

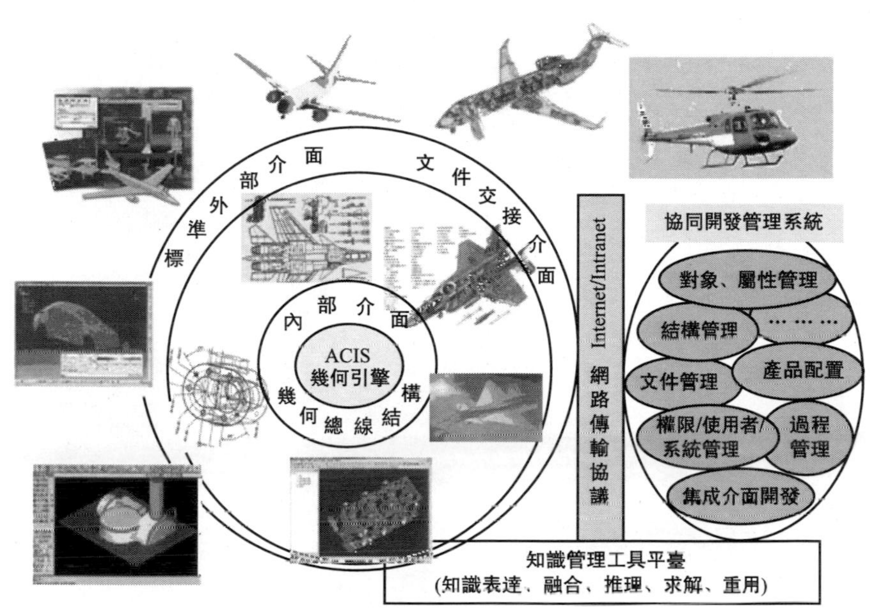

圖 2-64 智慧製造裝備數位化設計

數位化設計的結果是數位化樣機和虛擬樣機，它是在CAD模型的基礎上，把虛擬技術與仿真方法相結合，為產品研發提供了一個全新的設計方法。虛擬樣機是建立在電腦上的原型系統或子系統模型，在建立物理樣機之前，設計師利用電腦技術建立機械系統的數學模型，進行仿真分析並從圖形方式顯示該系統在真實工程條件下的各種特性，從而修改並得到最佳設計方案。虛擬樣機設計環境是模型、仿真和仿真者的一個集合，利用虛擬環境在視覺化方面的優勢以及可互動式探索虛擬物體功能，對產品進行幾何、功能、製造等方面互動的建模與分析，在一定程度上具有與物理樣機相當的功能真實度，發展迅速。再結合快速原型技術（積層製造、3D列印），相較傳統的樣機製造，可以節省大量的人力物力，且產品開發週期大為縮短。圖 2-65 所示為裝備數位化設計範例。

2.9.6 綠色設計

綠色設計是由綠色產品所延伸的一種設計技術，也稱為生態設計、環境設計，是指在產品及其壽命週期全過程的設計中，要充分考慮對資源和環境的影響，在考慮產品的功能、質量、開發週期和成本的同時，更要優化各種相關因素，使產品及其製造過程對環境的總體負面影響最小，使產品的各項指標符合綠色環保的要求，在設計階段就將環境因素和預防汙染的措施納入產品設計之中，

圖 2-65 裝備數位化設計範例

將環境性能作為產品的設計目標和出發點，力求使產品對環境的影響為最小。其核心可歸納為 3R1D（Reduce，Recycle，Reuse，Degradable）[33]。

2.10 本章小結

本章簡要介紹了智慧製造裝備機械本體設計的有關內容，闡述了機械本體設計的任務、基本要求、設計準則和設計主要內容。在明確設計任務和內容的基礎上，進行了進給傳動系統設計、支承系統設計、執行系統設計以及動態設計。另外，本章還簡單介紹了機械優化設計以及數位化設計。隨著人工智慧和電腦網路的發展，新的設計方法、設計工具和設計手段不斷湧現。由於篇幅有限，大量內容沒有詳細展開，讀者感興趣的話可以查閱相關資料深入學習。

第3章

智慧製造裝備驅動系統設計

裝備執行機構是能提供直線或旋轉運動的驅動裝置，它利用某種驅動能源並在某種控制訊號作用下工作。智慧製造裝備驅動機構主要由執行機構和控制系統兩部分組成。執行機構是資訊的終端，故也稱執行器為終端元件。生產過程的資訊經控制器運算處理後輸出操作指令給執行器，完成生產過程，或由操作員站發出的人工操作指令給執行器控制生產過程。必須對執行器的設計、安裝、除錯和維護給予高度重視。驅動機構要設計合理，選擇或使用不當，會影響生產過程的自動化，導致自動控制系統的控制質量下降，控制失靈，甚至造成嚴重的生產事故。

傳統機械裝備的驅動系統提供的能量傳送到工作部件往往需要一系列複雜的傳動結構，而這些結構會帶來諸如磨損、噪音以及能量損耗等問題，降低加工精度以及驅動效率，導致生產成本增加。未來智慧化裝備驅動系統將會朝著高速高效傳動方向發展。

3.1 驅動機構的分類和特性

3.1.1 驅動機構的分類

(1) 按使用的能源形式分類

根據所使用的能源形式，驅動機構可分為氣動執行機構、電動執行機構和液壓執行機構三大類。氣動執行機構是將壓縮空氣作為能源，電動執行機構是將電能作為能源，液動執行機構是將高壓液體作為能源。

電動執行機構主要是電機、電動缸等，具有體積小、訊號傳輸速度快、靈敏度和精度高、安裝接線簡單、訊號便於遠傳等優點，常與 DCS（分散控制系統）和 PLC（可編程式控制器）配合使用。氣動執行機構具有結構簡單、安全可靠、輸出力矩大、價格便宜、本質安全防爆等優點。與電動執行機構比較，氣動執行機構輸出扭矩大，可以連續進行控制，不存在頻繁動作而損壞執行器的缺點。液壓執行機構輸出扭矩最大，也可承受執行機構的頻繁動作，往往用於主氣門和蒸汽控制門的控制，但其結構複雜，體積龐大，成本較高。

(2) 按輸出位移量分類

執行機構根據輸出位移量的不同，將驅動機構分為角位移執行機構和線位移執行機構。而角位移執行機構又分為部分轉角式執行機構和多轉式執行機構。部分轉角式執行機構的輸出轉角最大為 90°，多轉式執行機構可以連續輸出 360°整週轉動。

(3) 按動態特性分類

按動態特性的不同，驅動機構可分為比例式執行機構和積分式執行機構。積分式執行機構是輸出的直線位移或角位移與輸入訊號成比例關係的執行機構，這類執行機構沒有前置放大器，直接靠開關的動作來控制伺服電機，輸出轉角是轉速對時間的積分。積分式執行機構是輸出的直線位移或角位移與輸入訊號成積分關係的執行機構，主要用在遙控方面，屬於開環控制，例如用它遠距離啟閉截止閥或閘板閥。與此對應，一般帶前置放大器和閥位回饋的執行機構就是比例式執行機構。

(4) 按有無微處理機分類

按執行機構內有無微處理機可分為模擬執行機構和智慧執行機構。模擬執行機構的電路主要由晶體管或運算放大器等電子裝置組成，智慧執行機構的電路裝有微處理器等晶片。智慧執行機構即現場總線執行機構，是基於 DCS 控制、現場總線控制、流量特性補償、自診斷和可以變速等方面的要求而發展起來的，實現了多參數檢測控制、機電一體化結構和完善的組態功能，可以將控制器、伺服放大器、電機、減速器、位置發送器和控制閥等環節集成，訊號通過現場總線實現現場控制。

(5) 按極性分類

按極性可分為正作用執行機構和反作用執行機構。當執行機構的輸入訊號（或操作變量）增大，被調量增大，即隨操作壓力增大，輸出桿向外伸出，壓力減小又自行向裡退回的執行機構為正作用執行機構；反之，為反作用執行機構。

(6) 按速度分類

按執行機構輸出軸速度是否可變分為恆速執行機構和變速執行機構。所有模擬（傳統）電動執行機構輸出軸的速度是不可改變的，而帶有變頻器的電動執行機構輸出軸的速度是可以改變的。

以機器人驅動系統分類為例介紹，機器人常用驅動系統按照運動原理，可以分為電氣驅動、液壓驅動、氣壓驅動三類，如表 3-1 所示。

表 3-1 機器人驅動系統分類

驅動形式	優點	缺點	應用領域
電氣驅動	所用能源簡單，機構速度變化範圍大，體積小，效率高，控制精度高，且使用方便、噪音低，控制靈活，安裝維修方便，無泄漏	推力較小，剛度低，需要減速裝置，缺電時需要刹車裝置，大推力時成本高	應用較為廣泛，幾乎適用於所有領域機器人，如電氣伺服傳動領域、資訊處理領域、交通運輸領域等
液壓驅動	易獲得較大的推力或轉矩；工作平穩可靠，位置精度高；易實現自動控制；結構尺寸較氣壓傳動小，使用壽命長，能實現速度位置的精確控制，傳動平穩，無須減速裝置	油液的黏度變化影響工作性能；有泄漏、燃燒、爆炸的危險；要求嚴格的濾油裝置及液壓元件，造價較高，易泄漏	適用於大型機器人和大負載，多用於特大功率的機器人系統，重型、低速驅動
氣壓驅動	不必添加動力設備；即使泄漏也對環境無汙染，使用安全；製造要求也比液壓元件低	空氣壓縮性大，工作平穩性差，速度控制困難；鋼類零件易生鏽；噪音汙染	用於精度不高的點位控制系統，中、小型快速驅動

液壓驅動式機械手通常由液動機（各種油缸、油馬達）、伺服閥、油泵、油箱等組成驅動系統，由驅動機械手執行機構進行工作。通常它具有很大的抓舉能力，結構緊湊、動作平穩、耐衝擊、耐震動、防爆性好，但液壓元件要求有較高的製造精度和密封性能，否則漏油將汙染環境。氣壓驅動系統通常由氣缸、氣閥、氣罐和空壓機組成，其特點是氣源方便、動作迅速、結構簡單、造價較低、維修方便。但難以進行速度控制，氣壓不可太高，故抓舉能力較低。

電氣驅動式是機械手使用得最多的一種驅動方式。其特點是電源方便，響應快，驅動力較大，訊號檢測、傳動、處理方便，並可採用多種靈活的控制方案。驅動電機一般採用步進電機，直流伺服電機（AC）為主要的驅動方式。減速機構有諧波傳動、RV 擺線針輪傳動、齒輪傳動、螺旋傳動和多桿機構等。機械驅動只用於動作固定的場合。一般用凸輪連桿機構來實現規定的動作。其特點是動作確實可靠，工作速度高，成本低，但不易於調整。還有採用混合驅動，即液-氣或電-液混合驅動。

3.1.2 驅動機構的技術特性

(1) 電動執行機構特性

電動執行機構分為電磁式和電動式兩類，前者以電磁閥及用電磁鐵驅動的一些裝置為主，後者由電機提供動力，輸出轉角或直線位移，用來驅動閥門或其他裝置。對電動執行機構的特性要求是：

① 要有足夠的轉（力）矩。對於輸出為轉角位移的執行機構要有足夠的轉矩，對於輸出為直線位移的執行機構也要有足夠的力，以便克服負載的阻力。為

了增大輸出轉矩或力，很多電機的輸出軸都有減速器。減速器的作用是把電機輸出的高轉速、小力矩的功率轉換為執行機構輸出的低轉速、大力矩的功率。

② 要有自鎖特性。減速器或電機的傳動系統中應該有自鎖特性，當電機不轉時，負載的不平衡力不可引起執行機構轉角或位移的變化。電動執行機構往往配有電磁製動器，或者執行端為蝸輪蝸桿機構，具有自鎖性。

③ 能手動操作。停電或控制器發生故障時，應該能夠在執行機構上進行手動操作，以便採取應急措施。為此，必須有離合器及手輪。

④ 應有閥位訊號。當對執行機構進行手動操作時，為了給控制器提供自動追蹤的依據，執行機構上應該有閥位輸出訊號，既可以滿足執行機構本身位置回饋的需要，又可滿求閥位指示的需要。

⑤ 產品系列組合化。現代電動執行機構多採用模組組合式的設計思想，即把減速器和一些功能單元設計成標準的模組，根據不同的需要組合成各種角行程、直行程和多轉三大系列的電動執行機構產品。這種組合式執行機構系列、品種齊全，通用件多，標準化程度高，能滿足各種工業配套需要。

⑥ 功能完善且智慧化。既能接收模擬量訊號，又能接收數據通訊的訊號；既可開環使用，又可閉環使用。

⑦ 具有閥位與力（轉）矩限制。為了保護閥門及傳動機構不致因過大的操作力而損壞，執行機構上應有機械限位、電氣限位和力或轉矩限制裝置。它能有效保護設備、電機和閥門的安全運行。

⑧ 適應性強且可靠性高。

(2) 氣動執行機構特性

氣動執行機構的特點有：

① 工作介質。以壓縮空氣為工作介質，工作介質獲得容易且對環境友好，泄漏無汙染。

② 工作壓力。介質工作壓力較低，對氣動元件的材質要求較低。

③ 動作速度。動作速度快，但負載增加時速度會變慢。

④ 可靠性。氣動執行機構可靠性高，能夠適應頻繁啟停動作，負荷變化對執行機構沒有影響，但氣源中斷後閥門不能保持（加保位閥後可以保持）。

⑤ 安全閥位無須外界動力。失去動力源或控制訊號時可實現安全閥位動作，全開、全關或保持位置不變，有正、反作用功能。

⑥ 調節控制。配置智慧定位器，可實現智慧閉環控制，控制精度高，可設置輸出特性曲線等高級診斷功能，支援數位總線通訊。

⑦ 環境適應性。以氣缸為主體，具有防爆功能，且可以承受高溫、粉塵多、空氣汙濁等惡劣環境條件。壓縮空氣作為動力源時，氣動執行機構適用於防爆的危險區域，適合應用於石化、石油、油品加工等行業。

⑧ 技術成熟度。設備技術成熟，標準化，安裝施工方便，工程投資少。

⑨ 維護。氣動執行機構結構簡單，易於操作，故障率低，維護量少，使用壽命長。

⑩ 工作速度穩定性。由於空氣具有可壓縮性，因此工作速度穩定性稍差，但採用氣液聯動裝置會得到較滿意的效果。

⑪ 總輸出。因工作壓力低（一般為 0.3～1.0MPa），又因結構尺寸不宜過大，氣壓傳動裝置的總輸出力不宜大於 10～40kN。

⑫ 噪音。噪音較大，在高速排氣時要加消音器。

⑬ 傳動效率。氣壓傳動效率較低。

在現代工業中，電動設備應用遠比氣動設備普遍，因為氣動設備需要在氣源上花費較大的投資，而且敷設管道也比敷設導線麻煩，氣動訊號的傳遞速度也遠不如電訊號快。但是在某些特定場合氣動設備的優越性凸顯。例如，在防爆安全上，氣動設備不會有火花及發熱問題，空氣介質還有助於驅散易燃易爆和有毒有害氣體；氣動設備在發生管路堵塞、氣流短路、機件卡抱等故障時不會發熱損壞；在潮濕等惡劣環境方面的適應性也優於電動執行機構。

3.2 電機驅動系統

3.2.1 電機驅動系統概述

電能在現代工農業生產、交通運輸、科學技術、資訊傳輸、國防建設以及日常生活中獲得了極為廣泛的應用，電機是生產、傳輸、分配及應用電能的主要設備[34]。以電機為動力源的電氣伺服系統靈活方便，容易獲得驅動能源，沒有汙染，功率範圍大，目前已成為伺服系統的主要形式。而電機是其中最重要的部件之一，電機驅動系統是智慧製造裝備中應用最為廣泛的驅動系統，主要有伺服電機驅動系統、變頻電機驅動系統、步進電機驅動系統、直線電機驅動系統等形式[35]。

（1）伺服電機驅動系統

伺服電機是在伺服系統中控制機械運動的原動機，將電壓訊號轉換為轉矩和轉速以驅動控制對象。伺服電機有交流伺服和直流伺服，其中交流伺服驅動系統為閉環控制，控制性能更好，同時具備很好的加速性能，廣泛應用於各行各業中。對生產精度有要求的設備都可以選擇伺服電機，如機床、印刷設備、包裝設備、紡織設備、高精加工設備、機器人、自動化生產線等對工藝精度、加工效率和工作可靠性等要求相對較高的設備。

伺服電機的轉矩和轉速受訊號電壓控制，當訊號電壓的大小和方向發生變化時，電機的轉速和轉動方向將靈敏地跟隨變化。交流伺服電機就是兩相異步電機，定子上有兩個繞組：勵磁繞組和控制繞組。轉子分為籠型轉子和杯型轉子。籠型轉子與下文提到的三相籠型轉子相同，杯型轉子為鋁合金或銅合金製成的空心薄壁圓筒，結構如圖 3-1 所示。伺服電機內部結構如圖 3-2 所示。

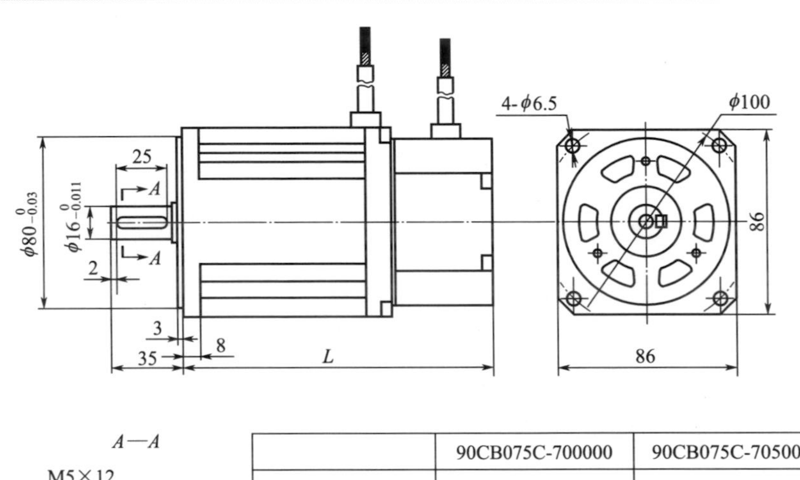

	90CB075C-700000	90CB075C-705000
L	148	148
L(帶制動)	190	190

圖 3-1　空心薄壁圓筒結構

交流伺服電機不僅要具有受控於控制訊號而動和停啟轉的伺服性，還要具有轉速變化的可控性。交流伺服電機的控制方法主要有三種：幅值控制、相位控制、幅相控制。幅值控制是控制電壓與勵磁電壓的相位差近於保持 90°不變，通過改變控制電壓的大小來改變電機的轉速，控制電壓大，電機轉速快，控制電壓慢，電機轉速慢，若控制電壓為零，電機立即停轉；相位控制是控制電壓與勵磁電壓的大小保持額定值不變，通過改變相位差來改變電機的轉速；幅相控制採用電容分相，既改變了控制電壓的大小，又改變了控制電壓與勵磁電壓的相位差，實現幅相控制，該方法設備簡單，有較大輸出功率，應用廣泛。交流伺服電機是一個多變量、強耦合、非線性、變參數的複雜對象，傳統的控制方法很難對其進行精確控制，為提高電機的動態響應特性，現已開發各種專業控制演算法，將現代可拓、變結構等非線性控制方法引入電機控制系統中，有效解決伺服電機驅動系統的控制問題。伺服電機控制系統如圖 3-3 所示。

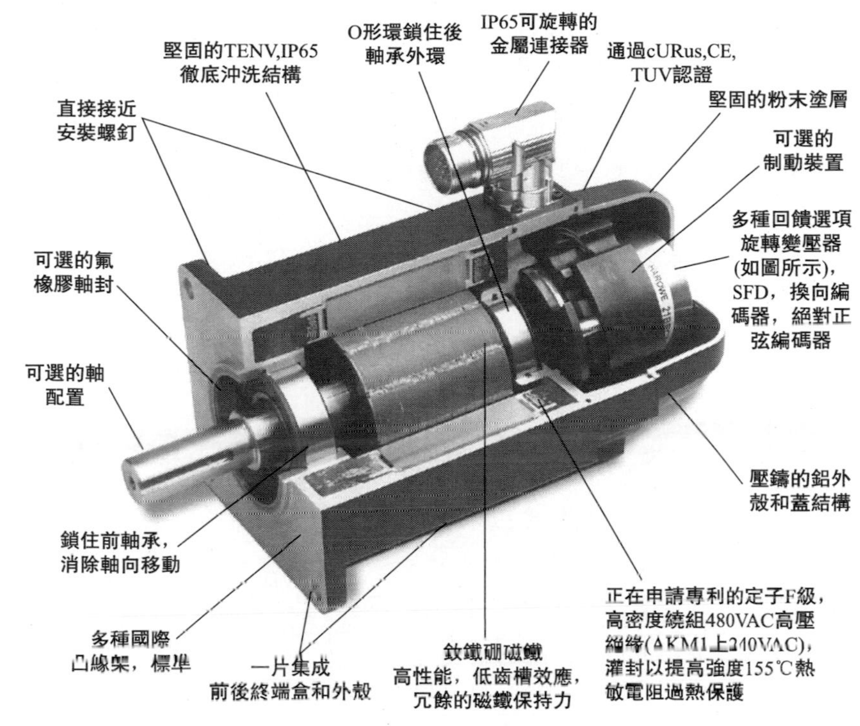

圖 3-2　伺服電機內部結構

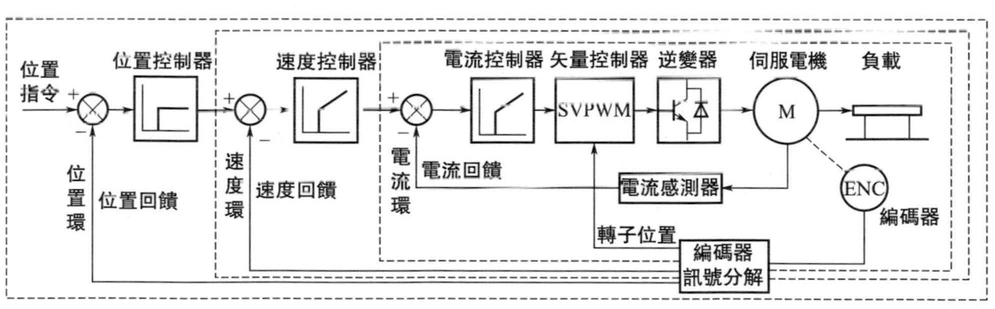

圖 3-3　伺服電機控制系統

設計伺服電機驅動系統首先要確定設計對象所實現的性能要求。伺服電機設計的主參數為功率，系統的最大負載轉矩不得超過電機的額定轉矩；電機的轉子慣量應於負載的轉動慣量匹配。在伺服系統設計選型的時候，負載和電機的慣量匹配非常重要，轉動慣量對系統的精度、穩定性、動態響應都有影響。設計時應盡量減小機械系統的轉動慣量，以達到精確控制電機的目的。選擇完電機後要對其帶載能力進行校核。

直流伺服電機的結構與一般直流電機相似，只是為了減小轉動慣量做得細長一些，它的勵磁繞組和電樞分別由兩個獨立電源供電，採用電樞控制。直流伺服電機剖視圖如圖 3-4 所示。

永磁式直流伺服電機的永磁體很薄而且能提供足夠的磁感應強度，電機體積小，重量輕，永磁材料抗去磁能力強，電機不會因振動而退磁，磁穩定性高，因而獲得了廣泛的應用。直流伺服電機常用於功率稍大的系統中，輸出功率為 1～600W。

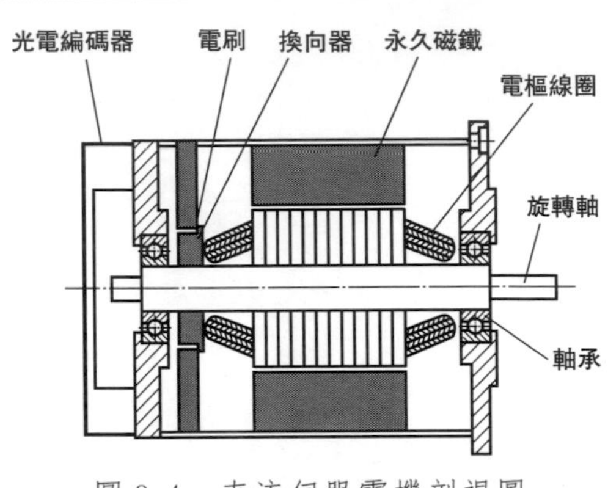

圖 3-4 直流伺服電機剖視圖

(2) 變頻電機驅動系統

變頻調速電機簡稱變頻電機，是變頻器驅動的電機的統稱。電機可以在變頻器的驅動下實現不同的轉速與扭矩，以適應負載的需要變化。變頻電機由傳統的籠型電機發展而來，把傳統的電機風機改為獨立出來的風機，並且提高了電機繞組的絕緣性能。在要求不高的場合，如小功率和在額定工作頻率工作情況下，可以用普通籠型電機代替。

變頻器是利用電力半導體裝置的通斷作用將工頻電源變換為另一頻率的電能控制裝置。變頻器主要採用交-直-交方式（VVVF 變頻或矢量控制變頻），先把工頻交流電源通過整流器轉換成直流電源，然後再把直流電源轉換成頻率、電壓均可控制的交流電源以供給電動機。變頻器的電路一般由整流、中間直流環節、逆變和控制 4 個部分組成。整流部分為三相橋式不可控整流器，逆變部分為 IGBT三相橋式逆變器，且輸出為 PWM 波形，中間直流環節為濾波、直流儲能和緩衝無功功率。

電機驅動經過多年的快速發展，交流調速成為電機調速的主流，可廣泛應用於各行各業無級變速傳動。由於變頻電機在變頻控制方面較普通電機具有優越性，凡是用到變頻器的地方都有變頻電機應用，其應用領域已經從高性能領域擴展至通用驅動及專用驅動場合，乃至變頻空調、冰箱、洗衣機等家用電器。交流驅動器已在工業機器人、自動化出版設備、加工工具、傳輸設備、電梯、壓縮機、軋鋼、風機泵類、電動汽車、起重設備及其他領域中得到廣泛應用。

變頻調速技術以其優異的調速和啟、制動性能，高效率、高功率因數和節電效果等，在各領域中得到了廣泛應用，成為現代調速技術的主流。變頻電機是指在標準環境條件下，以 100％額定負載在 10％～100％額定速度範圍內連續運行，溫升不會超過該電機標定容許值的電機。交流變頻調速電機結構簡單、體積小、慣量小、造價低、維修容易、調速容易、節能，而且可以實現軟啟動和快速制動，環境適應能力強。變頻調速發展迅速，有逐步取代大部分直流調速傳動裝置的趨勢。

同步電機變頻調速系統的組成和控制方式很多，原則上各種電力電子變頻器都可以用於同步電機變頻調速。變頻器可分為交-交和交-直-交兩類。從變頻器頻率的控制方式上常將調速系統分為他控和自控兩種[36]。

設計變頻電機驅動系統，首先要設計主電路將三相交流電壓轉換為頻率、幅值可調的交流電壓。交-直-交電路是應用最為廣泛的變頻電路，前級配有整流濾波電路，後級有逆變器。整流濾波電路又分為可控整流和不可控整流。可控整流電路可以控制輸出直流電壓大小，但其對電網干擾大，得到的直流電壓諧波較大，輸入功率因數低；不可控整流得到的電壓穩定，直流諧波小，但大小不可控，只有通過逆變器來控制大小。

變頻調速方式通常有恆轉矩調速和恆功率調速兩種。

① 恆轉矩調速。在低於電機額定轉速調速時，應保持電壓與頻率比值不變，兩者要成比例調節，為恆轉矩調速。

② 恆功率調速。在高於電機額定轉速調速時，應保持電壓不變，磁通和轉矩減小，功率不變，為恆功率調速。

設計變頻電機驅動系統時，控制電路是交流變頻電機調速系統的核心部分。其控制策略有矢量控制和直接轉矩控制兩種。

① 矢量控制。也稱為磁場導向控制，是一種利用變頻器控制三相交流電機的技術，通過調整變頻器的輸出頻率、輸出電壓的大小及角度來控制電機的輸出。其特性是可以分別控制電機的磁場及轉矩，類似他激式直流電機的特性。處理時會將三相輸出電流及電壓以矢量表示，因此稱為矢量控制。適用於交流感應電機及直流無刷電機，可配合交流電機使用，電機體積小，成本及能耗都較低。採用矢量控制方式的通用變頻器不僅可在調速範圍上與直流電機相匹配，而且可以控制異步電機產生的轉矩。由於矢量控制方式依據的是準確的被控異步電機的參數，有的通用變頻器在使用時需要準確地輸入異步電機的參數，有的通用變頻器需要使用速度感測器和編碼器。鑒於電機參數有可能發生變化，會影響變頻器對電機的控制性能，並根據辨識結果調整控制演算法中的有關參數，從而對普通的異步電機進行有效的矢量控制。矢量控制除了用在高性能的電機應用場合外，也已用在一些家電中。

② 直接轉矩控制（Direct Torque Control，DTC）。以轉矩為中心來進行綜合控制，不僅控制轉矩，也用於磁鏈量的控制和磁鏈自控制。直接轉矩控制與矢量控制的區別是，它不是通過控制電流、磁鏈等量間接控制轉矩，而是把轉矩直接作為被控量控制，其實質是用空間矢量的分析方法，以定子磁場定向方式，對定子磁鏈和電磁轉矩進行直接控制。這種方法不需要複雜的座標變換，而是直接

在電機定子座標上運算磁鏈的模和轉矩的大小，並通過磁鏈和轉矩的直接追蹤實現 PWM 脈寬調變和系統的高動態性能。該控制方式減少了矢量控制技術中控制性能易受參數變化影響的問題。控制電路主要有：

① 運算電路。將外部的速度、轉矩等指令與檢測電路的電流、電壓訊號進行比較運算，決定逆變器的輸出電壓、頻率。

② 電壓、電流檢測電路。

③ 驅動電路。

④ 速度檢測電路。裝在異步電機軸上的速度檢測器。

⑤ 保護電路。

(3) 普通交直流電機驅動系統

交流電機分為異步電機和同步電機，生產上主要用三相異步電機。同步電機主要用在功率較大、不需調速、長時間工作的設備上。單相異步電機用於功率不大的家用電器上。交流異步電機是將電能轉換為機械能，它主要有定子、轉子和它們之間的氣隙構成。根據異步電機的轉子構造不同分為籠型異步電機和繞線轉子異步電機。對定子通三相交流電，產生旋轉磁場並切割轉子，獲得轉矩。其結構簡單，運行可靠，維護安裝方便，廣泛應用於各領域。

三相異步電機（圖 3-5）的定子鐵芯中放有三相對稱繞組並接成星型，接在三相電源上，它們共同產生的磁場隨電流的交變在空間不斷旋轉，這就是旋轉磁場。只要將同三相電源連接的三根導線中的任意兩根的一端對調位置，旋轉磁場將會反轉。三相異步電機的極數就是旋轉磁場的極數，旋轉磁場的極數和三相繞組的安排有關。異步電機的轉速與旋轉磁場的轉速有關，而旋轉磁場的轉速與旋轉磁場的極數有關，當旋轉磁場具有 p 對極時，磁場轉速為：

$$n_0=\frac{60f}{p}$$

式中，f 為電源頻率。

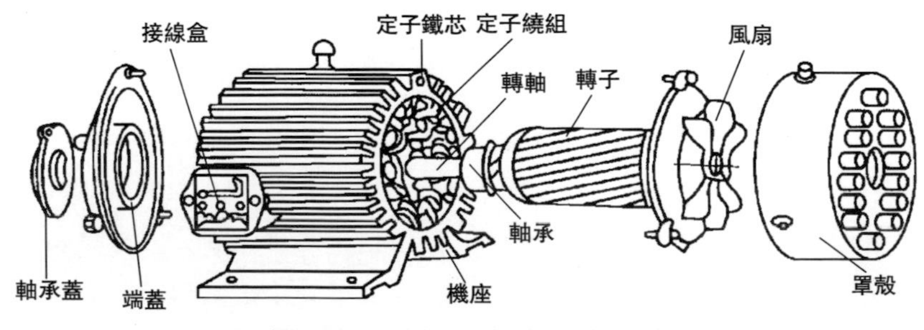

圖 3-5　三相異步電機結構圖

異步電機轉子的轉速永遠小於旋轉磁場的轉速，這就是異步電機名字的由來，旋轉磁場的轉速 n_0 稱為同步轉速，用轉差率 s 來表示轉子轉速 n 與旋轉磁場轉速 n_0 的相差程度。

$$s=\frac{n_0-n}{n_0} \tag{3-1}$$

轉差率是一個非常重要的物理量，轉子電路的各個物理量，如電動勢、電流、頻率、感抗及功率因數都與其有關。

異步電機的電路分為定子電路和轉子電路。定子電流頻率為

$$f_1=\frac{n_0 p}{60} \tag{3-2}$$

式中，p 為旋轉磁場的磁極對數。

轉子電流頻率：

$$f_2=s f_1 \tag{3-3}$$

轉子電動勢（有效值）：

$$E_2=s E_{20} \tag{3-4}$$

式中，E_{20} 為感應電動勢。

轉子感抗：

$$X_2=s X_{20} \tag{3-5}$$

式中，X_{20} 為感抗。

轉子電流：

$$I_2=\frac{s E_{20}}{\sqrt{R_2^2+(s X_{20})^2}} \tag{3-6}$$

式中，R_2 為轉子繞組每相電阻。

轉子電路的功率因數：

$$\cos\varphi_2=\frac{R_2}{\sqrt{R_2^2+(s X_{20})^2}} \tag{3-7}$$

電磁轉矩 T 的機械特性是分析電機特性的最重要的物理量

$$T=K_T\phi I_2\cos\varphi_2 \tag{3-8}$$

式中，K_T為一常數；I_2為轉子電流；ϕ 為磁通；$\cos\varphi_2$是功率因數。轉矩 T 與定子每相電壓U_1的平方成比例，還受轉子電阻影響。電機機械特性用來表徵電機軸上所產生的轉矩 M 和相應的運行轉速 n 之間關係的特性，以函數 $n=f(M)$表示，它是表徵電機工作的重要特性。在一定電壓和轉子電阻下，轉矩與轉差率的關係曲線稱為電機的機械特性曲線（圖 3-6）。

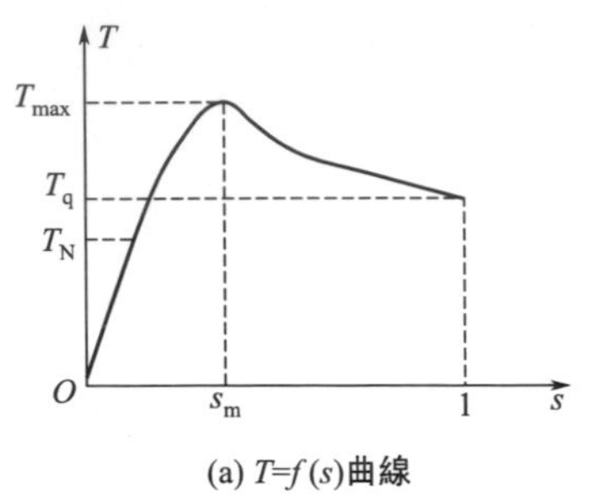

(a) $T=f(s)$曲線

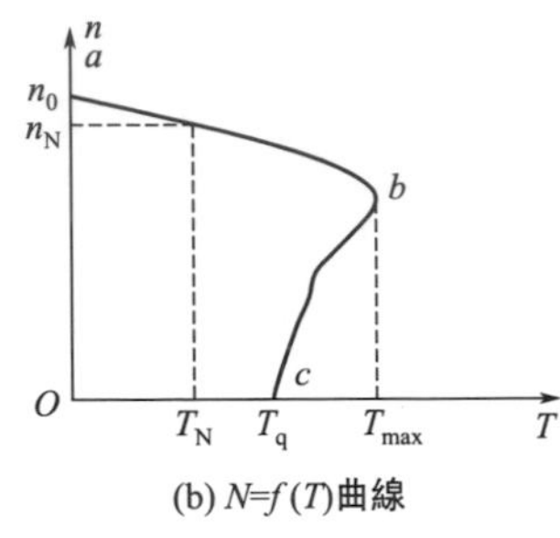

(b) $N=f(T)$曲線

圖 3-6 電機的機械特性曲線

機械特性曲線需要分析額定轉矩 T_N、最大轉矩 T_{max}、起動轉矩 T_{st}。

$$T_N = 9550\frac{P_2}{n} \tag{3-9}$$

式中，P_2 是電機軸上輸出的機械功率。額定轉矩可以從電機銘牌上的額定功率和額定轉速應用公式求得。

$$T_{max} = K\frac{U_1^2}{2X_{20}} \tag{3-10}$$

式中，X_{20} 為轉子感抗；K 為常數。電機的額定轉矩比最大轉矩小，兩者之比為過載係數。

$$\lambda = \frac{T_{max}}{T_N} \tag{3-11}$$

選用電機時，必須根據所選電機的過載係數算出電機的最大轉矩，必須大於最大負載轉矩。

$$T_{st} = K\frac{U_1^2 R_2}{R_2^2 + X_{20}^2} \tag{3-12}$$

電機的啟動特性需要分析啟動電流和啟動轉矩。啟動電流過大會影響臨近負載的正常工作，啟動轉矩過大則會使傳動機構損壞。電機啟動時，直接啟動適用功率低於 10kW 的電機，用閘刀開關或接觸器將電機直接接到具有額定電壓的電源上。降壓啟動就是在啟動時降低在電機定子繞組上的電壓，從而減小啟動電流、常用星-三角換接啟動、自耦降壓啟動等方式。

籠型電機可以通過改變電源頻率、磁極對數進行調速；若是繞線轉子電機，可以通過改變轉差率調速。變極調速在機床中應用廣泛，變轉差率調速在起重設備中的應用最為廣泛。電機迅速停車和反轉時需要克服慣性對電機制動以及轉矩和轉子轉動相反方向，轉矩稱為制動轉矩。制動方法有能耗制動、反接制動、發電回饋制動等。

① 能耗制動。能耗制動能量消耗小，制動平穩。制動時，切斷三相電源的同時接通直流電源，使直流電通入定子繞組，用消耗轉子動能的方法進行制動，制動轉矩大小與直流電源的電流有關，一般直流電源的電流為額定電流的 0.5～1 倍。

② 反接制動。反接制動操作簡單，制動效果好，但能量消耗大。在電機停車時，將接到電源的三根導線中任意兩根一端對調位置使旋轉磁場反轉，轉子由於慣性仍原方向轉動，轉矩方向與電機轉動方向相反，達到制動目的。該方法必須在定子或轉子電路中連結電阻。

③ 發電回饋制動。當轉子轉速超過旋轉磁場轉速時，轉矩也是制動的，電機這時已轉入發電機狀態運行，將位能轉換為電能回饋到電網。這種制動方式由於制動能量又以電能的形式回到電網，所以符合綠色環保的理念。

電機銘牌註明了電機型號、接法、電壓、電流、功率與效率、功率因數、轉速、絕緣等級以及工作方式等參數，設計使用前要認真閱讀。

選擇電機，首先要根據工況要求選擇合適的功率。功率過大，會造成資源浪費，不符合當今環保節能主流；功率過小，造成「小馬拉大車」，則電機容易過載發熱甚至損毀。

選擇電機還要根據實際工況綜合考慮。生產中需要連續運行的電機，應先運算生產機械的功率，所選電機的額定功率要稍大於生產機械功率，在很多場合可以直接通過經驗進行類比和統計分析來選擇；對於生產中短時運行的電機，由於發熱慣性，運行時允許過載，通常根據過載係數來選擇。

選擇電機還要根據要求選擇電機種類。根據工況和經費情況，從交流、直流、機械特性、調速與啟動性能、維護及價格等方面考慮。電機結構形式要根據電機工作環境選擇，在乾燥無塵的環境中用開啟式，在環境潮濕中選用封閉式，在有爆炸性氣體環境中用防爆式。最後要選擇電機的電壓和轉速，電壓要根據電機類型、功率及使用地點的電源電壓選擇，電機轉速則是根據生產機械要求而選定的，轉速一般不低於 500r/min。

同步電機的定子和三相異步電機相同，轉子是磁極，由直流電勵磁。當電機的轉速接近同步轉速 n_0 時，才對轉子勵磁。同步電機的轉速 n 是恆定的，實際使用時只能用於長期連續工作及保持轉速不變的場所，如驅動水泵、通風機、壓縮機等。

直流電機是機械能和直流電能互相轉換的旋轉機械裝置。雖然直流電機在某些方面有著不可或缺的作用，但由於其構造複雜、價格昂貴且可靠性較差，已經逐漸被半導體整流電源所取代。但由於其調速性能較好並且啟動轉矩較大，調速要求高以及啟動轉矩需要較大的生產機械也往往採用直流電機來驅動。

直流電機主要由磁極、電樞以及換向器組成（圖 3-7）。磁極產生磁場，在小型直流電機中，永久磁鐵也可作為磁極；旋轉電樞產生感應電動勢，由矽鋼片疊成；換向器是直流電機的一種特殊裝置，在換向器表面用彈簧壓著電刷，使轉動的電樞繞組與外電路連接。

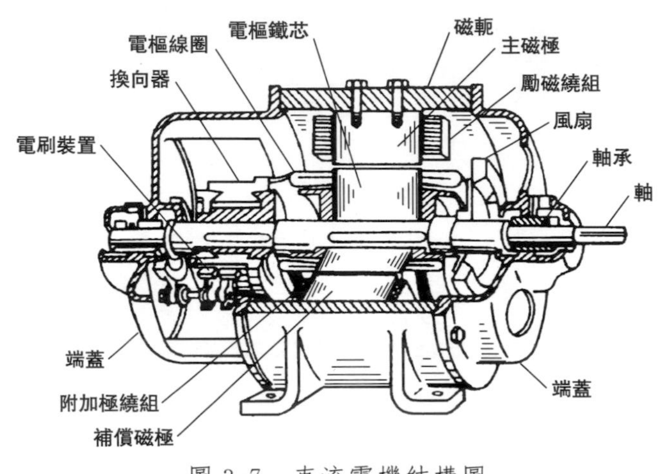

圖 3-7　直流電機結構圖

直流電機電樞線圈通電後在磁場中受力而轉動，線圈中也要產生感應電動勢，方向總是與電流或外加電壓的方向相反，稱為反電動勢。電樞電流 I 與磁通 Φ 相互作用，產生電磁力和電磁轉矩

$$T = K_{\mathrm{T}}\Phi I \tag{3-13}$$

式中，K_{T} 是與電機結構有關的參數。電機的電磁轉矩是驅動轉矩，使電樞轉動。因此，電機的電磁轉矩 T 要與機械負載轉矩和空載損耗轉矩相平衡。

直流電機按勵磁方式運行情況分為他勵、並勵、串勵和複勵四種，如圖 3-8 所示，比較常用的只有他勵和並勵兩種。他勵電機的勵磁繞組和電樞是分離的，分別由兩個直流電源供電，而並勵電機中，兩者是並聯的，但他勵和並勵電機的機械特性、啟動、反轉及調速是一樣的。

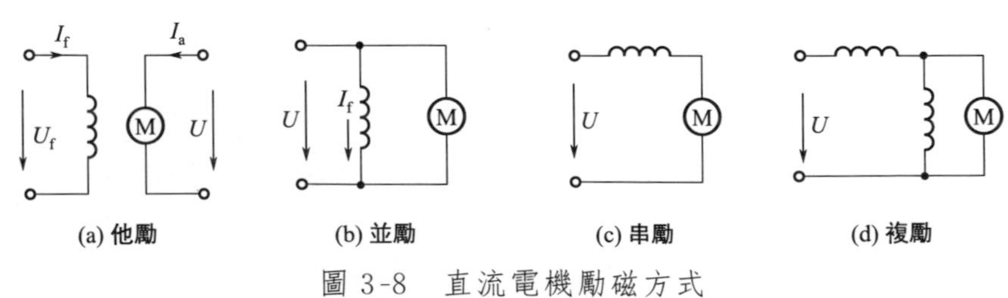

圖 3-8　直流電機勵磁方式

他勵電機中，勵磁線圈與轉子電樞的電源分開；並勵電機中，勵磁線圈與轉子電樞並聯到同一電源上；串勵電機中，勵磁線圈與轉子電樞串聯接到同一電源上；複勵電機中，勵磁線圈與轉子電樞的連接有串有並，接在同一電源上。

以並勵電機為例分析，其電壓與電流關係如圖 3-9 所示，當電源電壓 U 和勵磁電阻 R_t 不變時，勵磁電流和磁通 Φ 保持不變，因此，電機轉矩和電樞電流成正比。在電源電壓 U 和勵磁電阻 R_t 為常數的條件下，表示電機轉速 n 與轉矩 T 之間關係的曲線，稱為電機的機械特性曲線，其中 n_0 為理想空載轉速，Δn 為轉速降，由電樞電阻引起。

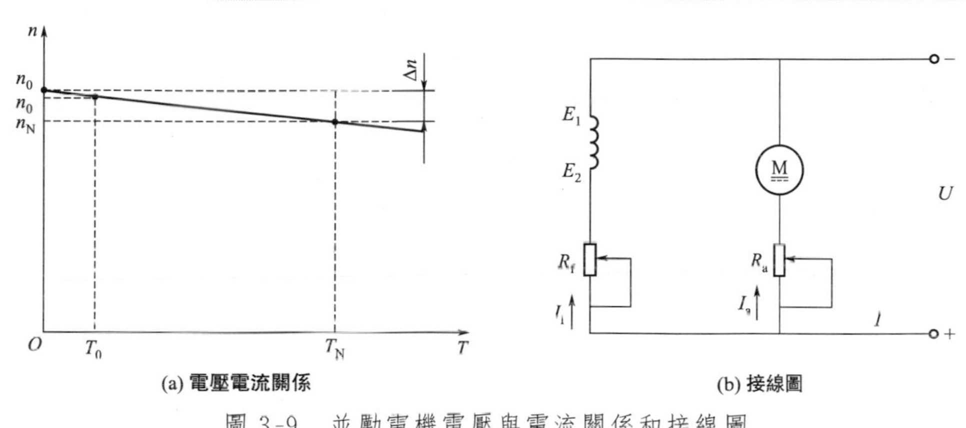

(a) 電壓電流關係　　(b) 接線圖

圖 3-9　並勵電機電壓與電流關係和接線圖

並勵電機在啟動時，由於電樞電阻很小，啟動電流很大。而電機轉矩與電樞電流成正比，轉矩過大會產生機械衝擊，使傳動機構遭到破壞，因此啟動時需要限定電流。如圖 3-9（b）所示，在電樞電路中串接啟動電阻，啟動電阻最大，啟動後，隨著電機轉速上升，啟動電阻漸漸變小。直流電機在啟動或工作時，勵磁電路一定要接通，否則電樞繞組和換向器有燒壞的危險，還可能導致「飛車」事故的發生，造成嚴重的機械損傷。若要改變直流電機轉動方向，可以使磁場方向固定，改變電樞電流方向；也可以使電樞電流方向不變，改變勵磁電流方向。

並勵電機與交流異步電機相比，在調速性能上有獨特優點，可以實現無級調速，機械變速齒輪箱可以大大簡化。通過改變電壓或改變磁通均可以改變輸出轉速。改變磁通的調速方法具有調速平滑、控制方便、穩定性好、調速幅度良好等優點，適用於轉矩和轉速約成反比而輸出功率基本上不變的場合，例如在切削機床中。改變電壓調速法機械特性較硬，穩定性好，輸出轉矩是一定的，所以一般用在起重設備中。

永磁同步電機（PMSM）不存在電刷和滑環，結構簡單，體積小，可靠性高，維護工作量小，轉子上無繞組，散熱要求低，運行效率高，轉矩電流比高，轉動慣量小，易於實現高性能矢量控制，因而在航空、航太、數控機床、加工中心、機器人等領域獲得了廣泛的應用[37]。

(4) 步進電機驅動系統

步進電機是一種將電脈衝訊號轉換成相應角位移或線位移的電機，根據輸出力矩大小可分為功率步進電機和快速步進電機兩類，機電裝備多採用功率步進電機。每輸入一個脈衝訊號，轉子就轉動一個角度或前進一步，其輸出的角位移或線位移與輸入的脈衝數成正比，轉速與脈衝頻率成正比。因此，步進電機又稱脈衝電機，具有控制方便、體積小等特點，所以在數控系統、自動生產線、自動化儀表等智慧製造裝備中得到廣泛應用。

隨著微電子學的迅速發展和微型電腦的普及與應用，步進電機以往用硬體電路構成的龐大複雜的控制器得以用軟體實現，既降低了硬件成本，又提高了控制的靈活性、可靠性及多功能性。圖 3-10所示為步進電機。

圖 3-10 步進電機

步進電機的驅動電源由變頻脈衝訊號源、脈衝分配器及脈衝放大器組成，由此驅動電源向電機繞組提供脈衝電流。步進電機的運行性能決定於電機與驅動電源間的良好配合。

步進電機的優點是結構簡單，沒有累積誤差，使用維修方便，製造成本低，帶動負載慣量的能力大，適用於中小型機床和速度精度要求不高的場合。步進電機的缺點是效率較低，發熱大，有時會「失步」。

步進電機的結構形式和分類方法較多，一般按勵磁方式分為反應式、永磁式和混合式三種；按相數可分為單相、兩相、三相和多相等形式。永磁式步進電機一般為兩相，轉矩和體積較小，步進角一般為 7.5°或 15°；反應式步進電機一般為三相，可實現大轉矩輸出，步進角一般為 1.5°，但噪音和振動都很大，逐漸退出市場；混合式步進電機混合了永磁式和反應式的優點，它又分為兩相和五相：兩相步進角一般為 1.8°，而五相步進角一般為 0.72°。混合式步進電機的應用最為廣泛。中國所採用的步進電機中以反應式步進電機為主。步進電機的運行性能與控制方式有密切的關係，步進電機控制系統從其控制方式來看，可以分為以下三類：開環控制系統、閉環控制系統、半閉環控制系統。

(5) 直線電機驅動系統

將旋轉電機沿徑向剖開後，拉直展開就形成了直線電機。它省去了聯軸器、滾珠絲槓螺帽副等傳動環節，直接驅動工作檯移動，如圖 3-11 所示。當要求直線運動必須精確快速時，應採用直線電機。直線電機相當於一個在平面上展開的交流同步電機[38]。

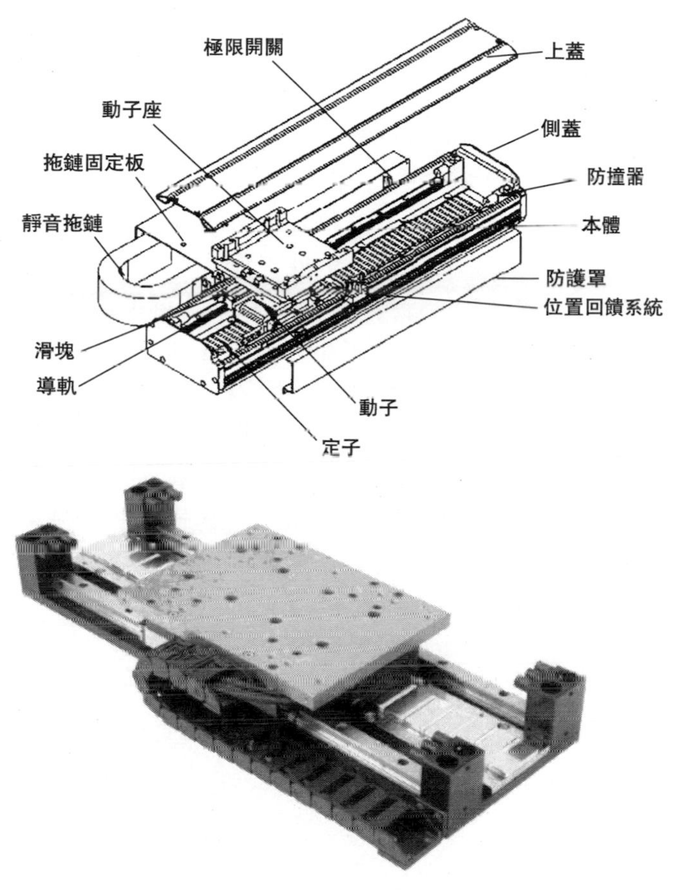

圖 3-11　直線電機

直線電機的優點：

① 結構簡單。管型直線電機不需要經過中間轉換機構而直接產生直線運動，結構簡化，運動慣量小，動態響應性能和定位精度提高，可靠性高。

② 適合高速直線運動。因為不存在離心力的約束，普通材料亦可以達到較高的速度。傳動零部件磨損小，機械損耗小，效率高。

③ 初級繞組利用率高。在管型直線感應電機中，初級繞組是餅式的，沒有端部繞組，因而繞組利用率高。

④ 易於調節和控制。通過調節電壓或頻率，可以得到不同的速度、電磁推

力，適用於低速往復運行場合。

⑤ 高加速度。這是直線電機驅動相比絲槓、同步帶和齒輪齒條驅動的一個顯著優勢。

3.2.2 步進電機的選擇

在設計機電裝備選擇電機時，通常希望電機的輸出轉矩大，啟動頻率和運行頻率高，步距誤差小，CP 值高。因此，選擇電機時，需要綜合考慮轉矩和速度、性能和成本，做出合理的選擇。

① 輸出轉矩的選擇。輸出轉矩需要根據步進電機最大保持轉矩和轉矩-頻率特性來選擇。電機低頻運行最大輸出轉矩可達到最大值的 70%～80%，隨後下降到 10%～70%。一般選擇步進電機輸出轉矩為最大靜態轉矩的 20%～30%。

② 步距角的選擇。步距角是決定開環伺服系統脈衝當量的重要參數，設計時應滿足裝備的控制精度和運行速度要求。定位精度和運行頻率不高的裝備，可選步距角較大、頻率較低的步進電機；反之選擇步距角小、工作頻率較高的電機。也可以通過變速系統或細分步距角來實現要求。

③ 啟動頻率和工作頻率的選擇。根據負載工作速度要求來選擇步進電機的啟動頻率和工作頻率。若已知負載轉矩，由啟動矩頻特性曲線查啟動頻率，啟動頻率應小於等於所查值。若已知步進電機的連續工作頻率，由電機的轉矩-頻率特性曲線可知最大動態轉矩，電機所帶負載應小於此值。

④ 靜態力矩。步進電機的動態力矩很難確定，但靜態力矩可以根據電機工作的負載來確定。負載主要有慣性負載和摩擦負載。直接啟動時需考慮這兩種負載，加速時主要考慮慣性負載，恆速時主要考慮摩擦負載。選靜態力矩為 2～3 倍摩擦負載即可。

3.2.3 伺服電機的選擇原則

智慧製造裝備中經常會碰到一些複雜的運動，這對電機的動力荷載有很大影響。伺服驅動裝置是許多機電系統的核心，因此伺服電機的選擇就變得尤為重要。在智慧製造裝備伺服電機選型過程中，首先要選出滿足給定負載要求的電機，然後再從中按價格、重量、體積等技術經濟指標選擇最適合的電機。

（1）傳統的選擇原則

這裡只考慮電機的動力問題，直線運動用速度 $v(t)$、加速度 $a(t)$ 和所需外力 $F(t)$ 表示，旋轉運動用角速度 $\omega(t)$、角加速度 $\alpha(t)$ 和所需扭矩 $T(t)$ 表示，它們均為時間的函數，與其他因素無關。很顯然，電機的最大功率 $P_{電機}$ 最大應大於工作負載所需的峰值功率 $P_{峰值}$，但僅如此是不夠的，物理意義上的功率包含扭矩和速度兩部分，但在實際的傳動機構中它們是受限制的。用 $\omega_{峰值}$、$T_{峰值}$ 表示最大值或者峰值，電機的最大速度決定了減速器減速比的上限，$n_{上限}=\omega_{峰值,最大}/\omega_{峰值}$。同樣，電機的最大扭矩決定了減速比的下限，$n_{下限}=T_{峰值}/T_{電機,最大}$，如果 $n_{下限}$ 大於 $n_{上限}$，選擇的電機是不合適的。反之，可以通過對每種電機的廣泛類比來確定上下限之間可行的傳動比範圍。只用峰值功率作為選擇電機的原則是不充分的，而且傳動比的準確運算非常繁瑣。電機的 T-ω 曲線如圖 3-12 所示。

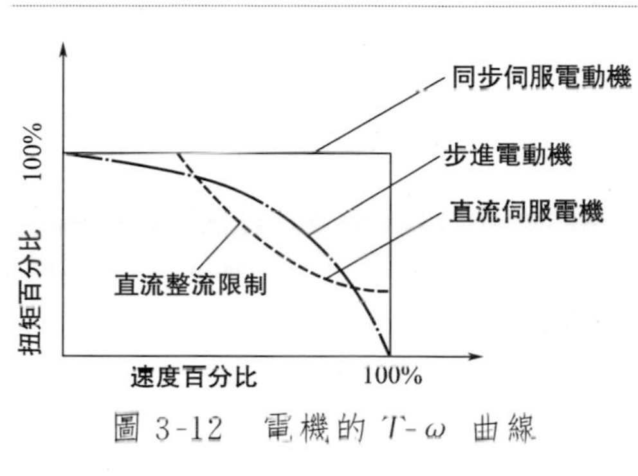

圖 3-12 電機的 T-ω 曲線

(2) 新的選擇原則

新的選擇原則是將電機特性與負載特性分離，並用圖解的形式表示，方便了驅動裝置的可行性檢查和不同系統間的比較，還提供了傳動比的一個可能範圍。這種方法適用於各種負載情況。將負載和電機的特性分離，有關動力的各個參數均可用圖解的形式表示並且適用於各種電機。

智慧機電裝備運動控制系統多採用步進電機或全數位式交流伺服電機作為執行電機。兩者在控制方式上相似（脈衝串和方向訊號），但在使用性能和應用場合上存在較大的差異。設計機電系統時，應根據情況選擇。

(1) 精度

兩相混合式步進電機步距角一般為 1.8°、0.9°，五相混合式步進電機步距角一般為 0.72°、0.36°，一些高性能的步進電機通過驅動器或軟體細分後步距角更小。

伺服電機的控制精度由編碼器保證。對於帶 17 位編碼器的電機而言，驅動器每接收 131072 個脈衝，電機轉一圈，其脈衝當量為 360°/131072 = 0.0027466°，是步距角為 1.8°的步進電機的脈衝當量的 1/655。

(2) 低頻特性

步進電機在低速時易出現低頻振動現象。振動頻率與負載情況和驅動器性能有關，這是由步進電機的工作原理決定的。低頻振動對智慧製造裝備的運轉不利。採用驅動器細分或者安裝阻尼器可以改善這一現象。

交流伺服電機運轉平穩，低速無振動現象，具有共振抑制功能，系統內部具有頻率解析機能（FFT），可檢測出機械的共振點，便於系統調整。

(3) 矩頻特性

步進電機的輸出力矩隨轉速升高而下降，且在較高轉速時會急遽下降，所以步進電機最高工作轉速一般為 300～600r/min。交流伺服電機為恆力矩輸出，在額定轉速以內，都能輸出額定轉矩。

(4) 過載能力

步進電機一般不具有過載能力，交流伺服電機具有較強的過載能力。選擇步進電機作為驅動時，為了克服慣性力矩往往需要選取較大轉矩的電機，正常工作時會造成力矩浪費。

(5) 運行性能

步進電機的控制為開環控制，啟動頻率過高或負載過大易出現丟步或堵轉的現象，停止時轉速過高易出現過衝的現象，應處理好升、降速問題，以免影響控制精度。交流伺服驅動系統為閉環控制，驅動器可直接對電機編碼器回饋訊號進行採樣，內部構成位置環和速度環，不會出現步進電機的丟步或過衝現象，控制性能更為可靠。

(6) 響應性能不同

步進電機從靜止加速到工作轉速需要 200～400ms。交流伺服系統的加速性能較好，從靜止到額定轉速僅需幾毫秒，可用於要求快速啟停的控制場合。

(7) 成本

相較伺服電機，步進電機結構和驅動器都比較簡單，因此步進電機經濟性好，伺服電機價格較高。

在控制系統的設計過程中要綜合考慮控制要求、成本等多方面的因素，選用適當的電機。

3.2.4 伺服電機選擇注意的問題

(1) 電機的最高轉速

根據負載的最高運行速度進行電機的選擇。機電裝備最高速度運行時需要的電機轉速應嚴格控制在電機的額定轉速之內。

$$n=\frac{V_{\max}u}{P_{\mathrm{h}}}\times 10^{3}\leqslant n_{\mathrm{nom}} \tag{3-14}$$

式中，n_{nom} 為電機的額定轉速，r/min；n 為快速行程時電機的轉速，r/min；$V_{\max}$ 為直線運行速度，m/min；u 為系統傳動比，$u=n_{電機}/n_{絲槓}$；P_{h} 為絲槓導程，mm。

(2) 空載加速轉矩

空載加速轉矩是指執行部件從靜止以階躍指令加速到快速運行時的轉矩。空載加速轉矩應限定在變頻驅動系統最大輸出轉矩的80%以內。

$$T_{max}=\frac{2\pi n(J_L+J_M)}{60t_{ac}}T_F\leqslant T_{Amax}\times 80\% \tag{3-15}$$

式中，T_{Amax}為與電機匹配的變頻驅動系統的最大輸出轉矩，N·m；T_{max}為空載時加速轉矩，N·m；T_F為快速行程時轉換到電機軸上的載荷轉矩，N·m；t_{ac}為快速行程時加減速時間常數，ms；J_L為負載慣量，kg·m^2；J_M為電機慣量，kg·m^2。

(3) 慣量匹配及負載慣量

為了系統反應靈敏，應保證有足夠的角加速度，滿足系統的穩定性要求，負載慣量J_L一般應限制在2.5倍電機慣量J_M之內，即$J_L<2.5J_M$。

$$J_L=\sum_{j=1}^{M}J_j\left(\frac{\omega_j}{\omega}\right)^2+\sum_{j=1}^{N}m_j\left(\frac{V_j}{\omega}\right)^2 \tag{3-16}$$

式中，J_j為各轉動件的轉動慣量，kg·m^2；ω_j為各轉動件角速度，rad/min；m_j為各移動件的質量，kg；V_j為各移動件的速度，m/min；ω為伺服電機的角速度，rad/min。

(4) 負載轉矩

在正常工作狀態下，負載轉矩T_{ms}不超過電機額定轉矩T_{MS}的80%。

$$T_{ms}=T_cD^{\frac{1}{2}}\leqslant T_{MS}\times 80\% \tag{3-17}$$

式中，T_c為最大負載轉矩，N·m；D為最大負載比。

(5) 連續過載時間

機電裝備連續過載時間t_{Lon}應限制在電機說明書規定過載時間t_{Mon}之內，否則會造成電機過熱，甚至燒燬。

3.2.5 根據負載轉矩選擇伺服電機

根據伺服電機的工作曲線，當裝備空載運行時，在整個速度範圍內加在伺服電機軸上的負載轉矩應在電機的連續額定轉矩範圍內，即在工作曲線的連續工作區；最大負載轉矩、加載週期及過載時間均應在特性曲線的允許範圍內。加在電機軸上的負載轉矩可以折算出加到電機軸上的負載轉矩。

以切削機床為例，根據負載轉矩選擇伺服電機時：

① 導軌等裝備運動部件的摩擦轉矩需要考慮。

② 由於裝備的軸承、螺帽的預加載，以及絲槓的預緊力滾珠接觸面的摩擦等所產生的轉矩均需要視情況考慮。

③ 切削力的反作用力會使工作檯的摩擦增加。在承受大的切削反作用力的瞬間，滑塊表面的負載也增加。

④ 摩擦轉矩受進給速率的影響很大，必須研究測量因速度、工作檯支承物（滑塊、滾珠、壓力）、滑塊表面材料及潤滑條件的改變而引起的摩擦的變化。

另外，還應考慮設備使用環境可能對電機轉矩的影響。

3.2.6 根據負載慣量選擇伺服電機

在有些應用場合，要求有良好的快速響應特性，隨著控制訊號的變化，電機應在較短的時間內完成必需的動作。如數控機床需要具有良好的快速響應特性，才能保證加工精度和表面質量。負載慣量與電機的響應和快速移動時間息息相關。帶大慣量負載時，當速度指令變化，電機需較長的響應時間。因此，加在電機軸上的負載慣量的大小將直接影響電機的靈敏度以及整個伺服系統的精度。當負載慣量大於電機慣量的 5 倍時，會使轉子的靈敏度受影響，電機慣量 J_M 和負載慣量 J_L 必須滿足：

$$1 \leqslant \frac{J_L}{J_M} < 5 \tag{3-18}$$

由電機驅動的裝備傳動鏈上的所有運動部件，無論是旋轉運動部件，還是直線運動部件，都是電機的負載慣量。電機軸上的負載總慣量可以通過各個被驅動部件的慣量相加得到。

(1) 圓柱體慣量

如滾珠絲槓、齒輪等圍繞其中心軸旋轉時的慣量可按下面公式運算：

$$J = \frac{\pi\gamma}{32} \times D^4 L \, (\mathrm{kg \cdot cm^2}) \tag{3-19}$$

式中，γ 為材料的密度，kg/cm^3；D 為圓柱體的直徑，cm；L 為圓柱體的長度，cm。

(2) 軸向移動物體的慣量

工件，工作檯等軸向移動物體的慣量，可由下面公式得出：

$$J = W \left(\frac{L}{2\pi}\right)^2 (\mathrm{kg \cdot cm^2}) \tag{3-20}$$

式中，W 為直線移動物體的質量，kg；L 為電機每轉在直線方向移動的距離，cm。

(3) 圓柱體圍繞中心運動時的慣量

如大直徑的齒輪，為了減少慣量，往往在圓盤上挖出分布均勻的孔，或者做成輪輻式齒輪：

$$J = J_0 + WR^2(\mathrm{kg \cdot cm^2}) \tag{3-21}$$

式中，J_0 為圓柱體圍繞其中心線旋轉時的慣量，$\mathrm{kg \cdot cm^2}$；W 為圓柱體的質量，kg；R 為旋轉半徑，cm。

(4) 相對電機軸機械變速的慣量運算

將負載慣量 J_0 折算到電機軸上的運算方法：

$$J = \frac{N_1}{N_2} J_0(\mathrm{kg \cdot cm^2}) \tag{3-22}$$

式中，N_1、N_2 為齒輪的齒數。

3.2.7 根據電機加減速時的轉矩選擇伺服電機

(1) 按線性加減速時的加速轉矩

電機加速或減速時的轉矩曲線如圖 3-13 所示。按線性加減速時的加速轉矩運算如下：

$$T_a = \frac{2\pi n_m}{60 \times 10^4} \times \frac{1}{t_a}(J_M + J_L)(1 - e^{-K_s t_a})(\mathrm{N \cdot m}) \tag{3-23}$$

式中，n_m 為電機的穩定速度；t_a 為加速時間；J_M 為電機轉子慣量，$\mathrm{kg \cdot cm^2}$；J_L 為折算到電機軸上的負載慣量，$\mathrm{kg \cdot cm^2}$；K_s 為位置伺服開環增益。

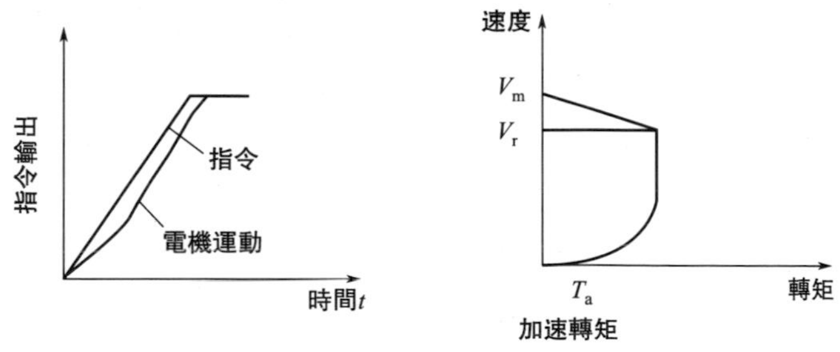

圖 3-13 電機加速或減速時的轉矩曲線

加速轉矩開始減小時的轉速如下：

$$n_r = n_m \left[1 - \frac{1}{t_a K_s}(1 - e^{-K_s t_a})\right] \tag{3-24}$$

(2) 按指數曲線加速

電機按指數曲線加速時的轉矩曲線如圖 3-14 所示。此時，速度為零時的轉矩 T_0 可由下面公式給出：

$$T_0=\frac{2\pi n_m}{60\times10^4}\times\frac{1}{t_e}(J_M+J_L)(N\cdot m) \tag{3-25}$$

式中，t_e 為指數曲線加速時間常數。

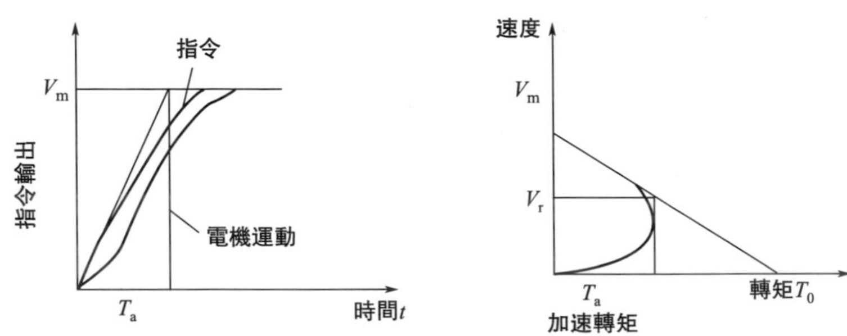

圖 3-14 電機按指數曲線加速時的轉矩曲線

(3) 輸入階段性速度指令

這時的加速轉矩 T_a 相當於 T_0，可由下面公式求得（其中 $t_s=K_s$）。

$$T_a=\frac{2\pi n_m}{60\times10^4}\times\frac{1}{t_s}(J_M+J_L)(N\cdot m) \tag{3-26}$$

3.2.8 根據電機轉矩均方根值選擇伺服電機

工作機械頻繁啟動、制動時需轉矩。當工作機械作頻繁啟動、制動時，必須檢查電機是否過熱，為此需運算一個週期內電機轉矩的均方根值，並且應使此均方根值小於電機的連續轉矩。電機的均方根值由下式給出：

$$T_{rms}=\sqrt{\frac{(T_a+T_f)^2t_1+T_f^2t_2+(T_a-T_f)^2t_1+T_0^2t_3}{T_{周}}} \tag{3-27}$$

式中，T_a 為加速轉矩，N・m；T_f 為摩擦轉矩，N・m；T_0 在停止期間的轉矩，N・m；t_1、t_2、t_3、$T_{周}$ 如圖 3-15 所示。

負載週期性變化的轉矩（圖 3-16）運算，也需要計算出一個週期中的轉矩均方根值，且該值小於額定轉矩。這樣電機才不會過熱，正常工作。

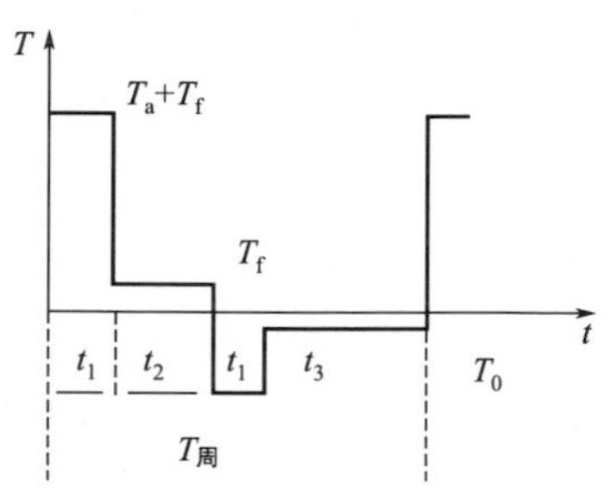

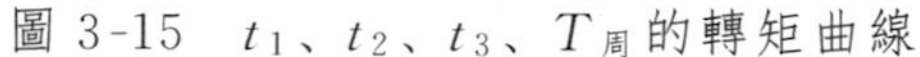

圖 3-15 t_1、t_2、t_3、$T_周$ 的轉矩曲線

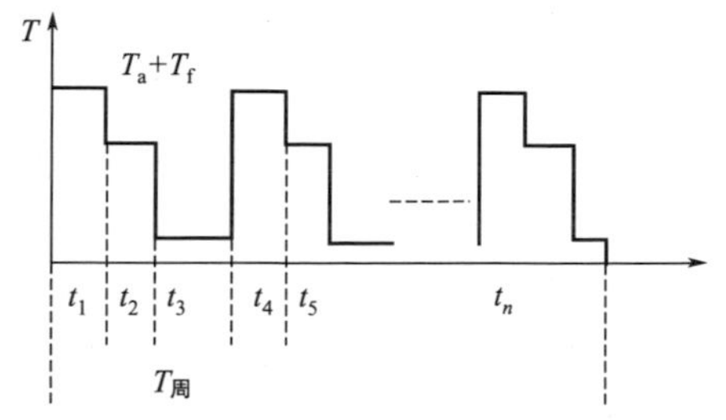

圖 3-16 負載週期性變化的轉矩

設計時進給伺服電機的選擇原則是：首先根據轉矩-速度特性曲線檢查負載轉矩、加減速轉矩是否滿足要求，然後對負載慣量進行校核，對要求頻繁啟動、制動的電機還應對其轉矩均方根進行校核，這樣選擇出來的電機才能既滿足要求，又可避免由於電機額定轉矩選擇偏大而引起的問題。

3.2.9 伺服電機選擇的步驟、方法、公式

(1) 確定運行方式

根據機械系統的控制內容，確定伺服電機的運行方式，啟動時間 t_a、減速時間 t_d 根據實際情況決定。

(2) 運算負載換算到電機軸上的轉動慣量 GD_m^2

為了運算啟動轉矩 T_P，要先求出負載的轉動慣量：

$$GD_l^2=\frac{\pi}{8}\rho LD^4\times10^4(\mathrm{kg\cdot m^2}) \tag{3-28}$$

式中，L 為圓柱體的長，cm；D 為圓柱體的直徑，cm；ρ 為材料密度，kg/m^3。

$$GD_m^2=\left(\frac{N_l}{N_m}\right)^2GD_l^2+\left(\frac{1}{R}\right)^2\times\frac{\pi}{8}\rho l_2d_2^4+\frac{\pi}{8}\rho l_1d_1^4(\mathrm{kg\cdot m^2}) \tag{3-29}$$

式中，l_2 為負載側齒輪厚度；d_2 為負載側齒輪直徑；l_1 為電機側齒輪厚度；d_1 為電機側齒輪直徑；ρ 為材料密度；GD_l^2 為負載轉動慣量，kg・m^2；N_l 為負載軸轉速，r/min；N_m 為電機軸轉速，r/min；$1/R$ 為減速比。

(3) 初選電機

運算電機穩定運行時的功率 P_O 以及轉矩 T_L。T_L為折算到電機軸上的負載轉矩：

$$T_L=\frac{N_l}{N_m\eta}T_l \tag{3-30}$$

式中，η 為機械系統的效率。

$$P_O=\frac{T_1 N_1}{9535.4\eta} \tag{3-31}$$

式中，T_1 負載軸轉矩。

(4) 核算加減速時間或加減速功率

對初選電機根據機械系統的要求，核算加減速時間，必須小於機械系統要求值。

加速時間：

$$t_a=\frac{(\mathrm{GD}_m^2+\mathrm{GD}_l^2)N_m}{38.3(T_P-T_l)} \tag{3-32}$$

減速時間：

$$t_d=\frac{(\mathrm{GD}_m^2+\mathrm{GD}_l^2)N_m}{38.3(T_P+T_l)} \tag{3-33}$$

上兩式中使用電機的機械數值求出，故求出加入啟動訊號後的時間後，必須加上作為控制電路滯後的時間 5～10ms。負載加速轉矩 T_P 可由啟動時間求出，若 T_P 大於初選電機的額定轉矩，但小於電機的瞬時最大轉矩（額定轉矩的 5～10 倍），也可以認為電機初選合適。

(5) 考慮工作循環與占空因素的實效轉矩運算

在機器人等運動速度比較快的工作場合，不能忽略加減速超過額定電流的影響，則需要以占空因素求實效轉矩。該值在初選電機額定轉矩以下，則選擇電機合適。

$$T_{rms}=\sqrt{\frac{T_P^2 t_a+T_l^2 t_c+T_P^2 t_d}{t}}\times f_w \tag{3-34}$$

式中，t_a 為啟動時間，s；t_c 為正常運行時間，s；t_d 為減速時間，s；f_w 為波形係數。若 T_{rms} 不滿足額定轉矩式，需要提高電機容量，再次核算。

3.3 液壓驅動系統

由於電力傳動具有許多優點且電機很容易將電能轉換成機械能，某些機電系統設計者也許認為不需要再考慮用液壓系統或氣動系統了，但事實證明並非如此。在許多場合，減輕系統的重量是重要的，在這方面液壓傳動比電力傳動有突出的優點。因為液壓泵和馬達的功率重量比的典型值為 168W/N，而電機的功率重量比則為 16.8W/N。由於磁性材料具有飽和作用，電機輸出的力或扭矩受到一定的限制。在液壓系統中可以用提高工作壓力的辦法來獲得較高的力或扭矩。一般來說，直線式電機的力質量比為 130N/kg；直線式液壓馬達的力質量比為 13000N/kg，即提高了 100 倍。迴轉式液壓馬達的扭矩慣量比一般為相當容量電機的 10～20 倍，只有無槽式的直流力矩電機才能與液壓傳動相當。另外，開環形式的液壓系統的輸出剛度大，而電機系統的輸出剛度很小[39]。

3.3.1 概述

液壓系統以油液作為工作介質，通過油液內部的壓力來傳遞動力。完整的液壓系統由動力元件、執行元件、控制元件、輔助元件和液壓油 5 部分組成。液壓系統可分液壓傳動系統和液壓控制系統兩類。液壓傳動系統以傳遞動力和運動為主要功能，主要是利用各種元件組成具有一定功能的基本控制迴路，再將各種基本控制迴路綜合構成完成特殊任務的傳動和控制系統，實現能量之間的轉換。圖 3-17所示為液壓傳動示意圖，圖 3-18 所示為液壓系統示意圖。

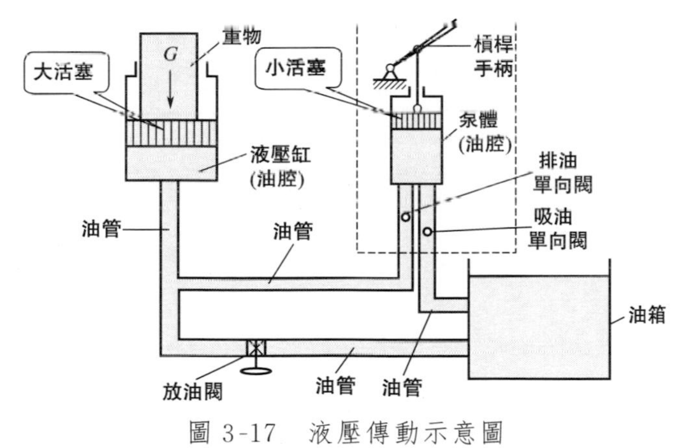

圖 3-17　液壓傳動示意圖

動力元件的作用是將原動機的機械能轉換成液體的壓力能，一般是油泵，負責向整個液壓系統提供動力。執行元件是將液體的壓力能轉換為機械能，驅動負載進行直線往復運動或迴轉運動，一般為液壓缸、液壓馬達。控制元件在液壓系統中控制和調節液體的壓力、流量和方向。

輔助元件包括油箱、濾油器、冷卻器、加熱器、蓄能器、油管及管接頭、密封圈、快換接頭、高壓球閥、膠管總成、測壓接頭、壓力表、油位計、油溫計等。

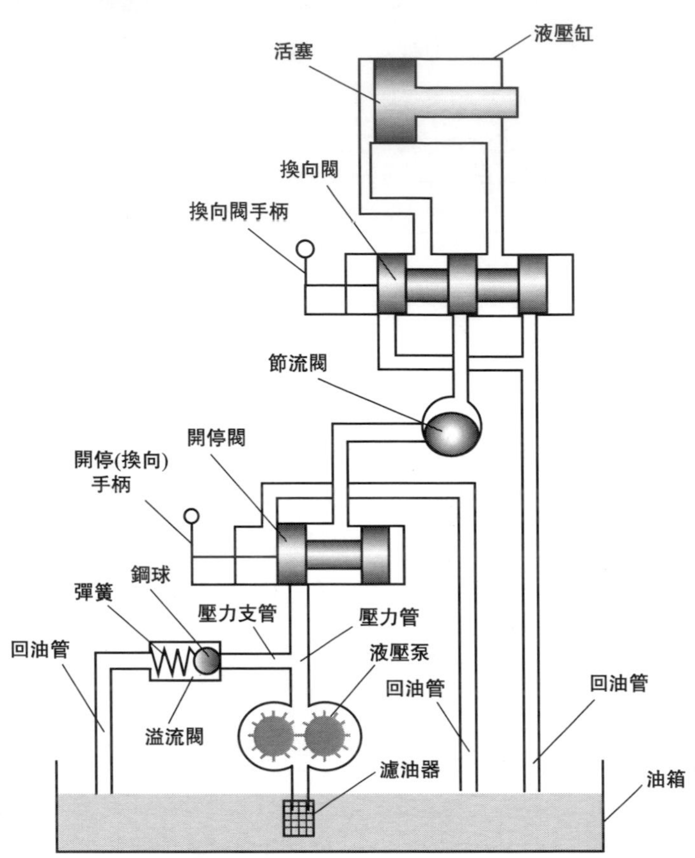

圖 3-18　液壓系統示意圖

液壓油是液壓系統中傳遞能量的工作介質。

液壓系統在機床、工程機械、冶金、石化、航空、船舶等方面均有廣泛的應用，在智慧裝備製造業也有很大的發展空間。目前液壓系統正向高壓、高速、大功率、高效率、低噪音、高度集成化和數位化等方向發展。

① 低功耗。近年來液壓技術的能量轉化率、利用率顯著提升，但損耗仍有很大的改善空間。液壓系統功率損失主要是液壓系統內部的容積、機械損失，如果液壓系統中的壓力能利用率提高，則能量損耗將會大大減少。因此今後應重點研究減少元件和系統的內部壓力損失，以減少功率損失。

② 主動維護。當前液壓傳動的被動維護降低了生產效率。隨著科技的進步和液壓系統的精密化以及現代化液壓系統故障診斷方法的發展，液壓傳動正向著主動維護方向發展。傳統的故障診斷方法已經無法滿足液壓系統的維護需要，因此需要逐步建立並完善液壓系統故障資料庫，利用電腦技術與物聯網技術，結合

專家系統，快速高效地診斷故障並制訂合理準確的維修方案，採取相應的主動維護預防措施，以達到提高生產效率的目的。

③ 集成化。微電子技術的快速發展為液壓技術的創新注入了新的活力。科技的進步極大地促進了電液閥、感測技術等的發展，使液壓系統逐漸具備了電氣和液壓技術的雙重特點。現代液壓技術逐漸向集成化、智慧化、自動化發展。

④ 智慧控制。智慧化控制實質上是在電動化的基礎上形成的，與電氣控制相比，智慧化控制是一種更加高級的模式。智慧化控制可以減少工程機械可能出現的問題，使工程機械可以一直在最佳狀態下工作，並且延長其使用壽命。實現智慧化控制，首先要建立一個完善的資料庫，將液壓系統工作的最佳狀態數據錄入其中，再通過感測器即時採集相關的各項數據。將採集的數據與資料庫數據進行系統化比對，通過系統調控，保證其一直處於最佳工作狀態，以此降低系統故障頻率，提高系統工作效率。

一般來說，液壓系統設計過程如圖 3-19 所示。

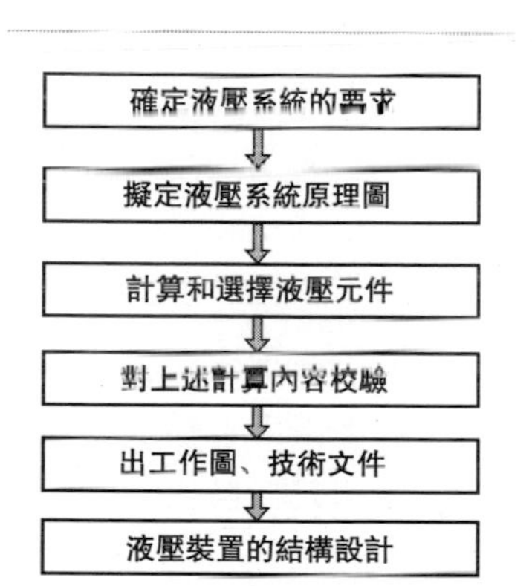

圖 3-19　液壓系統的設計過程

① 確定液壓系統的要求。根據現有的生產條件和成本確定液壓傳動完成的工作，然後確定各運動的工作順序，對於自動化程度高的機器，要確定其自動工作循環；對於複雜動作的設計，需要繪出動作循環圖。其次，根據繪製的速度循環圖，確定液壓系統的主要性能參數，包括空行程速度、工作行程速度及調速範圍，其餘性能參數，例如工作平穩性、可靠度、轉換精度、停留時間等，也要考慮。

② 擬定液壓系統原理圖。首先選擇液壓系統基本迴路，通過對同類產品的對比分析得到調速方式、液流方向的控制以及順序動作控制方式等基本迴路資訊，然後再配置控制油路、潤滑油路、過濾器等輔助性迴路和元件，完成這些即完成了液壓系統原理圖。循環中的動作不能相互影響，系統結構盡可能簡單並且經濟合理，便於集成塊式設計、製造、安裝、維修。

③ 運算和選擇液壓元件。首先要運算工作載荷和執行元件的速度，然後運算液壓缸的面積即液壓馬達排量，得到需要的油液壓力和流量。運算液壓泵的工作壓力和流量，選擇合適的液壓泵，確定驅動電機功率。根據系統油液的壓力和流量，選擇閥類元件，確定管道尺寸和油箱容量。值得注意的是，在選擇液壓元件的時候，盡可能選擇標準元件。常見液壓泵類型見表 3-2。

表 3-2 常見液壓泵類型

外嚙合齒輪泵	雙作用葉片泵	斜盤式軸向柱塞泵
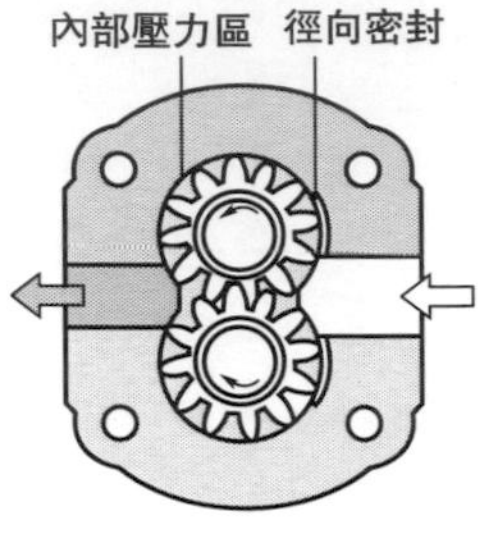 內部壓力區 徑向密封	 壓油 吸油	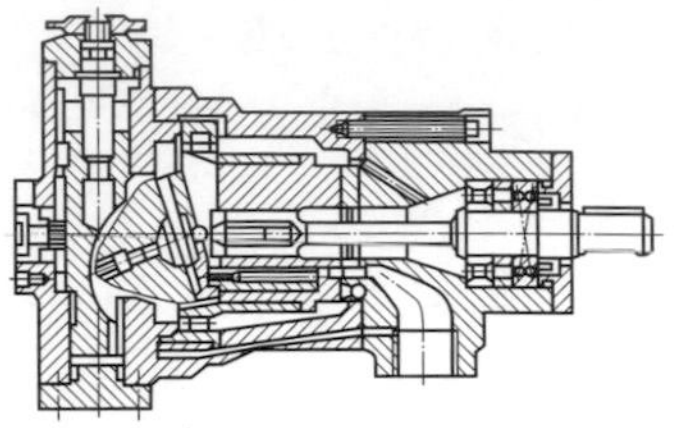

④ 對液壓系統初步運算的內容進行驗算。在確定元件的規格和尺寸後，應估算迴路的壓力損失，然後確定系統供油壓力。為保證系統工作正常，還應驗算發熱和散熱量。對於精度要求高的液壓系統，需要驗算液壓衝擊、換向性能等問題。

⑤ 繪製正式工作圖和編制技術文件。正式工作圖包括液壓系統原理圖、機器管路裝配圖、非標準液壓元件的零件圖和裝配圖。編制技術文件一般包括零、部件目錄表，標準件、通用件和外購件總表，試運行要求和技術說明書。

⑥ 對液壓裝置的結構進行設計。液壓裝置的結構形式有集中式和分散式。集中式是將液壓系統的油源、控制調節裝置獨立於機器之外，單獨設計液壓泵站；而分散式則將液壓系統的油源、控制調節裝置分散在機器各處。兩種方式各有利弊，需要綜合設計要求考慮。液壓系統中元件的配置形式有板式配置與集成式配置兩種。板式配置是將元件與底板用螺釘固定在豎立的平板上，集成式配置是用某種輔助元件把液壓元件組合在一起。按照輔助元件的形式不同，分為箱體式、集成塊式和疊加閥式。

3.3.2 液壓系統的形式

(1) 按油液循環方式分類

① 開式系統。開式系統結構簡單，如圖 3-20 所示。開式系統是指液壓泵從油箱吸油，通過換向閥給液壓缸（或液壓馬達）供油以驅動工作機構，液壓缸（或液壓馬達）的回油再經換向閥回油箱。由於系統工作完的油液回油箱，因此可以起油箱散熱、沉澱雜質的作用。但因油液常與空氣接觸，使空氣易於滲入系統，導致工作機構運動不平穩及其他不良後果。為了保證工作機構運動的平穩性，在系統的回油路上可設置背壓閥，這將引起附加的能量損失，使油溫升高。

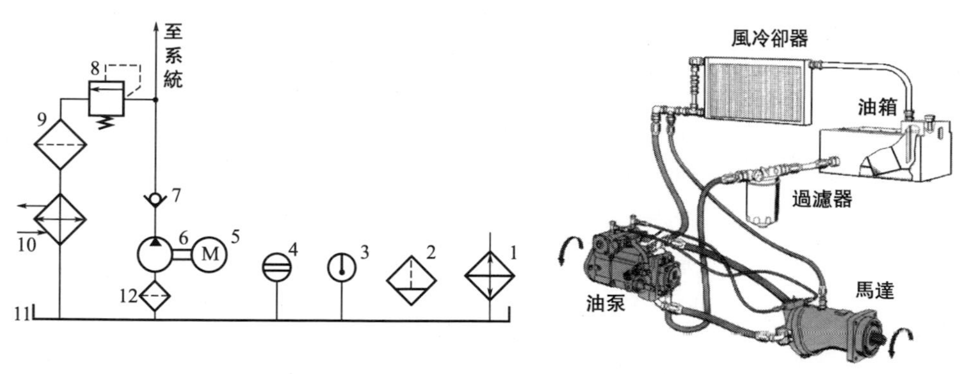

圖 3-20　開式液壓系統

1—加熱器；2—空氣濾清器；3—溫度計；4—液位計；5—電機；6—液壓泵；7—單向閥；8—溢流閥；9，12—過濾器；10—冷卻器；11—油箱

在開式系統中，採用的液壓泵為定量泵或單向變量泵，考慮泵的自吸能力並避免產生吸空現象，對自吸能力差的液壓泵，通常將其工作轉速限制在額定轉速的 75%以內，或增設一個輔助泵進行灌注，工作機構的換向則借助於換向閥。換向閥換向時，除了產生液壓衝擊外，運動部件的慣性能將轉變為熱能，而使液壓油的溫度升高。由於開式系統結構簡單、成本低廉，在工程機械中獲得了廣泛的應用。

② 閉式系統。如圖 3-21 所示，在閉式系統中，液壓泵的進油管直接與執行元件的回油管相連，工作液體在系統的管路中進行封閉循環。閉式系統結構較為緊湊，和空氣接觸機會較少，空氣不易滲入系統，故傳動的平穩性好。工作機構

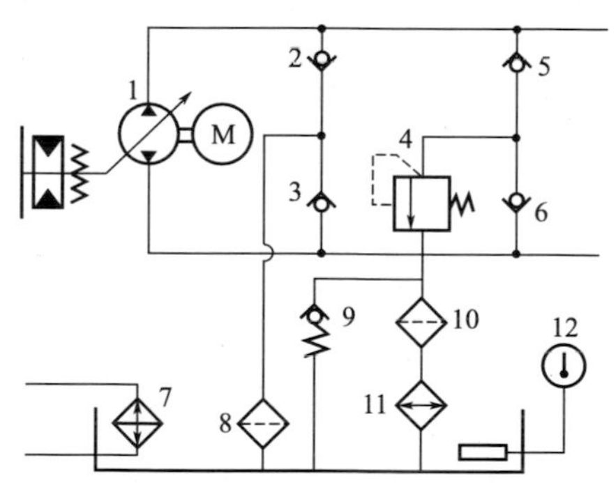

圖 3-21　閉式液壓系統

1—變量泵；2，3，5，6—單向閥；4—溢流閥；7—加熱器；8，10—過濾器；9—旁通單向閥；11—冷卻器；12—溫度計

的變速和換向靠調節泵或馬達的變量機構實現，避免了開式系統換向過程中出現的液壓衝擊和能量損失。但閉式系統較開式系統複雜，由於閉式系統工作完的油液不回油箱，油液的散熱和過濾的條件較開式系統差。

閉式系統中的執行元件採用雙作用單活塞桿液壓缸時，由於大小腔流量不等，在工作過程中，會使功率利用率下降，所以閉式系統中的執行元件一般為液壓馬達。如大型液壓挖掘機、液壓起重機中的迴轉系統，全液壓壓路機的行走系統與振動系統中的執行元件均為液壓馬達。閉式系統中執行元件為液壓馬達的另一優點是在啟動和制動時，其最大啟動力矩和制動力矩值相等。

(2) 按系統中液壓泵的數目分類

① 單泵系統。由一個液壓泵向一個或一組執行元件供油的液壓系統，即為單泵液壓系統，如圖 3-22 所示。單泵系統適用於不需要進行多種複合動作的工

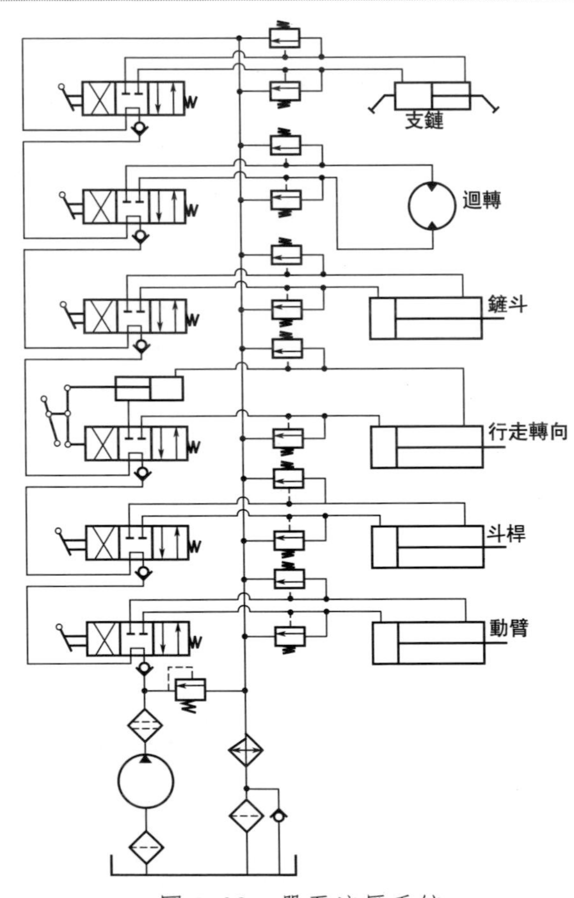

圖 3-22　單泵液壓系統

程機械，如推土機、鏟運機等鏟土運輸機械的液壓系統。在某些工程機械（如液壓挖掘機、液壓起重機）的工作循環中，既需要實現複合動作，又需要能夠對這些動作進行單獨調節，採用單泵系統顯然是不夠理想的。為了更有效地利用引擎功率和提高工作性能，必須採用雙泵系統或多泵系統（圖 3-23）。

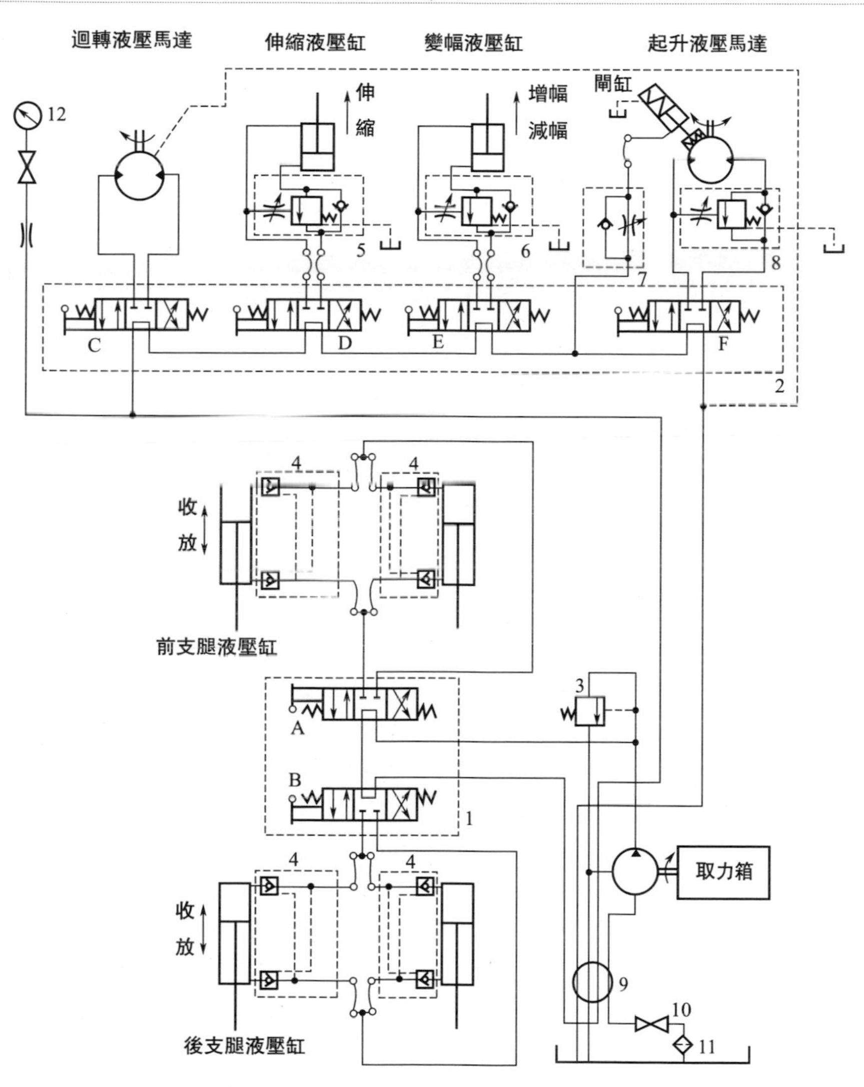

圖 3-23　某汽車起重機液壓系統

1，2—手動閥組；3—安全閥；4—雙向液壓鎖；5，6，8—平衡閥；7—節流閥；9—中心迴轉接頭；10，12—開關；11—過濾器；A～F—手動換向閥

② 雙泵系統。圖 3-24 為雙泵液壓系統圖。雙泵液壓系統實際上是兩個單泵

液壓系統的組合。每臺泵可以分別向各自迴路中的執行元件供油。每臺泵的功率根據各自迴路中所需的功率而定，這樣可以保證進行複合動作。

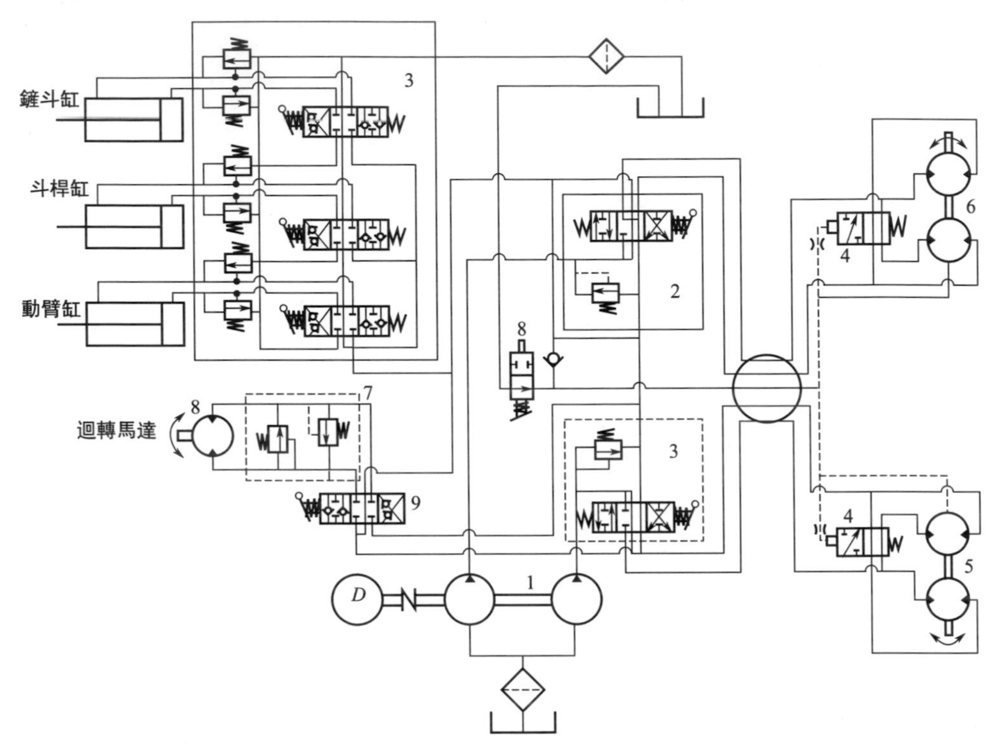

圖 3-24　雙泵液壓系統

1—雙聯液壓泵；2—換向閥；3—多路換向閥；4—變速閥；5—先導閥；6—行走馬達；7—緩衝制動閥；8—迴轉馬達；9—迴轉馬達換向閥

當系統中只需要進行單個動作而又要充分利用引擎功率時，可採用合流供油方式，即將兩臺液壓泵的流量同時供給一個執行元件，這樣可使工作機構的運動速度加快。這種雙泵液壓系統在中小型液壓挖掘機和起重機中已被廣泛採用。

③ 多泵系統。為了進一步改進液壓挖掘機和液壓起重機的性能，近年來在大型液壓挖掘機和液壓起重機中，開始採用三泵系統。圖 3-25 為三泵液壓系統原理圖。這種三泵液壓系統的特點是迴轉機構採用獨立的閉式系統，而其他兩個迴路為開式系統。可以按照主機的工作情況，把不同的迴路組合在一起，以獲得主機最佳的工作性能。

(3) 按所用液壓泵形式分類

① 定量系統。採用定量泵的液壓系統，稱為定量系統。定量系統中所用的液壓泵為齒輪泵、葉片泵或柱塞泵。當引擎轉速一定時，定量泵流量 Q 也一定，

而壓力根據工作循環中需要克服的最大阻力確定，因此液壓系統工作時，液壓泵功率隨工作阻力的變化而改變。

② 變量系統。變量系統中所用的液壓泵為恆功率控制的軸向柱塞泵。功率調節器中，控制活塞右面有壓力油作用，控制活塞左面有彈簧力作用，當泵的出口壓力低於彈簧裝置預緊壓力時，彈簧裝置未被壓縮，液壓泵的擺角處於最大角度，此時泵的排量也最大。隨著液壓泵出口壓力的增高彈簧被壓縮，液壓泵的擺角也隨著減小，排量也就隨之減少。液壓泵在出口壓力和彈簧裝置預壓緊力平衡時的位置，稱為調節起始位置。調節起始位置時，作用在功率調節器中控制活塞上的液壓力稱為起調壓力。當液壓泵的出口壓力大於起調壓力時，由於調節器中彈簧壓縮力與其行程有近似於雙曲線的變化關係，因而在轉速恆定時，液壓泵出口壓力與流量也呈近似於雙曲線的變化，液壓泵在調節範圍之內始終保持恆功率的工作特性。圖 3-26 所示為定量系統與變量系統功率利用率比較圖。圖 3-27 所示為恆功率控制變量泵的功率特性曲線。由於液壓泵的工作壓力隨外載荷的大小而變化，可使工作機構的速度隨外載荷的增大而減小，或隨外載荷的減小而增大，使引擎功率在液壓泵調節範圍之內得到充分利用。

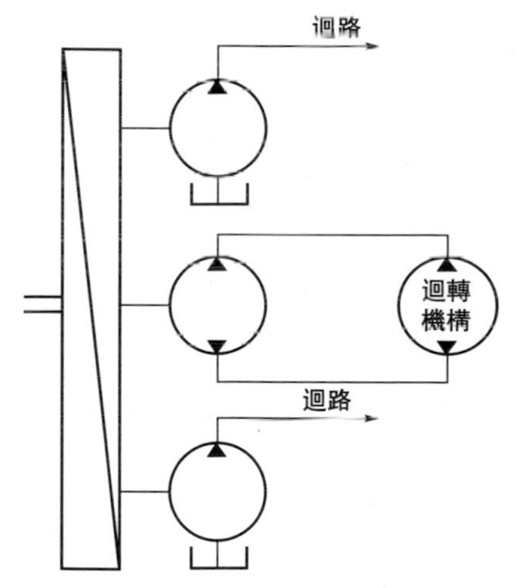

圖 3-25 三泵液壓系統原理圖

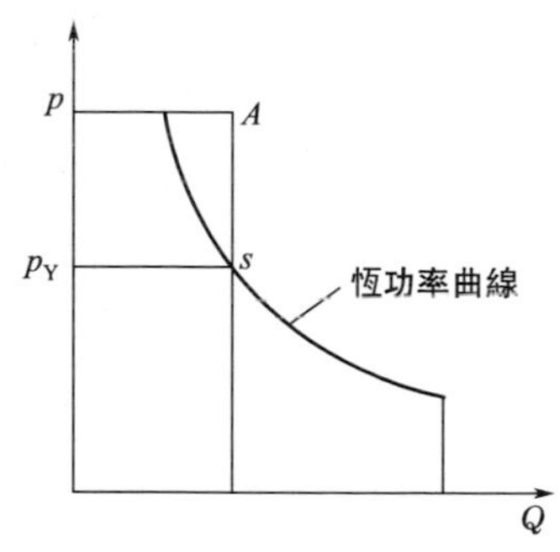

圖 3-26 定量系統與變量系統功率利用率比較

變量泵的起調壓力是由彈簧裝置的剛度和液壓系統的要求決定的。調節最大壓力由液壓系統決定、由安全閥調定。對應於起調壓力的擺角為最大，對應於調節終了的擺角為最小。變量泵的優點是在調節範圍之內，可以充分利用引擎的功率，缺點是結構和製造工藝複雜，成本高。

(4) 按向執行元件供油方式分類

按向執行元件供油方式分類，可以分為串連系統和並連系統。

① 串連系統。當一臺液壓泵向一組執行元件供油時，上一個執行元件的回油即為下一個執行元件進油的液壓系統稱為串連系統，如圖 3-28 所示。

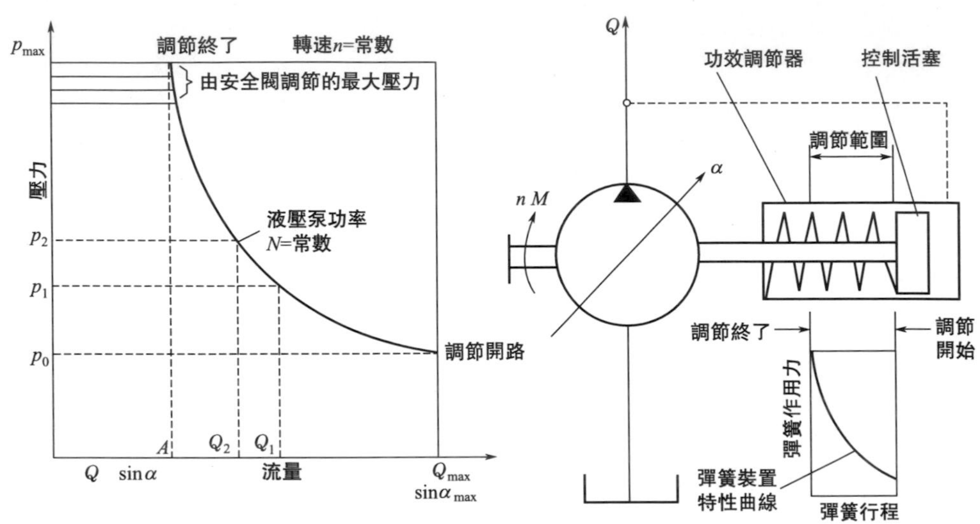

圖 3-27 恆功率控制變量泵的功率特性曲線

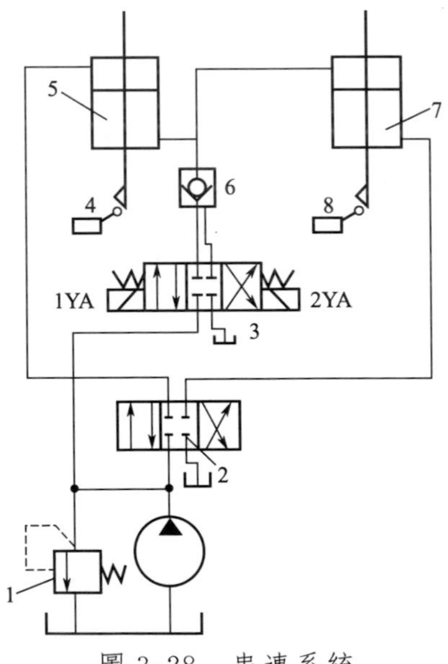

圖 3-28 串連系統

1—溢流閥；2，3—換向閥；4，8—行程開關；5，7—液壓缸；6—流控單向閥

在串連系統中，液壓泵輸出的壓力油以壓力 p_1、流量 Q_1 進入第一個執行元件後，以壓力 p_2、流量 Q_2 進入第二個執行元件，在不考慮能量損失的情況下，

對雙作用單活塞桿液壓缸而言 $Q_1 \neq Q_2$。Q_1、Q_2與液壓缸活塞的有效面積 S_1、S_2成正比，即

$$Q_2 = \frac{Q_1 S_2}{S_1}$$

在不考慮管路和執行元件中的能量損失時，第一個執行元件中的工作壓力 p_1 取決於克服該執行元件上載荷所需的壓力 p'和第二個執行元件的工作壓力 p_2，即

$$p_1 = p' + p_2$$

串連系統中，每通過一個執行元件工作壓力就要降低一次。當主泵向多路閥控制的各執行元件供油時，只要液壓泵出口壓力足夠，便可實現各執行元件的運動的複合。但由於執行元件的壓力是疊加的，所能克服外載荷將隨執行元件數量的增加而降低。

② 並連系統。並連系統是指在系統中，當一臺液壓泵同時向一組執行元件供油時，進入各執行元件的流量只是液壓泵輸出流量的一部分，如圖 3-29 所示。並連系統中，當主泵向多路閥所控制的各執行元件供油時，流量的分配隨各執行元件上外載荷的不同而變化，壓力油首先進入外載荷較小的執行元件。只有當各執行元件上外載荷相等時，才能實現同時動作。液壓泵的出口壓力取決於外載荷小的執行元件上的壓力與該油路上的壓力損失之和。由於並連系統在工作過程中只需克服一次外載荷，因此克服外載荷的能力較大。

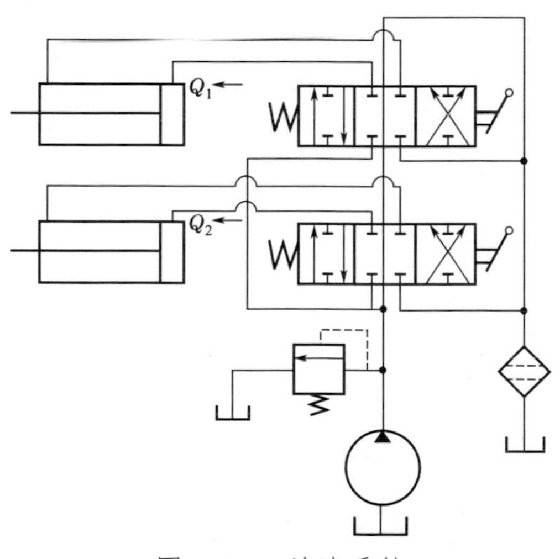

圖 3-29 並連系統

3.3.3 液壓系統性能評價

液壓驅動系統具有體積小、重量輕、剛度大、精度高、響應快、調速範圍寬等諸多優點。隨著液壓及相關技術的發展，液壓傳動在國外工程機械、機床等方面應用越來越廣泛。使用液壓驅動的裝備的性能取決於液壓系統的性能。任何一種機械的液壓傳動系統都應滿足重量輕、體積小、結構簡單、使用方便、效率高和質量好的要求。其中尤其強調質量好和效率高，並在保證質量好、效率高的基礎上應盡可能地採用先進技術。液壓系統性能以系統中所用元件的質量和所選擇的基本迴路是否合適為前提。一般來說，可以從液壓系統的效率、功率利用、調速範圍和微調特性、振動和噪音等方面加以分析對比。

（1）液壓系統的效率

當今世界能源問題越來越突出，提高機械效率意義重大，在保證主機性能要求的前提下，應盡力提高液壓系統的效率。液壓系統的效率反映了系統能量的利用率，液壓系統能量損失以系統的油溫升高等熱的形式表現。引起液壓系統能量損失的因素主要有以下幾個方面。

① 換向閥在換向制動過程中出現的能量損失。當執行元件及其外載荷的慣性很大時，制動過程中壓力油和運動機構的慣性影響使回油腔的壓力增高，而油液從換向閥或制動閥的開口縫隙中擠出，從而使運動機構的慣性能變為熱耗，使系統的油溫升高。在一些換向頻繁、慣性很大的系統中，如挖掘機的迴轉系統，發熱問題尤為突出。

② 液壓元件本身的能量損失。液壓元件的能量損失包括液壓泵、液壓馬達、液壓缸和控制元件等的能量損失，其中以泵和液壓馬達的損失為最大。管路和控制元件的結構也可以影響能量損失的大小。在控制元件的結構中，兩個不同截面之間的過渡要圓滑，以盡量減少摩擦損失。

③ 溢流損失。當液壓系統工作時，工作壓力超過溢流閥（安全閥或過載閥）的開啟壓力時，溢流閥開啟，液壓泵輸出的流量全部或部分地通過溢流閥而溢流。當系統工作時，可從設計因素和操作因素上採取措施盡量減少溢流損失。

④ 背壓損失。為了保證工作機構運動的平穩性，常在執行元件的回油路上設置背壓閥。背壓越大，能量損失亦越大。一般情況下，液壓馬達的背壓要比液壓缸大；低速液壓馬達的背壓要比高速馬達大。為了減少因回油背壓而引起的發熱，在保證工作機構運動平穩性的條件下，盡可能減少回油背壓。

綜上所述，為了保證液壓系統具有高的效率，必須控制和減少系統與元件的能量損失，亦即控制和減少系統總發熱量，提高液壓系統功率利用率。

(2) 調速範圍和微調特性

大多數液壓機械的工作機構的載荷及速度變化範圍較大，這就要求液壓系統具有較大的調速範圍。不同機械其調速範圍是不同的，即使在同一機械中，不同的工作機構其調速範圍也不一樣。

微調特性反映了工作機構速度調節時的靈敏程度。不同的工程機械對微調特性有不同的要求。如鏟土運輸機械、挖掘機械對微調特性的要求不高，而有的機械，如吊裝用工程起重機，對微調特性則有嚴格的要求。

(3) 振動和噪音

任何機械的設計均應考慮振動和噪音，液壓系統也不例外。液壓系統的振動和噪音是由組成系統各元件的振動和噪音引起的，其中以泵和閥最為嚴重。振動與噪音給液壓系統帶來一系列不良後果，嚴重時液壓系統將不能工作，因此必須對振動和噪音予以控制。減少液壓系統振動和噪音的關鍵是控制系統中各元件的振動和噪音，減少液壓泵的流量脈動和壓力脈動以及減少液壓油在管路中的衝擊。

3.3.4 液壓動力系統

(1) 液壓馬達

液壓馬達是液壓系統的一種執行元件，是液壓傳動系統的重要組成部分，它將液壓泵提供的液體壓力能轉變為其輸出軸的機械能（轉矩和轉速），液體（一般為液壓油）是傳遞力和運動的介質。按照額定轉速，液壓馬達可分為高速和低速兩大類。高速液壓馬達有轉速較高、轉動慣性小、便於啟動和制動、調速和換向靈敏度高等特點，其基本形式有齒輪式、螺桿式、葉片式和軸向柱塞式等。低速液壓馬達具有排量大、體積大、轉速低、傳動機構較簡化等特點，其基本形式為徑向柱塞式，按照結構類型可分為葉片式、軸向柱塞式、擺動式等。葉片馬達具有體積小、轉動慣性小、動作靈敏、可以實現高頻率換向等特點，但泄漏較大，不能低速工作。圖 3-30 所示為雙作用葉片式液壓馬達迴路。軸向柱塞馬達具有輸出扭矩小的特點。液壓馬達應用廣泛，主要應用於注塑機械、船舶、起揚機、工程機械、建築機械、煤礦機械、礦山機械、冶金機械、船舶機械、石油化工、港口機械等。按照排量可否調節，液壓馬達可分為定量馬達和變量馬達兩大類，變量馬達又可分為單向變量馬達和雙向變量馬達。此外，還有擺動液壓馬達[40]。

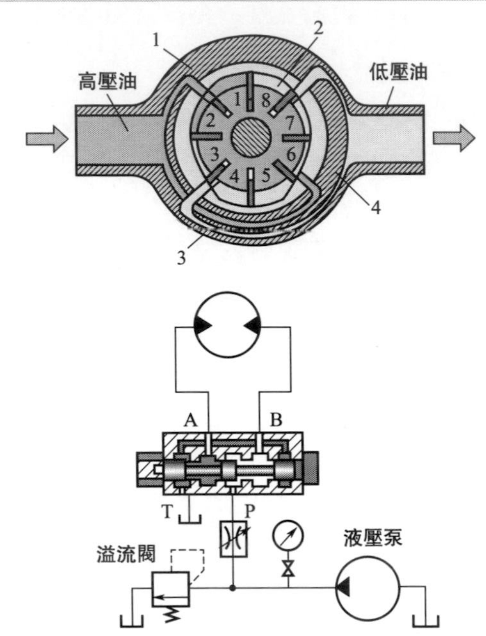

圖 3-30 雙作用葉片式液壓馬達迴路

1—定子；2—轉子；3—葉片；4—殼體；A，B—閥；P—調速閥；T—油箱

常用液壓馬達的主要技術參數見表 3-3。

表 3-3 常用液壓馬達的主要技術參數

類型性能參數	排量範圍/(cm³/r)		壓力/MPa		轉速範圍/(r/min)	容積效率/%	總效率/%	起動機效率/%	噪音	價格
	最小	最大	額定	最高						
外嚙合齒輪馬達	5.2	160	16～20	20～25	150～2500	85～94	85～94	85～94	較大	最低
內嚙合擺線轉子馬達	80	1250	14	20	10～800	94	76	76	較小	低
雙作用葉片馬達	50	220	16	25	100～2000	90	75	80	較小	低
單斜盤軸向柱塞馬達	2.5	560	31.5	40	100～3000	95	90	20～25	大	較高
斜軸式軸向柱塞馬達	2.5	3600	31.5	40	100～4000	95	90	90	較大	高
鋼球柱塞馬達	250	600	16	25	10～300	95	90	85	較小	中
雙斜盤軸向柱塞馬達			20.5	24	5～290	95	91	90	較小	高

續表

類型性能參數	排量範圍/(cm³/r)		壓力/MPa		轉速範圍/(r/min)	容積效率/%	總效率/%	起動機效率/%	噪音	價格
	最小	最大	額定	最高						
單作用曲柄連桿徑向柱塞馬達	188	6800	25	29.3	3～500	>95	90	>90	較小	較高
單作用無連桿型徑向柱塞馬達	360	5500	17.5	28.5	3～750	95	90	90	較小	較高
多作用內曲線滾柱柱塞傳力徑向柱塞馬達	215	12500	30	40	1～310	95	90	95	較小	高
多作用內曲線鋼珠柱塞傳力徑向柱塞馬達	64	10000	16～20	20～25	3～1000	93	>85	95	較小	較高
多作用內曲線橫梁傳力徑向柱塞馬達	1000	40000	25	31.5	1～125	95	90	95	較小	高
多作用內曲線滾輪傳力徑向柱塞馬達	8890	150774	30	35	1～70	95	90	95	較小	高

液壓馬達適用工況和應用實例見表 3-4。

表 3-4 液壓馬達適用工況和應用實例

類型			適用工況	應用實例
高速小扭矩馬達	齒輪馬達	外嚙合式	適合高速小扭矩、速度平穩性要求不高、噪音限制不大的場合	適用於鑽床、風扇以及工程機械、農業機械、林業機械的迴轉機構液壓系統
		內嚙合式	適合高速小扭矩、要求噪音較小的場合	
	葉片馬達		適合負載扭矩不大、噪音要求小、調速範圍寬的場合	適用於機床(如磨床迴轉工作檯)等設備中
	軸向柱塞馬達		適合負載速度大、有變速要求、負載扭矩較小、低速平穩性要求高的場合,即中高速小扭矩的場合	適用於起重機、絞車、鏟車、內燃機車、數控機床等設備
低速大扭矩馬達	徑向馬達	曲軸連桿式	適合大扭矩低速工況,啟動性較差	適用於塑料機械、行走機械、挖掘機、拖拉機、起重機、採煤機牽引部件等設備
		內曲線式	適合負載扭矩大、速度範圍寬、啟動性好、轉速低的場合。當扭矩比較大、系統壓力較高(如大於 16MPa),且輸出軸承受徑向力時,宜選用橫梁式內曲線液壓馬達	
		擺缸式	適用於大扭矩、低速工況	

續表

<table>
<tr><th colspan="2">類型</th><th>適用工況</th><th>應用實例</th></tr>
<tr><td rowspan="2">中速中扭矩馬達</td><td>雙斜盤軸向柱塞馬達</td><td>低速性好，可作伺服馬達</td><td>適用範圍廣，但不宜在快速性要求嚴格的控制系統中使用</td></tr>
<tr><td>擺線馬達</td><td>適用於中低負載速度、體積要求小的場合</td><td>適用於塑料機械、煤礦機械、挖掘機、行走機械等設備</td></tr>
</table>

（2）液壓缸

液壓缸是將液壓能轉變為機械能的、做直線往復運動（或擺動運動）的液壓執行元件，結構簡單、工作可靠。用液壓缸實現往復運動，可免去減速裝置，並且沒有傳動間隙，運動平穩，因此在各種機械的液壓系統中得到廣泛應用。液壓缸輸出力和活塞有效面積及其兩邊的壓差成正比。液壓缸基本上由缸筒和缸蓋、活塞和活塞桿、密封裝置、緩衝裝置與排氣裝置組成。緩衝裝置與排氣裝置視具體應用場合而定，其他裝置則必不可少。圖 3-31 所示為雙作用單桿活塞式液壓缸結構圖。

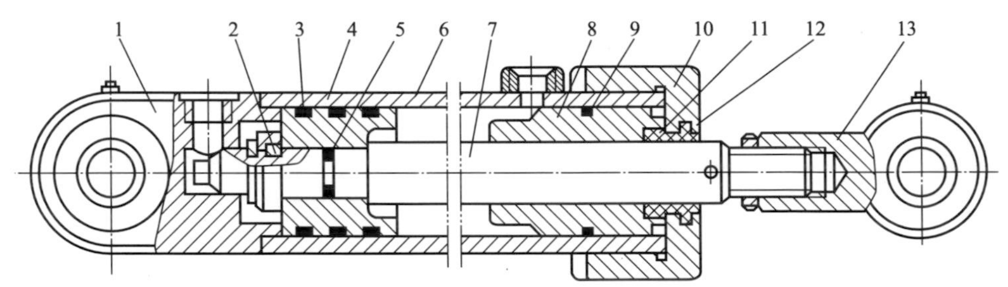

圖 3-31　雙作用單桿活塞式液壓缸結構圖

1—缸底；2—卡鍵；3，5，9，11—密封圈；4—活塞；6—缸筒；7—活塞桿；8—導向套；10—缸蓋；12—防塵圈；13—耳軸

（3）電液伺服

電液伺服系統是一種由電訊號處理裝置和液壓動力機構組成的回饋控制系統。最常見的有電液位置伺服系統、電液速度控制系統和電液力（或力矩）控制系統。電液伺服系統是一種回饋控制系統，主要由電訊號處理裝置和液壓動力機構組成。電液位置伺服系統原理如圖 3-32 所示。給定元件可以是提供位移訊號的機械裝置，如凸輪、連桿等；也可是提供電壓訊號的電氣元件，如電位計等。回饋檢測元件用來檢測執行元件的實際輸出量，並轉換成回饋訊號，可以是齒輪副、連桿等機械裝置，也可是電位計、測速發電機等電氣元件。比較元件用來比較指令訊號和回饋訊號，並得出誤差訊號。放大、轉換元件將比較元件所得的誤

差訊號放大，並轉換成電訊號或液壓訊號。執行元件將液壓能轉變為機械能，產生直線運動或旋轉運動，並直接控制被控對象，一般指液壓缸或液壓馬達；被控對象指系統的負載，如工作檯等[41~43]。

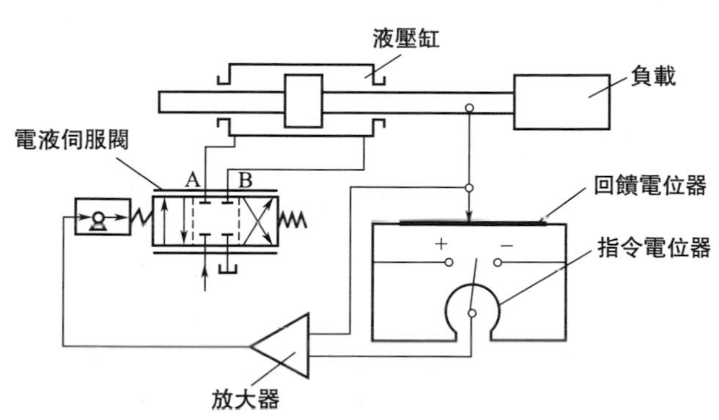

圖 3-32　電液位置伺服系統原理

3.3.5　液壓系統設計

一般液壓系統設計過程分為如下五個步驟。

(1) 明確設計要求、工況分析

液壓系統動作和性能要求主要包含運動方式、行程、速度範圍、負載條件、運動平穩性、精度、工作循環週期等，此外，還需要考慮環境溫度、濕度、粉塵、防火等級、空間等。執行元件的工況分析，要明確每個執行元件的速度和負載的變化規律，可以作出速度、負載（以液壓缸為例，負載有工作負載、導向摩擦負載、慣性負載、重力、密封、背壓負載等）隨時間、位移變化曲線圖。

(2) 擬定液壓系統原理圖

液壓系統原理圖是表示液壓系統的組成和工作原理的重要技術文件。擬定液壓系統原理圖是設計液壓系統的第一步，它對系統性能及設計方案的合理性、經濟性具有決定性的影響。首先要確定油路類型：一般具有較大空間可以存放油箱的系統，都採用開式油路；相反，凡允許採用輔助泵進行補油，並藉此進行冷卻交換來達到冷卻目的的系統，採用閉式油路。通常節流調速系統採用開式油路，容積調速系統採用閉式油路。其次選擇液壓迴路：根據各類主機的工作特點、負載性質和性能要求，先確定對主機主要性能起決定性影響的主要迴路，然後再考慮其他輔助迴路。機床液壓系統中，調速和速度換接迴路是主要迴路；壓力機液壓系統中，調壓迴路是主要迴路；有垂直運動部件的系統要考慮平衡迴路；慣性負載較大的系統要考慮緩衝制動迴路；有多個執行元件的系統可能要考慮順序動作、同步迴路；有空載運行要求的系統要考慮卸荷迴路等。

最後將選擇的各典型迴路合並、整理、優化，增加必要的元件或輔助迴路並進行綜合，構成一個結構簡單、工作安全可靠、動作平穩、效率高、調整和維護保養方便的液壓系統，形成系統原理圖。

(3) 運算和選擇液壓元件

① 執行元件的結構形式及參數的確定。是指根據執行元件工作壓力和最大流量確定執行元件的排量或油缸面積。執行元件的形式如表 3-5 所示。

表 3-5 執行元件的形式

運動形式	往復直線運動		迴轉運動		往復擺動
	短行程	長行程	高速	低速	
可採用的執行元件形式	活塞式液壓缸	柱塞式液壓缸；液壓馬達＋齒輪齒條；液壓馬達＋絲槓螺帽	高速液壓馬達	低速液壓馬達（大扭矩）；高速液壓馬達＋減速器	擺動液壓缸

工作壓力是確定執行元件結構參數的主要依據，它的大小影響執行元件的尺寸和成本，乃至整個系統的性能。工作壓力選得高，執行元件和系統的結構緊湊，但對元件的強度、剛度及密封要求高，且要採用較高壓力的液壓泵；工作壓力選得低，會增大執行元件及整個系統的尺寸，使結構變得龐大，所以應根據實際情況選取適當的工作壓力。

② 確定執行元件的主要結構參數。以液壓缸為例，主要結構尺寸指缸的內徑 D 和活塞桿的直徑 d，運算後按系列標準值確定 D 和 d。對有低速運動要求的系統，還需對液壓缸有效工作面積進行驗算。當液壓缸的主要尺寸 D、d 計算出來以後，要按系列標準圓整，有必要根據圓整值對工作壓力進行一次復算。

按上述方法確定的工作壓力還沒有運算回油路的背壓，所確定的工作壓力只是執行元件為了克服機械總負載所需要的那部分壓力，在結構參數 D、d 確定之後，取適當的背壓估算值，即可求出執行元件工作腔的壓力。

③ 確定執行元件的工況圖。即執行元件在一個工作循環中的壓力、流量、功率對時間或位移的變化曲線圖。將系統中各執行元件的工況圖加以合並，便得到整個系統的工況圖。液壓系統的工況圖可以顯示整個工作循環中的系統壓力、流量和功率的最大值及其分布情況，為後續設計步驟中選擇元件、選擇迴路或修正設計提供合理的依據。簡單系統工況圖可省略。

④ 選擇液壓泵。先根據設計要求和系統工況確定泵的類型，然後根據液壓

泵的最大供油量和系統工作壓力來選擇液壓泵的規格。

⑤ 確定液壓泵的最大供油量。液壓泵的規格型號按運算值在產品樣本上選取，為了使液壓泵工作安全可靠，液壓泵應有一定的壓力儲備量，通常泵的額定壓力可比工作壓力高 25%～60%。泵的額定流量則宜與工作流量相當，不要超過太多，以免造成過大的功率損失。

⑥ 選擇驅動液壓泵的電機。驅動泵的電機根據驅動功率和泵的轉速來選擇。限壓式變量葉片泵的驅動功率可按泵的實際壓力流量特性曲線反曲點處的功率來運算。工作中泵的壓力和流量變化較大時，可分別計算出各個階段所需的驅動功率，然後求其均方根值。

⑦ 選擇閥類元件。各種閥類元件的規格型號按液壓系統原理圖和系統工況提供的情況從產品樣本中選取，各種閥的額定壓力和額定流量一般應與其工作壓力和最大通過流量相接近。具體選擇時，應注意：溢流閥按液壓泵的最大流量來選取；流量閥還需考慮最小穩定流量，以滿足低速穩定性要求。

⑧ 選擇液壓輔助元件。油管的規格尺寸大多由所連接的液壓元件介面尺寸決定，對一些重要的管道需驗算其內徑和壁厚。對於固定式的液壓設備，常將液壓系統的動力源、閥類元件集中安裝在主機外的液壓站上，這樣能使安裝與維修方便，並消除動力源的振動與油溫變化對主機工作精度的影響。

(4) 發熱及系統壓力損失的驗算

液壓系統初步設計完成之後，需要對它的主要性能加以驗算，以便評判其設計質量，並改進和完善液壓系統。畫出管路裝配草圖後，可運算管路的沿程壓力損失、局部壓力損失，它們的運算公式詳見流體力學相關書籍或設計手冊，管路整體壓力損失為沿程損失與局部損失之和。在系統的具體管道布置情況沒有明確之前，通常用液流通過閥類元件的局部壓力損失來對管路的壓力損失進行概略地估算。液壓系統在工作時，有壓力損失、容積損失和機械損失，這些損耗的能量大部分轉化為熱能，使油溫升高，從而導致油的黏度下降，油液變質，機器零件變形，影響正常工作。為此，必須將溫升控制在許可範圍內。單位時間的發熱量為液壓泵的輸入功率與執行元件的輸出功率之差。一般情況下，液壓系統的工作循環往往有好幾個階段，其平均發熱量為各個工作週期發熱量的時均值。

(5) 繪製工程圖，編寫技術文件

液壓系統正式工作圖包括液壓系統原理圖、液壓系統裝配圖、液壓缸等非標準元件裝配圖及零件圖。液壓系統原理圖中應附有液壓元件明細表，標明各液壓元件的型號規格、壓力和流量等參數值，一般還應繪出各執行元件的工作循環圖和電磁鐵的動作順序表。液壓系統裝配圖是液壓系統的安裝施工圖，包括油箱裝配圖、管路安裝圖等。技術文件一般包括液壓系統設計運算說明書，液壓系統使用及維護技術說明書，零、部件目錄表及標準件、通用件、外購件表等。

工程圖和技術文件完成後，液壓系統設計過程基本完成，後面就是施工設計階段。

3.4 氣壓傳動系統設計

氣壓傳動是指以壓縮空氣為動力源來驅動和控制各種機械設備以實現生產過程機械化和自動化的一種技術。隨著工業機械自動化的發展，氣動技術越來越廣泛地應用於各個領域，是實現各種生產控制、自動控制的重要手段，在工業企業自動化生產中具有非常重要的地位。氣壓傳動系統與液壓傳動系統性能各有特點，在實際設計時，應根據具體要求選擇合適的驅動，揚長避短。現將兩種驅動的特點簡單對比，如表 3-6 所示。

表 3-6 氣壓傳動系統與液壓傳動系統對比

氣壓傳動系統	液壓傳動系統
對負荷變化影響較大，速度反應較快，產生的推力中等，訊號傳遞比較容易，且易實現中距離控制	對負荷變化影響較小，傳動速度較慢，可實現大推力，傳遞訊號較難，常用於短距離控制
工作介質是空氣，價格低廉，使用壽命長，需單獨設置潤滑裝置對系統進行潤滑	工作介質是液壓油，使用壽命相對短，價格較貴，可實現自潤滑
氣壓傳動系統結構簡單，製造方便，維護簡便	液壓傳動系統結構複雜，製造相對困難，維護困難，故障排除複雜
防燃、防爆、抗衝擊性能好，基本不產生汙染，不受溫度的影響	容易泄漏，汙染環境，易燃，對溫度汙染敏感
運行時噪音大	運行時噪音較小

根據氣動元件和裝置的不同功能，可將氣壓傳動系統分成以下四個組成部分。

① 氣源裝置。氣源裝置是將原動機提供的機械能轉變為氣體的壓力能，為系統提供壓縮空氣的裝置。氣源裝置主要由空氣壓縮機構成，還包括壓縮空氣的淨化儲存設備（後冷卻器、油水分離器、儲氣罐、乾燥器及輸送管道）。

② 執行元件。執行元件把壓縮空氣的壓力能轉換成工作裝置的機械能，起能量轉換的作用。它的主要形式有：氣缸輸出直線往複式機械能、擺動氣缸和氣馬達分別輸出迴轉擺動式和旋轉式機械能。對於以真空壓力為動力源的系統，採用真空吸盤以完成各種吸吊作業。

③ 控制元件。控制元件用來對壓縮空氣的壓力、流量和流動方向調節和控制，使系統執行機構按功能要求的程式和性能工作。根據完成功能不同，控制元件種類分為很多種，氣壓傳動系統中一般包括壓力、流量、方向和邏輯四大類控制元件。

④ 輔助元件。輔助元件是用於元件內部潤滑、排氣、消噪、元件間的連接以及訊號轉換、顯示、放大、檢測等所需的各種氣動元件，如油霧器、分水過濾器、減壓閥、消音器、管件及管接頭、轉換器、顯示器、感測器、儲氣罐、氣源淨化裝置、自動排水器、緩衝器等。

氣動系統常用的執行元件為氣缸和馬達，將氣體的壓力能轉化為機械能，氣缸用於直線運動，而馬達則用於連續迴轉運動。氣壓傳動系統的組成和作用見表 3-7。氣缸又分為普通氣缸、薄膜氣缸以及無桿氣缸。普通氣缸主要由缸筒、活塞、活塞桿、前後端蓋及密封件等組成，應用最為廣泛；薄膜氣缸由缸體、膜片、模盤和活塞桿等組成，利用壓縮空氣通過膜片推動活塞桿作往復直線運動；無桿氣缸沒有剛性活塞桿，利用活塞直接或間接實現往復直線運動，該結構節省了安裝空間，廣泛應用於自動化系統中。

表 3-7　氣壓傳動系統的組成和作用

名稱	常用元件	作用
氣源裝置	(a) 氣泵　(b) 氣站	把空氣壓縮形成高壓空氣，並對壓縮空氣進行處理，向系統提供乾淨、乾燥的壓縮空氣
執行元件	(a) 氣缸　(b) 氣動馬達	在壓縮空氣作用下實現往復直線運動、旋轉運動及擺動等
控制元件	(a) 換向閥　(b) 順序閥　(c) 壓力控制閥　(d) 調速閥	用來控制執行元件的運動方向、運動速度、時間、順序、行程及系統壓力等
輔助元件	(a) 氣管　(b) 過濾器　(c) 消音器	連接氣動元件，對氣動系統進行消音、冷卻、測量等

選用氣缸應注意根據任務要求選擇氣缸的結構形式及安裝方式，並確定活塞桿的推力和拉力，應避免活塞與缸蓋的頻繁衝擊，工作速度不應過快，低溫時還應採取防凍措施，裝配時需要在具有相對運動的工件表面上塗潤滑脂。

氣動控制元件是系統中用於控制和調節壓縮空氣壓力、流量、流動方向和發出訊號的重要元件，可分為方向控制閥、壓力控制閥、流量控制閥三類。方向控制閥有單向型和換向型兩種，閥芯結構主要有截至式和滑閥式。單向型包括單向閥、或門型梭閥、快速排氣閥。換向型是通過改變氣體流通時的通道使氣體流動方向變化，進而改變執行元件的運動方向。控制方式分為氣壓控制、電磁控制、機械控制、手動控制、時間控制。壓力控制閥用來控制系統中壓縮氣體的壓力，主要有減壓閥、溢流閥和順序閥。減壓閥是氣動系統中必不可少的部分，按調節壓力方式不同，分為直動型和先導型兩種；溢流閥造成安全閥的作用，當系統壓力超過定值後自動排氣，有直動型和先導型兩種；順序閥根據系統中壓力大小來控制機構按先後順序工作。流量控制閥主要有節流閥、單向節流閥和排氣節流閥。節流閥是通過改變閥的流通面積來調節流量大小；單向節流閥是由單向閥和節流閥並聯組合成的組合式控制閥。

氣壓傳動系統控制結構如圖 3-33 所示。氣動系統中的邏輯控制部分大多為 PLC 控制，通常用到一些氣動邏輯元件，其以壓縮空氣為工作介質，通過元件內部可動部件的動作，改變氣流流動方向，實現一定邏輯功能，氣動邏輯元件按工作壓力分為高壓、低壓、微壓三種，按結構可分為截止式、膜片式、滑閥式和球閥式等。

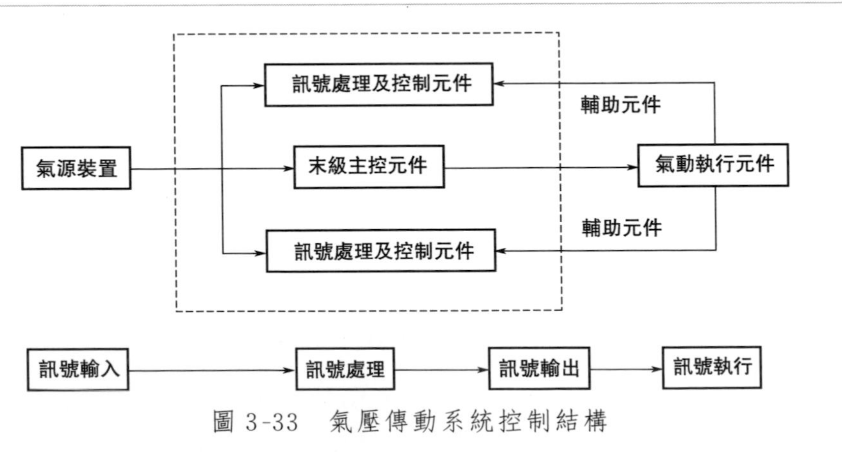

圖 3-33　氣壓傳動系統控制結構

氣動系統的設計還需配備氣源裝置和輔件。氣源裝置是一套用來產生具有一定壓力和流量的壓縮空氣並將其淨化、處理及儲存的裝置。整套裝置由空氣壓縮機、後冷卻器、除油器、乾燥器、空氣過濾器、儲氣罐組成。空氣壓縮機是動力源，一般有活塞式、膜片式、葉片式、螺桿式幾種類型，其額定壓力應略高於工作壓力；後冷卻器安裝在壓縮機出口處，將高溫氣體冷卻，其結構形式有列管式、散熱片式、套管式、蛇管式和板式；除油器將壓縮空氣中凝聚的水分和油分分離出來，淨化空氣，有環形迴轉式、撞擊折回式、離心旋轉式和水浴式；乾燥器的作用是把已初步淨化的空氣二次淨化，使濕空氣變成乾空氣，其形式有吸附式、加熱式、冷凍式等；空氣過濾器的作用是濾出壓縮空氣中的水、油滴及雜質，以達到系統要求的純度，選取時應注意系統所需流量、過濾精度和容許壓力等參數，空氣過濾器與減壓閥、油霧器等構成氣源調節裝置；儲氣罐用來調節氣流，以減小輸出氣流壓力脈動變化。氣動輔件的設計同樣重要，主要有油霧器、消音器和轉換器。油霧器是氣壓系統的一個注油裝置，把潤滑油霧化後，經壓縮空氣帶入系統中需要潤滑的部分，安裝時要盡量靠近換向閥並垂直安裝；消音器的作用是消除或降低因壓縮氣體高速通過氣動元件產生的噪音，選擇時需注意排氣阻力不能太大；轉換器可以使電、液、氣訊號發生相互轉換，安裝時不應出現傾斜和倒置。

氣動系統基本迴路是由氣動元件組成的，分為方向控制迴路、壓力控制迴路、速度控制迴路以及多缸運動迴路。方向控制迴路分為單控換向迴路、雙控換向迴路、自鎖式換向迴路；壓力控制迴路分為調壓迴路、增壓迴路；速度控制迴路分為節流調速迴路、緩衝迴路以及氣/液調速迴路，系統還需配備同步迴路和安全保護迴路。

綜合以上基本結構，就可以搭建氣壓傳動系統基本模型（圖 3-34），例如氣

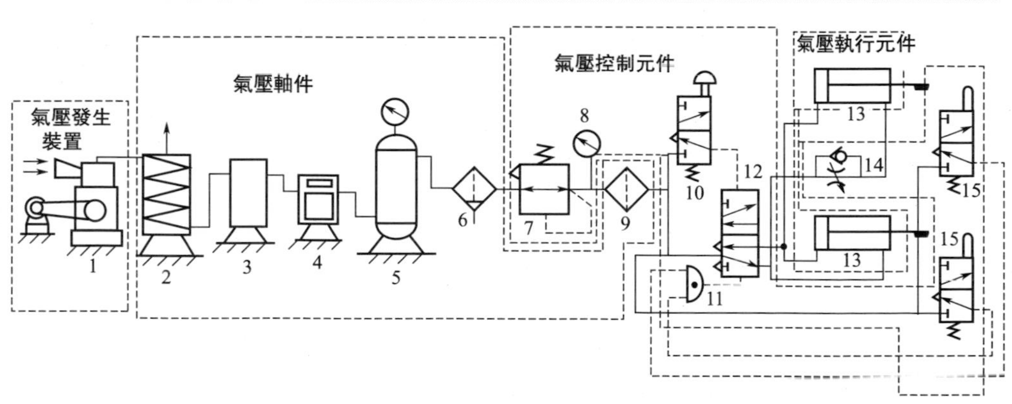

圖 3-34 氣壓傳動系統工作原理

1—壓縮機；2—後冷卻器；3—除油器；4—乾燥器；5—儲氣罐；6—過濾器；7—調壓器（減壓器）；
8—指示表；9—油霧器；10～12，14，15—氣壓控制元件；13—氣壓執行元件

液動力滑臺、氣動機械手和氣動伺服定位系統，在安裝除錯時應注意管道安裝、元件安裝要嚴格按照手冊來執行。

隨著相關學科的發展壯大，氣動技術已經形成了多學科交叉融合的模式。氣動技術具體的創新，可從結構功能、材料、智慧控制等方面進行說明。

（1）結構功能創新

人類對結構設計的追求永無止境。結構功能創新是產品改進創新設計的重要途徑。在對現有氣動產品的結構功能改進和完善的基礎上，根據社會需要開發新的結構和功能的氣動產品，加快氣動產品的更新換代。結構功能創新包括氣動裝置機械部分結構、周邊設施的介面形式等，通過創新設計，創造出結構獨特新穎、性能優良的氣動產品。

（2）材料創新

科技的進步很大程度上取決於材料的變革。新材料的不斷湧現，推動氣動元件向小型化、高性能方向發展。目前氣動產品的開發和選用都趨向於小型化和高性能，材料更是選用耐腐、耐磨、耐高溫、抗震等新材料。新的合金、金屬基複合材料、陶瓷材料、高分子材料、高性能稀土材料、奈米材料、智慧材料都在研製和開發中，新材料的應用將會使氣動產品煥然一新。

（3）智慧化創新

智慧化是裝備產品的發展趨勢，驅動機構也不例外。開發高性能的感測元件以及智慧控制系統對氣動產品創新非常重要。隨著電腦技術和網路技術的發展，自適應控制、模糊控制、神經網路控制等已經獲得了廣泛的應用，研究具有自學習、狀態監測和故障自診斷的智慧控制系統在氣動領域更是擁有廣闊前景。控制系統的性能好壞是關係到氣動系統性能與質量好壞的最重要環節，它將直接影響產品的質量問題。

全自動鑽床氣動控制圖如圖 3-35 所示。全自動鑽床動作順序為啟動機床、送料動作、加緊機構動作、送料機構後退、鑽孔、鑽頭回退、加緊機構鬆開。

氣壓傳動系統設計過程為：

① 明確系統的工況要求，明確控制對象；

② 確定控制方案，進行氣動迴路設計；

③ 選擇和運算執行元件；

④ 選擇氣動控制元件；

⑤ 選擇氣動輔助元件；

⑥ 根據執行元件的耗氣量，確定壓縮機的容量及臺數；

⑦ 繪製氣動系統圖，列出所需的標準元件採購清單。

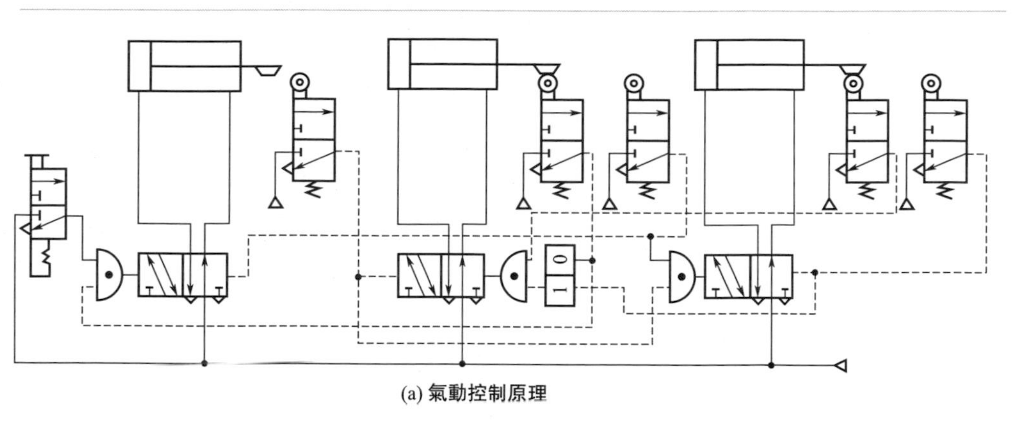

(a) 氣動控制原理

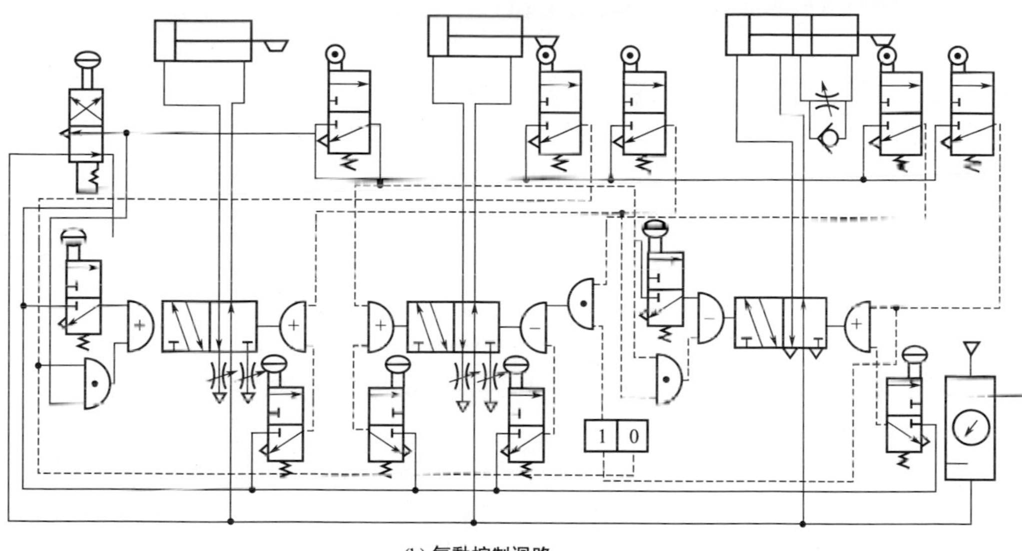

(b) 氣動控制迴路

圖 3-35　全自動鑽床氣動控制圖

3.5 驅動機構的發展方向

驅動機構是智慧製造裝備非常重要的組成部分，隨著電腦控制技術應用於執行機構中，驅動機構向集成化、現場總線方向發展。

運動控制器、伺服驅動器、伺服電機三者將兩兩組合，構成驅控一體化集成技術，以及電機 ALL in ONE 集成方式將會是發展重點之一。微小型高功率密度驅動技術有賴於新一代半導體裝置技術的突破，安川公司在 2017 年首次推出了 GaN 功率半導體的驅動器內置型伺服電機商用產品，實現了高效率化、伺服系統小型化、靜音化、節能化、省配線等。

現在的伺服驅動器和伺服電機是獨立的，隨著機器人等產業的發展，在對物理空間要求較高的場合需要伺服驅動器和伺服電機做一體化集成，驅-控一體化具有體積小、重量輕、靈活度高、低成本、高可靠性等優勢，通過共享記憶體可傳輸更多控制、狀態資訊。不足之處在於高集成度開發難度較大。適合用於物理空間集成度相對較高的場合。

執行機構同變送器一樣，近幾年也得到了快速發展，特別是國外一些生產廠商相繼推出了現場總線執行機構。從這些產品可以看出，現場總線執行機構是今後執行機構的發展趨勢：機電一體化結構將逐步取代組合式結構；現場總線數位通訊將逐步取代模擬 4～20mA 訊號；紅外遙控非接觸式除錯技術將逐步取代接觸式手動除錯技術；數位控制將逐步取代模擬控制。

現場總線技術首先在各類變送器上得到應用，隨後又在電動執行機構上得到應用，即通過現場總線實現對電動執行機構的遠端控制，並將電動執行機構的狀態和位置訊號上傳至上位控制設備，並在 CRT 上顯示，甚至可以在遠方對電動執行器進行部分參數的組態以及故障診斷。

當今國際上不少公司開始銷售現場總線執行機構產品，這些產品應用較多的有 PROFIBUS、FF、HART 等協議的現場總線。

隨著現場控制總線系統（FCS）的採用，控制功能（PID）也集成到執行器中，執行器最終將變成獨立的控制單元。

採用智慧閥門定位器不僅可方便地改變控制閥的流量特性，而且可提高控制系統的控制質量。因此，對控制閥流量特性的要求可簡化及標準化（例如僅生產線性特性控制閥）。用智慧化功能模組實現與被控對象特性的匹配，使控制閥產品的類型和品種大大減少，使控制閥的製造過程也得到簡化。

現場總線將在執行機構中獲得廣泛應用，一些控制器的輸出訊號、閥位訊號在同一傳輸線傳送，控制閥與閥門定位器、PID 控制功能模組結合，使控制功能在現場實現，使危險分散，使控制更及時、更迅速、更可靠。它與其他工業自動化儀表和電腦控制裝置一起，使工業生產過程控制的功能更完善，控制的精度更高，控制的效果更明顯。現場總線驅動產品見表 3-8。

表 3-8 現場總線驅動產品

公司名稱	產品及類型	總線類型
EIM(美國)	MOV1224(電動執行機構)	MODBUS
Keyst one(美國)	Electrical Actuators(電動執行機構)	MODBUS

續表

公司名稱	產品及類型	總線類型
ROTORK(英國)	PakscanIE(智慧電動執行機構)	MODBUS
	FF-01(閥門定位器)	FF
	FF-01 Network Interfece(電動執行機構)	FF
Limit orque(美國)	DDC-100T(電動執行機構)	BITBUS
AUMA(德國)	Matic(電動執行機構)	PROFI-BUS
Sienens(德國)	SIPART P32(閥門定位器)	HART
Valtek(美國)	Starpac(智慧調節閥)	HART
Masaneilan(美國)	Smart Valve Positioner(閥門定位器)	HART
Neles(美國)	ND800(調節)	HART
Jordan(美國)	Electrical Actuators(電動執行機構)	HART
Elsag Bailey(美國)	Contract(電動執行機構)	HART
ABB(美國)	EAN823(電動執行機構)	HART
ABB(美國)	TZD-C120/220(閥門定位器)	FF
Fisher(英國)	DVC5000(閥門控制器)	FF
Flower Rosnourt(美國)	DMC5000f Series Digital(調節閥)	FF
Flow serve(美國)	Logix14XX(閥門定位器)	FF
	BUSwitch(離散型調節閥)	
	MxActuator(閥門定位器)	
Yokog ara(日本)	YVP(閥門定位器)	FF
Yamat ake(日本)	SVP3000 Alphaplus AVP303(閥門定位器)	FF
SMAR(美國)	FY302(閥門定位器)	FF
	FP302(H1/20～100kPa 介面)	
Emerson(美國)	EI-0-Matic0990(1/4 轉電動執行機構)	FF
	EI-0-Matic22CO(電動執行機構)	
	EI-0-Matic7630(電動閥門定位器)	
	Field Q(氣動閥門定位器)	

裝備伺服驅動系統每 5 年就會更新換代，甚至更短。裝備伺服驅動系統整體發展趨勢是：

① 驅動系統的高效化。包括電機本身和驅動裝置的高效化，比如永磁體材料性能的提升、驅動電路的優化、軟體演算法的改進、機械結構的優化設計等。

② 高速化。伺服驅動系統可以通過採用高性能電機、編碼器、數據處理模

組等，不斷提高驅動系統的速度和精度。

③ 通用化。通用型驅動系統選單功能豐富，使用者可以在不改變硬體的情況下，方便地切換形式，並且可以驅動步進電機、伺服電機等。

④ 智慧化。隨著人工智慧的發展，現代驅動系統越來越智慧，可以進行故障自診斷和分析、負載慣量自適應、自動增益調整等。

⑤ 網路化。現場總線和物聯網的快速發展使伺服驅動系統也成為物聯網中的一員。後續的發展是如何適應高性能運動控制對數據傳輸的即時性、可靠性、同步性的要求。

⑥ 模組化。模組化不僅侷限在伺服驅動模組、電源模組、通訊模組等的組合方式，而且涵蓋伺服驅動器內部軟體、硬體的模組化。

⑦ 預測性維護。驅動系統嵌入預測性維護技術，可以通過網路即時了解裝備運行狀態數據。

⑧ 極端化。無論是電機還是液壓、氣壓驅動元件，都有兩個發展極端——大和小。大的方面比如目前已經有了功率 500kW 的永磁伺服電機。

⑨ 直驅化。包括盤式電機轉臺伺服驅動、直線電機的線性伺服驅動，摒棄了中間環節，精度、速度大大提高，總質量減小。

3.6 本章小結

本章簡要介紹了智慧製造裝備驅動機構的分類和特性，詳細介紹了伺服電機、步進電機、變頻電機、直線電機等電機驅動系統，以伺服電機驅動系統為主要對象，介紹了伺服電機的選型原則和方法。另外，本章還介紹了液壓驅動系統和氣壓驅動系統的特性及設計方法。讀者在實際應用中可以結合相關機械設計手冊進行實際項目的開發。

第4章

智慧製造裝備感知系統設計

感測器技術、通訊技術、電腦技術是資訊技術的三大支柱，其中感測器技術是「感官」，是資訊化進程獲得資訊的主要手段和途徑。當前以移動互聯網、物聯網、雲端運算、大數據、人工智慧等為代表的資訊技術日新月異，萬物互聯智慧化時代正在到來。感知資訊技術以感測器為核心，結合射頻、微處理器、微能源等技術，是實現萬物互聯的基礎性、決定性核心技術之一。智慧製造裝備不僅要有好的控制系統，更要有好的感知系統。智慧製造裝備實現感知功能主要依靠感測器，感測器是智慧製造裝備重要感官，可作為智慧製造裝備的自主輸入裝置。

物聯網的架構分為感知層、網路層和應用層，將感知層涉及的相關技術統稱為感知技術。感知技術是物聯網的基礎，它跟現在的一些基礎網路設施結合能夠為未來社會提供無所不在的、全面的感知服務，真正實現所謂的「物理世界無所不在」。物聯網連接技術的對象包括智慧裝置及通過感測器感知的整個物理世界。物聯網感知技術涉及感知終端的監測技術、感知網路技術、感知資訊服務技術、感知檢測技術和網路安全等關鍵技術。感知技術是物聯網系統構建的基礎，與基礎網路設施結合能夠使未來社會實現資訊共享[44]。

4.1 感測器的概念

4.1.1 感測器的概念和組成

現代智慧製造裝備需要測試電壓、電流、電阻、功率等電參量以及機械量（位移、速度、加速度、力、應變等）、化學量（濃度、pH 值等）、生物量（黴、菌等）等非電參量。感測器是能感受規定的被測量並按照一定的規律（函數）轉換成可用訊號的裝置或裝置，通常由敏感元件和轉換元件組成。感測器技術是涉及感測原理、感測器設計、開發應用的綜合技術，感測器是把特定的被測資訊（物理量、化學量、生物量）按一定規律轉換成某種便於處理、傳輸可用訊號輸出的裝置或裝置，是能將外界非電訊號轉換成電訊號或光訊號輸出的裝置。感測器讓物有了觸覺、味覺和嗅覺等感官，成為獲取自然和生產領域中資訊的主要途徑與手段，讓物有了「生命」。

感測（檢測）原理是感測器工作所依據的物理、化學和生物效應，並受相應的定律和法則支配。感測器一般由敏感元件、轉換元件、測量電路三部分組成（圖 4-1）。敏感材料是感測技術發展的物質基礎，加工工藝和手段亦是感測技術必不可少的組成部分。現代感測器的加工技術主要有微細加工技術、光刻技術等。

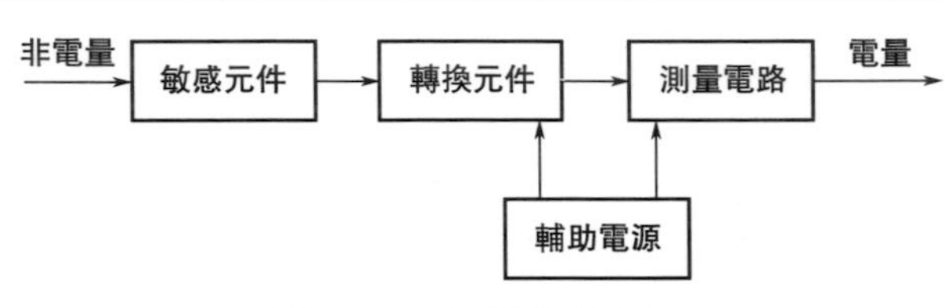

圖 4-1 感測器的組成

轉換元件是感測器的核心，其功能是把非電資訊轉換成電訊號。敏感元件是感測器預先將被測非電量變換為另一種易於變換成電量的非電量，然後再變換為電量的元件。並非所有感測器都包含這兩部分，對於物性型感測器，一般就只有轉換元件；而結構型感測器就包括敏感元件和轉換元件兩部分。測量電路常採用電橋電路、高阻抗輸入電路、脈衝調寬電路、振盪電路等特殊電路，將轉換元件輸出的電量變成便於顯示、紀錄、控制和處理的有用電訊號的電路。

4.1.2 感測器的特性

（1）感測器靜態模型和靜態特性[45,46]

靜態模型是指感測器在靜態條件下得到的數學模型，可用代數方程表示（不考慮滯後及蠕變）：

$$Y=a_0+a_1X+a_2X^2+\cdots+a_nX^n \tag{4-1}$$

式中 Y——輸出量；

X——輸入量；

a_0——零位輸出；

a_1——感測器的靈敏度，常用 K 或 S 表示；

a_2，a_3，…，a_n——非線性項待定常數。

感測器的靜態特性指標有：

① 線性度。表徵感測器曲線與擬合直線間最大偏差與滿量程（FS）輸出值的百分比。

$$\delta_L=\frac{\pm\Delta_{max}}{Y_{FS}}\times 100\% \tag{4-2}$$

式中 Δ_{max}——校準曲線與擬合直線間最大偏差；

Y_{FS}——感測器滿量程輸出，$Y_{FS}=Y_{max}-Y_0$。

② 靈敏度。感測器的靈敏度表徵在穩定工作狀態時，感測器輸出變化量與引起此變化的輸入量之比。

③ 精度。感測器的精度是指在規定條件下的最大絕對誤差相對感測器滿量程輸出的百分比，表徵的是測量結果的可靠程度。

$$A=\frac{\Delta A}{Y_{FS}}\times 100\% \tag{4-3}$$

④ 解析度。感測器的解析度是指在規定的測量範圍內，所能檢測出被測輸入量的最小變化量，也可用該值相對滿量程輸入值的百分數表示。

⑤ 遲滯。在相同工作條件下，感測器在正、反行程中輸入-輸出曲線的不重合程度，即正、反行程的最大偏差與滿量程之比。

⑥ 重複性。感測器的重複性是在相同的工作條件下，輸入量按同一方向在全量程範圍內連續多次所得特性曲線的不一致性。數值上，用各測量值標準偏差最大值的 2 倍或 3 倍與滿量程的百分比表示，反映測量結果偶然誤差的大小，而不表示與真值的誤差。

⑦ 零漂。在無輸入時，感測器輸出偏離零值的大小與滿量程之比。

⑧ 溫漂。溫度變化時，感測器輸出值的偏離程度。一般以溫度每變化 1℃，輸出最大偏差與滿量程的百分數表示。

⑨ 閾值。使感測器輸出產生可測變化量的最小輸入量值。

（2）感測器的動態模型和動態特性

感測器的動態特性是指感測器對於隨時間變化的輸入量的響應特性。感測器所檢測的訊號大多是時間的函數，動態特性是反映感測器的輸出真實再現變化的輸入量的能力。

1）動態模型。動態模型一般是用常係數微分方程、傳遞函數的形式來表述的。傳遞函數是輸出的拉氏變換與輸入的拉氏變換之比。

常微分方程形式為：

$$\begin{aligned}&(a_nD^n+a_{n-1}D^{n-1}+\cdots+a_1D+a_0)Y(t)=\\&(b_mD^m+b_{m-1}D^{m-1}+\cdots+b_1D+b_0)X(t)\end{aligned} \tag{4-4}$$

傳遞函數的形式為：

$$W(s)=\frac{Y(s)}{X(s)}=\frac{b_ms^m+b_{m-1}s^{m-1}+\cdots+b_1s+b_0}{a_ns^n+a_{n-1}s^{n-1}+\cdots+a_1s+a_0} \tag{4-5}$$

感測器動態模型一般均可用零階感測器、一階感測器、二階感測器三種形式來描述，常以傳遞函數的形式表示。

① 零階感測器。

微分方程形式：

$$y=b_0/a_0=Kx \tag{4-6}$$

傳遞函數形式：

$$W(s)=\frac{Y(s)}{X(s)}=K \tag{4-7}$$

式中　K——靜態靈敏度。

② 一階感測器。

微分方程形式：

$$a_1\mathrm{d}y/\mathrm{d}t+a_0y=b_0x \tag{4-8}$$

傳遞函數形式：

$$W(s)=\frac{Y(s)}{X(s)}=\frac{K}{\tau s+1} \tag{4-9}$$

式中　K——靜態靈敏度，$K=b_0/a_0$；

τ——時間常數，$\tau=a_1/a_0$。

③ 二階感測器。

微分方程形式：

$$a_2\mathrm{d}^2y/\mathrm{d}t^2+a_1\mathrm{d}y/\mathrm{d}t+a_0y=b_0x \tag{4-10}$$

傳遞函數形式：

$$W(s)=\frac{Y(s)}{X(s)}=\frac{K}{\frac{s^2}{\omega_0^2}+\frac{2\xi s}{\omega_0}+1} \tag{4-11}$$

式中　K——靜態靈敏度，$K=b_0/a_0$；

ω_0——固有頻率，$\omega_0=(a_0/a_2)^{0.5}$；

ξ——阻尼比，$\xi=a_1/2(a_0a_2)^{0.5}$。

2）動態特性。感測器的動態特性：一是輸出量達到穩定狀態後與理想輸出量的差別；二是當輸入量發生躍變時，輸出量由一個穩態到另一個穩態的過渡狀態的誤差。任何週期函數都可以用傅立葉級數分解為各次諧波份量，並把它近似表示為這些正弦量之和，所以工程中常用輸入正弦函數和階躍函數等訊號函數的方法進行分析。

① 零階感測器。

a. 頻率響應特性：與頻率無關，沒有幅值和相位失真問題，故可稱為比例環節或無慣性環節。

b. 階躍響應特性：階躍響應與輸入成正比，具有理想的動態特性。

② 一階感測器。

a. 頻率響應特性。頻率傳遞函數為：

$$W(\mathrm{j}\omega)=\frac{K}{\mathrm{j}\omega\tau+1} \tag{4-12}$$

設輸入量為 $x=X\sin\omega t$，輸出量為 $y=Y\sin(\omega t+\psi)$，則

幅頻特性：

$$|W(\mathrm{j}\omega)|=\frac{K}{\sqrt{1+\omega^2\tau^2}} \tag{4-13}$$

相頻特性：

$$\psi=\arctan(-\omega\tau) \tag{4-14}$$

由頻率特性可知：時間常數愈小，頻率響應特性愈好。

b. 階躍響應特性。

階躍響應指標包括：時間常數 τ——輸出值上升到穩態值 63.2%所需的時間；上升時間 T_r——由 10%到 90%所需的時間；響應時間 T_s——輸出值達到誤差範圍±Δ%所經歷的時間；超調量 σ%——用過渡過程中超過穩態值的最大值 ΔA（過衝）與穩態值之比的百分數表示；衰減率 ψ——相鄰兩個波峰高度下降的百分數；穩態誤差 e_{ss}——穩態輸出值與目標值之差。

階躍響應：

$$Y(t)=1-\mathrm{e}^{-t/\tau} \tag{4-15}$$

由上式可知：一階感測器的動態特性取決於時間常數 τ，τ 越小，響應越迅速；無超調量 σ%和衰減率 ψ；當 $t>5\tau$ 時，輸出已接近穩態值。

③ 二階感測器。

a. 頻率響應特性。頻率傳遞函數為：

$$W(\mathrm{j}\omega)=\frac{K}{\left(\frac{\mathrm{j}\omega}{\omega_0}\right)^2+\frac{2\xi\mathrm{j}\omega}{\omega_0}+1} \tag{4-16}$$

幅頻特性：

$$|W(\mathrm{j}\omega)|=\frac{K}{\sqrt{\left[1-\left(\frac{\omega}{\omega_0}\right)^2\right]^2+4\xi^2\left(\frac{\omega}{\omega_0}\right)^2}} \tag{4-17}$$

相頻特性：

$$\psi=-\arctan\frac{2\xi\left(\frac{\omega}{\omega_0}\right)}{1-\left(\frac{\omega}{\omega_0}\right)^2} \tag{4-18}$$

由幅頻特性和相頻特性可知：$\omega/\omega_0 \ll 1$ 時，近似零階環節，$A(\omega)\approx 1$，$\psi\approx 0$；$\omega/\omega_0 \gg 1$ 時，$A(\omega)\approx 0$，$\psi\approx 180°$，即感測器無響應，被測參數的頻率遠高於其固有頻率；$\omega/\omega_0 = 1$ 且 $\xi\rightarrow 0$ 時，感測器出現諧振，$A(\omega)\approx\infty$，輸出訊號的幅值和相位嚴重失真。

阻尼比 ξ 對頻率特性有很大影響，ξ 增大，幅頻特性的最大值減小，$\xi > 0.707$ 時諧振不會發生，$\xi = 0.707$ 時幅頻特性的平直段最寬，為最佳阻尼。

b. 階躍響應特性。固有頻率越高，響應曲線上升越快；反之，則越慢。欠阻尼（$\xi < 1$）時，發生衰減振盪；過阻尼（$\xi > 1$）和臨界阻尼（$\xi = 1$）時，不產生振盪，無過衝；$\xi = 0$ 時，形成等幅振盪。

4.1.3 智慧感測器的特點和作用

智慧感測器體現在「智慧」上，感測器自身帶有微處理器（晶片），具有資料採集、處理、分析的能力，是現代微電子技術、資訊技術、材料技術、加工技術的產物，在智慧製造裝備上得到了廣泛的應用。智慧感測器是將模擬介面電路、集成模數轉換器的微控制器的功能集成，通過模擬人的感官和大腦的協調動作，結合長期以來測試技術的研究和實際經驗而提出來的，是一個相對獨立的智慧單元，它的出現使得對原來硬體性能的苛刻要求有所降低，而靠軟體幫助可以使感測器的性能大幅度提高。相較一般的感測器，智慧感測器有如下顯著特點：

① 高精度。智慧感測器具有資訊處理功能，通過軟體不僅可修正各種確定性系統誤差，而且還可適當地補償隨機誤差，降低噪音，大大提高了感測器精度。

② 高重複精度。重複精度反映了感測器多次測量輸出之間的穩定程度。對同一量進行多次測量，就可以確定一個能包括所有在標稱值周圍的測量結果的範圍，這個範圍就是重複精度。

③ 高可靠性。智慧集成感測器系統小型化，消除了傳統結構的某些不可靠因素，改善了整個系統的抗干擾性能。同時智慧感測器還有診斷、校準、資料儲存功能以及自適應功能，具有良好的穩定性。

④ 高 CP 值。在相同精度的需要下，多功能智慧式感測器與單一功能的普通感測器相比，CP 值明顯提高，尤其是在採用較便宜的單晶片後更為明顯。

⑤ 功能多樣化。智慧式感測器可以實現多感測器多參數綜合測量，通過編程擴大測量與使用範圍；有一定的自適應能力，根據檢測對象或條件的改變，相應地改變量程反輸出數據的形式。智慧感測器具有數位通訊介面功能，直接送入遠端電腦進行處理，具有多種資料輸出形式，適配各種應用系統。

一般來說，智慧感測器具有自校零、自標定、自校正功能；具有自動補償功能；能夠自動採集數據，並對數據進行預處理；能夠自動進行檢驗、自選量程、自尋故障；具有資料儲存、記憶與資訊處理功能；具有雙向通訊、標準化數位輸出或者符號輸出功能；具有判斷、決策處理功能。一些智慧感測器還具有基於固件的資訊處理、數據驗證和多參數感測能力。

智慧感測器在工業自動化、科學研究、天文探索、地海勘探、環保節能、醫療健康、汽車、國防、生物製藥等諸多領域獲得了廣泛的應用。

4.1.4 感測器的分類

分類標準不同，感測器的種類也不同（圖 4-2），感測器的詳細分類如下。

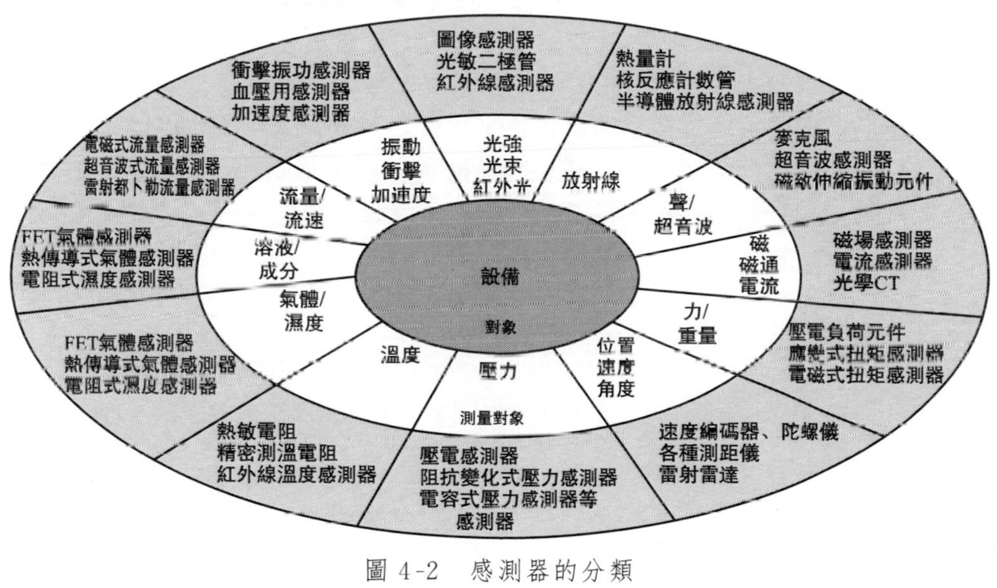

圖 4-2 感測器的分類

(1) 按用途

生活中需要測量的量有距離、煙霧和氣體、觸控、動作、光線、加速度和角動量、電磁、聲音等[47]。按用途不同，感測器分為位置感測器、液位感測器、能耗感測器、速度感測器、加速度感測器、射線輻射感測器、熱敏感測器、溫度感測器、濕度感測器、壓力感測器、流量感測器、液位感測器、力感測器、轉矩感測器等。

(2) 按檢測原理

按感測原理不同，可分為振動感測器、濕敏感測器、磁敏感測器、氣敏感測器、真空度感測器、生物感測器等。

(3) 按輸出訊號

按輸出訊號不同，可分為模擬感測器、數位感測器、膺數位感測器和開關感測器。模擬感測器將被測量的非電學量轉換成模擬電訊號。數位感測器將被測量的非電學量轉換成數位輸出訊號（包括直接和間接轉換）。膺數位感測器將被測量的訊號量轉換成頻率訊號或短週期訊號輸出（包括直接或間接轉換）。開關感測器是當一個被測量的訊號達到某個特定的閾值時，相應地輸出一個設定的低電平或高電平訊號的感測器。

(4) 按其製造工藝

按製造工藝不同，感測器可分為集成感測器、薄膜感測器、厚膜感測器、陶瓷感測器。集成感測器是用標準的生產矽基半導體集成電路的工藝技術製造的，通常還將用於初步處理被測訊號的部分電路也集成在同一晶片上。薄膜感測器則是通過沉積在介質襯底（基板）上的相應敏感材料的薄膜形成的。使用混合工藝時，同樣可將部分電路製造在此基板上。厚膜感測器是將相應材料的漿料塗覆在陶瓷基片上製成的，基片通常是 Al_2O_3 製成的，然後進行熱處理，使厚膜成形。陶瓷感測器採用標準的陶瓷工藝或其某種變種工藝（溶膠、凝膠等）生產，完成適當的預備性操作之後，已成形的元件在高溫中進行燒結。厚膜和陶瓷感測器的工藝有許多共性，在某些方面，可以認為厚膜工藝是陶瓷工藝的一種變型。

(5) 按測量目的

按測量目的不同，可分為物理型感測器、化學型感測器和生物型感測器。物理型感測器是利用被測量物質的某些物理性質發生明顯變化的特性製成的。化學型感測器是利用能把化學物質的成分、濃度等化學量轉化成電學量的敏感元件製成的。生物型感測器是利用各種生物或生物物質的特性做成的，用以檢測與辨識生物體內的化學成分。

(6) 按其構成

按構成不同，感測器可分為基本型、組合型和應用型感測器。基本型感測器是一種最基本的單個變換裝置；組合型感測器是由不同單個變換裝置組合構成的感測器；應用型感測器是基本型感測器或組合型感測器與其他機構組合而構成的感測器。

(7) 按作用形式

按作用形式不同，感測器可分為主動型和被動型感測器。主動型感測器又有作用型和反作用型，感測器能對被測對象發出一定探測訊號，能檢測探測訊號在被測對象中所產生的變化，或者由探測訊號在被測對象中產生某種效應而形成訊號。檢測探測訊號變化方式的感測器稱為作用型感測器，檢測產生響應而形成訊號方式的感測器稱為反作用型感測器。雷達與無線電頻率範圍探測器是作用型感測器應用實例，而光聲效應分析裝置與雷射分析器是反作用型感測器應用實例。被動型感測器只是接收被測對象本身產生的訊號，如紅外輻射溫度計、紅外攝影裝置等。

感測器的種類很多，工作原理、測量方法和被測對象不同，分類方法也不同。所有感測器可分為兩種：無源（被動）感測器和有源（主動）感測器。無源感測器不需要任何附加能量源可直接相應外部激勵產生電訊號，有源感測器工作時需要外部能量源[48,49]。宏觀上，感測器還可分為傳統分立式感測器、模擬集成化感測器以及智慧感測器。

① 傳統分立式感測器。該類感測器是基本的傳統意義上的感測器，用非集成化工藝製造，功能也比較簡單，僅具有獲取訊號的功能。

② 模擬集成化感測器。集成感測器是採用矽半導體集成工藝製成的，也稱矽感測器或單片集成感測器。模擬集成感測器誕生於 1980 年代，將感測器集成在一個晶片上，可完成測量及模擬訊號輸出功能，其主要特點是功能單一（僅測量某一物理量）、測量誤差小、價格低、響應速度快、傳輸距離遠、體積小、功耗低等，外圍電路簡單，適合遠距離測量、控制，使用過程無須非線性校準。

③ 智慧感測器。智慧感測器（數位感測器）是伴隨著微電子技術、電腦技術和自動測試技術的發展而發展的，誕生於 1990 年代中期。智慧感測器內部包含感測器、A/D 轉換器、訊號處理器、儲存器（或寄存器）和介面電路。有的產品還帶多路選擇器、中央處理器、RAM 和 ROM。智慧感測器的特點是能輸出測量數據及相關的控制量，適配各種微控制器。其測試功能多依賴於軟體，因此智慧化程度取決於軟體的開發水平。

4.1.5 微機電系統（MEMS）感測器

MEMS 這個詞彙經常用於描述感測器的種類，也用於描述感測器的製備過程[50]。MEMS 由機械微結構、微感測器、微執行器和微電子組成，所有結構都集成在同一矽基片上。MEMS 感測器是用微機械加工技術製造的新型感測器，是 MEMS 的一個重要分支。MEMS 感測器種類繁多，按其工作原理可分為物理型、化學型和生物型三類；按照被測量可分為加速度、角速度、壓力、位移、流量、電量、磁場、紅外、溫度、氣體成分、濕度、pH 值、離子濃度、生物濃度及觸覺等感測器。綜合兩種分類方法，MEMS 感測器分類體系如表 4-1 所示。

表 4-1　MEMS 感測器分類

<table>
<tr><td rowspan="29">MEMS
感測器</td><td rowspan="20">MEMS
物理感測器</td><td rowspan="6">MEMS 力學感測器</td><td>MEMS 加速度計</td></tr>
<tr><td>MEMS 角速度(陀螺儀)</td></tr>
<tr><td>MEMS 慣性測量組合</td></tr>
<tr><td>MEMS 壓力感測器</td></tr>
<tr><td>MEMS 流量感測器</td></tr>
<tr><td>MEMS 位移感測器</td></tr>
<tr><td rowspan="3">MEMS 電學感測器</td><td>MEMS 電場感測器</td></tr>
<tr><td>MEMS 電場強度感測器</td></tr>
<tr><td>MEMS 電流感測器</td></tr>
<tr><td rowspan="2">MEMS 磁學感測器</td><td>MEMS 磁通感測器</td></tr>
<tr><td>MEMS 磁場強度感測器</td></tr>
<tr><td rowspan="3">MEMS 熱學感測器</td><td>MEMS 溫度感測器</td></tr>
<tr><td>MEMS 熱流感測器</td></tr>
<tr><td>MEMS 熱導率感測器</td></tr>
<tr><td rowspan="3">MEMS 光學感測器</td><td>MEMS 紅外感測器</td></tr>
<tr><td>MEMS 可見光感測器</td></tr>
<tr><td>MEMS 雷射感測器</td></tr>
<tr><td rowspan="3">MEMS 聲學感測器</td><td>MEMS 噪音感測器</td></tr>
<tr><td>MEMS 聲表面波感測器</td></tr>
<tr><td>MEMS 超音波感測器</td></tr>
<tr><td rowspan="6">MEMS
化學感測器</td><td rowspan="4">MEMS 氣體感測器</td><td>可燃性氣體感測器</td></tr>
<tr><td>毒性氣體感測器</td></tr>
<tr><td>大氣汙染氣體感測器</td></tr>
<tr><td>汽車用感測器</td></tr>
<tr><td rowspan="2">MEMS 離子感測器</td><td>MEMS pH 感測器</td></tr>
<tr><td>MEMS 離子濃度感測器</td></tr>
<tr><td rowspan="3">MEMS
生物感測器</td><td rowspan="2">MEMS 生理量感測器</td><td>MEMS 生物濃變感測器</td></tr>
<tr><td>MEMS 觸覺感測器</td></tr>
<tr><td colspan="2">MEMS 生化量感測器</td></tr>
</table>

隨著 MEMS 技術的發展，慣性感測裝置已經成為應用最廣泛的微機電系統裝置之一，而微加速度計是慣性感測裝置的典型代表。微加速度計的理論基礎是牛頓第二運動定律。在一個系統內部可以測量其加速度，如果初速度已知，就可

以通過積分計算出線速度，進而可以計算出直線位移。再結合陀螺儀（用來測角速度），就可以對物體進行精確定位。

MEMS主要產品包括微型壓力感測器、慣性測量裝置、微流量系統、讀寫頭、光學系統、印表機噴嘴等，其中汽車產業和資訊產業的產品占銷售額的80％左右[50,51]。

（1）MEMS加速度計

MEMS加速度計即微型加速度計，是用來測量物體加速度的儀器。相較於傳統加速度計，MEMS加速度計體積、質量更小，在智慧製造裝備中獲得了廣泛的應用。其工作原理是，當加速度計連同外界物體一起加速運動時，質量塊受到慣性力的作用反向運動，其位移受到彈簧和阻尼器的限制。外界加速度一定時，質量塊具有確定的位移；外界加速度變化時，質量塊的位移也發生相應的變化。當質量塊的位移發生變化時，可動臂和固定臂（感應器）之間的電容就會發生相應的變化；如果測得感應器輸出電壓的變化，即測得了執行器（質量塊）的位移，位移與待測加速度具有確定的對應關係，輸出電壓與加速度也就有了確定的關係[52]。

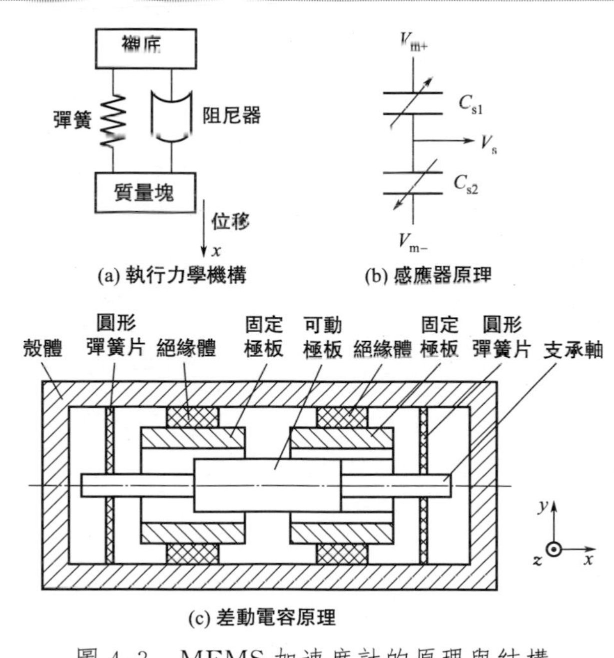

圖 4-3　MEMS加速度計的原理與結構

圖4-3中，V_m表示輸入電壓訊號，V_s表示輸出電壓，C_{s1}與C_{s2}分別表示固定臂與可動臂之間的兩個電容，則輸入訊號和輸出訊號之間的關係可表示為：

$$V_s=\frac{C_{s1}-C_{s2}}{C_{s1}+C_{s2}}V_m \tag{4-19}$$

其中電容與位移之間的關係由電容的定義給出：

$$C_{s1}=\frac{\varepsilon_0\varepsilon}{d-x},\ C_{s2}=\frac{\varepsilon_0\varepsilon}{d+x} \tag{4-20}$$

式中，r 是可動臂（執行器）的位移；d 是沒有加速度時固定臂與懸臂之間的距離；ε_0 和 ε 是電容參數。由式(4-19）和式(4-20）可得

$$V_s=\frac{x}{d}V_m \tag{4-21}$$

根據力學原理，穩定情況下質量塊的力學方程為：

$$kx=-ma_{ext} \tag{4-22}$$

式中，k 為彈簧的勁度係數；m 為質量塊的質量。

因此，外界加速度與輸出電壓的關係為：

$$a_{ext}=-\frac{kx}{m}=-\frac{kdV_s}{mV_m} \tag{4-23}$$

由式(4-23）可知，在加速度計的結構和輸入電壓確定的情況下，輸出電壓與加速度呈正比關係。

MEMS 加速度計根據測量原理可分為壓阻式微加速度計、電容式微加速度計、壓電式微加速度計等。

1）壓阻式微加速度計。在半導體的某一軸向施加一定的應力時，其電阻率產生變化的現象稱為半導體的壓阻效應。壓阻式微加速度計的原理是：當外界有加速度輸入時，質量塊會受到一個慣性力的作用，懸臂梁在此慣性力的作用下會發生形變，導致與懸臂梁固連的壓阻膜也發生形變，壓阻膜的電阻值會發生改變，其兩端的電壓值發生變化。圖 4-4所示為矽壓阻式微加速度感測器原理。通過實驗得到一系列電壓與慣性力的關係，慣性力由外界加速度引起，從而便可以得到電壓與加速度的關係，進而完成對加速度的測量。

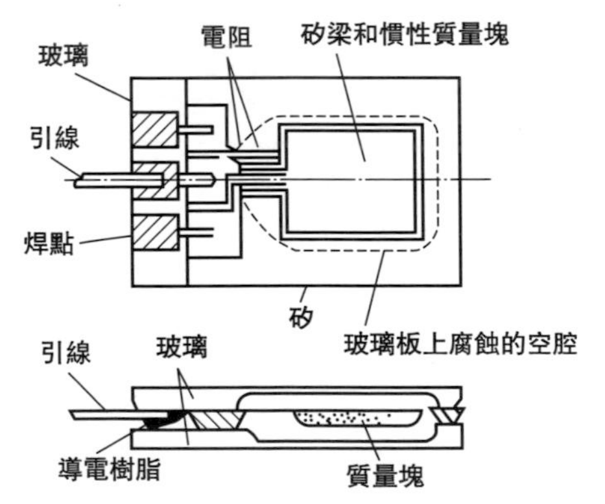

圖 4-4 矽壓阻式微加速度感測器原理

壓阻式微加速度計原理、結構、製作工藝簡單，介面和內部電路容易實現。但對於溫度的變化十分敏感，影響測量精度。靈敏度比較低，不便於測量微小的加速度變化。

2）電容式微加速度計。由電工學知識可知，電容的變化與兩極板之間距離有關，因此極板間距離的變化可以通過電容的變化來反映，由電容變化推導出位移變化，然後進行微分運算便可得到加速度值。

將質量塊固連在基體上，將電容式微加速度計電容的一個極板同運動的質量塊固連，另一個極板則與固定的基體固連。當有加速度作用時，質量塊發生位移導致上下電容發生變化，根據電容變化差值得到加速度。電容式微加速度計靈敏度和測量精度高，穩定性好，溫度漂移小，功耗低。但輸出電路複雜，易受寄生電容影響和電磁干擾。

3）壓電式微加速度計。壓電體受到外機械力作用而發生電極化，並導致壓電體兩端表面內出現符號相反的束縛電荷，其電荷密度與外機械力成正比，這種現象稱為正壓電效應。壓電體受到外電場作用而發生形變，其形變量與外電場強度成正比，這種現象稱為逆壓電效應。具有壓電效應的晶體稱為壓電晶體，常用的壓電晶體有石英、壓電陶瓷等。壓電式微加速度計的工作原理是：在彈性梁上覆蓋一層壓電材料膜，當有外界加速度作用於質量塊時，彈性梁在慣性力的作用下會產生變形，裝置結構的上電極和下電極間會產生電壓，通過測量電壓的變化確定數學模型轉化公式，從而得到加速度的變化。

自 1977 年美國史丹佛大學首先利用微加工技術製作了一種開環微加速度計以來，國外開發出了各種結構和原理的加速度計。高解析度和大量程的微矽加速度計成為研究的重點。由於慣性質量塊比較小，所以用來測量加速度和角速度的慣性力也相應比較小，系統的靈敏度相對較低，這樣開發出高靈敏度的加速度計顯得尤為重要。無論是民用還是軍用，精度高、量程大的微加速度計將會大大拓寬其運用範圍。溫漂小、遲滯效應小成為新的性能目標，選擇合適的材料，採用合理的結構，以及應用新的低成本溫度補償環節，能夠大幅度提高微加速度計的精度。多軸加速度計的開發成為新的方向。

（2）微壓力感測器

微壓力感測器是採用半導體材料和 MEMS 工藝製造的新型壓力感測器。相較於傳統壓力感測器，微壓力感測器具有體積小、精度高、靈敏度高、高頻動態特性好、穩定性好等優點。微壓力感測器易與微溫度感測器集成，增加溫度補償精度。微壓力感測器在航空航太、車輛、控制等多個領域內都有廣泛的應用。

（3）MEMS 陀螺儀

在飛機飛行的過程中，需要對飛機的俯仰、偏航、滾轉三個自由度進行測量，不僅需要測量加速度，而且需要測量角速度。加速度可以使用加速度計進行測量，而角速度一般是用陀螺儀來進行測量的。傳統的陀螺儀是利用高速轉動的物體具有保持其角動量的特性來測量角速度的。這種陀螺儀的精度很高，但它的結構複雜、使用壽命短、成本高，一般僅用於導航方面。現在在飛機上使用的陀螺儀由於外部條件的要求，其精度十分高，但高精度帶來的代價就是結構複雜、壽命短，使其使用成本大幅增加。常見的微機械角速度感測器有雙平衡環結構、懸臂梁結構、音叉結構、振動環結構等。圖 4-5 所示為 MEMS 陀螺儀範例。

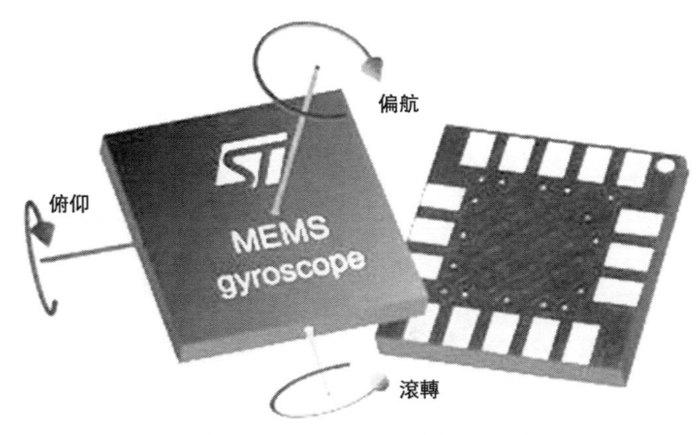

圖 4-5 MEMS 陀螺儀範例

(4) 微流量感測器

MEMS 流量感測器由於其管徑小、可測量更為微小的流量且集成化程度高，正成為微流量測量領域的研究焦點。微流量感測器外形尺寸小，能達到很低的測量量級，而且死區容量小，響應時間短，適合微流體的精密測量和控制。國外研究的微流量感測器依據工作原理不同可分為熱式、機械式和諧振式 3 種。熱式流量感測器的輸出是非線性的，受基體隔熱效果的影響，適合精度要求不太高的微流量測量，但其測量流量範圍較寬、靈敏度高，流量下限低，是研究的焦點之一。目前微流量感測器的研究已向進一步微型化方向發展，且能分辨出流動方向。研究者也在不斷探索新的測量方法，如振動式、光電式測量等，結合多種測量方法進行多源資訊融合的微流量測量技術也是一個重要的發展方向。

(5) 微氣體感測器

隨著微奈米技術的發展，各種不同性能的氣體感測器也成為研究重點，微氣體感測器應運而生。MEMS 技術很容易將氣敏元件和溫度探測元件製作在一起，保證氣體感測器優良性能的起。根據微氣體感測器製作材料的不同，微氣體感測器分為矽基氣敏感測器和矽微氣敏感測器。微氣體感測器可以集成各種感測器於一塊晶片，滿足了人們在測量氣體時多種測量的需要。目前微機械製造技術發展比較完善，微奈米技術的發展更是讓一個晶片可以完成很多不同的功能，將氣敏感測器同溫度感測器集成到一個晶片上，便可在測量氣體的同時測量溫度，保證氣體測量的準確性。

(6) 微溫度感測器

微溫度感測器體積小、重量輕，其固有熱容量小，在溫度測量方面具有比現有的熱敏電阻等溫度感測器更大的優勢。微懸臂梁溫度感測器利用矽和二氧化矽兩種材料熱脹係數不同，且在不同溫度下形變量不同，故與其固連的懸臂梁的不同部分的形變量也不相同的原理，通過位於懸臂梁底部的檢測電路來測量不同溫度下的不同形變，得到溫度與形變的對應關係。該測量方法精度高，線性度好，測量範圍廣。

熱釋電晶體的電極化強度與溫度有關，根據這種熱釋電效應原理製成的感測器稱為熱釋電溫度感測器，具有結構簡單、體積小等優點。根據晶體管PN結兩端電壓與溫度的線性關係，發展了PN結微溫度感測器。此外，把溫度敏感元件與後續放大器集成到一個晶片上，便是感測與放大為一體的功能裝置的感測器。

4.1.6 感測器的發展

感測器的發展大致經歷了三個階段（圖4-6）。第一階段是1950年代，結構型感測器出現，它利用結構參量變化來感受和轉化訊號。第二階段是始於1970年代，固體型感測器逐漸發展，這種感測器由半導體、電介質、磁性材料等固體元件構成，是利用材料某些特性製成的。第三階段是20世紀末開始，智慧型感測器出現並得到快速發展。智慧型感測器是微型電腦技術與檢測技術相結合的產物，感測器具有人工智慧的特性。

未來物聯網的世界，也是感測器的世界。目前中國感測器技術發展與創新的重點在材料、結構和性能改進三個方面。敏感材料從液態向半固態、固態方向發展；結構向微型化、集成化、模組化、智慧化方向發展，利用MEMS技術加工製作的微型感測器具有微型化、集成化、低成本、易批量生產等一系列優點，其呈現出來的優勢受到了越來越多國家的重視，很多國家也開始投入重金發展微型感測器；性能則向檢測量程寬、檢測精度高、抗干擾能力強、性能穩定、壽命長久方向發展。特別值得一提的是，物聯網技術的發展，對傳統感測技術又提出了新的要求，感測器產品正逐漸向MEMS技術、無線數據傳輸技術、紅外技術、新材料技術、奈米技術、陶瓷技術、薄膜技術、光纖技術、雷射技術、複合感測器技術、多學科交叉融合的方向發展。

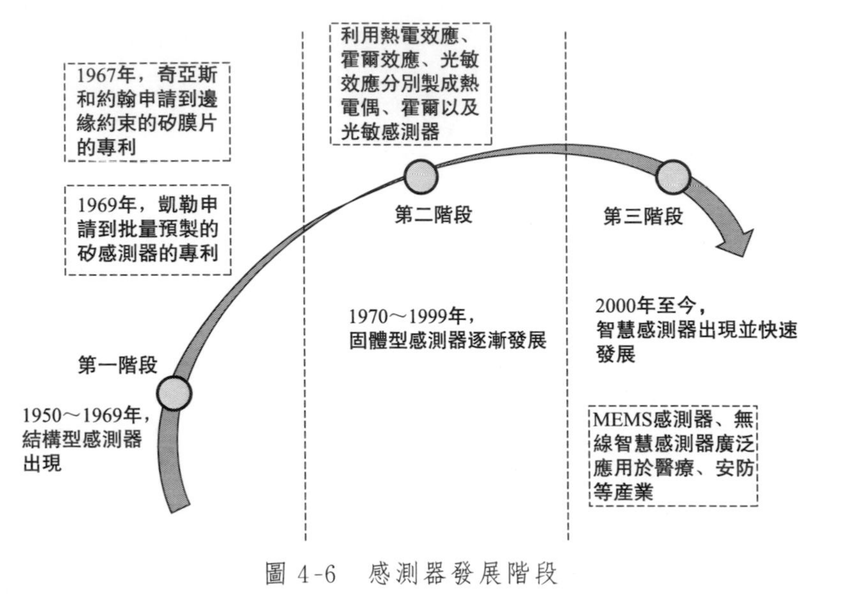

圖 4-6　感測器發展階段

4.2　智慧製造裝備感測器

4.2.1　概述

智慧製造裝備的感知系統主要依賴智慧感測器。智慧感測器是具有資訊處理功能的感測器，具有採集、處理、交換資訊的能力，是感測器集成化與微處理機相結合的產物，是智慧製造裝備重要的感官。與一般感測器相比，智慧感測器功能多樣化，通過軟體技術可實現高精度的資訊採集，具有一定的編程自動化能力，成本低。

作為智慧製造裝備的自主輸入裝置，智慧感測器是智慧製造裝備的各種感覺器官，是智慧製造裝備獲取外界環境資訊的窗口。智慧製造裝備對於外界環境的感覺主要有視覺、位置覺、速度覺、力覺、觸覺等。

智慧感測器能將檢測到的各種物理量儲存並進行數據處理，而智慧感測器之間則能進行資訊交流並自主傳送有效數據，自動完成數據分析處理。一個良好的智慧感測器是由微處理器驅動的感測器與儀表組成的套裝，並且具有通訊與板載診斷等功能，為監控系統或操作員提供相關資訊，提高工作效率，減少維護成本。智慧感測器集成了感測器、智慧儀表全部功能及部分控制功能，具有很高的線性度和低的溫度漂移，降低了系統的複雜性，簡化了系統結構。智慧感測器通過測試數據傳輸或接收指令來實現各項功能，如增益的設置、補償參數的設置、內檢參數的設置、測試數據的輸出等。

① 自補償和運算功能。感測器的溫度漂移和輸出非線性是很難解決的，儘管工程師們做了大量努力，但仍沒有解決根本問題。智慧感測器的自補償和運算功能為感測器的溫度漂移和非線性補償開闢了新的道路，硬體難以完成的可以由軟體來實現。適當放寬感測器加工精度要求，只要能保證感測器的重複性好，利用微處理器對測試的訊號通過軟體運算，採用多次擬合和差值運算方法對溫度漂移和非線性進行即時補償，獲得精確的測量結果。

② 自檢、自校、自診斷功能。為保證感測器正常使用時的精度，普通感測器需要定期檢驗和標定，一般需要將感測器從使用現場拆卸送到實驗室或檢驗部門進行，若線上測量感測器出現異常則不能及時診斷。採用智慧感測器優勢明顯，自診斷功能使智慧感測器在電源接通時進行自檢，根據自檢結果自主判斷組件有無故障。除此之外，根據使用時間可以線上進行校正，微處理器利用存在EPROM內的計量特性數據進行對比校對。

③ 感測複合化。智慧感測器具有複合功能，能夠同時測量多種物理量和化學量，給出較全面反映物質運動規律的資訊，原來需要多個感測器同時工作，現在只需要一個就可以了。如某種複合液體感測器，可同時測量介質的溫度、流速、壓力和密度。複合力學感測器，可同時測量物體某一點的三維振動加速度、速度、位移等。

④ 感測器的集成化。大規模集成電路的發展使感測器與相應的電路都集成到同一晶片上，不僅體積小、功能強，而且具有某些「智慧」，這種感測器為集成智慧感測器。集成度高的感測器具有較高的信噪比，感測器的弱訊號先經集成電路訊號放大後再遠距離傳送，可很大程度上改進信噪比。由於感測器與電路集成於同一晶片上，因此感測器的零漂、溫漂和零位既可以通過自校單元定期自動校準，又可以採用適當的回饋方式改善感測器的頻響。

4.2.2 智慧製造裝備感測器的作用

感測器是智慧製造裝備資訊輸入的基礎，也是智慧製造裝備能夠自主獲得資訊、自主判斷、自主行動的基礎。智慧製造裝備能夠感知外界環境，自主分析判斷後製訂決策，並實現自主回饋或行動。這一過程通過輸入系統、運算系統、輸出系統三個功能模組來實現。智慧製造裝備的輸入一部分是人工輸入的設置參數，另一部分是通過自身的感測器感知外界環境獲得的資訊。人工輸入參數是對智慧製造裝備進行的設置，反映了使用者的使用目的和預期，感測器輸入的數據是智慧製造裝備通過感知外界環境獲得的有利於設備運轉的資訊。

感測器作為智慧製造裝備唯一的自主式輸入，相當於智慧製造裝備、機器人的各種感覺器官，智慧製造裝備對於外界環境的感覺主要有視覺、位置覺、速度覺、力覺、觸覺等。視覺可分為直觀的視覺和環境模型式的視覺，是智慧製造裝備最常用的輸入系統。直觀視覺的數據是像素組成的圖片，典型的應用如基於高速相機、攝影機等的機器視覺、物體辨識等。環境模型式的視覺數據類型是點雲端數據構成的空間模型，典型的應用是基於 3D 雷射雷達、雷射掃描儀等的空間建模。

位置覺是指通過感知周圍物體與自身的距離，從而判斷自身所處的環境位置，此類感測器有雷射測距儀、2D 雷射雷達、磁力計（判斷方向）、毫米波雷達、超音波感測器等。

速度覺是指智慧製造裝備對於自身運行的速度、加速度、角速度等資訊的掌握，此類感測器有速度編碼器、加速感應器、陀螺儀等。

力覺在智慧製造裝備中用以感知外部接觸物體或內部機械機構的力，典型的應用如裝在關節驅動器上的力感測器，用來實現力回饋；裝在機械手臂末端和機器人最後一個關節之間的力感測器，用來檢測物體施加的力等。

觸覺在智慧製造裝備中可以進一步分為接觸覺、壓覺、滑覺，此類感測器有光學式觸覺感測器、壓阻式陣列觸覺感測器、滑覺感測器等，其中滑覺感測器是實現機器人抓握功能的必備條件[53]。

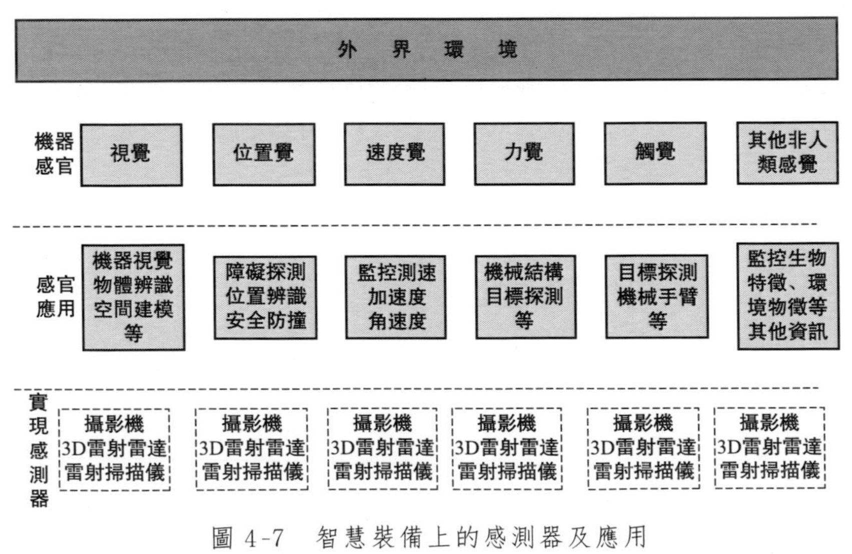

圖 4-7 智慧裝備上的感測器及應用

除以上五種感覺以外，一些物理感測器還具有超越人體的感覺，比如生物感測器可以測量血壓、體溫等，環境感測器可以測量溫濕度、空氣粉塵顆粒物含量、紫外線光照強度等。這些超越人體感官的感測器如今被可穿戴設備搭配起來，從而被賦予了擴充人體感官的功能。智慧裝備上的感測器及應用如圖 4-7 所示。

4.2.3 智慧製造裝備感測器的分類

智慧製造裝備設備中的感測器根據功能還可以分為運動感測器、生物感測器、環境感測器等。

① 運動感測器。運動感測器實現的功能有運動探測、導航、娛樂、人機互動等，包括加速度感測器、陀螺儀、地磁感測器（電子羅盤感測器）、大氣壓感測器等。電子羅盤感測器可以用於測量方向，實現或輔助導航。通過運動感測器隨時隨地測量、紀錄和分析人體的活動情況具有重大價值，使用者可以知道跑步步數、游泳圈數、騎車距離、能量消耗和睡眠時間，甚至睡眠質量等。現在很多穿戴設備包括手機中，都有此類感測器，可以隨時紀錄人們的運動資訊，通過數據分析，給出一些健康參考。

② 生物感測器。生物感測器主要實現的功能包括健康和醫療監控、娛樂等。生物感測器主要包括血糖感測器、血壓感測器、心電感測器、肌電感測器、體溫感測器、腦電波感測器等，借助可穿戴技術中應用的這些感測器，可以實現健康預警、病情監控等，醫生可以藉此提高診斷水平，家人也可以與患者進行更好的溝通。

③ 環境感測器。環境感測器包括溫濕度感測器、氣體感測器、pH 感測器、風速風向感測器、紫外線感測器、蒸發感測器、雨量感測器、環境光感測器、顆粒物感測器或者說粉塵感測器、氣壓感測器等，這些感測器主要實現環境監測、天氣預報、健康提醒等功能。在環保問題日益突出的今天，環境感測器起的作用將越來越大。

4.2.4 無線感測器網路

無線感測器網路（圖 4-8）是多學科交叉的新興尖端領域，涉及感測器技術、網路通訊技術、無線傳輸技術、分布式資訊處理技術、微電子技術、微細加工技術、嵌入式技術、軟體技術等，將資訊世界與物理世界連繫到了一起。

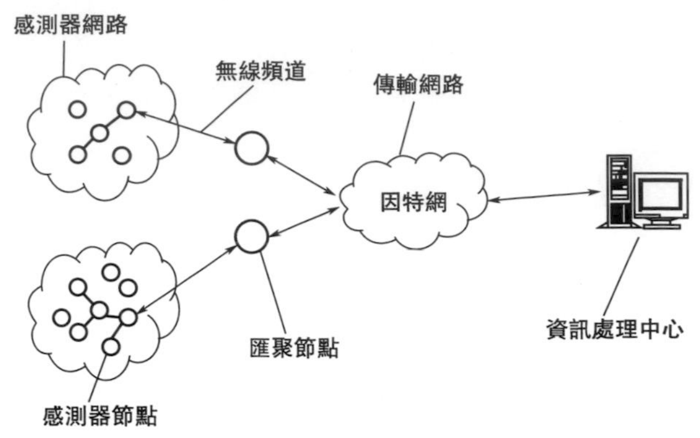

圖 4-8 無線感測網路示意圖

由於無線感測器網路強調的是無線通訊、分布式數據監測與處理和感測器網路，因此具有以下突出優勢[54]：

① 由於集成了多種類型的感測器，增強了監測的性能。

② 解決了布置在惡劣監測環境中的感測器的維護與更換問題。

③ 由於網路系統可以包含大量的感測節點，可增強系統的容錯性，從而成倍地增加了對整個系統進行診斷的可靠性。

④ 通過大量無線感測器在監測區域附近的布置，通過分布監測來進行監測的效果要遠優於僅使用單個感測器。

⑤ 通過分布式數據處理，即感測節點與簇頭在局部進行協同運算，簇頭將使用者需要和部分處理過的數據通過數據聚集後進行傳送，減少了數據傳送量，尤其在距離較遠時減少了無線電訊號傳送時消耗的能量。

⑥ 無線鏈路組建快速，無須架線挖溝，線路開通快。

⑦ 無線通訊覆蓋範圍大，幾乎不受地理環境限制，並可提供 64Kbps～11Mbps 的通訊速率，誤碼率低於 10^{-10}。

⑧ 可根據應用需要靈活制訂網路規模與拓撲，並可隨時增加鏈路，安裝、擴容方便。

⑨ 無線鏈路安全性能高，可有效防止竊聽。

⑩ 與有線網路相比，投資成本低、工程週期短、CP 值高。

無線感測器網路已經被廣泛應用在工業控制、智慧家居與消費類電子、安保、軍事安全、物流、智慧精細農業、環境感知、健康監測、智慧交通、物流管理、管道監測、航空監測、健康監護和行為監測等諸多領域。

無線感測器網路把分布在一個區域內的諸多具有無線通訊與運算能力的感測器收集的資訊，通過無線的方式彙集起來，以實現對該區域內特定狀態進行監測和控制。WSN 技術與物聯網技術密切相關，可以說 WSN 是物聯網的技術支援。無線感測網路以無人值守的監測或測量的訊號源為感知對象，通過目標的熱、電等各種物理訊號，獲取溫度、壓力、加速度等目標屬性。

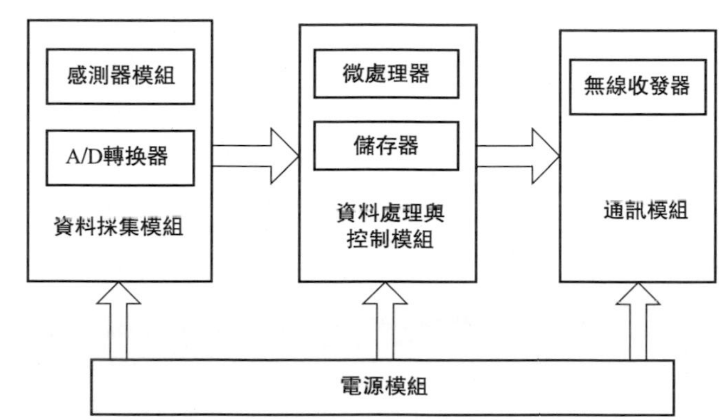

圖 4-9 無線感測器節點結構示意圖

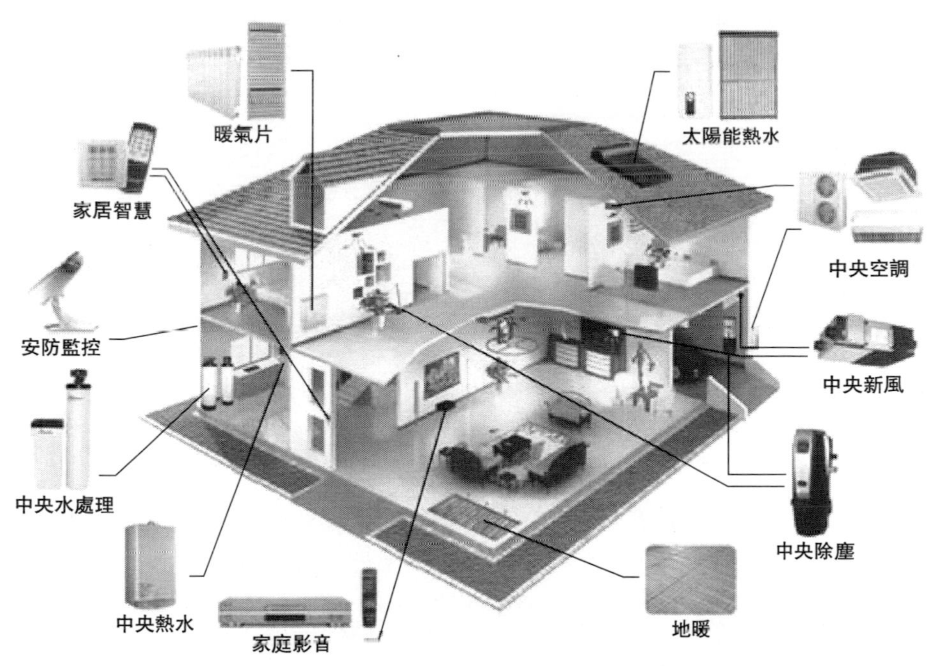

圖 4-10 無線感測網路在智慧家居的應用

無線感測器網路組建方式自由。無線網路感測器的組建不受外界條件的限制；網路拓撲結構具有不確定性，構成網路拓撲結構的感測器節點可以隨時增加或者減少，網路拓撲結構圖可以隨時被分開或者合並；控制方式不集中，各個感測器節點之間的控制方式是分散式的，路由和主機的功能由網路的終端實現各個主機獨立運行，互不干涉；無線感測器網路採用無線方式傳遞資訊，因此感測器節點在傳遞資訊的過程中很容易被外界入侵，從而導致資訊的泄露和無線感測器網路的損壞，大部分無線感測器網路的節點都是暴露在外的，降低了無線感測器網路的安全性。無線感測器節點結構示意圖如圖 4-9 所示。圖 4-10 所示為無線感測網路在智慧家居的應用。

4.2.5 模糊感測器

模糊感測器屬於智慧感測器的範疇，是將數值測量與語言符號表示二者相結合而構成的一體化符號測量系統，在經典感測器數值測量的基礎上，經過模糊推理與知識集成，以自然語言符號描述的形式輸出測量結果的智慧感測器。模糊感測器是以數值量為基礎，能產生和處理相關測量的符號資訊的感測裝置。模糊感測器的基本邏輯結構由訊號提取、訊號處理、數值轉換和模糊概念合成四部分組成。模糊感測器具有一般智慧感測器的特點，也有自己的特點。模糊感測器具有學習功能、推理功能、感知功能、通訊功能等。模糊感測器結構如圖 4-11 所示。

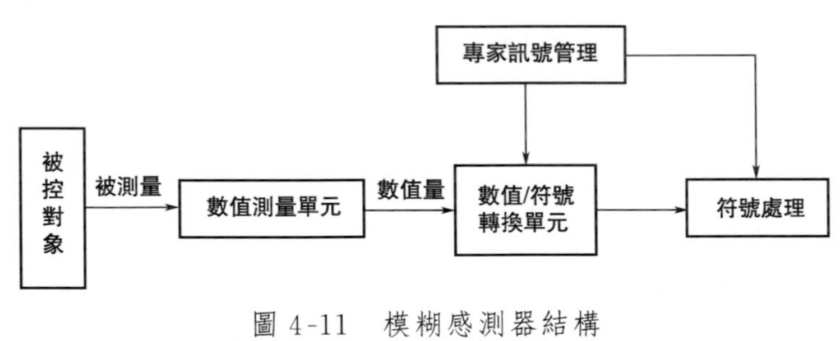

圖 4-11　模糊感測器結構

模糊感測器在實際生產生活中得到了廣泛的應用，如模糊控制洗衣機中的布量檢測、水位檢測、水的渾濁度檢測，電飯煲中的水、飯量檢測，模糊手機充電器等。另外，模糊距離感測器、模糊溫度感測器、模糊色彩感測器等也是國外專家們研製的成果。隨著科技的發展，科學分支的相互融合，模糊感測器也應用到了神經網路、模式辨識等體系中。

4.3 智慧製造裝備感測器的選擇

在機電一體化產品特別是智慧製造裝備各系統中，感測器處系統之首，其作用相當於系統的感受器官，用於檢測有關外界環境及自身狀態的各種物理量（如力、溫度、距離、變形、位置、功率等）及其變化，並將這些訊號轉換成電訊號，然後通過相應的變換、放大、調變與解調、濾波、運算等電路將有用的訊號檢測出來，回饋給控制裝置或顯示。實現上述功能的感測器及相應的訊號檢測與處理電路，就構成了機電一體化產品中的檢測系統。感測器在應用時一般設置相應的測試系統，尤其是在智慧化產品中，感測器及其檢測系統是一個必不可少的組成部分。

以數控機床為例，用到的感測器有旋轉編碼器、霍爾感測器、旋轉變壓器、感應同步器、光柵位移感測器、磁柵位移感測器等多種感測器，還有涉及切削力測量、工件檢測等的多種感測器。

感測器的選擇是智慧製造裝備設計的重要環節，一般應綜合考慮使用環境、靈敏度、頻響特性、線性範圍、穩定性和精度等。

（1）根據測量對象與測量環境確定感測器的類型

進行一個具體指標的測量時，要分析多方面的因素，綜合考慮採用何種原理的感測器。即使是測量同一個物理量，也有多種原理的感測器可供選用。量程的大小、被測位置對感測器體積的要求、測量方式為接觸式還是非接觸式、訊號的引出方法、有線或是非接觸測量等均需考慮。在考慮上述問題之後就能確定選用何種類型的感測器，然後再考慮感測器的具體性能指標。

（2）靈敏度

一般來說，在感測器的線性範圍內，感測器的靈敏度越高越好。靈敏度越高意味著感測器所能感知的變化量越小，與被測量變化對應的輸出訊號的值較大，有利於訊號處理。但當感測器的靈敏度高時，與被測量無關的外界噪音也容易混入，也會被放大系統放大，影響測量精度。因此，要求感測器本身應具有較高的信噪比，盡量減少從外界引入的干擾訊號。感測器的靈敏度是有方向性的。當被測量是一維向量，且對其方向性要求較高時，應選擇其他方向靈敏度小的感測器；如果被測量是多維向量，則要求感測器的交叉靈敏度越小越好。與靈敏度緊密相關的是測量範圍，最大的輸入量不應使感測器進入非線性區域，更不能進入飽和區域。某些測試工作要在較強的噪音干擾下進行。其輸入量不僅包括被測量，也包括干擾量，兩者之和不能進入非線性區。過高的靈敏度會縮小其適用的測量範圍。

(3) 頻響特性

感測器的頻率響應特性決定了被測量的頻率範圍，感測器必須在允許頻率範圍內保持不失真的測量狀態。實際上感測器的響應總有一定的延遲，延遲的時間越短則感測器性能越好。感測器的頻率響應高，可測的訊號頻率範圍就寬，由於受到結構特性的影響，機械系統的慣性較大，因此頻率低的感測器可測訊號的頻率也較低。在動態測量中，感測器的響應特性對測試結果有直接影響，應根據被測物理量訊號的特點（穩態、瞬態、隨機等）選擇感測器，避免產生過大的誤差。

(4) 線性範圍

感測器工作線上性區域內，這是保證測量精度的基本條件。任何感測器都有一定的線性範圍，感測器的線性範圍是指輸出與輸入成正比的範圍。從理論上講，在此範圍內，靈敏度保持定值。感測器的線性範圍越寬，則其量程越大，並且能保證一定的測量精度。然而任何感測器都不容易保證其絕對的線性，在許可限度內，可以在其近似線性區域應用。選擇感測器時，感測器的種類確定以後首先要看其量程是否滿足要求。當所要求測量精度比較低時，在一定的範圍內，可將非線性誤差較小的感測器近似看作線性的。

(5) 穩定性

感測器的穩定性是指使用一段時間後，其性能保持不變的能力。除自身結構外，影響感測器穩定性的主要因素是其使用環境，因此感測器必須要有較強的環境適應能力，才能有良好的穩定性。在選擇感測器之前，應對其使用環境進行調查，並根據具體的使用環境選擇合適的感測器，或採取適當的措施，減小環境對感測器的影響，比如搭建專用房屋，考慮減小電磁輻射強度等措施。感測器的穩定性有時間限制，超過標定週期後再次使用前應重新進行標定，以確定感測器的性能是否發生變化。在某些要求感測器能長期使用而又不能輕易更換或標定的場合，要選擇穩定性優良的感測器，要能夠經受住長時間的考驗。

(6) 可靠性

可靠性是感測器和一切測量裝置的生命。所謂可靠性是指儀器、裝置等產品在規定的條件、規定的時間內可以實現規定功能的能力。只有產品的性能參數均處在規定的誤差範圍內，才能認為可完成規定的功能。因此在感測器的選用過程中其可靠性是挑選感測器的重要指標之一。

（7）精度

感測器的精度表示感測器的輸出與被測量的真值一致的程度。精度是感測器一個重要的性能指標，它是關係到整個測量系統測量精度的重要參數。感測器能否真實地反映被測量值，對整個測試系統具有直接影響。感測器的價格與其精度成正比，設計選型時要根據測試的目的和要求考慮 CP 值，精度不必選得過高，只要滿足整個測量系統的精度要求即可，在滿足同一測量目的的諸多感測器中選擇比較便宜和簡單的感測器即可。如果是為了定性分析，選用重複精度高的感測器即可，不宜選用絕對量值精度高的；如果是為了定量分析，必須獲得精確的測量值，就需選用精度等級能滿足要求的感測器。在某些特殊的使用場合，若無法選到合適的感測器，則需自行設計製造感測器。自制感測器的性能應滿足使用要求。

（8）測量方式

感測器在實際條件下的工作方式也是感測器選擇必須考慮的因素。不同的工作環境對感測器的要求也不同。

（9）其他

除了以上選用感測器時應該充分考慮的因素之外，還應該盡可能地兼顧結構簡單、體積小、重量輕、價格便宜、易於維修、易於更換等因素。

4.4 智慧製造裝備感知系統設計

4.4.1 感知系統定製開發

（1）感知系統的設計

感知系統的設計與智慧儀器的研製類似，為完成系統的功能，要遵循正確的設計原則，按照科學的設計步驟開發感知系統。首先要明確感知系統的設計要求，對感知系統設計的要求有：

① 功能及技術指標。感知系統需要具備的功能主要包括資訊輸出形式、通訊方式、人機對話等，系統的技術指標主要包括精度、測量範圍、工作環境條件和穩定性等。體積小、重量輕、精度和靈敏度高、響應快、穩定性好、信噪比高是追求的目標。

② 可靠性。感知系統是智慧製造裝備的「器官」，為保證感知系統各個組成部分能長時間穩定可靠地工作，應採取各種措施提高系統的可靠性。硬體方面需

合理選擇元件，設計時對元件的負載、速度、功耗、工作環境等技術參數留有一定的餘量，對元件進行老化檢查和篩選，並在極限情況下進行實驗，如讓感知系統承受低溫、高溫、衝擊、振動、干擾、煙霧等，以保證環境的適應性。在軟體方面，採用模組化設計方法，並對軟體進行全面測試，消除漏洞，降低故障率，提高可靠性。

③ 便於操作和維護。在感知系統以及各前端感知模組的設計過程中，應考慮現場操作處理、維護的方便性，從而使操作者無須專門訓練，便能掌握系統的使用方法。另外，對於主系統結構要盡量規範化、模組化，最好能夠配有現場故障診斷程式，一旦發生故障，能保證有效地對故障進行定位，以便更換相應的設備模組，使系統具有良好的可維護性。

④ 工藝結構。工藝結構也是影響系統可靠性的重要因素之一。依據系統及各部件的工作環境條件，確定是否需要防水、防塵、密封、抗衝擊、抗震動、抗腐蝕等工藝結構，認真考慮系統的總體結構、各模組間的連接關係等。

⑤ 環境適應性。感知系統對環境條件適應能力要強。設計時應充分考察現場環境，然後慎重選擇感測器類型，應不易受被測對象（如電阻、磁導率）的影響，也不影響外部環境，提高感測器的可靠性，提高機電裝備壽命。

(2) 系統的設計方法

進行系統設計時，可以採用自上而下設計和開放性設計。

① 自上而下設計。設計人員根據系統與各部件模組的功能和設計要求提出系統設計的總任務，繪製硬體和軟體總框圖（總體設計），然後將任務分解成一批可獨立表徵的子任務，直到每個子任務足夠簡單，可以直接且容易地實現為止。子任務可採用某些通用模組，並可作為單獨的實體進行設計和除錯。這種模組化的系統設計方式不僅簡化了設計過程，縮短了設計週期，而且結構靈活，維修方便快捷，便於擴充和更新，增強了系統的適應性，提高了系統可靠性。

② 開放性設計。系統設計時可採用開放式設計原則，留有未來更新與擴充的餘地，以方便使用者功能擴展或二次開發升級，滿足使用者不同層次的要求，應在綜合考慮各種因素後正確選用合理的設計方案。

(3) 系統的設計步驟

系統設計是根據系統分析的結果，運用系統科學的思想和方法，設計出能最大限度滿足目標要求的系統的過程。

1）確定設計任務。明確設計對象的工作原理開始於項目需要分析，結束於總體技術方案確定。全面了解設計的內容，搞清楚要解決的問題，主要進行硬體設計需要分解，包括硬體功能需要、性能指標、可靠性指標、可製造性需要、可服務性需要及可測試性等需要；對硬體需要進行量化，並對其可行性、合理性、可靠性等進行評估，硬體設計需要是硬體工程師總體技術方案設計的基礎和依據。根據系統最終要實現的設計目標，做出詳細的設計任務說明書，明確感知系統的功能和應達到的技術指標。

2）擬定總體設計方案。根據設計任務說明書制訂設計方案，包括理論分析、運算及必要的模擬實驗，驗證方案是否可達到設計要求，然後對方案進行可行性論證，最後從總體的先進性、可靠性、成本、製作週期、可維護性等方面比較、擇優，綜合制訂設計方案，直到完成硬體概要設計為止。主要對硬體單元電路、局部電路或有新技術、新裝置應用的電路的設計與驗證及關鍵工藝、結構裝配等不確定技術的驗證及調測，為概要設計提供設計依據和設計支援。感知系統的設計除錯步驟如圖 4-12 所示。

根據總體設計方案，確定系統的核心部件和軟、硬體的分配。採用自上而下的設計方法把系統劃分成便於實現的功能模組，繪製各模組軟、硬體的工作流程圖，並分別進行除錯。各模組除錯通過之後，再進行統調，完成感知系統的設計。

第一步，根據系統的總體方案，確定系統的核心部件。具有感知的部件對系統整體性能、價格等起很大的作用，會影響硬體、軟體的設計。系統中的智慧控制部件通常可選 MCU（單晶片）或 MPU 等。

MCU 是在一塊晶片上集成了 CPU、RAM、ROM、時鐘、定時/計數器、串並行 I/O 介面等眾多功能部件，有些型號的 MCU 包括 A/D 轉換器、D/A 轉換器、模擬比較器、脈寬調變器、USB 介面等，具有功能強、體積小、價格低、支援軟體多、便於開發等特點。所以，感知系統的前端節點模組多選 MCU 作為智慧控制部件。在選擇具體型號時，應考慮字長、指令功能、尋址範圍、尋址方式、內部儲存器容量、位處理能力、中斷處理能力、配套硬體、晶片價格及開發平台等。目前常用的 MCU 有 ATMEL 公司的 AT89 系列、AVR 系列，TI 公司 MSP430 系列，Motorola 公司的 68HCXX 等系列及與之兼容的多種改進升級型晶片。其中 MCU 的特點非常適合於集成度高、成本低的應用場合。

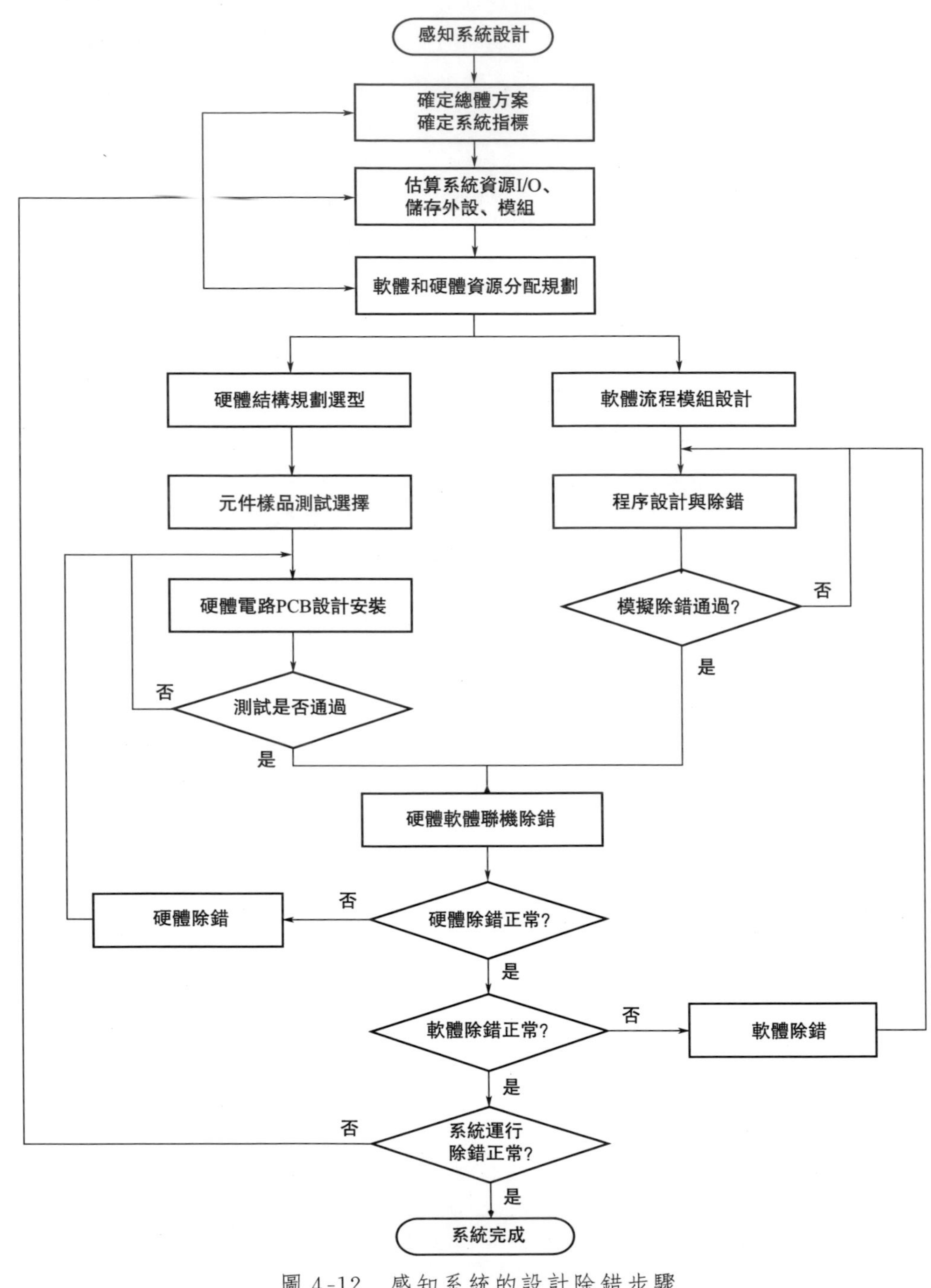

圖 4-12　感知系統的設計除錯步驟

第二步，選擇感測器。首先根據使用要求在眾多感測器中選擇自己需要的。有些感測器的輸入/輸出特性，理論上的分析較複雜，但實際應用時很簡單，使用者只需根據使用要求按其主要性能參數，如測量範圍、精度、解析度、靈敏度等選用即可。感測器性能參數指標包含的面很寬，對於具體的某種感測器，應根據實際需要和可能性，在確保其主要性能指標的情況下，適當放寬對次要性能指標的要求，切忌盲目追求各種特性參數均高指標，以獲得較高的CP值。其次要注意不同系列產品的應用環境、使用條件和維護要求。環境變化（如溫度、振動、噪音等）將改變感測器的某些特性（如靈敏度、線性度等），且能造成與被測參數無關的輸出，如零點漂移。因此，應根據環境要求合理選用感測器。

第三步，設計和除錯。首先是對硬體部件模組和軟體編程的設計和除錯。一般情況下，硬體模組和軟體的設計分開進行。但是由於智慧製造裝備感知、辨識與檢測系統或部件模組的軟、硬體密切相關，也可以交叉進行。

硬體部分的設計過程是根據硬體框圖按模組分別對各單元電路進行設計，然後進行硬體合成，構成一個完整的硬體電路圖。完成設計之後，繪製並印製電路板（PCB），然後進行裝配與除錯。

軟體設計可先設計總體結構圖，再將總體結構按自上向下的原則劃分為多個子模組，採用結構化程式設計方法，畫出每個子模組的詳細流程圖，選擇合適的語言編寫程式並除錯。從系統或模組的功能、成本、研製週期和費用等方面綜合考慮，合理分配軟、硬體比例，使系統達到較高的CP值。

第四步，硬體和軟體聯合除錯。軟、硬體分別除錯合格後，需要進行軟、硬體聯合除錯。除錯中出現的問題若屬於硬體故障，可修改硬體電路；若屬於軟體問題，則修改程式；若屬於系統問題，則對軟、硬體同時修改。除錯完成後，還需要對軟、硬體進行測試，主要包括功能測試、壓力測試、性能測試和其他專業測試，如抗干擾測試、產品壽命測試、防潮濕測試、高溫和低溫測試。

在感知系統除錯過程中，有一項重要的工作是感測器標定和校準，且根據使用情況，交付現場後，感測器仍需定期校準標定。標定就是利用標準設備產生已知的非電量，並將其作為基準量來確定感測器的輸出電量與輸入非電量之間關係的過程。值得指出的是，感測器在出廠時均要進行標定，廠家的產品列表中所列的主要性能參數（或指標）就是通過標定得到的。感測器的標定應在與其使用條件相似的環境狀態下和規定的安裝條件下進行。感測器在使用前或在使用過程中或擱置一段時間後再使用時，必須對其性能參數進行複測或進行必要的調整與修正，以保證其測量精度，這個複測過程就是「校準」。

（4）介面和嵌入式通訊

近年來，無線感測網路得到快速發展，在此過程中出現了各種無線網路數據傳輸標準，不同協議標準對應不同的應用領域[55]。感測器系統的子系統之間、外部介面之間有不同的通訊方式，為了盡可能地統一標準，IEEE 制定了 1451 標準，提供了將感測器和變送器連接到設備的介面標準，該標準定義了感測器電子數表的形式，包括不同製造商生成的不同感測器的關鍵資訊。

感測器的數位介面一般是串行介面，有些數位圖像感測器因數據傳輸量大，需要並行介面。串行介面有 RS232、RS485 等異步方式和 SPI 等同步方式。串行介面電路簡單，數據傳輸距離更廣，應用廣泛，該介面曾經是 PC 與外設之間的標準介面之一，現在已經逐漸被 USB 取代，但在感測器領域仍舊廣泛採用。RS485 用於配置本機網路和多點通訊鏈路，逐步被控制器區域網路（Controller Area Networks，CAN）替代，但在自動化工廠等領域應用仍然廣泛。

無線通訊標準方面，感測器應用領域主要有藍牙、超寬頻（UWB）、ZigBee 和 Wifi 四個關鍵的低功耗通訊標準，它們有不同的標準和使用範圍。常用無線傳輸協議比較見表 4-2。

表 4-2　常用無線傳輸協議比較

標準/協議	概念	主要優點	主要缺點
藍牙 (Blue Tooth)	藍牙技術是一種無線數據和語音通訊開放的全球規範，它是基於低成本的近距離無線連接，為固定和行動設備建立通訊環境的一種特殊的近距離無線技術連接	低功耗，抗干擾能力強，技術成熟穩定，傳輸速率可達 24Mbps，成本低，支援手機等終端，智慧藍牙理論上可以無限擴展通訊設備數量	經典藍牙節點數有限，不適用於高速數據交換，設備搜尋速度慢，連接能耗高，藍牙堆棧難以完成精細的時間同步
ZigBee 802.15.4	ZigBee，也稱紫蜂，是一種低速短距離傳輸的無線網上協議，底層是採用 IEEE 802.15.4 標準規範的媒體訪問層與物理層	協議簡單，高效電源管理，支援大節點的網狀網路，數據安全性好，支援身分驗證、數據加密	缺少多跳協議引起通訊干擾，高堵塞環境下操作困難，數據傳輸速率慢，不支援中國智慧型手機

續表

標準/協議	概念	主要優點	主要缺點
超寬頻(UWB)	超寬頻(Ultra Wide Band, UWB)技術是一種無線載波通訊技術,它不採用正弦載波,而是利用納秒級的非正弦波窄脈衝傳輸數據,因此其所占的頻譜範圍很寬。適用於室內等密集多徑場所的高速無線連結	能耗低,抗噪音干擾,抗多徑衰減,訊號穿透力強	成本高,普及率低,訊號採集時間長,與其他無線訊號同時存在相互干擾
Wifi	Wifi,又稱 802.11b 標準,是一種可以將個人電腦、手持設備(如PDA、手機)等終端以無線方式互相連接的技術	在高阻塞環境中的覆蓋率高,傳輸速率高,支援平板電腦和智慧手機,適應性、可擴展性強,安全性好,應用廣泛	電源要求高,單跳網路,相較藍牙和 ZigBee 成本高

4.4.2 感知系統定製開發方式及案例

(1) 同類感測器疊加實現單一功能上的縱向深度組合

同類感測器有機組合形成冗餘結構,保證了系統在該功能上的安全性。以搭載大量感測器的無人駕駛汽車為例,如圖 4-13 所示。無人駕駛汽車的感知系統將多種視覺、位置覺感測器進行有機結合,形成了相互補充的冗餘結構,通過感知系統實現自主辨識障礙物、道路、交通訊號等路況資訊,從而保證系統能夠正確、高效地即時感知外界環境,做出正確駕駛決策。無人駕駛汽車感知系統是機器取代駕駛員的關鍵。系統主要由各種視覺、位置覺、感測器結合而成,同種類型的不同感測器彼此輔助、彌補,形成多重安全保障,保證了系統的高安全性。一臺能夠自主駕駛的無人駕駛汽車應具備以下功能:

圖 4-13 無人駕駛汽車

① 測距保障一。安裝在車頂的 3D 雷射雷達可以主動構建周邊環境的空間模型。Google 無人駕駛汽車裝載了 Velodyne 公司的雷射雷達感測器，能計算出 200m 範圍內物體的距離，並藉此創建出三維環境圖形。雷射雷達感測器是 Google 無人車的視覺系統，是無人駕駛系統主要的資訊輸入來源。

② 測距保障二。安裝在前後保險槓的毫米波雷達，不受天氣及光照影響，是行駛安全的第二重有力保障。Google 無人駕駛汽車的前後保險槓上面一共安裝了四個毫米波雷達，這是自適應巡航控制系統的一部分，可以保證無人駕駛汽車在道路行駛時處在安全的跟車距離上，無人車需要和前車保持 2～4s 的安全反應距離，具體設置根據車速變化而變化，從而能最大限度地保證乘客的安全。

目前，標準車載雷達多採用毫米波雷達，其他也有採用紅外線雷達的情況。但是毫米波雷達和紅外線雷達的共同缺點是對於行人的反射效果極弱，因此只能應用於保持前後車距，作為 3D 雷射雷達的輔助。

③ 測距保障三。超音波雷達的測距穩定性最佳，但距離最近，是行駛安全的第三重保障。超音波感測器就是普通汽車上的倒車雷達，因其測距穩定性極佳，不受光照、天氣的影響，且能檢測出不分質地的障礙物等特點被廣泛使用，但其受測量距離的限制，只能測量 10m 內的物體。

④ 外環境辨識。前置、側置、後置攝影機可以清晰有效地辨別事物。車輛前部安裝的攝影機可以更好地幫助汽車辨識眼前的物體，包括行人、其他車輛等。還可以辨識交通號誌和訊號，以及各種限速、單行道、雙行道和人行道標示等。車載攝影機或其他感測器即時捕捉車道資訊，可以為汽車行駛提供路徑和方向資訊。

⑤ 車身定位。高精度北斗導航系統或 GPS 進行行車路線規劃。無人駕駛汽車充分利用北斗或 GPS 技術定位自身位置，然後利用商業地圖實現最佳化的路徑規劃。但是，由於天氣等因素的影響，GPS 的精度一般在幾公尺的量級上，並不能達到足夠的精準。為了實現定位準確，商業地圖一般都是線上模式，需要將定位數據和前面收集到的即時數據進行綜合，隨著車輛運動，車內的即時地圖也會根據新情況進行更新，從而顯示更加精確的地圖以方便定位。

⑥ 車身狀態監控。安裝在車輪的轉速編碼器和加速度感測器用來採集車輪的即時轉速，以獲取無人駕駛汽車的時速、車輪轉速、角速度以及慣性等自身速度資訊。通過判斷車輪的轉速資訊，還可間接判斷胎壓是否穩定。

（2）多種感測器搭配實現多種功能上的橫向廣度組合

多種感測器組合應用進行產品創新是最常見的感測器應用趨勢，功能的創新和組合在未來也將催生多種形式的新型智慧裝備，尤其在家庭應用、社會服務、公共服務等領域。為滿足系統多類型、多層次的輸入輸出需要，多種類型的感測器創新組合，形成智慧裝備的多種感覺，根據多種感覺形成智慧回饋。以日本研發的情感互動型機器人 Pepper 為例，如圖 4-14 所示。該機器人就是一種典型的多種感測器組合使用的產品，Pepper 配備了多種感測器以實現視覺（鏡頭、紅外感測器）、位置覺（雷射測距儀）、聽覺（麥克風）、觸覺（接觸覺感測器、滑覺感測器）等感覺，並配備了特製顯示器以實現面部表情和心情的表達，構造了機械手臂以實現肢體語言等。

圖 4-14 Pepper 機器人

Pepper 機器人的主要感測器包括：位於頭部和嘴巴的鏡頭，用來辨識物體和紀錄影像；位於眼睛部位的雷射發射器和雷射接收器，用來測量目標物體與自己的距離；位於頭部的紅外線感測器，用來辨識人的面部輪廓，進行人類情緒的判斷；位於手部的接觸覺感測器、滑覺感測器，用來實現物體抓握等功能；其他如麥克風和用來輔助機械內部結構的力學感測器等。

Pepper 機器人的感測器之間並不存在主次關係，各種硬體平等地服務於整體系統。其人類情感辨識系統、語音判斷與回饋的人工智慧系統是決定產品性能高低的關鍵性技術。

近幾年引起廣泛關注的波士頓動力研發的 BigDog 機器人（圖 4-15）也是運用多種感測器組合的典型案例。BigDog 機器人能夠完成行走、跑步、跳躍、攀爬並搬運重物等工作。BigDog 的四條腿可以吸收衝擊以回收能量，其獨特之處在於精妙的力學設計和各種感測器的應用使 BigDog 擁有超高的穩定性和協調性，能在路況糟糕的野外、山地流暢地行進，並且在受到諸如衝撞、腳踢等外力衝擊時能夠做出反應防止跌倒。BigDog 機器人中構成本體感覺模組的感測器有 4 種：線性電位器，用來測量 BigDog 機器人關節的移位，以判斷關節部位受力方向的變化；力感測器，用來測量執行器、腳踝部位所承受的力，結合線性電位器用來保持身體的力平衡；電流感測器，用來測量伺服電機是否提供了正確的電流；陀螺儀，用來測量機器人本體的角速度、線性加速度。所有這些感測器的資訊綜合起來，用來維持機器人本體的受力平衡。構成外部感知模組的感測器有立體鏡頭，用來感知地面傾斜度，以調整受力平衡，還可以用來辨識障礙物以進行躲避；除此之外還有雷射雷達，用來定位引導員實現自動避障式追蹤。

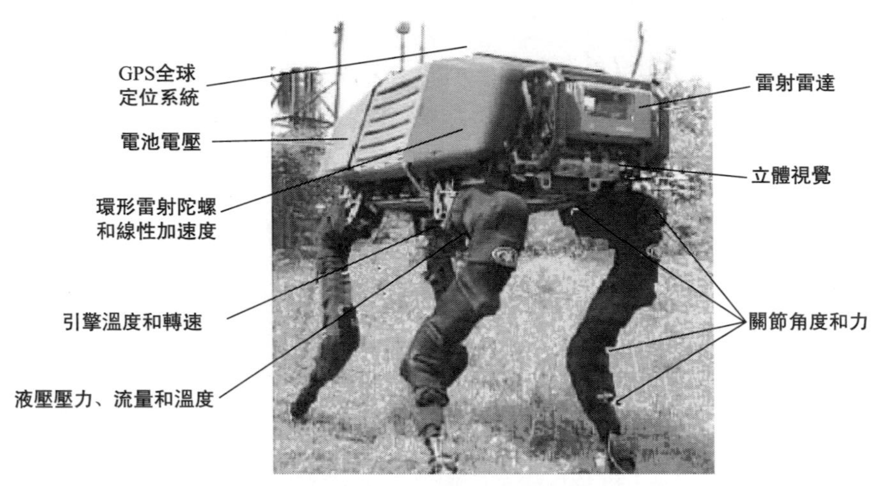

圖 4-15　BigDog 機器人

(3) 新型感測器應用於傳統設備，使場景創新萌發生命力

新型感測器應用於傳統設備是一種場景創新，最典型的案例是掃地機器人(圖 4-16)。掃地機器人有隨機碰撞式和路徑規劃式兩種。路徑規劃式掃地機器人由於其清潔效率高、脫困能力強、方便快捷等特點將逐步取代隨機碰撞式機器人。路徑規劃需用到 GPS 技術、視覺技術、雷射技術。

圖 4-16　掃地機器人

GPS 技術使掃地機器人清楚自身所處的房間內的位置，有效避免了重複清理，提高了清潔效率，但是不能躲避障礙物，因此對於障礙物的探測還是採用「碰撞式」。並且由於 GPS 定位誤差等問題，在房屋較小的空間內使用意義不大。

基於視覺技術的掃地機器人只通過鏡頭獲取圖像，通過演算法實現規劃路徑、躲避障礙，對室內物體沒有要求，適配於各種室內居室，但定位精度比雷射導航低。目前市面上的產品採用 SLAM（即時定位與製圖）技術，能夠通過鏡頭觀測房間，辨識房間的標誌物體及主要特徵，通過三角定位原理繪製房間地圖進行導航，從而確認自身在房間裡的位置進行清掃。

基於雷射技術的掃地機器人及雷射雷達導航掃地機器人，指採用一些低成本雷射雷達獲得周圍物體的距離資訊，並通過智慧演算法規劃路徑、躲避障礙。採用雷射雷達導航的掃地機器人精度較高（公分級），可應用於較大的空間（半徑為 5m 的雷射雷達能夠覆蓋 $80m^2$），但無法探測到落地玻璃、花瓶等高反射率物體，旋轉的雷射雷達還可能出現壽命問題。

當前，雷射導航式掃地機器人的售價還是高於人們的預期。未來隨著 2D 雷射雷達等感測器成本的下降，雷射導航掃地機器人有望走進千家萬戶。

4.5 工業機器人的感測器

4.5.1 工業機器人的感覺系統

隨著勞動力的短缺，「機器換人」是一大勢所趨。工業機器人是廣泛用於工業領域的多關節機械手或多自由度機械裝置，主要由機械結構系統、驅動系統、感知系統、機器人-環境互動系統、人機互動系統和控制系統組成，具有一定的自動性，可依靠自身的動力能源和控制能力實現各種工業加工製造功能。工業機器人被廣泛應用於汽車、家電、電子、物流、化工等工業領域之中。工業機器人定位運動要求高，自由度多，運動頻繁，工作時間長，因此必須得有可靠的感測器。工業機器人上的常用感測器主要包括工業機器人內部感測器、工業機器人外部感測器等。工業機器人的感覺系統主要是視覺、聽覺、觸覺、嗅覺、味覺、平衡感覺等，其感測器的一般要求是精度高、重複性好、穩定性和可靠性好、抗干擾能力強、質量輕、體積小、安裝方便。機器人常用感測器見表 4-3。

表 4-3 機器人常用感測器

感測器位置		基本種類
內部感測器	位置感測器	電位器、旋轉變壓器、碼盤
	速度感測器	碼盤、測速發電機
	加速度感測器	應變片式、壓電式、MEMS 加速度計
	傾斜角感測器	垂直振子式、液體式
	力矩感測器	應變式、壓電式

續表

感測器位置			基本種類
外部感測器	視覺感測器	測量感測器	光學式
		辨識感測器	光學式、超音波式
	觸覺感測器	觸覺感測器	單點式、分布式
		壓覺感測器	單點式、分布式、高密度集成
		滑覺感測器	點接觸式、線接觸式、面接觸式
	接近度感測器	接近感測器	空氣式、磁場式、電場式、光學式、超音波式
		距離感測器	光學式、超音波式

工業機器人內部感測器裝在操作機上，包括位移、速度、加速度感測器，主要作用是檢測機器人操作機內部狀態，作為伺服控制系統的回饋訊號。諸如視覺、觸覺、力覺、距離等外部感測器用於檢測作業對象及環境與機器人的通訊。感測器在機器人的控制中起非常重要的作用，正因為有了感測器，機器人才具備了類似人類的知覺功能和反應能力。

4.5.2 工業機器人內部感測器

在工業機器人內部感測器中，位置感測器和速度感測器是機器人回饋控制中不可缺少的元件。

（1）規定位置、規定角度的檢測

檢測預先規定的位置或角度，可以用開/關兩個狀態值，主要檢測機器人的起始原點、越限位置或確定位置。機械限位開關可以在規定的位移或力作用到微型開關的可動部分時，開關的電氣觸點斷開或接通。限位開關通常裝在盒裡，以防外力的作用和水、油、塵埃的侵蝕。

光電開關是由 LED 光源和光敏二極管或光敏晶體管等光敏元件相隔一定距離而構成的透光式開關。當光由基準位置的遮光片通過光源和光敏元件的縫隙時，光射不到光敏元件上，而造成開關的作用。有時為了提高限位的可靠性，機械限位和光電開關同時使用。

（2）位置、角度測量

測量機器人關節線位移和角位移的感測器是機器人位置回饋控制中必不可少的元件。常用的感測器有電位器、旋轉變壓器、編碼器等。

（3）速度、角速度測量

速度、角速度測量是驅動器回饋控制必不可少的環節。有時也利用位移感測器測量速度，即檢測單位採樣時間的位移量，但這種方法有其侷限性：低速時測量不穩定；高速時只能獲得較低的測量精度。最常用的速度、角速度感測器是測速發電機或稱為轉速表的感測器、比率發電機。測量角速度的測速發電機，可按其構造分為直流測速發電機、交流測速發電機和感應式交流測速發電機。

(4) 加速度測量

隨著工業現場要求的提高，工業機器人負載、加速度都有了新的要求，隨著機器人的高速比、高精度化，機器人的振動問題提上日程。為了解決振動問題，需在機器人的運動手臂等位置安裝加速度感測器，測量振動加速度，並把它回饋到驅動器上。加速度測量常用的感測器有 MEMS 加速度感測器、應變片加速度感測器、伺服加速度感測器、壓電感應加速度感測器等。這一部分在前面已有詳細闡述。

4.5.3 工業機器人外部感測器

工業機器人（圖 4-17）外部感測器的作用是檢測作業對象及環境或機器人與它們的關係。工業機器人上安裝有觸覺感測器、視覺感測器、力覺感測器、接近覺感測器、超音波感測器和聽覺感測器，大大改善了機器人的工作狀況，使其能夠更充分地完成複雜的工作。外部感測器為集多種學科於一體的產品，有些方面還在探索之中，隨著外部感測器的進一步完善，機器人的功能將越來越強大。

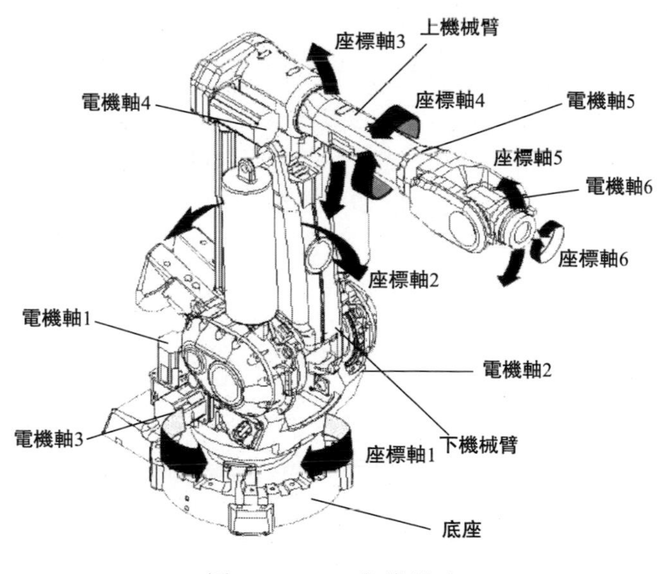

圖 4-17 工業機器人

(1) 觸覺感測器

觸覺是接觸、衝擊、壓迫等機械刺激感覺的綜合，觸覺可以用來進行機器人抓取，利用觸覺可進一步感知物體的形狀、軟硬等物理性質。一般把檢測感知和外部直接接觸而產生的接觸覺、壓力觸覺及接近覺的感測器稱為機器人觸覺感測器。

(2) 力覺感測器

力覺是指對機器人的指、肢和關節等運動中所受力的感知。主要包括：腕力覺、關節力覺和支座力覺等。根據被測對象的負載，可以把力感測器分為測力感測器（單軸力感測器）、力矩表（單軸力矩感測器）、手指感測器（檢測機器人手指作用力的超小型單軸力感測器）和六軸力覺感測器。

力覺感測器根據力的檢測方式不同，分為檢測應變或應力的應變片式感測器，利用壓電效應的壓電元件式感測器，用位移計測量負載產生的位移的差動變壓器、電容位移計式感測器等。應變片力覺感測器被機器人廣泛採用。

在選用力覺感測器時，首先要特別注意額定值，其次是解析度，在機器人通常的力控制中，力的精度意義不大，重要的是解析度。

在機器人上實際安裝使用力覺感測器時，一定要事先檢查操作區域，清除障礙物。這對保障實驗者的人身安全、保證機器人及外圍設備不受損害有重要意義。

(3) 距離感測器

距離感測器可用於機器人導航和迴避障礙物，也可用於對機器人空間內的物體進行定位及確定其一般形狀特徵。目前最常用的測距法有兩種：其一是超音波測距法，其二是雷射測距法。超音波是頻率 20kHz 以上的機械振動波，利用發射脈衝和接收脈衝的時間間隔推算出距離。超音波測距法的缺點是波束較寬，其解析度受到嚴重的限制，多用於導航和迴避障礙物。雷射測距法的工作原理是：氦氖雷射器固定在基線上，在基線的一端由反射鏡將雷射點射向被測物體，反射鏡固定在電機軸上，電機連續旋轉，使雷射點穩定地對被測目標掃描。由 CCD（電荷耦合裝置）攝影機接收反射光，採用圖像處理的方法檢測出雷射點圖像，並根據位置座標及攝影機光學特點計算出雷射反射角。利用三角測距原理即可算出反射點的位置。

(4) 其他外部感測器

除以上介紹的機器人外部感測器外，還可根據機器人特殊用途安裝聽覺感測器、味覺感測器及電磁波感測器，而這些機器人主要用於科學研究、海洋資源探測或食品分析、救火等特殊用途。這些感測器多數處於開發階段，有待於更進一步完善，以豐富機器人的專用功能。

(5) 感測器融合

工業機器人越來越複雜，系統中使用的感測器種類和數量越來越多，每種感測器都有一定的使用條件和感知範圍，並且又能給出環境或對象的部分或整個側面的資訊，為了有效地利用這些感測器資訊，需要採用某種形式對感測器資訊進行綜合、融合處理，不同類型資訊的多種形式的處理系統就是感測器融合。感測器的融合技術涉及神經網路、知識工程、模糊理論等資訊、檢測、控制領域的新理論和新方法。

當感測器檢測同一環境或同一物體的同一性質時，感測器提供的數據可能是一致的，也可能是矛盾的。若有矛盾，就需要系統判斷取優。系統裁決的方法有多種，如加權平均法、決策法等。在一個導航系統中，車輛位置的確定可以通過運算定位系統（利用速度、方向等紀錄數據進行運算）或路標（交叉路口、人行道等參照物）觀測確定。若路標觀測成功，則用路標觀測的結果，並對運演算法的值進行修正，否則利用運演算法所得的結果。

多感測器資訊融合的理想目標應是人類的感覺、辨識、控制體系，但由於對其尚無一個明確的工程學的闡述，所以機器人感測器融合體系要具備什麼樣的功能仍是一個模糊的概念。隨著機器人智慧水平的提高，未來多感測器資訊融合理論和技術將會逐步完善發展。

未來，越來越多的3D視覺、力感測器會用到機器人上，機器人將會變得越來越智慧化。隨著感測與辨識系統、人工智慧等技術的進步，機器人從被單向控制向自己儲存、自己應用數據方向發展，逐漸資訊化。隨著多機器人協同、控制、通訊等技術進步，機器人從獨立個體向互聯網、協同合作方向發展。

4.6 智慧製造裝備感測器的發展趨勢

感測器是當代科學技術發展的一個重要標誌，隨著物聯網的迅速發展，作為智慧感知的主角，感測器的發展潛力越來越大。感測器技術的不斷發展，會使感測器越來越小型化，且繼續變得更加智慧，為未來的創新產品和服務提供一個新的平台[32]。

當今智慧感測器層出不窮，智慧感測器的研發工作還遠遠沒有完成。它不斷被更低成本、更小尺寸、更小功耗和更高性能、更高可靠性等需要驅動著，新感測原理、新技術不斷湧現也不斷推動智慧感測器的研發[56]。隨著各國政策的重視與研發的扶持，感測器正向著新原理、新材料和新工藝感測器、微小型化、智慧化、多功能化和網路化以及多感測器融合與網路化方向發展[57]。

(1) 新型感測器研發

新現象、新原理、新材料是發展感測器技術、研究新型感測器的重要基礎，每一種新原理、新材料的發現都會使新的感測器種類誕生。進一步探索具有新效應的敏感功能材料，並以此研製出具有新原理的新型物性型感測裝置。物性型感測器亦稱固態感測器，它包括半導體、電解質和強磁性體三類。其中利用量子力學諸效應研製的高靈敏閾感測器，用來檢測微弱訊號，是感測器技術發展的新趨勢。例如，利用核磁共振吸收效應的磁敏感測器，可將檢測限擴展到地磁強度的 10^7 倍；利用約瑟夫遜效應的熱噪音溫度感測器，可測量 10^{-6} 的超低溫；利用光子滯後效應的響應速度極快的紅外感測器。目前最先進的固態感測器是在一塊晶片上可同時集成差壓、靜壓、溫度三個感測器，使差壓感測器具有溫度和壓力補償功能。

(2) 微型化

微電子技術和 MEMS 技術的發展推動了感測器的發展，感測器的體積越來越小，將感測器、微處理器、執行器合為一體，構成微電子機械系統。微感測器的尺寸大多為毫米級，甚至更小。例如，壓力微感測器可以放在注射針頭內，送入血管測量血液流動情況。未來隨著感測器體積的減小，微型機器人將會在醫療、軍事等領域起越來越大的作用。

(3) 感測器的集成化和多功能化

半導體集成電路技術及其開發思想、微細加工技術、厚膜和薄膜技術將被用於感測器加工製造。所謂集成化，就是將敏感元件、資訊處理或轉換單元以及電源等部分利用半導體技術製作在同一晶片上；多功能化則意味著一個感測器具有多種參數的檢測功能，如半導體溫濕敏感測器、多功能氣體感測器等。借助於半導體的蒸鍍技術、擴散技術、光刻技術、精密加工及組裝技術等，使感測器的這種發展趨勢得以實現。例如，霍尼韋爾公司的 ST-3000 型智慧感測器就是採用半導體工藝，在同一晶片上集成了 CPU、EPROM 和靜態壓力、壓差、溫度三種敏感元件。

(4) 感測器的智慧化

感測器與微型電腦相結合就形成了帶微處理器的智慧感測器，兼有檢測和資訊處理、自主決策的功能，同時還具有記憶、儲存、解析、統計處理及自診斷、自校準、自適應等功能，能夠進行遠距離無線通訊。智慧感測器還具有組態功能，使用靈活。在智慧感測器系統中可設置多種模組化的硬體和軟體，使用者可通過微處理器發出指令，改變智慧感測器的硬體模組和軟體模組的組合狀態，完成不同的測量功能。

(5) 生物感測器和仿生感測器

現在開發的感測器大多為物理感測器，今後應積極開發研究化學感測器和生物感測器，尤其是智慧機器人技術的發展，需要研製各種模擬人的感覺器官的感測器，如機器人力覺感測器、觸覺感測器、味覺感測器等。大自然的生物是人類學習的榜樣。仿生學不僅僅侷限於運動的仿真，生物的感覺器官也是非常值得研究學習的。比如，狗的嗅覺（其靈敏閾是人的 10^7 倍），鳥的視覺（其能力是人的數十倍），蝙蝠、飛蛾、海豚的聽覺（主動型生物雷達——超音波感測器）、蛇的接近覺（相當於解析度達 0.001℃的紅外測溫感測器）等，所有這些都可能是未來感測器的突破重點。

(6) 感測器的圖像化

現代的感測器已不再侷限於對一點的測量，而是開始研究一維、二維甚至三維空間的測量問題。現已研製成功了二維圖像感測器，如 MOS 型、CCD 型、CID 型全固體式攝影裝置等。

(7) 無線化和網路化

無線感測網路是在感測器技術、電腦技術和通訊技術的基礎上發展起來的種全新的資訊獲取和處理技術，是面向應用的、接近客觀物理世界的網路系統，在軍事領域、精準農業、風險監控、環境監測、智慧交通等諸多領域獲得了廣泛的應用[58]。隨著感測器和網路技術的發展，無線感測器和無線感測器網路的靈活性、動態性及無線通訊等有著廣闊的發展前景。

(8) 低功耗

低功耗感測器是困擾物聯網應用的因素之一，除了小型化，低功耗感測器也是一個重要的發展方向。以環境監測為例，監測網路中的感測器大多在河道或水庫，一般採用太陽能或蓄電池供電，降低功耗的意義頗為重大。對無線感測器而言，還需要降低發射功率。

4.7 本章小結

本章首先介紹了感測器的概念、特點、分類和應用，在此基礎上，著重介紹了智慧製造裝備感測器的作用和分類，智慧感測器網路以及智慧製造裝備感測器的選擇和系統設計。以工業機器人作為智慧製造裝備的典型代表，介紹了工業機器人的感知系統。最後，簡單敘述了智慧製造裝備感測器的發展趨勢。

第5章

智慧製造裝備控制系統設計

智慧製造裝備的智慧控制是控制系統的發展趨勢。隨著網路技術的不斷發展，具有環境感知能力的各類終端、基於網路技術的運算模式等優勢促使物聯網在工業領域應用越來越廣泛，不斷融入工業生產的各個環節，將傳統工業提升到智慧工業的新階段。其中最主要的應用就是生產過程檢測、即時參數採集、生產設備監控、材料消耗監測，從而實現生產過程的智慧控制。控制系統能否達到預定的要求關係到系統的成敗。不同用途的控制系統要求是不同的，一般可歸納為系統的穩定性、精確性和快速反應[59]。

5.1 智慧控制概述

智慧控制是具有智慧資訊處理、智慧資訊回饋和智慧控制決策的控制方式，是控制理論發展的高級階段，主要用來解決那些用傳統方法難以解決的複雜系統的控制問題。智慧控制研究對象的主要特點是具有不確定性的數學模型、高度的非線性和複雜的任務要求。智慧控制以控制理論、電腦科學、人工智慧、運籌學等學科為基礎，擴展了相關的理論和技術，其中應用較多的有模糊邏輯、神經網路、專家系統、遺傳演算法等理論，以及自適應控制、自組織控制和自學習控制等技術。

智慧控制被廣泛地應用於機械製造行業。在現代先進製造系統中，需要依賴那些不夠完備和不夠精確的數據來解決難以或無法預測的情況，智慧控制為解決這一難題提供了一些有效的解決方案。裝備的智慧控制見圖 5-1。

汽車製造企業智慧製造裝備自動化控制建設方案基礎系統由數據服務層、物聯網感知層、平台服務層等組成。通過物聯網感知層可以連結機器人、I/O 設備、感測器等各種智慧化設備，可以將智慧製造裝備的數據解析為平台數據發送給平台服務層；平台服務層對設備數據進行處理，並發送到數據服務層；數據服務層負責進行大數據分析和資料儲存。平台服務是整個平台的「大腦」，負責平台所有的設備管理、數據管理、通訊管理、權限管理等，並且可以將平台的服務以標準的通訊協議進行發布，支援第三方系統的協同調用。物聯網感知層支援所有設備的連結並進行控制。汽車製造企業智慧控制的應用為汽車製造企業未來向智慧製造不斷擴展奠定了基礎。

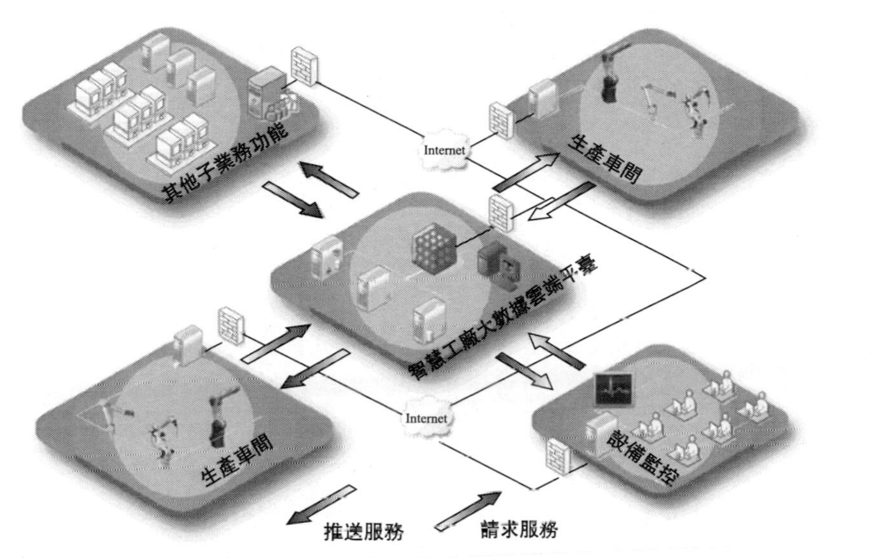

圖 5-1　裝備的智慧控制

智慧控制的目的是從系統功能和整體優化的角度來分析和綜合系統，以實現預定的目標。智慧控制系統可以實現總體自尋優，具有自適應、自組織、自學習和自協調能力。智慧控制的核心是高層控制，能以知識表示的非數學廣義模型和以數學表示的混合控制過程，採用開閉環控制和定性決策及定量控制結合的多模態控制方式，對複雜系統（如非線性、快時變、複雜多變量、環境擾動等）進行有效的全局控制，實現廣義問題求解，並具有較強的容錯能力。智慧控制系統具有足夠的關於控制策略、被控對象及環境的知識以及運用這些知識的能力，有補償及自修復能力和判斷決策能力。

智慧控制與傳統控制的主要區別在於傳統的控制方法必須依賴於被控制對象的模型，而智慧控制可以解決非模型化系統的控制問題。智慧控制技術的主要方法有模糊控制、基於知識的專家控制、神經網路控制和集成智慧控制等。常用的優化演算法有遺傳演算法、蟻群演算法、免疫演算法等。

（1）模糊控制

模糊邏輯控制簡稱模糊控制，是以模糊集合論、模糊語言變量和模糊邏輯推理為基礎的一種電腦數位控制技術。1974 年，英國的 E. H. Mamdani 首次根據模糊控制語句組成模糊控制器，將它應用於鍋爐和蒸汽機的控制，並取得成功。這一開拓性的工作象徵著模糊控制論的誕生。模糊控制屬於智慧控制的範疇，實質上是一種非線性控制。其特點是既有系統化的理論，又有大量的實際應用背景。模糊控制近些年得到了迅速而廣泛的推廣應用。

模糊控制無論理論上還是技術上都有了長足的進步，成為自動控制領域一個重要的分支。其典型應用涉及生產和生活的許多方面，例如，家用電器設備中有模糊洗衣機、空調等；工業控制領域中有水淨化處理、化學反應釜等；在專用系統和其他方面有地鐵靠站停車、汽車駕駛、電梯、自動扶梯、機器人的模糊控制等[60]。

(2) 專家控制

專家系統是利用專家知識對專門的或困難的問題進行描述的控制系統，它是一個具有大量的專門知識與經驗的程式系統，應用人工智慧技術和電腦技術，根據某領域一個或多個專家提供的知識和經驗，進行推理和判斷，模擬人類專家的決策過程，將專家系統的理論技術與控制理論技術相結合，仿效專家的經驗，實現對系統控制的一種智慧控制，以便解決那些需要人類專家才能處理好的複雜問題。簡而言之，專家系統是一種模擬人類專家解決領域問題的電腦程式系統。專家控制主體由知識庫和推理機構組成，通過對知識的獲取與組織，按某種策略適時選用恰當的規則進行推理，以實現對控制對象的控制。專家控制可以靈活地選取控制率，靈活性高；可通過調整控制器的參數，適應對象特性及環境的變化，適應性好；通過專家規則，系統可以在非線性、大偏差的情況下可靠地工作，魯棒性強。目前專家系統已廣泛應用於故障診斷、工業設計和過程控制中，為解決工業控制難題提供一種新的方法，是實現工業過程控制的重要技術[61]。

(3) 神經網路控制

神經網路是一種非程式化、適應性、大腦風格的資訊處理技術。它模擬人腦神經元的活動，利用神經元之間的聯結與權值的分布來表示特定的資訊，通過網路的變換和動力學行為得到一種並行分布式的資訊處理功能，並在不同程度和層次上模仿人腦神經系統的資訊處理功能，通過不斷修正連接的權值進行自我學習，以逼近理論為依據進行神經網路建模，並以直接自校正控制、間接自校正控制、神經網路預測控制等方式實現智慧控制。由於其具有獨特的模型結構和固有的非線性模擬能力，以及高度的自適應和容錯特性等，且具有大規模並行、分布式儲存和處理、自組織、自適應和自學能力，特別適合處理需要同時考慮許多因素和條件的、不精確和模糊的資訊處理問題，在控制系統中獲得了廣泛的應用。

(4) 學習控制

學習控制是指靠控制系統自身的學習功能來認識控制對象和外界環境的特性，並相應地改變自身特性以改善系統的控制性能，具有一定的辨識、判斷、記憶和自行調整的能力的技術，主要包括遺傳演算法學習控制和疊代學習控制。

遺傳演算法是模擬自然選擇和遺傳機制的一種搜尋和優化演算法，是根據大自然中生物體進化規律而設計提出的。遺傳演算法是模擬達爾文生物進化論的自然選擇和遺傳學機理的生物進化過程的運算模型，是通過模擬自然進化過程搜尋最佳解的方法，在求解較為複雜的組合優化問題時，能較快地獲得較好的優化結果。遺傳演算法作為優化搜尋演算法，已被人們廣泛地應用於組合優化、機器學習、訊號處理、自適應控制和人工生命等領域。

疊代學習控制模仿人類學習的方法，不斷重複一個同樣軌跡的控制嘗試，並以此修正控制律，通過多次的訓練從經驗中學會某種技能以得到非常好的控制效果的控制方法，是學習控制的一個重要分支。疊代學習控制能以非常簡單的方式處理不確定度相當高的動態系統，適應性強，不依賴於動態系統的精確數學模型，是一種以疊代產生優化輸入訊號，使系統輸出盡可能逼近理想值的演算法，對非線性、複雜性、難以建模以及高精度軌跡控制問題的處理有著非常重要的意義。

5.2 智慧製造裝備的控制系統分類[40]

智慧控制系統就是在無人介入的情況下能自主地驅動智慧機器實現控制目標的自動控制技術，一般包括分級遞階控制系統、模糊控制系統、神經網路控制系統、專家控制系統和學習控制系統。可根據實際情況單獨使用，也可以綜合應用於一個實際的智慧控制系統或裝置，建立起混合或集成的智慧控制系統。智慧控制系統一般結構如圖 5-2 所示。

5.2.1 分級遞階控制系統

分級遞階控制系統由美國普渡大學的 Saridis 等提出，是建立在自適應控制和自組織控制系統基礎上的智慧控制理論，主要由三個控制級組成。按智慧控制的高低分為組織級、協調級、執行級，並且這三級遵循「精度隨智慧降低而增加」的原則。分級遞階控制系統主要包括基於知識/解析混合多層智慧控制理論以及精度隨智慧提高而降低的分級遞階智慧制理論兩類，其功能結構如圖 5-3 所示。

（1）組織級

分級遞階智慧控制系統的最高級是組織級，是智慧控制的大腦，代表控制系統的主導思想，具有組織、學習和決策能力，執行最高決策的控制功能，通過人機介面即時監控並指導協調級和執行級的所有行為。它能對輸入語句進行分析，能辨識控制情況，能在大致了解任務執行細節的情況下組織任務並提出適當的任務形式。組織級要求具有低精度和高的智慧決策及學習能力。

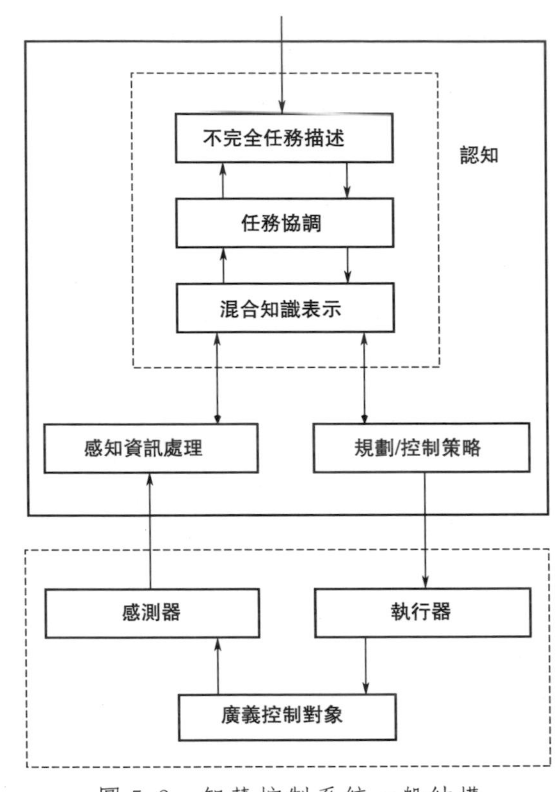

圖 5-2 智慧控制系統一般結構

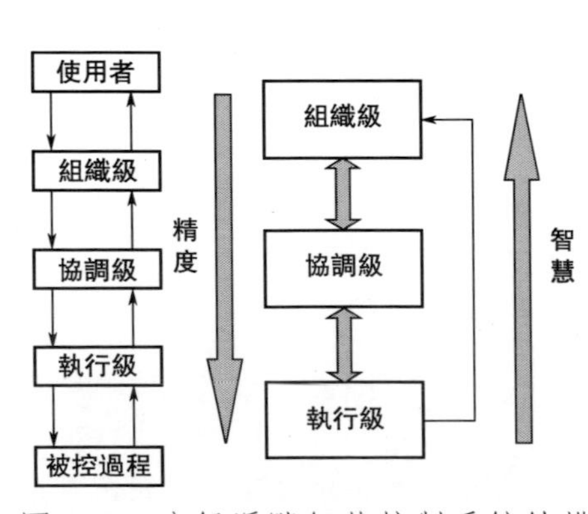

圖 5-3 分級遞階智慧控制系統結構

(2) 協調級

協調級是組織級和執行級之間的介面，涉及決策方式及其表示，採用人工智慧及運籌學方法實現控制。它是控制系統的中間級，主要任務是協調各控制器的控制作用或協調各子任務執行。

(3) 執行級

執行級是智慧控制系統的最底層，執行組織級和協調級的指令，對相關過程執行控制作用。執行級要求具有較高的精度和較低的智慧。

5.2.2 模糊控制系統

傳統的控制理論對明確系統有很好的控制能力，並且在生產中得到了廣泛的應用。對於過於複雜或難以精確描述的系統，傳統控制手段往往得不到很好的控制效果。模糊控制系統能夠實現模糊控制，是主要由模糊控制器、被控對象、檢測模組和回饋部分組成的自動控制系統。1965 年，美國加州大學的 L. A. Zadeh 教授首次提出用「隸屬函數」的概念來定量描述事物模糊性的模糊集合理論，並提出了模糊集的概念。模糊集的思想反映了現實世界存在的客觀不確定性與人們在認識中出現的主觀不確定性。

模糊控制利用控制法則來描述系統變量間的關係，提供了一種基於自然語言描述規則的控制規律的新機制，同時提供了一種改進非線性控制器的替代方法，這些非線性控制器一般用於控制含有不確定性和難以用傳統非線性理論來處理的裝置。模糊控制屬於智慧控制的範疇，是實現智慧控制的一個重要而有效的形式，以模糊集合、模糊語言變量、模糊推理為其理論基礎，以先驗知識和專家經驗作為控制規則，其基本思想是用機器模擬人對系統的控制，在被控對象模糊模型的基礎上運用模糊控制器近似推理等手段實現系統控制。凡是無法建立數學模型或難以建立數學模型的場合都可以採用模糊控制技術。

模糊控制簡化了系統設計的複雜性，不依賴於被控對象的精確數學模型，不必對被控對象建立完整的數學模型，尤其適用於非線性、時變、滯後、模型不完全系統的控制。模糊控制不用數值而用語言式的模糊變量來描述系統。

模糊控制單元由模糊化、規則庫、模糊推理和清晰化四個功能模組組成，基本功能結構如圖 5-4 所示。模糊化模組實現對系統變量域的模糊劃分和對清晰輸入值的模糊化處理，規則庫用於儲存系統的基於語言變量的控制規則和系統參數，模糊推理是一種從輸入空間到輸出空間的非線性映射關係。

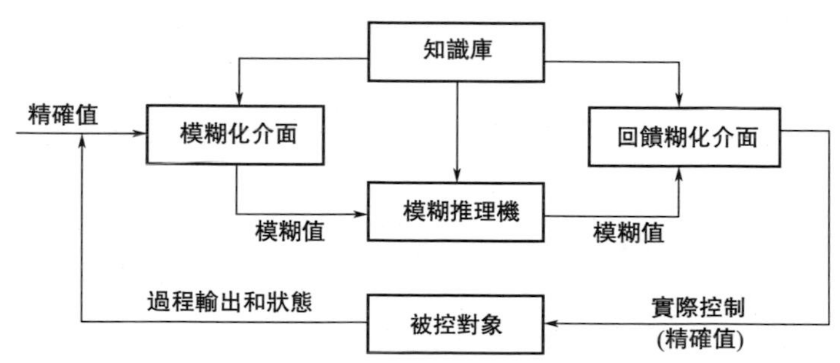

圖 5-4　模糊控制單元基本功能結構

5.2.3 神經網路控制系統

神經網路是指由大量與生物神經系統的神經細胞類似的人工神經元互連而組成的或由大量像生物神經元的處理單元並聯而成的網路，具有某些智慧和仿人控制功能，是一種基本上不依賴於模型的控制方法，適合於具有不確定性或高度非線性的控制對象，並具有較強的自適應和自學習功能。神經網路是智慧控制的一個重要分支領域，在智慧控制、模式辨識、電腦視覺、自適應濾波和訊號處理、非線性優化、自動目標辨識、連續語音辨識、聲吶訊號的處理、知識處理、智慧感測技術與機器人、生物醫學工程等方面都有了長足的發展。

生物神經系統的基本構造是神經元，也稱神經細胞，它是處理人體內各部分之間相互資訊傳遞的基本單元。神經元是由細胞體、連接其他神經元的軸突和一些向外伸出的其他較短分支——樹突組成的（圖 5-5），人的大腦一般有10^{10}～10^{11}個神經元。樹突的功能是接收來自其他神經元的興奮。神經元細胞體將接收到的所有訊號進行簡單的處理後由軸突輸出。神經元的樹突與另外的神經元的神經末梢相連的部分稱為突觸。

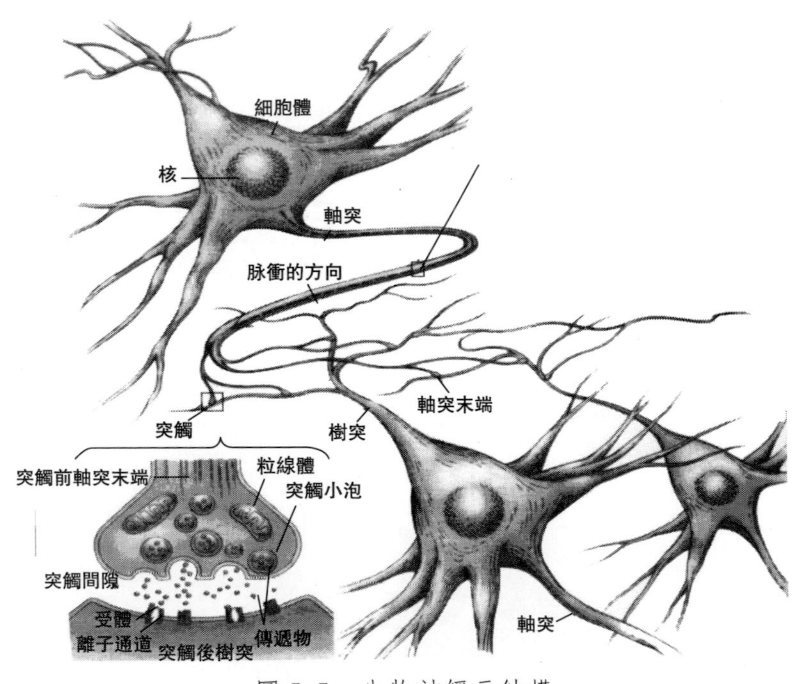

圖 5-5　生物神經元結構

神經網路由許多相互連接的處理單元組成。這些處理單元通常線性排列成組，稱為層。每一個處理單元有許多輸入量，而對每一個輸入量都相應有一個相關聯的權重。處理單元將輸入量進行加權求和，並通過傳遞函數的作用得到輸出量，再傳給下一層的神經元。目前人們提出的神經元模型已有很多，其中提出最早且影響最大的是 1943 年由心理學家 McCulloch 和數學家 Pitts 在分析總結神經元基本特性的基礎上首先提出的 M-P 模型，它是大多數神經網路模型的基礎。

神經網路採用仿生學的觀點與方法來研究人腦和智慧系統中的高級資訊處理，基於神經網路的控制可以看作是關於受控狀態、輸出或某個性能評價函數變化訊號的模式辨識問題。這些訊號經神經網路映射成控制訊號，即使在神經網路輸入資訊量不充分的情況下，也能快速地對模式進行辨識，產生適當的控制訊號。控制效果由系統的評價函數來反映，該函數是一類變化訊號輸入神經網路，作為神經網路的學習演算法或學習準則。

自動控制領域的技術涉及系統建模和辨識、參數整定、極點配置、內模控制、優化、設計、預測控制、最佳控制、濾波與預測容錯控制等。自動控制模式辨識方面的應用包括手寫字符、汽車牌照、指紋和聲音辨識，還包括目標的自動辨識、目標追蹤、機器人感測器圖像辨識及地震訊號的鑑別。在圖像處理方面的應用包括對圖像進行邊緣監測、圖像分割、圖像壓縮和圖像恢復。在機器人領域的應用包括軌道控制、操作機器人眼手系統控制、機械手故障的診斷及排除、智慧自適應移動機器人的導航、視覺系統控制。在醫療健康領域的應用包括乳腺癌細胞分析、移植次數優化、醫院質量改進等。

神經網路控制在機器人領域獲得了積極應用。機器人是一個非線性和不確定性系統，核心是機器人控制系統，機器人智慧控制是近年來機器人控制領域研究的尖端課題，已取得了相當豐富的成果。機器人軌跡追蹤控制系統的主要目的是通過給定各關節的驅動力矩，使機器人的位置、速度等狀態變量追蹤給定的理想軌跡。當機器人的結構及其機械參數確定後，其動態特性由數學模型來描述，可採用自動控制理論所提供的設計方法，採用基於數學模型的方法設計機器人控制器。

5.2.4 專家控制系統

專家是指那些對解決專門問題非常熟悉的人，擁有豐富的經驗以及處理問題的詳細專業知識。基於專家控制的原理所設計的系統，應用專家系統的概念和技術，模擬人類專家的控制知識與經驗而建造的控制系統，稱為專家控制系統。專家控制系統內部含有大量的某個領域專家水平的知識與經驗，能夠利用人類專家的知識和解決問題的經驗方法來處理該領域的高水平難題。專家控制系統將專家系統的理論與技術同控制方法與技術相結合，在未知環境下，效仿專家的智慧，實現對系統的控制，具有啟發性、透明性、靈活性、符號操作、不確定性推理等特點，已廣泛應用於故障診斷、各種工業過程控制中。

5.2.5 仿人智慧控制

智慧控制方法研究的共同點是將人腦的微觀或宏觀的結構功能用到控制系統中，使工程控制系統具有某種「類人」或「仿人」的智慧，並把它移植到工程控制系統中。仿人智慧控制研究的目標不是被控對象，而是控制器本身，直接對人的控制經驗、技巧和各種直覺推理邏輯進行檢測、辨別、概括和總結，使控制器的結構和功能更好地從宏觀上模擬控制專家的功能行為。其基本思想是在控制過程中利用電腦模擬人的控制行為功能，最大限度地辨識和利用控制系統動態過程所提供的特徵資訊，進行啟發和直覺推理，從而實現對缺乏精確模型的對象的有效控制。智慧控制以模仿人類智慧為基礎彌補了以數學模型為基礎的傳統控制系統的不足，在工業控制中顯示了強大的生命力。

圖 5-6 是仿人分層遞階智慧控制系統，將遞階控制的思想（組織級、協調級和執行級）應用於控制器的設計中，並按照被控量偏差及偏差變化率的大小進行分層遞階控制，各分層控制策略採用仿人智慧控制方案來實現工業過程控制系統的自動、穩定和優化運行。

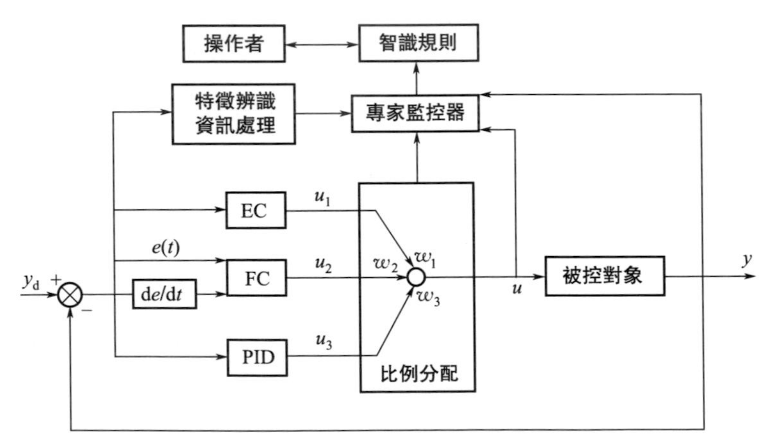

圖 5-6　仿人分層遞階智慧控制系統

當被控過程系統偏差較大、負荷大範圍改變時，控制系統採用仿人操作的專家控制策略；當偏差 $e(t)$ 和偏差變化量 $\Delta e(t)$ 稍大時，選用模糊控制；當偏差 $e(t)$ 和 $\Delta e(t)$ 均比較小時，採用參數自整定 PID 控制和自尋優學習控制。

分層遞階智慧控制演算法內層是自整定 PID 控制，第二層是模糊控制（FC），外層是專家控制（EC）。這三個模組的工作狀態可以在專家控制系統的監控下相互切換。

5.2.6 集成智慧控制系統

將幾種智慧控制方法和機理融合在一起構成的智慧控制系統稱為集成智慧控制系統。下面通過幾個例子來說明集成智慧控制系統。

（1）模糊邏輯控制與神經網路的融合

模糊系統和神經網路控制是智慧控制領域的兩個分支，在資訊的加工處理過程中均表現出很強的容錯能力，分別有各自的基本特性和應用範圍，如表 5-1 所示。模糊系統是仿效人的模糊邏輯思維方法設計的一類系統，善於表達經驗性知識，可以處理帶有模糊性元素的資訊，在工作過程中允許數值型量存在不精確性，但其規律集和隸屬函數等設計參數靠經驗選擇，很難自動設計和調整，這是模糊系統的主要缺點。神經網路在運算處理資訊的過程中所表現出的容錯性取決於其網路自身的結構特點。而人腦思維的容錯能力源於思維方法上的模糊性以及人腦本身的結構特點。

表 5-1 模糊系統與神經網路的比較

比較對象	模糊系統	神經網路
獲取知識	專家經驗	演算法實例
推理機制	啟發式搜尋	並行運算
推理速度	低	高
容錯性	低	高
學習機制	歸納式	自動調整權值
自然語言實現	明確	不明顯
自然語言靈活性	高	低

模糊邏輯控制、神經網路與專家控制是三種典型的智慧控制方法。通常專家系統建立在專家經驗基礎上，並非建立在工業過程所產生的操作數據上，且一般複雜系統所具有的不精確性、不確定性就算領域專家也很難把握，這使建立專家系統非常困難。而模糊邏輯控制和神經網路控制作為兩種典型的智慧控制方法，各有優缺點，模糊邏輯與神經網路的融合——模糊神經網路（Fuzzy Neural Network）由於吸取了模糊邏輯控制和神經網路控制的優點，是當今智慧控制研究的焦點之一。

若能採用神經網路構造模糊系統，就可以利用神經網路的學習方法，根據輸入輸出樣本來自動設計和調整模糊系統的設計參數，實現模糊系統的自學習和自適應功能。根據這一想法產生了模糊神經網路系統。模糊神經網路就是模糊理論同神經網路結合的產物，它彙集了神經網路與模糊理論的優點，集學習、聯想、辨識、資訊處理於一體。美國著名學者 B. Kosko 在這方面進行了開創性的工作，他出版的《*Neural Network and Fuzzy Systems*》一書系統地研究和總結了神經網路和模糊系統的一般原理和方法，對神經網路在模糊系統中的應用研究起了很大的推動作用。近幾年，模糊神經網路成為智慧控制與智慧自動化領域的焦點之一，取得了很多理論和應用成果，比較著名的有模糊聯想記憶（FAM）、模糊自適應諧振理論（F-ART）、模糊認知圖（FCM）和模糊多層感知機（FMLP）等。

神經網路與模糊技術的融合方式，大致有下列三種：

① 神經-模糊模型。該模型以模糊邏輯控制為主體，應用神經網路，實現模糊邏輯控制的決策過程，以模糊邏輯控制方法為「樣本」，對神經網路進行離線訓練學習。「樣本」就是學習的「老師」。所有樣本學習完以後，這個神經元網路就是一個模糊規則表，具有自學習、自適用功能。神經-模糊模型結構如圖 5-7 所示。

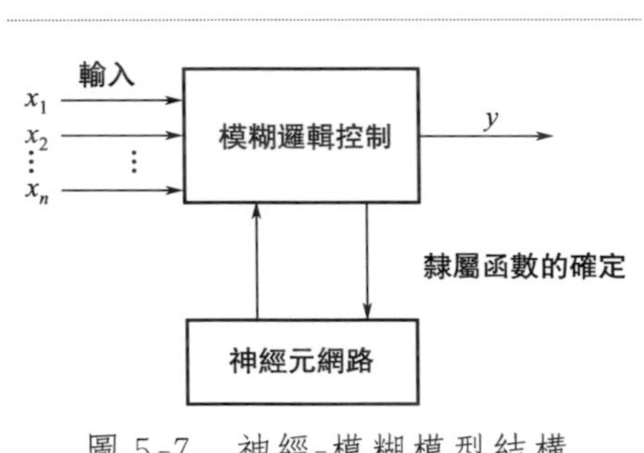

圖 5-7　神經-模糊模型結構

② 模糊-神經模型。該模型以神經網路為主體，將輸入空間分割成若干不同形式的模糊推論組合，對系統先進行模糊邏輯判斷，以模糊控制器輸出作為神經元網路的輸入。後者具有自學習的智慧控制特性。模糊-神經模型結構如圖 5-8 所示。

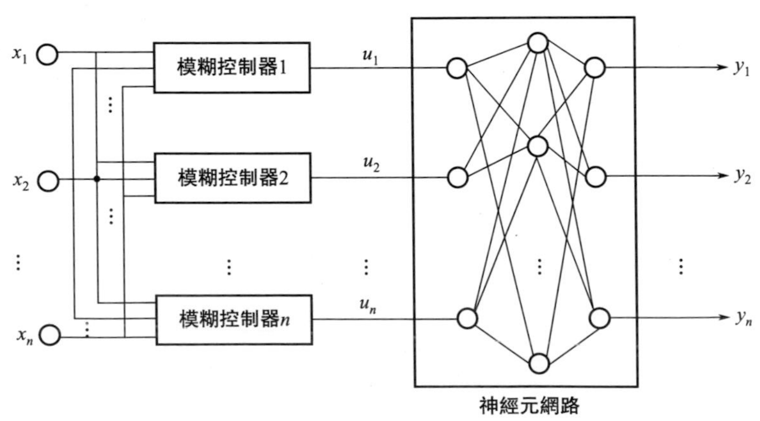

圖 5-8　模糊-神經模型結構

③ 神經元-模糊模型。該模型根據輸入量性質的不同分別由神經網路與模糊控制直接處理輸入資訊，並直接作用於控制對象，更能起各自的控制特點。神經元-模糊模型結構如圖 5-9 所示。

(2) 基於遺傳演算法的模糊控制系統

遺傳演算法（Genetic Algorithm，GA）是一種基於自然選擇和基因遺傳機制，根據適者生存、優勝劣汰法則而形成的一種創新的人工優化搜尋演算法。魯棒性是指在不同的環境中，通過效率及功能之間的協調平衡來求生存能力的特性。遺傳演算法的核心是魯棒性。

模糊控制是基於模糊集合論，模擬人腦活動的近似推理方法。但是其控制規則在推理過程中是不變的，不能適應對象變化的情況。將遺傳演算法的優化搜尋技術和模糊推理機制有機地結合在一起，就可使模糊推理規則根據實際情況做出相應的變化，從而賦予模糊控制器自動獲取模糊推理知識的能力。

圖 5-10 是一個帶有遺傳演算法的模糊控制系統，其中 k 是模糊量化因子。

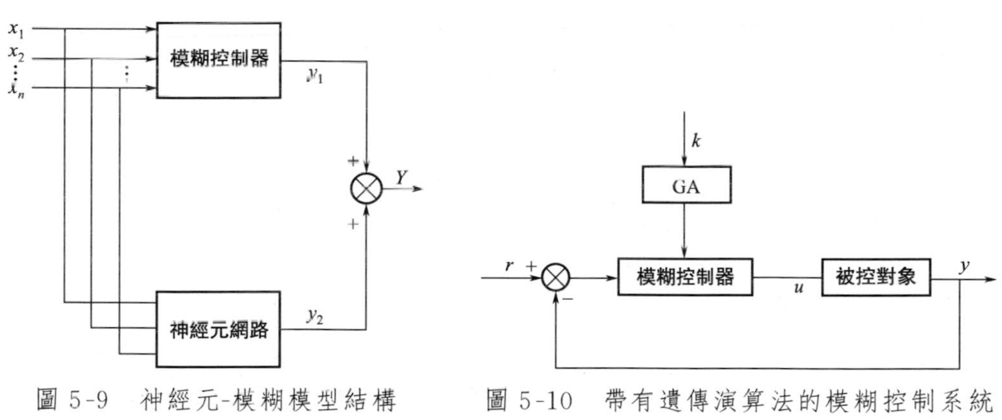

圖 5-9　神經元-模糊模型結構

圖 5-10　帶有遺傳演算法的模糊控制系統

(3) 專家模糊系統

專家模糊控制是將專家系統技術與模糊理論相結合的一類智慧控制。它運用模糊邏輯和人的經驗知識及求解控制問題的啟發式規則來構造控制策略。一般專家模糊控制器是一個二級協調控制器，由基本控制級和專家智慧協調級組成。基本控制級作為基本控制器與被控過程形成閉環完成即時控制；專家智慧協調級線上即時監測控制系統性能，依據系統性能線上調整控制器和參數，從而針對具體對象有效地進行控制。學習系統級線上對智慧協調級的知識庫和資料庫內容進行升級，使整個控制系統的性能逐步得到完善。圖 5-11 所示為專家模糊控制系統。

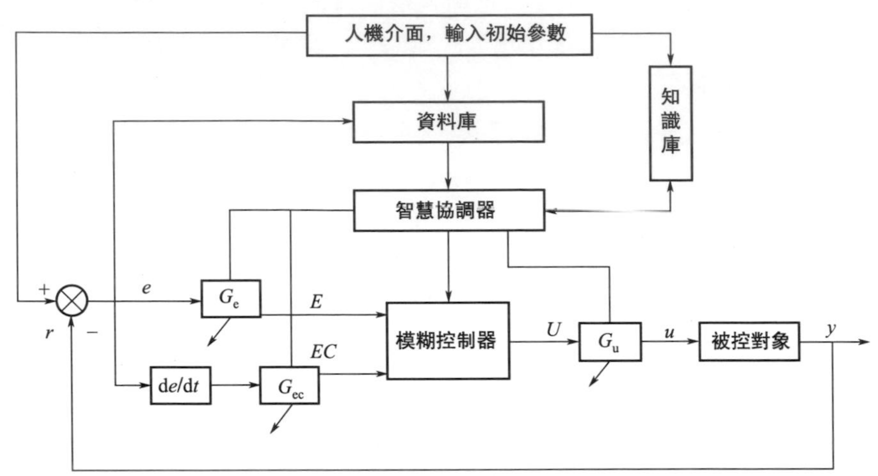

圖 5-11　專家模糊控制系統

(4) 混沌模糊控制

混沌模糊控制是指通過微小控制量的作用使受控混沌系統脫離混沌狀態，達到預期的週期性動力學行為，如平衡態、週期運動或準週期運動。混沌控制的目標是消除描述對象中存在的分岔行為和混沌現象。自然界中確定性現象和隨機性現象之間還存在一類由確定性方程描述的非確定性現象，或稱為確定性的隨機現象——混沌現象。人類大腦中神經網路動力學特性、腦神經元、工業系統中確定性非線性動力學系統等，都表現出混沌運動，看似混亂，但有精細的內在結構，能把系統運動吸引並束縛在特定範圍內。人們對混沌控制的認識是人為並有效地通過某種方法控制混沌系統，使之發展到實際所需要的狀態。當混沌有害時，成功地抑制混沌或消除混沌；當混沌有利時，利用混沌來產生所需要的具有某些特點的混沌運動，甚至產生某些特定的混沌軌道。當系統處於混沌狀態時，通過外部控制產生出人們所需要的各種輸出。混沌控制的共同特點就是盡可能地利用混沌運動自身的各種特性來達到控制的目的。

在工業系統中，作為經典的一類確定性非線性動力學系統，一般都存在混沌現象，如何抑制混沌、消除混沌引起了自動化工作者極大的關注。由於混沌具有隨機性、遍歷性、規律性以及非週期性隱藏有序性，並且由於它對初始條件和參數變化比較敏感，人們可以從人腦中的混沌現象，根據實際經驗和規則，建立混沌動力學的神經網路模型，這類模型本身就具備智慧性，因而它可以更好地進行智慧資訊處理和控制。控制和利用混沌已在力學、通訊、生物、醫學、化工、機械和海洋工程等領域展開了應用。圖 5-12 是混沌模糊控制系統框圖，該系統輸出帶有混沌訊號。

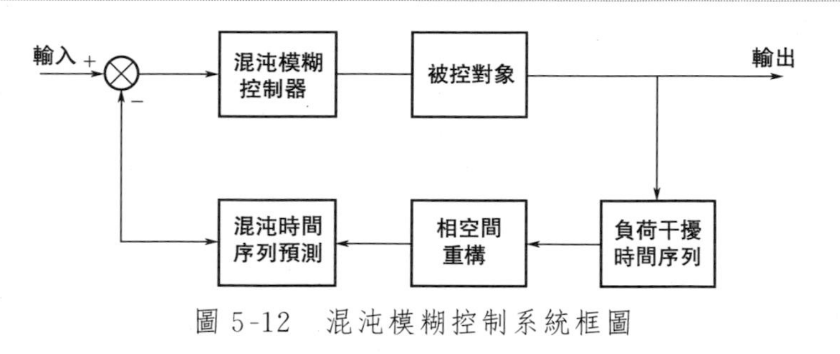

圖 5-12　混沌模糊控制系統框圖

5.3 智慧製造裝備控制系統的硬體平台設計

5.3.1 概述

智慧控制系統包含硬體與軟體兩部分，在實際的應用中需要軟硬體緊密結合才能高效地完成工作。智慧控制系統典型的原理結構由六部分組成，包括執行器、感測器、感知資訊處理、規劃與控制、認知、通訊介面。執行器是系統的輸出，對外界對象發生作用。一個智慧系統可以有許多甚至成千上萬個執行器，為了完成給定的目標和任務，必須對它們進行協調。執行器有電機、定位器、閥門、電磁線圈、變送器等。圖 5-13 所示為智慧控制系統原理結構。

感測器是智慧製造裝備的感覺器官，用來監測外部環境和系統本身的狀態，向智慧製造裝備感知資訊處理單元提供輸入。感測器種類繁多，智慧製造裝備常用的有位置感測器、力感測器、視覺感測器、距離感測器、觸覺感測器等。

智慧製造裝備小型控制系統硬體結構主要是由感測器、控制器、執行器組成的。感測器用來收集環境資訊或自身工作狀態資訊，並將這些資訊傳遞到控制器中。控制器根據事先編寫好的控制規律，對感測器傳入的資訊進行處理，生成控制量傳遞給執行器執行。感測器種類和功能的豐富以及性能的提高能夠給控制器提供全面且精準的資訊，大大提高了整個控制系統的工作能力和效率；控制器主要是圍繞微型控制單元搭建的控制電路，比如單晶片最小系統、FPGA 數位電路等；執行器主要是各種聲光元件、電機、舵機等。

中大型控制系統主要指工業控制系統，在工業控制系統中，小型控制系統的硬體元件和設備難以滿足複雜的工業作業環境要求。不同於小型控制系統的感測器，工業中用於收集資訊的多是較大的檢測儀表，採集諸如溫度、壓力、流量、物位、成分等資訊。工業控制系統基本過程控制系統結構如圖 5-14 所示。

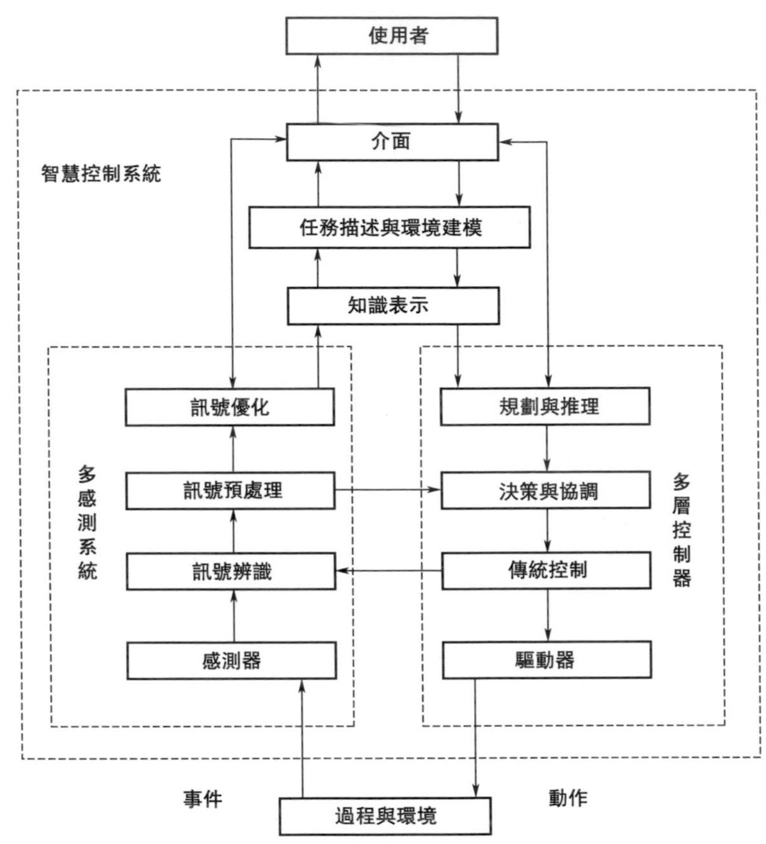

圖 5-13　智慧控制系統原理結構

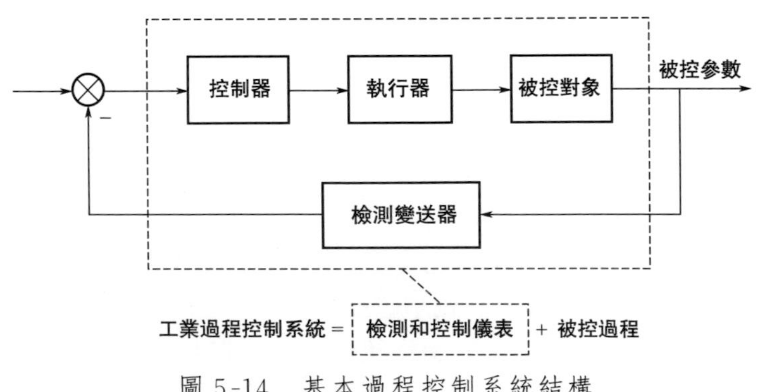

圖 5-14　基本過程控制系統結構

5.3.2 常見控制系統硬體

控制系統的核心硬體是主控板或控制器。主控板一般由處理晶片和外設構成，是嵌入式設備中，用來處理資訊和數據並控制系統運作的核心板件。常用負責處理資訊和數據的晶片有微型處理器（MPU）、微型控制器（MCU）、數位訊號處理器（DSP）等，外設有儲存單元、外部介面、外部晶振、開關元件、電阻電容、數模/模數轉換器等，用來將處理結果和外部設備進行交換。以主控板為核心控制硬體的場合多是在嵌入式設備中，常用嵌入式處理器有：

① ARM 處理器。主要特點為體積小、功耗低、成本低、性能高、16/32 位雙指令集、市場占有率大；

② MIPS 處理器。主要特點是性能高、定位廣、64 位指令集；

③ PowerPC 處理器。特點是可伸縮性好、靈活度高、應用廣泛；

④ Intel Atom 處理器。特點是功耗低、體積小、處理能力強。

工業控制器主要有模擬式控制器、數位式控制器和可編程邏輯控制器。DDZ-Ⅲ型模擬式控制器是一種主流的模擬式控制器，由輸入電路、PID 運算電路、輸出電路、內給定電路、指示電路、軟/硬手操電路等組成，精度、可靠性和安全性都更高。數位式控制器型號很多，以單迴路可編程調節器 SLPC 為例，該機型是 YS-80 系列代表機型，由 CPU、ROM、RAM、D/A 轉換器以及輸入輸出介面、通訊介面、人機介面等組成。可編程邏輯控制器（PLC）最大的優點為可編程，使其靈活性更高、可讀可修改性更強、更可靠，其主要結構為 CPU、儲存器、輸入輸出介面等，內部用總線進行數據傳輸。

無論是小型嵌入式控制系統還是中大型工業控制系統，都離不開感測器和檢測儀表，用來採集溫度、壓力、流量、物位、成分等環境或系統狀態資訊。溫度檢測主要有熱電偶、熱電阻、集成感測器等；壓力檢測有彈性壓力計、電氣壓力計等；流量檢測有差壓式、轉子式、靶式、橢圓齒輪式、渦流式流量計等；物位檢測有差壓式、電容式、超音波式檢測計等；成分檢測有可燃氣體感測器、氧化鋯氧量計、氣相色譜分析儀、紅外氣體分析儀、工業酸度計等；其他檢測裝置有光敏電阻（光強檢測）、各種鏡頭（圖像檢測）、聲敏元件（聲音檢測）。

在嵌入式控制系統中，充當執行環節的硬體主要是聲光裝置（如 LED 燈、揚聲器、顯示器燈）、各種小型電機和舵機等；而在工業控制系統中，充當執行環節的硬體主要是控制閥、大型電機等。

5.3.3 機器人控制系統

機器人控制系統是機器人的大腦，控制著機器人的全部動作，是機器人系統的關鍵和核心部分。一個典型的機器人電氣控制系統主要由上位電腦、運動控制器、驅動器、執行機構和回饋裝置構成。

完全採用 PC 機的全軟體形式的機器人系統，在高性能工業 PC 機和嵌入式 PC 機的硬體平台上，可通過軟體程式實現 PLC 和運動控制等功能，完成機器人動作所需要的邏輯控制和運動控制。通過高速的工業總線進行 PC 機與驅動器的即時通訊，提高機器人的生產效率和靈活性。這種結構代表了未來機器人控制結構的發展方向[62,63]。

基於 PC 機控制系統構成如圖 5-15 所示，PC 機平台的開放式運動控制技術有如下特點：

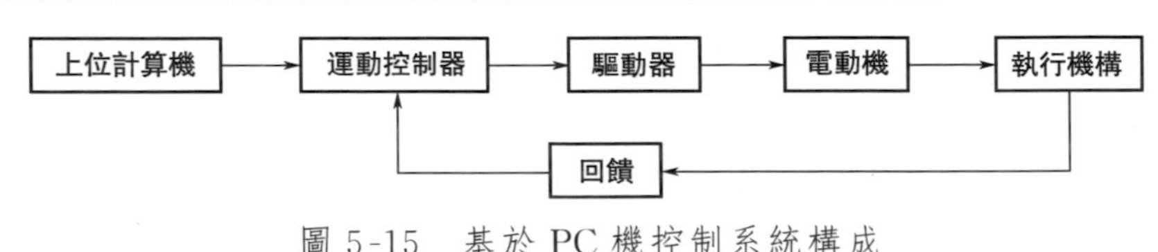

圖 5-15 基於 PC 機控制系統構成

① 人機介面友好。PC 機平台控制系統越來越受到使用者的青睞。與單晶片和 PLC 方案的介面相比，PC 機（包括顯示器、鍵盤、滑鼠、通訊端口、硬碟、軟驅等）具有無可比擬的輸入輸出互動能力。當然，現在很多嵌入式開發的人機介面也非常友好，且移植性強，在中小規模控制領域得到了廣泛的應用。

② 功能強大。由於 PC 機的強大運算能力以及運動控制卡的先進技術，基於 PC 機的運動控制系統能夠實現單晶片系統和 PLC 系統無法實現的高級功能。尤其是工控機的性能越來越好，適於各種工業環境控制。

③ 開發便利。使用者可使用 VB、VC、C＋＋等主流高級編程語言，快速開發人機介面，調用成熟可靠豐富的運動函數庫，迅速完成大型控制軟體的開發。開發好的軟體極易移植到類似的機器中。

④ CP 值高。由於 PC 機成本下降，運動控制卡成本也在下降，具有很高的 CP 值，使基於 PC 機和運動控制的控制系統在大多數運動控制場合中具有良好的綜合成本優勢。

PC 機的普及和運動控制卡的發展，滿足了新型數控系統的標準化、柔性化、開放性等要求，使其在各種工業設備、國防裝備、智慧醫療裝置等設備的自動化控制系統研製和改造中，獲得了廣泛的應用。

運動控制卡（圖 5-16、圖 5-17）廣泛地用於製造業中設備自動化的各個領域。運動控制卡是基於電腦總線，利用高性能微處理器（如 DSP）及大規模可編程裝置實現多個伺服電機的多軸協調控制的一種高性能的步進/伺服電機運動控制卡，包括脈衝輸出、脈衝計數、數位輸入、數位輸出、D/A 輸出等功能，它可以發出連續的、高頻率的脈衝串，通過改變發出脈衝的頻率來控制電機的速度，通過改變發出脈衝的數量來控制電機的位置，它的脈衝輸出模式包括脈衝/方向、脈衝/脈衝方式。脈衝計數可用於編碼器的位置回饋，提供機器準確的位置，糾正傳動過程中產生的誤差。數位輸入/輸出點可用於限位、原點開關等。其庫函數包括S形、T形加減速，直線插補和圓弧插補，多軸聯動函數等。運動控制卡一般與PC機構成主從式控制結構：PC機負責人機互動介面的管理和控制系統的即時監控等方面的工作（例如，鍵盤和滑鼠的管理、系統狀態的顯示、運動軌跡規劃、控制指令的發送、外部訊號的監控等）；控制卡完成運動控制的所有細節（包括脈衝和方向訊號的輸出、自動升降速的處理、原點和限位等訊號的檢測等）。運動控制卡都配有開放的函數庫供使用者在DOS或Windows系統平台下自行開發、構造所需的控制系統。

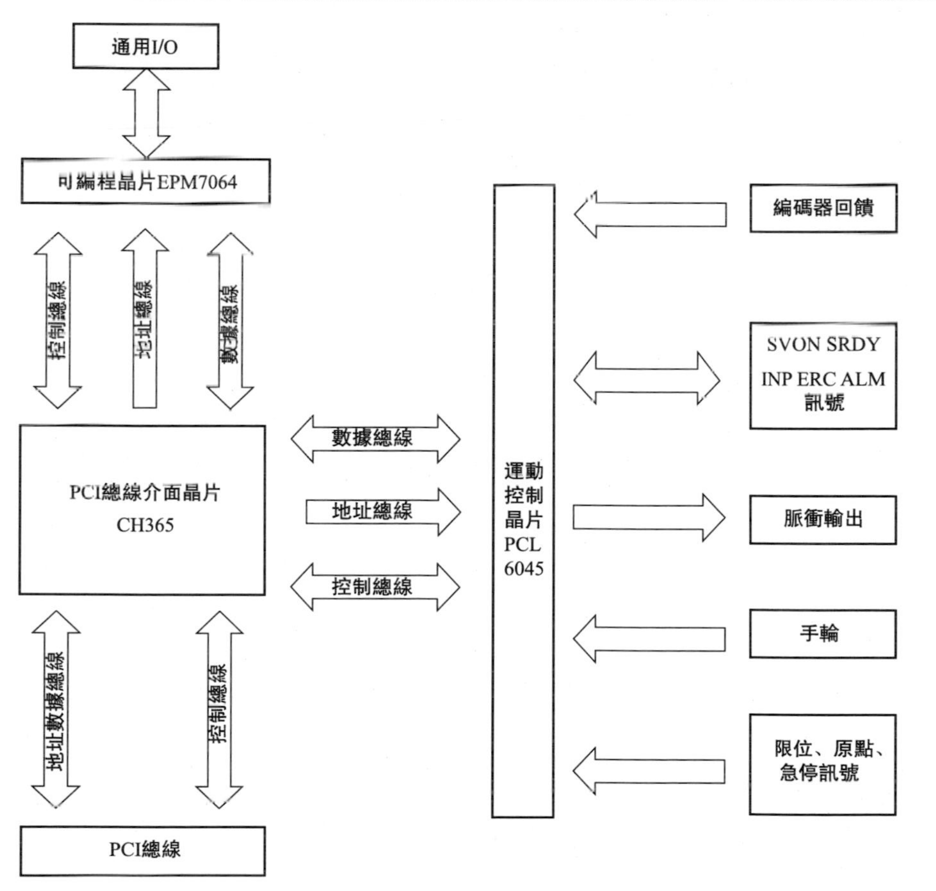

圖 5-16 運動控制卡系統框圖

圖 5-17　某種型號的多軸運動控制卡

5.4　智慧製造裝備控制系統的軟體設計

5.4.1　概述

控制系統被控量是要求控制的物理量。被控量可能在生產作業過程中要求保持為某一恆定值，例如溫度、壓力、液位、電壓等；也可能要求在生產中按照某一既定規律運行，例如飛行軌跡、紀錄曲線等。控制裝置則是對被控對象施加控制作用的機構，它可以採用不同的原理和方式對被控對象進行控制，基於回饋控制原理組成的回饋控制是最基本的方式，控制裝置對被控對象進行即時控制的資訊來自被控量的回饋資訊，用來不斷修正被控量與輸入量之間的偏差，實現對被控對象的控制。

控制系統是由各種結構不同的零部件組成的。從完成自動控制這一職能來看，一個系統必然包含被控對象和控制裝置兩大部分，而控制裝置是由具有一定職能的基本工作元件組成的。在不同系統中，結構完全不同的零部件卻可以具有相同的職能。因此，根據被控對象和使用元件的不同，自動控制系統有各種不同的形式，但是概括起來，一般均由給定環節、測量環節、比較環節、運算及放大環節、執行環節組成，如圖 5-18 所示。

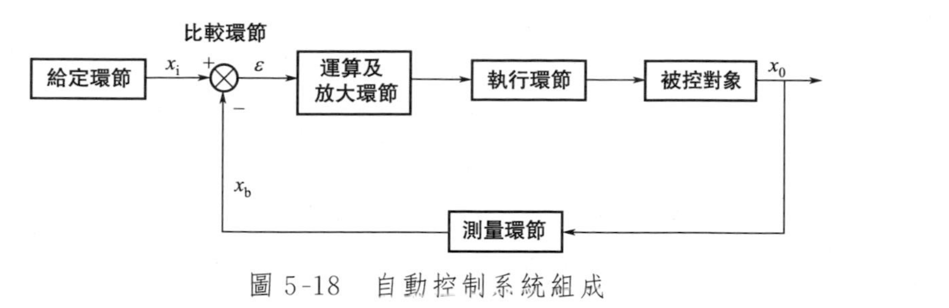

圖 5-18 自動控制系統組成

(1) 給定環節

給定環節是給出輸入訊號的環節，用於確定被控對象的「目標值」，給定環節可以通過各種形式（電量、非電量、數字量、模擬量等）發出訊號。例如，數控機床進給系統的輸入裝置就是給定環節。

(2) 測量環節

測量環節用於測量被控對象，並將被控對象轉換為便於傳送的另一物理量（一般為電量）。例如，用電位計將機械轉角轉換為電壓訊號，用測速電機將轉速轉換成電壓訊號，用光柵測量裝置將直線位移轉換成數位訊號等。前述的熱敏元件也屬於這類環節。

(3) 比較環節

在這個環節中，輸入訊號 x_i 與測量環節發出的有關被控變量 x_o 的回饋量 x_b 相比較，如幅值比較、相位比較、位移比較等，得到一個小功率的偏差訊號 $\varepsilon(\varepsilon=x_i-x_b)$，偏差訊號就是比較環節的輸出。

(4) 運算及放大環節

為了實現控制，要對偏差訊號進行必要的校正，然後進行功率放大，以便推動執行環節，常用的放大器有電流放大、電氣放大、液壓放大等。

(5) 執行環節

執行環節接收放大環節送來的控制訊號，驅動被控對象按照預期的規律運行。執行環節一般是一個有源的功率放大裝置，工作中要進行能量轉換。例如，把電能通過直流電機轉換成機械能，驅動被控對象做機械運動。

給定環節、測量環節、比較環節、運算及放大環節和執行環節一起，組成了控制系統的控制部分，目的是對被控對象進行控制。

控制系統除了要有性能優良的硬體配置外，還要有功能齊全的軟體，以實現即時監控、數值運算、數據處理及各種控制演算法等功能。軟體要具備即時性，對系統特定的輸入能快速響應。控制軟體還要具備並發處理資訊的能力，支援多任務並行操作，能夠資源共享並能即時有效地聯網通訊。除此之外，還要求有良好的人機介面，能夠及時響應偶發性事件，並做出正確的判斷和處理。

5.4.2 智慧控制系統常用的軟體設計方法

控制系統常用的軟體設計方法有結構化程式設計、自頂向下的程式設計和模組化程式設計。這三種設計方法往往綜合在一起使用，通過自頂而下、逐步細化、模組化設計、結構化編碼來保證軟體的快速實現。

(1) 結構化程式設計

進行程式設計時，一般先根據程式的功能編制程式的流程圖，然後根據程式流程圖用 VC＋＋等高級語言來編寫程式。當程式規模大、結構複雜時，要畫出程式流程圖是不容易的。結構化程式設計是進行以模組功能和處理過程設計為主的詳細設計的基本原則。結構化程式設計以一種清晰易懂的方法來表示程式文本與其對應過程之間的關係，進而組織程式的設計和編碼。結構化程式設計是過程式程式設計的一個子集，它對寫入的程式使用邏輯結構，使理解和修改更有效、更容易。

結構化程式設計思路清晰，強調程式的結構性，將軟體系統劃分為若干功能模組，各模組按要求單獨編程，再由各模組連接組合構成相應的軟體系統。結構化程式設計方法的核心思想是「一個模組只要一個入口，也只要一個出口」。各個模組通過順序、選擇、循環的控制結構進行連接，一個模組只允許有一個入口被其他模組調用。由於模組相互獨立，因此在設計其中一個模組時，不會受到其他模組的牽連，因而可將原來較複雜的問題簡化為一系列簡單模組的設計。模組的獨立性還為擴充已有系統、建立新系統帶來了不少的方便，因為可以充分利用現有的模組做積木式的擴展。任何演算法功能都可以通過由程式模組組成的三種基本程式結構的組合——順序結構、選擇結構和循環結構來實現。

(2) 自頂向下的程式設計

當設計較複雜的程式時，一般採用自頂向下的方法。自頂向下就是從整體到局部再到細節，即先考慮整體目標，明確整體任務，然後將問題劃分為幾部分，各部分再進行細化，直到分解為較容易解決的問題為止。自頂向下的程式設計方法指的是首先從主控程式開始，然後按介面關係逐次分割每個功能為更小的功能模組，直到最低層模組設計完成為止。自頂向下是一種有序的逐步分層分解和求精的程式設計方法，層次清楚，編寫方便，除錯容易，是程式設計工程師普遍採用的設計方法。

(3) 模組化程式設計

明確了軟體設計的總體任務之後，就要進入軟體總體結構的設計。此時，一般採用自頂向下的方法，把總任務從上到下逐步細分，一直分到可以具體處理的基本單元為止。如果這個基本程式單元定義明確，可以獨立地進行設計、除錯、糾錯及移植，它就被稱為模組。模組化設計，簡單地說就是程式的編寫不是一開始就逐條錄入電腦語句和指令，而是首先用主程式、子程式、子過程等框架把軟體的主要結構和流程描述出來，並定義和除錯好各個框架之間的輸入、輸出連結關係，逐步求精，得到一系列以功能塊為單位的演算法描述。以功能塊為單位進行程式設計，實現其求解演算法的方法稱為模組化。模組化的目的是降低程式複雜度，使程式設計、除錯和維護等操作簡單化。每個模組獨立地開發、測試，最後再組裝出整個軟體。模組化的總體結構具有結構概念清晰、組合靈活和易於除錯、連接和糾錯等優點，使程式設計更加簡單和直觀，從而提高了程式的易讀性和可維護性，在處理故障或改變功能時，往往只設計局部模組而不影響整體，因此是一種常被採用的理想結構。模組化方法的關鍵是如何將系統分解成模組和進行模組設計，在模組設計中遵循什麼樣的規則。把系統分解成模組，得到最高的模組內聚性，即在一個模組內部有最大限度的關聯，只實現單一功能的模組具有很高的內聚性。保持最低的耦合度，即不同的模組之間的關係盡可能減弱。模組間用鏈的深度不可過多，即模組的層次不能過高，一般應控制在7層左右，介面清晰，資訊隱蔽性好，模組大小適度。

5.5 現代工業裝備自動控制技術

5.5.1 概述

自動控制是指在沒有人直接參與的情況下，利用外加的設備或裝置，使機器、設備等被控對象或生產過程的某個工作狀態或參數自動地按照預定的規律運行。自動控制以數學理論知識為基礎，利用回饋原理來自動地影響動態系統，使輸出值接近或者達到人們的預定值。

現代工業自動化的控制系統主要有可編程邏輯控制器（PLC）、集散控制系統（Distributed Control System，DCS）、現場總線控制系統（FCS）等。結合DCS、工業乙太網、先進控制等新技術的FCS將具有強大的生命力。工業網路化結構如圖5-19所示。

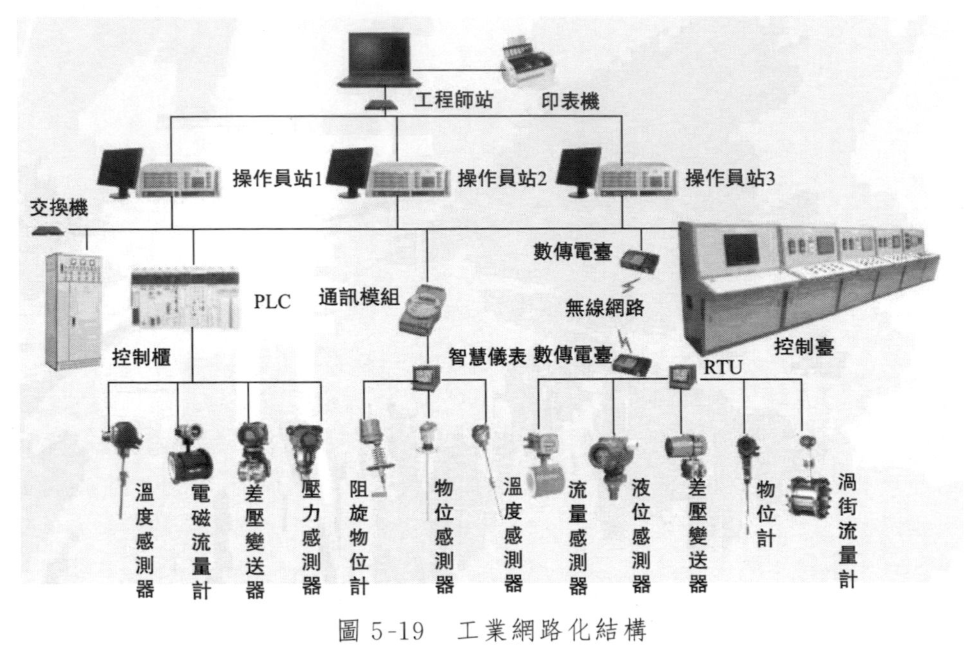

圖 5-19　工業網路化結構

5.5.2　可編程邏輯控制器

PLC（Programmable Logic Controller）控制系統是一種數位運算操作的電子系統，專為工業環境應用而設計，是一種具有微處理器的用於自動化控制的數位運算控制器，是為取代繼電接觸器控制系統而設計的新型工業控制裝置。它採用可編程式的儲存器，用來在其內部儲存、執行邏輯運算、順序控制、定時、計數和算術運算等操作指令，並通過數位式、模擬式的輸入和輸出，控制各種類型的機械或生產過程。PLC 控制系統由 CPU、指令及數據記憶體、輸入/輸出介面、電源、數位模擬轉換等功能單元組成。它採用一類可編程的儲存器，用於其內部儲存程式，執行邏輯運算、順序控制、定時、計數與算術操作等面向使用者的指令，並通過數位或模擬式輸入/輸出控制各種類型的機械或生產過程，具有通用性強、可靠性高、指令系統簡單、編程方便、體積小等優點，已成為工業控制的核心部分，廣泛用於機械製造、冶金、電力、紡織、環保等各行業，尤其在機械加工、機床控制中，已成為改造和研發機床等機電一體化產品最理想的首選控制器[64,65]。

(1) PLC 的發展過程

自 1960 年代美國推出 PLC 取代傳統繼電器控制裝置以來，PLC 得到了快速發展，PLC 的功能也不斷完善，在世界工控領域得到了廣泛應用。隨著電腦技術、訊號處理技術、感測器技術、控制技術、網路技術的不斷發展和使用者需要的不斷提高，PLC 在開關量處理的基礎上增加了模擬量處理和運動控制等功能，除了強大的邏輯控制功能，在運動控制、過程控制等領域也起著十分重要的作用。

PLC 出現之前，機械控制及工業生產控制是用工業繼電器實現的。在一個複雜的控制系統中，可能要使用成百上千個各式各樣的繼電器，接線、安裝的工作量很大。如果控制工藝及要求發生變化，控制櫃內的元件和接線也需要做相應的改動，費用高、工期長。

1968 年，通用汽車公司（GM 公司）為了適應車型不斷更新的需要，提出把電腦的優點和繼電器控制系統的優點結合起來做成通用控制裝置，並把電腦的編程方法合成程式輸入方式加以簡化，用面向過程、面向問題的「自然語言」編程。美國數位設備公司（DEC）於 1969 年研製出了世界上第一臺 PLC。由於 PLC 功能強大，操作方便，很快在工控領域應用推廣開來。

目前，為了適應大中小型企業的不同需要，進一步擴大 PLC 在工業自動化領域的應用範圍，小型 PLC 向體積縮小、功能增強、速度加快、價格低廉的方向發展，使之能更加廣泛地取代繼電器控制；大中型 PLC 向大容量、高可靠性、高速度、多功能、網路化的方向發展，使之能對大規模、複雜系統進行綜合性的自動控制。PLC 的發展過程如表 5-2 所示。

表 5-2 PLC 的發展過程

代次	時間	主要特點
第一代	第一臺誕生到 1970 年代初	CPU 由中小型規模集成電路組成，儲存器為磁芯儲存器。功能簡單，主要能完成條件、定時、計數控制。機種單一，沒有形成系列；可靠性略高於繼電接觸器系統；沒有成型的編程語言
第二代	1970 年代初期到 1970 年代末期	CPU 採用微處理器，儲存器採用 EPROM，使 PLC 技術得到了較大的發展：PLC 具有了邏輯運算、定時、計數、數值運算、數據處理、電腦介面和模擬量控制等功能；軟體上開發出自診斷程式，可靠性進一步提高；系統開始向標準化、系統化發展；結構上開始有整體式和模組式的區分，整體功能從專用向通用過渡
第三代	1970 年代末期到 1980 年代中期	單晶片的出現、半導體儲存器進入了工業化生產及大規模集成電路的使用，推動了 PLC 的進一步發展，使其演變成專用的工業化電腦。其特點是：CPU 採用 8 位和 16 位微處理器，使 PLC 的功能和處理速度大大增強；具有通訊功能遠端 I/O 能力；增加了多種特殊功能；自診斷功能及容錯技術發展迅速；軟體方面開發了面向過程的梯形圖語言及其變相的語句表（也稱邏輯符號）；PLC 的體積進一步縮小，可靠性大大提高，成本大型化、低成本

續表

代次	時間	主要特點
第四代	1980 年代中期到 1990 年代中期	電腦技術的飛速發展促進了 PLC 完全電腦化。PLC 全面使用 8 位、16 位微處理晶片的位片式晶片，處理速度也達到 1 微秒/步。具有高速計數、中斷、A/D、D/A、PID 等功能，已能滿足過程控制的要求，同時加強了聯網的能力
第五代	1990 年代中期至今	RISC（簡稱指令系統 CPU）晶片在電腦行業大量使用，表面貼裝技術和工藝已成熟，使 PLC 整機的體積大大縮小，PLC 使用 16 位和 32 位的微處理器晶片。CPU 晶片也向專用化發展；具有強大的數值運算、函數運算和大批量數據處理能力；已開發出各種智慧化模組；人機智慧介面普遍使用，高級的已發展到觸摸式螢幕；除手持式編程器外，大量使用了筆記型電腦和功能強大的編程軟體

(2) PLC 的構成

PLC 採用了典型的電腦結構，硬體主要由 CPU 模組、I/O 介面模組、RAM、ROM、電源模組組成。中央處理單元（CPU）是 PLC 的核心，它是運算、控制中心，工作中接收、儲存使用者程式、數據及輸入訊號、診斷工作狀態，讀取使用者程式，進行解釋和執行，完成使用者程式中規定的各種操作。儲存器分為系統程式儲存器和使用者程式儲存器。I/O 介面模組的作用是將工業現場裝置與 CPU 模組連接起來，包括開關量 I/O 介面模組、模擬量 I/O 介面模組、智慧 I/O 介面模組以及外設通訊介面模組等。電源模組為 PLC 工作過程提供電能。PLC 硬體框圖如圖 5-20 所示。

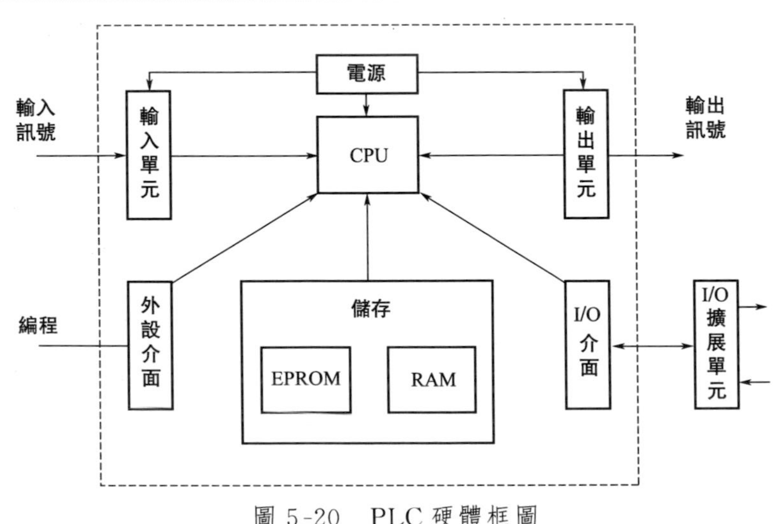

圖 5-20 PLC 硬體框圖

(3) PLC 的工作原理

PLC 控制器工作過程一般分為輸入採樣、使用者程式執行和輸出刷新三個階段，稱作一個掃描週期。在運行期間，PLC 控制器的 CPU 以一定的掃描速度重複執行上述三個階段。在輸入採樣階段，PLC 控制器以掃描方式依次地讀入所有輸入狀態和數據，並將它們存入 I/O 映像區中相應的單元內。輸入採樣結束後，轉入使用者程式執行和輸出刷新階段。在這兩個階段中，即使輸入狀態和數據發生變化，I/O 映像區中的相應單元的狀態和數據也不會改變。因此，如果輸入的是脈衝訊號，則該脈衝訊號的寬度必須大於一個掃描週期，這樣才能保證在任何情況下，該輸入均能被讀入。在使用者程式執行階段，PLC 控制器總是按由上而下的順序依次地掃描使用者程式。在掃描每一條梯形圖時，又總是先掃描梯形圖左邊的由各觸點構成的控制線路，並按先左後右、先上後下的順序對由觸點構成的控制線路進行邏輯運算，然後根據邏輯運算的結果，刷新該邏輯線圈在系統 RAM 儲存區中對應位的狀態，或者刷新該輸出線圈在 I/O 映像區中對應位的狀態，或者確定是否要執行該梯形圖所規定的特殊功能指令。當掃描使用者程式結束後，PLC 控制器就進入輸出刷新階段。在此期間，CPU 按照 I/O 映像區內對應的狀態和數據刷新所有的輸出鎖存電路，再經輸出電路驅動相應的外設。

掃描使用者程式的運行結果與繼電器控制裝置的硬邏輯並行運行的結果有所區別。一般來說，PLC 按順序採樣所有輸入訊號並讀入到輸入映像寄存器中儲存，在 PLC 執行程式時被使用，通過對當前輸入、輸出映像寄存器中的數據進行運算處理，再將其結果寫入輸出映像寄存器中保存，當 PLC 刷新輸出鎖存器時用來驅動使用者設備，至此完成一個掃描週期，一般在 100ms 以內，PLC 的循環掃描工作過程見圖 5-21。PLC 控制器的掃描週期包括自診斷、通訊等，一個掃描週期等於自診斷、通訊、輸入採樣、使用者程式執行、輸出刷新等所有時間的總和。

PLC 程式的可讀性、易修改性、可靠性、通用性、易擴展性、易維護性可以和電腦程式相媲美，再加上其體積小、重量輕、安裝除錯方便，使其設計加工週期大為縮短，維修也方便。

(4) PLC 的特點

① 可靠性高。PLC 大都採用單晶片微電腦，集成度高，再加上相應的保護電路及自診斷功能，提高了系統的可靠性，在工業控制中獲得了極為廣泛的應用。

② 編程容易。PLC 的編程多採用繼電器控制梯形圖及命令語句，形象直觀，編程工作量比微型機指令要少得多，容易掌握、使用方便，甚至不需要太多電腦

專業知識，就可進行編程。

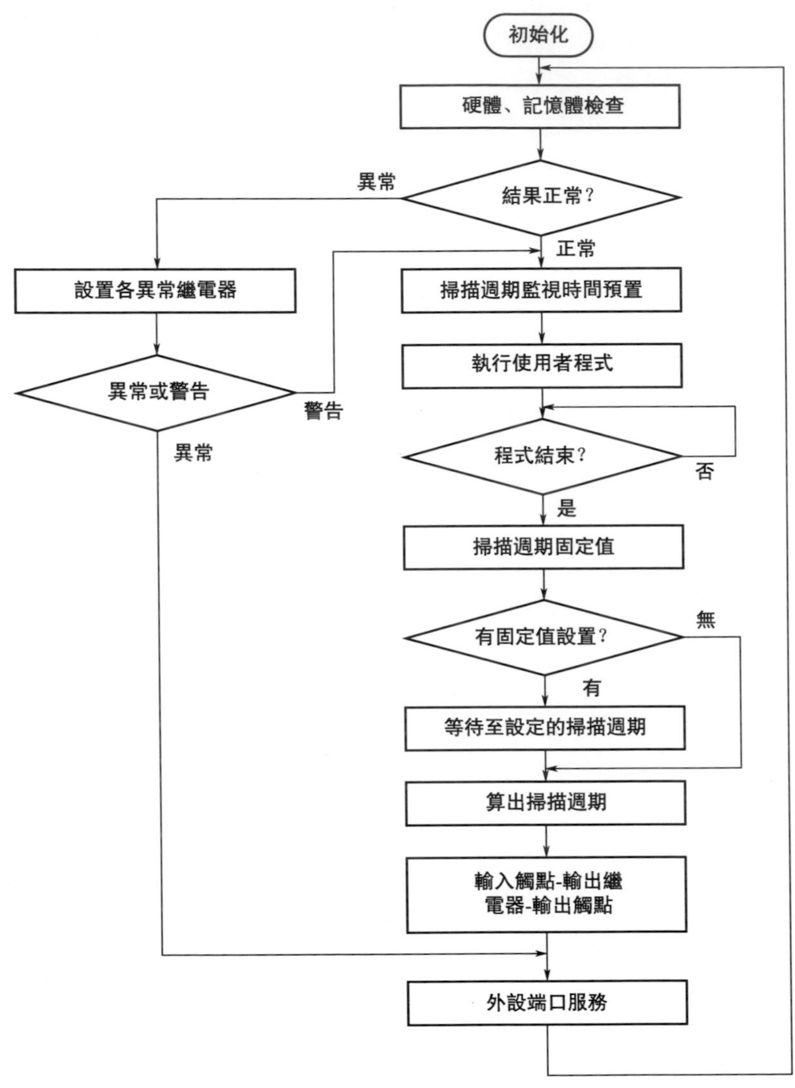

圖 5-21　PLC 的循環掃描工作過程

③ 組態方便。PLC 採用積木式結構，使用者只需要通過組態軟體用滑鼠進行拖動簡單地組合，便可靈活地改變控制系統的功能和規模，因此，適用於任何控制系統。

④ I/O 模組齊全。PLC 針對不同的現場訊號均有相應的模板可與工業現場的裝置直接連接，並通過總線與 CPU 主板連接。

⑤ 安裝方便。與電腦系統相比，PLC 的安裝既不需要專用機房，又不需要嚴格的封鎖措施。使用時只需把檢測裝置與執行機構和 PLC 的 I/O 介面端子正確連接，便可正常工作。

⑥ 運行速度快。由於 PLC 是由程式控制執行的，因而無論可靠性還是運行速度，都是繼電器邏輯控制無法相比的，近年來 PLC 與微型機控制系統之間的差別越來越小。

⑦ 環境適應性好。PLC 在實現各種數量的 I/O 控制的同時，還具備輸出模擬電壓和數位脈衝的能力，使其可以控制各種能接收這些訊號的伺服電機、步進電機、變頻電機等，且抗干擾能力強，可適用於工業控制的各個領域，應用範圍非常廣。

（5）PLC 的分類

① 按 I/O 點數。PLC 控制系統處理 I/O 點數越多，控制關係就越複雜，使用者要求的程式儲存器容量越大，要求 PLC 指令及其他功能越多，指令執行的過程也越快。按 PLC 的 I/O 點數的多少可將 PLC 分為小型機、中型機、大型機三類（表 5-3）。

表 5-3 小、中、大型 PLC 特點

PLC 機型	特點	典型代表
小型	以開關量控制為主，小型 PLC 輸入、輸出點數一般在 256 點以下，使用者程式儲存器容量在 4K 字左右。現在的高性能小型 PLC 還具有一定的通訊能力和少量的模擬量處理能力。這類 PLC 的特點是：價格低廉，體積小巧，適合於控制單臺設備和開發小規模的機電一體化產品	SIEMENS 公司的 S7-200 系列、OMRON 公司的 CPM2A 系列、MITUBISH 公司的 FX 系列和 AB 公司的 SLC500 系列等整體式 PLC 產品等
中型	輸入、輸出總點數在 256～2048 點之間，使用者程式儲存器容量達到 8K 字左右。中型 PLC 不僅具有開關量和模擬量的控制功能，還具有更強的數位運算能力，它的通訊功能和模擬量處理功能更強大，中型機比小型機更豐富，中型機適用於更複雜的邏輯控制系統以及連續生產線的過程控制系統場合	SIEMENS 公司的 S7-300 系列、OMRON 公司的 C200H 系列、AB 公司的 SLC500 系列等
大型	總點數在 2048 點以上，使用者程式儲存器容量達到 16K 字以上。大型 PLC 的性能已經與大型 PLC 的輸入、輸出工業控制電腦相當，它具有運算、控制和調節的能力，還具有強大的網路結構和通訊聯網能力，還可以和其他型號的控制器互連，和上位機相連，組成一個集中分散的生產過程和產品質量控制系統。適用於設備自動化控制、過程自動化控制和過程監控系統	SIEMENS 公司的 S7-400 系列、OMRON 公司的 CVM1 和 CS1 系列、AB 公司的 SLC5/05 系列等

② 按結構形式。根據 PLC 結構形式的不同，PLC 主要可分為整體式和模組式兩類。整體式結構的特點是將 PLC 的 CPU 板、輸入板、輸出板、電源板等基

本部件緊湊地安裝在一個標準的機殼內，形成一個整體，組成 PLC 的一個基本單元或擴展單元。基本單元上設有擴展端口，通過擴展電纜與擴展單元相連，配有模擬量輸入/輸出模組、熱電偶、熱電阻模組、通訊模組等諸多特殊功能模組，構成 PLC 不同的配置。整體式結構 PLC 體積小，成本低，安裝方便。微型和小型 PLC 一般為整體式結構，如西門子的 S7-200 系列［圖 5-22(a)］。

(a) S7-200

(b) S7-1500

圖 5-22 SIEMENS S7 系列 PLC

模組式結構的 PLC 是由一些模組單元構成的，這些標準模組如 CPU 模組、輸入模組、輸出模組、電源模組和各種功能模組等，將這些模組插在框架上和基板上即可。各個模組功能是獨立的，外形尺寸是統一的，可根據需要靈活配置。大、中型 PLC 都採用這種方式，如西門子的 S7-300、S7-400、S7-1500 系列，如圖 5-22(b) 所示。

整體式 PLC 每一個 I/O 點的平均價格比模組式的便宜，在小型控制系統中一般採用整體式結構。但是模組式 PLC 的硬體組態方便靈活，I/O 點數的多少、輸入點數與輸出點數的比例、I/O 模組的使用等方面的選擇餘地都比整體式 PLC 大，且可根據實際情況靈活選取，維修時更換模組、判斷故障範圍也很方便，因此較複雜的、要求較高的系統一般選用模組式 PLC。

大中型 PLC 的典型代表 S7-1500 比 S7-300/400 的各項指標有很大的提高。CPU 1516-3PN 編程用塊的總數最多為 6000 個，數據塊最大 5MB，FB、FC、OB 最大 512KB。用於程式的工作儲存器 5MB，用於數據的工作儲存器 1MB。SIMATIC 儲存卡最大 2GB；S7 定時器、計數器分別有 2048 個，IEC 定時器、計數器的數量不受限制；位儲存器（M）16KB；I/O 模組最多 8192 個，過程映像分區最多 32 個，過程映像輸入、輸出分別為 32KB；每個機架最多 32 個模組；運動控制功能最多支援 20 個速度控制軸、定位軸和外部編碼器，有高速計數和測量功能。

③ 按功能分類。根據 PLC 的功能不同可將 PLC 分為低檔、中檔、高檔三類。低檔 PLC 具有邏輯運算、定時、計數、移位以及自診斷、監控等基本功能，還可有少量模擬量輸入/輸出、算術運算、數據傳送和比較、通訊等功能，主要用於邏輯控制、順序控制或少量模擬量控制的單機控制系統。

中檔 PLC 除具有低檔 PLC 的功能外，還具有較強的模擬量輸入/輸出、算術運算、數據傳送和比較、數制轉換、遠端 I/O、子程式、通訊聯網等功能。有些還可增設中斷控制、PID 控制等功能，適用於複雜控制系統。

高檔 PLC 除具有中檔機的功能外，還增加了帶符號算術運算、矩陣運算、位邏輯運算、平方根運算及其他特殊功能函數的運算、製表及表格傳送功能等。高檔 PLC 機具有更強的通訊聯網功能，可用於大規模過程控制或構成分布式網路控制系統，實現工廠自動化。

當然，高檔 PLC 價格也隨之提高。系統設計時，不能追求高大上，要根據實際需要，合理選擇 PLC，以免造成資源浪費和成本浪費。在小型的 I/O 控制場合，低檔或整體式 PLC 一般可以滿足要求。

(6) PLC 的應用[66]

PLC 控制器在國外已廣泛應用於鋼鐵、石油、化工、電力、建材、機械製造、汽車、輕紡、交通運輸、環保及文化娛樂等行業，使用情況大致可歸納為如下幾類。

① 開關量的邏輯控制。這是 PLC 控制器最基本、最廣泛的應用領域，它取代傳統的繼電器電路，實現邏輯控制、順序控制，既可用於單臺設備的控制，又可用於多機群控及自動化流水線。如注塑機、印刷機、訂書機械、組合機床、磨床、包裝生產線、電鍍流水線等。

② 模擬量控制。在工業生產過程中，有許多連續變化的量，如溫度、壓力、流量、液位和速度等模擬量。為了使可編程控制器能夠處理模擬量，必須實現模擬量和數字量之間的 A/D 轉換及 D/A 轉換。PLC 廠家都生產配套的 A/D 和 D/A轉換模組，使可編程控制器用於模擬量控制。不但大型、中型機具有這種功能，而且有些小型機也具有這種功能。

③ 運動控制。運動控制是工業領域中應用最多的控制方式，PLC 控制器可以用於圓周運動或直線運動的控制。從控制機構配置來說，早期直接用開關量 I/O 模組連接位置感測器和執行機構，現在一般使用專用的運動控制模組。如可驅動步進電機或伺服電機的單軸或多軸位置控制模組。世界上各主要 PLC 控制器生產廠家的產品幾乎都有運動控制功能，廣泛用於各種機械、機床、機器人、電梯等中。

④ 過程控制。過程控制是指對溫度、壓力、流量等模擬量的閉環控制。作為工業控制電腦，PLC 控制器能編制各種各樣的控制演算法程式，完成閉環控

制。PID 調節是一般閉環控制系統中用得較多的調節方法。大中型 PLC 都有 PID 模組，目前許多小型 PLC 控制器也具有此功能模組。PID 處理一般是運行專用的 PID 子程式。過程控制在冶金、化工、熱處理、鍋爐控制等場合有非常廣泛的應用。

⑤ 數據處理。現代 PLC 控制器具有數學運算（含矩陣運算、函數運算、邏輯運算）、數據傳送、數據轉換、排序、查表、位操作等功能，可以完成數據的採集、分析及處理。這些數據可以與儲存在儲存器中的參考值比較，完成一定的控制操作，也可以利用通訊功能傳送到別的智慧裝置，或將它們列印製表。數據處理一般用於大型控制系統，如無人控制的柔性製造系統；也可用於過程控制系統，如造紙、冶金、食品工業中的一些大型控制系統。

⑥ 資料採集監控。由於 PLC 主要用於現場控制，所以採集現場數據是十分必要的功能，在此基礎上將 PLC 與上位電腦或觸摸屏相連接，既可以觀察這些數據的當前值，又能及時進行統計分析。有的 PLC 還具有數據紀錄單元，可以將一般個人電腦的儲存卡插入到該單元中保存採集到的數據。

⑦ 通訊及聯網。PLC 控制器通訊含 PLC 控制器間的通訊及 PLC 控制器與其他智慧製造裝備間的通訊。隨著電腦控制的發展，工廠自動化網路發展得很快，各 PLC 控制器廠商都十分重視 PLC 控制器的通訊功能，紛紛推出各自的網路系統。現在生產的 PLC 控制器都具有通訊介面。

5.5.3 DCS 控制系統

集散控制系統（Distributed Control System，DCS）是 1970 年代中期發展起來的以微處理器為基礎的分散型電腦控制系統。它是控制技術、電腦技術、通訊技術、圖形顯示技術和網路技術相結合的產物。該裝置是利用電腦技術對生產過程進行集中監視、操作、管理和分散控制的一種全新的分布式電腦控制系統。

DCS 具有分散性和集中性、自治性和協調性、靈活性和擴展性、先進性和繼承性、可靠性和適應性、友好性和新穎性等特點。

① 分散性。DCS 不但是分散控制，還有地域分散、設備分散、功能分散和危險分散的含義。分散的目的是為了使危險分散，進而提高系統的可靠性和安全性。

② 集中性。集中性是指集中監視、集中操作和集中管理。DCS 通訊網路和分布式資料庫是集中性的具體體現，用通訊網路把物理分散的設備連成統一的整體，用分布式資料庫實現全系統的資訊集成，實現集中監視、集中操作和集中管理。

③ 自治性。DCS 的自治性是指系統各電腦獨立工作。過程控制站進行訊號

輸入、運算、控制和輸出；操作員站實現監視、操作和管理；工程師站的功能是組態。

④ 協調性。協調性是指系統中的各電腦用通訊網路互聯協調工作，實現系統的總體功能。

⑤ 靈活性和擴展性。DCS 採用模組式結構，提供各類功能模組，可靈活組態構成簡單、複雜的各類控制系統，還可根據生產工藝和流程的改變隨時修改控制方案。

⑥ 人機介面（MMI）友好。操作員站採用彩色 LED 大屏顯示器、互動式圖形畫面（總貌、組、點、趨勢、警報、操作指導的流程圖畫面）等，多媒體技術的應用圖文並茂，形象直觀，操作簡單。

⑦ 適應性。DCS 採用高性能的電子元件、先進的生產工藝和各項抗干擾技術，可使 DCS 能夠適應惡劣的工作環境。

此外，DCS 不僅採用了一系列冗餘技術來減少故障的發生，如控制站主機、I/O 板、通訊網路和電源等雙重化，而且採用了熱備份工作方式自動檢查故障，一旦出現故障立即自動切換。同時，通過故障診斷與維護軟體即時檢查系統的硬體和軟體故障，並採用故障封鎖技術，使故障影響盡可能地小。

(1) DCS 的發展過程

DCS 最早由美國霍尼韋爾（Honeywell）公司提出，並於 1975 年 12 月正式向市場推出了世界上第一集散控制系統——TDC-2000，之後其發展經歷了三個大的階段（表 5-4）。系統的功能從底層逐步向高層擴展；系統的控制功能由單一的迴路控制逐步發展到綜合了邏輯控制、順序控制、程式控制、批量控制及配方控制等的混合控制功能。

表 5-4　DCS 系統的發展

發展階段	主要特點	代表
第一代 (1975～1980 年)	由過程控制單元、資料採集單元、CRT 操作站、上位管理電腦及連接各個單元和電腦的高速數據通道五部分組成，奠定了 DCS 的基礎體系結構	以 Honeywell 的 TDC-2000 為代表，還有 Yokogawa（即橫河）公司的 Yawpark 系統、Foxboro 公司的 Spectrum 系統、Bailey 公司 Netwook90 系統等
第二代 (1980～1985 年)	引入了區域網路，按照網路節點的概念組織過程控制站、中央操作站、系統管理站及網關，使系統的規模、容量進一步增加，系統的擴充有更大的餘地，功能上逐步走向完善，除迴路控制外，還增加了順序控制、邏輯控制等功能，加強了系統管理站的功能，可實現一些優化控制和生產管理功能	Honeywell 公司的 TDGC-3000、Fisher 公司的 PROVOX、Taylor 公司的 MOD300 及 Westinghouse 公司的 WDPF 等

續表

發展階段	主要特點	代表
第三代 (1987年至今)	在功能方面,實現了進一步的擴展,增加了上層網路,將生產的管理功能納入系統中,形成了直接控制、監督控制和協調優化、上層管理三層功能結構;在網路方面,各個廠家已普遍採用了標準的網路產品,由IEC61131-3定義的五種組態語言已被大多數DCS廠家採納;在構成系統的產品方面,除現場控制站基本上還是各個DCS廠家的專有產品外,人機介面工作站、伺服器和各種功能站的硬體和基礎軟體,成為控制系統的主流	Foxboro公司的I/A系列,Honeywell公司的TDC-3000/UCN、Yokogawa公司的Centum-XL/μXL、Bailey公司的INFI-90、Westinghouse公司的WDPFⅡ等

新一代DCS的技術特點包括全數位化、資訊化和集成化，將現場模擬儀表改為現場數位儀表，並用現場總線互連，將控制站內的軟體功能模組分散地分布在各臺現場數位儀表中，並可統一組態構成控制迴路，實現徹底的分散控制。

DCS作為新一代工業自動化過程控制設備在世界範圍內被廣泛應用於石油、化工、冶金、紡織、電力、食品等工業，中國在石油、冶金、化工與電力等行業也已普遍推廣應用。

(2) DCS的組成

一個基本的DCS應包括至少一臺現場控制站、一臺操作員站、一臺工程師站、一條系統網路四部分。此外，還應有相應的DCS軟體。DCS的結構如圖5-23所示。

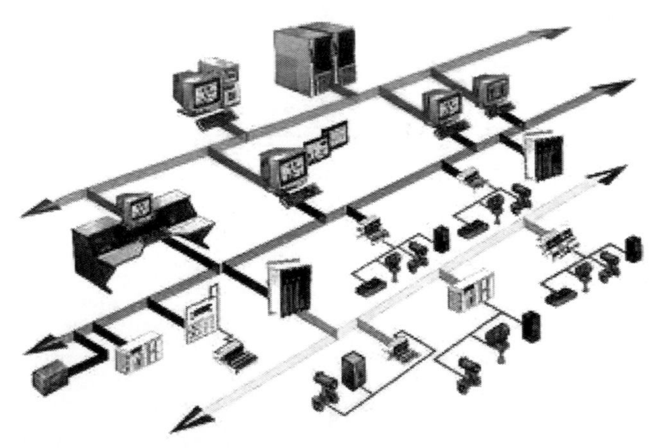

圖5-23　DCS的結構

① 現場控制站。現場控制站是DCS的核心，完成系統的控制功能，系統的性能、可靠性等重要指標也都依賴於現場控制站。硬體一般採用工業級電腦系

統，還包括現場測量單元、執行單元的輸入/輸出設備，過程量 I/O。內部主 CPU 和記憶體等用於數據的處理、運算和儲存的部分被稱為邏輯部分，而現場 I/O則被稱為現場部分。

② 操作員站。操作員站主要完成人機介面的功能，一般採用 PC 機等桌面型通用電腦，因要即時顯示、監控，一般要求有大尺寸的液晶顯示器，或者擴展多螢幕顯示，拓寬操作員的觀察範圍。為了提升畫面的顯示速度，一般都在操作員站上配置較大的記憶體和性能卓越的顯卡。

③ 工程師站。工程師站主要對 DCS 進行應用組態。應用組態可實現各種各樣的應用，只有完成了正確的組態，一個通用的 DCS 才能夠成為一個針對具體控制應用的可運行系統。組態要完成的工作有：定義一個具體的系統，確定控制的功能、控制的輸入/輸出量、控制迴路的演算法、在控制運算中選取的參數、在系統中設置的用來實現人對系統的管理與監控的人機介面，以及警報、報表及歷史數據紀錄等。此外，系統可能還配有特殊功能站。它是執行特定功能的電腦，如專門紀錄歷史數據的歷史站；進行高級控制運算功能的高級運算站；進行生產管理的管理站等。伺服器的主要功能是完成監督控制層的工作。

④ DCS 網路。DCS 網路包括系統網路、現場總線網路和高層管理網路。系統網路是 DCS 不同功能的站之間實現有效數據傳輸的橋梁，以實現系統總體的功能。系統網路的即時性、可靠性和數據通訊能力關係到整個系統的性能。現場總線網路使現場檢測變送單元和控制執行單元實現數位化，系統與現場之間將通過現場總線互聯。高層管理網路使 DCS 從單純的低層控制功能發展到了更高層次的資料採集、監督控制、生產管理等全廠範圍的控制、管理系統，使 DCS 成為一個電腦管理控制系統，實現工廠自動化。

⑤ DCS 軟體。與 DCS 工作站對應，DCS 軟體包括現場控制站軟體、操作員站軟體和工程師站軟體。

現場控制站軟體的主要功能是完成對現場的直接控制，包括迴路控制、邏輯控制、順序控制和混合控制等多種類型的控制。現場 I/O 驅動，完成過程量的輸入/輸出；對輸入的過程量進行預處理；即時採集現場數據並儲存在現場控制站內的本機資料庫中。控制運算是根據控制演算法和檢測數據、相關參數進行運算，得到即時控制的量。通過現場 I/O 驅動，將控制量輸出到現場。

操作員站軟體的主要功能是人機介面及 HMI 的處理，包括圖形畫面的顯示、操作命令的解釋與執行、現場數據和狀態的監視及異常警報、歷史數據的存檔和報表處理等。操作員站軟體主要包括：a. 圖形處理，將由組態軟體生成的圖形文件進行靜態畫面的顯示和動態數據的顯示及按週期進行數據更新；b. 操作命令處理；c. 歷史數據和即時數據的趨勢曲線顯示；d. 警報資訊的顯示、事件資訊的顯示、紀錄與處理；e. 歷史數據的紀錄與儲存、轉儲及存檔軟體；f.

報表紀錄和列印；g. 系統運行日誌的形成、顯示、列印和儲存紀錄等。

工程師站軟體一部分是線上運行的，主要完成對 DCS 系統本身運行狀態的診斷和監視，發現異常時進行警報，同時通過工程師站上的顯示螢幕給出詳細的異常資訊；另一部分的主要功能是組態。

DCS 的開發過程主要是採用系統組態軟體，依據控制系統的實際需要，生成各類應用軟體的過程。組態軟體功能包括基本配置組態和應用軟體組態。基本配置組態是給系統配置資訊，如系統的各種站的個數、它們的索引標誌、每個控制站的最大點數、最短執行週期和記憶體容量等。應用軟體的組態主要包括以下幾個方面：

① 控制迴路的組態。控制迴路的組態是利用系統提供的各種基本的功能模組，構成各種各樣的實際控制系統。圖 5-24 所示為某生產單元 DCS 即時控制範例，圖 5-25 所示為某生產線 DCS 組態。目前各種不同的 DCS 提供的組態方法主要有指定運算模組連接方式、判定表方式、步驟紀錄方式等。

圖 5-24　某生產單元 DCS 即時控制範例

指定運算模組連接方式是調用各種獨立的標準運算模組，用線條連接成多種多樣的控制迴路，並最終自動生成控制軟體，這是一種資訊流和控制功能都很直觀的組態方法。判定表方式是一種純粹的填表形式，只要按照組態表格的要求，逐項填入內容或回答問題即可，這種方式很利於使用者的組態操作。步驟紀錄方式是一種基於語言指令的編寫方式，編程自由度大，各種複雜功能都可通過一些技巧實現，但組態效率較低。另外，由於這種組態方法不夠直觀，往往對組態工程師在技術水平和組態經驗方面有較高的要求。

② 即時資料庫生成。即時資料庫是 DCS 最基本的資訊資源，這些即時數據由即時資料庫儲存和管理。在 DCS 中，建立和修改即時資料庫紀錄常用的方法

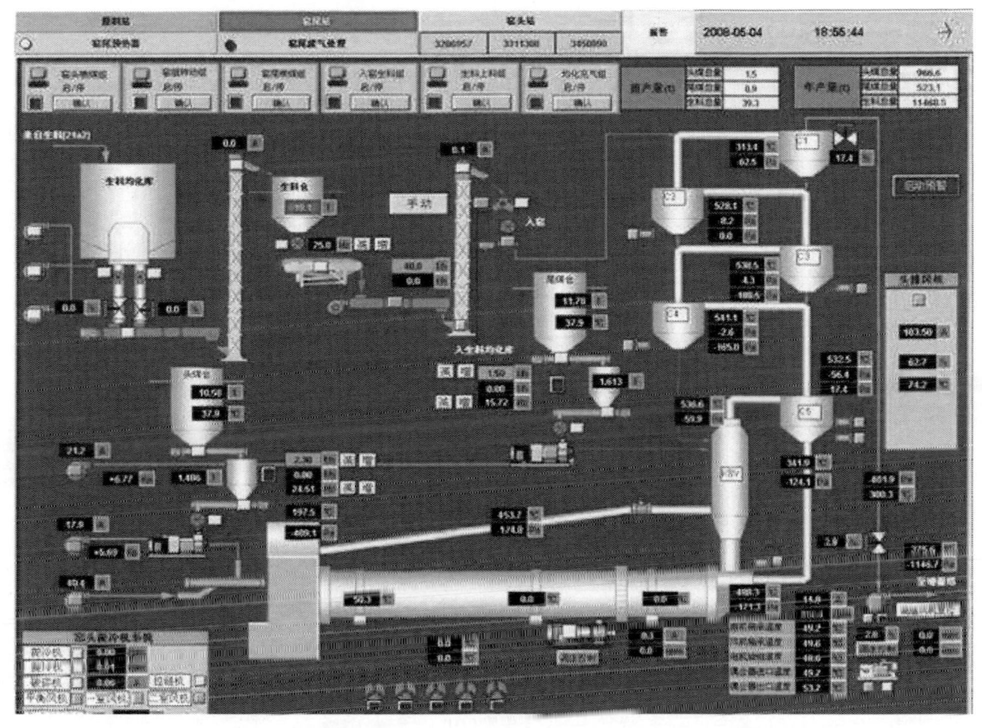

圖 5-25 某生產線 DCS 組態

是用通用資料庫工具軟體生成資料庫文件，系統直接利用這種數據格式進行管理或採用某種方法將生成的數據文件轉換為 DCS 所要求的格式，非常方便、高效。

③ 工業流程畫面的生成。DCS 具有豐富的控制系統和檢測系統畫面顯示功能。結合總貌、分組、控制迴路、流程圖、警報等畫面，以字符、棒圖、曲線等適當的形式表示出各種測控參數、系統狀態，是 DCS 組態的一項基本要求。此外，根據需要還可顯示各類變量目錄畫面、操作指導畫面、故障診斷畫面、工程師維護畫面和系統組態畫面。

④ 歷史資料庫的生成。所有 DCS 都支援歷史資料儲存和趨勢顯示功能，歷史資料庫通常由使用者在不需要編程的條件下，通過螢幕編輯編譯技術生成一個數據文件，該文件定義了各歷史數據紀錄的結構和範圍。歷史資料庫中的數據一般按組劃分，每組內數據類型、採樣時間一樣。在生成時對各數據點的有關資訊進行定義。

⑤ 報表生成。DCS 的操作員站的報表列印功能通過組態軟體中的報表生成部分進行組態，不同的 DCS 在報表列印功能方面存在較大的差異。一般來說，DCS 支援如下兩類報表列印功能：一是週期性報表列印，二是觸發性報表列印，

使用者根據需要和喜好生成不同的報表形式。

5.5.4　現場總線

隨著控制技術、電腦技術、通訊技術、網路技術等的發展，資訊交換的領域正在迅速覆蓋從現場設備到控制、管理各個層次，從工段、工廠、工廠、企業乃至世界各地的市場，在此背景下逐步形成以網路集成自動化系統為基礎的企業資訊系統，現場總線是順應這一形勢發展起來的新技術。現場總線控制系統（Fieldbus Control System，FCS）是集中式數位控制系統、集散控制系統（DCS）後的新一代控制系統，被譽為跨世紀的自動控制新技術。現場總線以測量控制設備作為網路節點，以雙絞線等傳輸介質作為紐帶，把位於生產現場的、具備了數位運算和數位通訊能力的測量、控制、執行設備連接成網路系統，遵循規範的通訊協議，在多個測量控制設備之間以及現場設備和遠端監控電腦之間，實現數據傳輸和資訊交換，形成適應各種應用需要的自動控制系統。

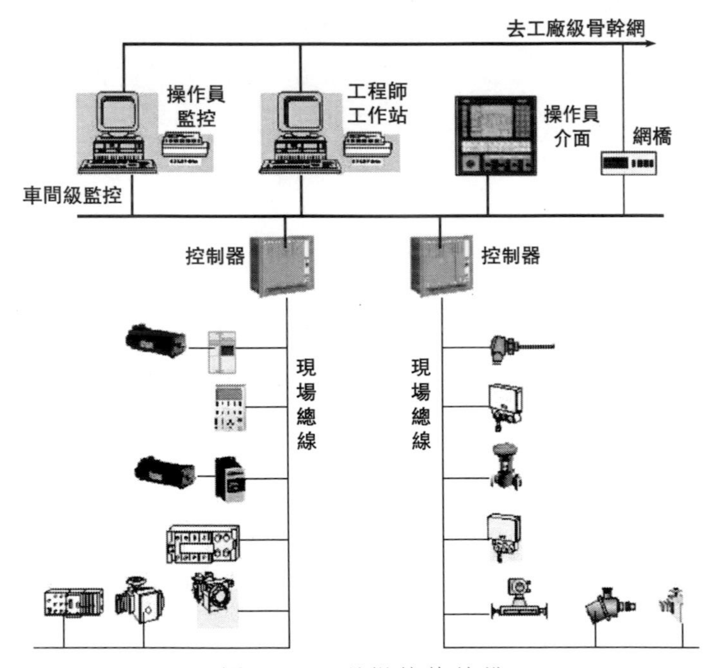

圖 5-26　現場總線結構

從本質上來說，現場總線就是一種區域網路。它用標準來具體描述，軟硬體與協議遵循標準規範，運用在控制系統中作為通訊方法。FCS 適應了工業控制系統向數位化、分散化、網路化、智慧化方向的發展，使工業自動化產品又一次更新換代。現場總線結構如圖 5-26 所示。

現場總線對工業的發展起著非常重要的作用，被廣泛應用於石油、化工、電力、醫藥、冶金、加工製造、交通運輸、國防、航太、農業和樓宇等領域。

現場總線網路和其他類型的區域網路相似，模型結構也是基於 7 層的開放式系統互聯參考模型（OSI RM）制訂的。為了減少由於層間操作與資訊格式轉換而產生的額外時間開銷，各種現場總線網路模型都對 OSI RM 進行了不同程度的簡化，一般僅採納了 OSI 參考模型的物理層、數據鏈路層和應用層。有的總線在應用層之上還增加了用戶層[67]。

（1）FCS 的發展

現場總線是 1980 年代中期誕生的。作為過程自動化、製造自動化、交通等領域現場智慧製造裝備之間的互聯通訊網路及以智慧感測器、控制、電腦、數位通訊、網路為主要內容的綜合技術，現場總線溝通了生產過程現場控制設備之間及其與更高控制管理層網路之間的連繫，為徹底打破自動化系統的資訊孤島創造了條件。現場總線控制系統既是一個開放的通訊網路，又是一種全分布控制系統。它作為智慧製造裝備的連繫紐帶，把掛接在總線上、作為網路節點的智慧製造裝備連接為網路系統，並進一步構成自動化系統，實現基本控制、補償運算、參數修改、警報、顯示、監控、優化及控管一體化的綜合自動化功能。

現場總線控制系統突破了 DCS 系統中通訊由專用網路的封閉系統來實現所造成的缺陷，把基於封閉、專用的解決方案變成了基於公開化、標準化的解決方案，可以把不同廠商遵守同一協議的自動化設備通過現場總線網路連接成系統，同時把 DCS 集中與分散相結合的集散系統結構變成了全分布式結構，把控制功能徹底下放到現場，依靠現場智慧製造裝備本身即可實現基本控制功能。

1984 年，美國儀表協會（ISA）下屬的標準與實施工作組中的 ISA/SP50 開始制定現場總線標準；1985 年，國際電工委員會決定由 Proway Working Group 負責現場總線體系結構與標準的研究制定工作；1986 年，德國開始制定過程現場總線（Process Fieldbus）標準，簡稱為 PROFIBUS，由此拉開了現場總線標準制定及其產品開發的序幕。

1992 年，由 SIEMENS、ABB 等 80 家公司聯合，成立了 ISP（Interoperable System Protocol）組織，著手在 PROFIBUS 的基礎上制定現場總線標準。1993 年，以 Honeywell 等公司為首，成立了 World FIP（Factory Instrumentation Protocol）組織，有 120 多個公司加盟該組織，並以法國標準 FIP 為基礎制定現場總線標準。

1994 年，ISP 和 World FIP 北美部分合並，成立了現場總線基金會（Fieldbus Foundation，FF），推動了現場總線標準的制定和產品開發，並於 1996 年第一季度頒布了低速總線 H1 的標準，將不同廠商的符合 FF 規範的儀表互連為控制系統和通訊網路，使 H1 低速總線開始步入實用階段。同時在不同行業還陸續派生出一些有影響的總線標準。它們大都在公司標準的基礎上逐漸形成，並得到其他公司、廠商、使用者乃至國際組織的支持[68]。

（2）FCS 的特點

① 開放性。傳統的控制系統是個自我封閉的系統，一般只能通過工作站的串口或並口對外通訊。現場總線致力於建立統一的工廠底層網路的開放系統，使用者可按自己的需要和對象，將來自不同供應商的產品組成大小隨意的系統，可以與世界上任何地方遵守相同標準的其他設備或系統連接。通訊協議一致公開，各不同廠家的設備之間可實現資訊交換。現場總線開發者就是要使用者可按自己的需要和考慮，把來自不同供應商的產品組成大小隨意的系統，通過現場總線構築自動化領域的開放互連系統。

② 互可操作性與可靠性。現場總線在選用相同的通訊協議情況下，只要選擇合適的總線網卡、插口與適配器即可實現互聯設備間、系統間的資訊傳輸與溝通，大大減少接線與查線的工作量，有效提高控制的可靠性。互可操作性是指實現互聯設備間、系統間的資訊傳送與溝通，不同生產廠商的性能類似的設備可相互替換。

③ 現場設備的智慧化與功能自治性。傳統裝備的訊號傳遞是模擬訊號的單向傳遞，訊號在傳遞過程中產生的誤差較大，系統難以迅速判斷故障而是帶故障運行。現場總線採用雙向數位通訊，將感測測量、補償運算、工程量處理與控制等功能分散到現場設備中完成，可隨時診斷設備的運行狀態，僅靠現場設備即可完成自動控制的基本功能。

④ 系統結構的高度分散性。現場總線已構成了一種新的全分散性控制系統的體系結構，從根本上改變了現有 DCS 集中與分散相結合的集散控制系統體系，簡化了系統結構，提高了可靠性。

⑤ 環境適應性好。工作在生產現場前端，作為工廠網路底層的現場總線，是為適應現場環境工作而設計的，可支援雙絞線、同軸電纜、光纜、射頻、紅外線及電力線等，具有較強的抗干擾能力，能採用兩線制實現送電與通訊，並可滿足安全及防爆要求等。

⑥ 靈活性。各種控制器、執行器以及感測器之間通過現場總線連接，線纜少，易敷設，實現成本低，而且系統設計更加靈活，訊號傳輸可靠性高且抗干擾能力強。基於現場總線的控制系統將逐漸取代原有控制系統，複雜的線束將被現場總線所代替。

⑦ 硬體數量少。由於現場總線系統中分散在現場的智慧製造裝備能直接執行多種感測、控制、警報和運算功能，因而可減少變送器的數量，不再需要訊號調理、轉換、隔離等功能單元及其複雜接線，還可以用工控 PC 機作為操作站，從而節省硬體投資及控制室的面積。

⑧ 安裝費用低。現場總線系統接線簡單，一條總線電纜上可掛接多個設備，電纜、端子、槽盒、橋架的用量減少。增加現場控制設備時，只需就近連接在原有的電纜上即可。

⑨ 維護費用低。現場控制設備具有自診斷與簡單故障處理的能力，並通過數位通訊將相關的診斷維護資訊送往控制室，使用者可以查詢所有設備的運行、診斷、維護資訊，以便早期分析故障原因並快速排除，縮短了維護停工時間，系統簡單，也減少了維護工作量。

⑩ 使用者系統集成主動權。使用者可以自由選擇不同廠商提供的設備來集成系統，系統集成過程中的主動權掌握在使用者手中。

⑪ 準確性與可靠性高。與模擬訊號相比，現場總線設備智慧化、數位化，從根本上提高了測量與控制的精確度，減少了傳送誤差。同時，由於系統的結構簡化，設備與連線減少，現場儀表內部功能加強，減少了訊號的往返傳輸，提高了系統工作的可靠性。

(3) 主流現場總線類型

目前國際上有 40 多種現場總線，但沒有任何一種現場總線能覆蓋所有的應用面，按其傳輸數據的能力可分為感測器總線、設備總線、現場總線三類。

① FF 現場總線。FF 現場總線基金會是由 WORLDFIPNA 和 ISP Foundation 於 1994 年 6 月聯合成立的國際性組織，其目標是建立單一的、開放的、可互操作的現場總線國際標準。FF 現場總線以 ISO/OSI 開放系統互連模型為基礎，取其物理層、數據鏈路層、應用層為 FF 通訊模型的相應層次，並在應用層上增加了用戶層。

基金會現場總線分低速 H1 和高速 H2 兩種通訊速率。H1 的傳輸速率為 3125Kbps，通訊距離可達 1900m（可加中繼器延長），支援總線供電。H2 的傳輸速率有 1Mbps 和 2.5Mbps 兩種，通訊距離為 750m 和 500m。物理傳輸介質可支援絞線、光纜和無線發射，協議符合 IEC1158-2 標準。圖 5-27 所示為某 FF-現場總線結構。

② LonWorks 現場總線。LonWorks 現場總線（圖 5-28）是美國 Echelon 公司 1992 年推出的局部操作網路，最初主要用於樓宇自動化，但很快發展到工業現場網。LonWorks 技術具有完整的開發控制網路系統的平台，包括所有設計、配置安裝和維護控制網路所需的硬體和軟體。LonWorks 網路的基本單元是節點，一個網路節點包括神經元晶片（Neuron Chip）、電源、一個收發器和有監控設備介面的 I/O 電路，核心是神經元晶片。提供完整的系統資源，內部集成三個 CPU，其中一個用於執行使用者編寫的應用程式，另外兩個完成網路任務。神經元晶片上的 11 個 I/O 引腳可通過編程提供 34 種不同的 I/O 對象介面，支援電平、脈衝、頻率、編碼等多種訊號模式；它的兩個 16 位定時器/計數器可用

於頻率和定時；它提供的通訊端口允許工作在單端、差分和專用 3 種模式，傳輸速率最高可達 1.25Mbps[69]。

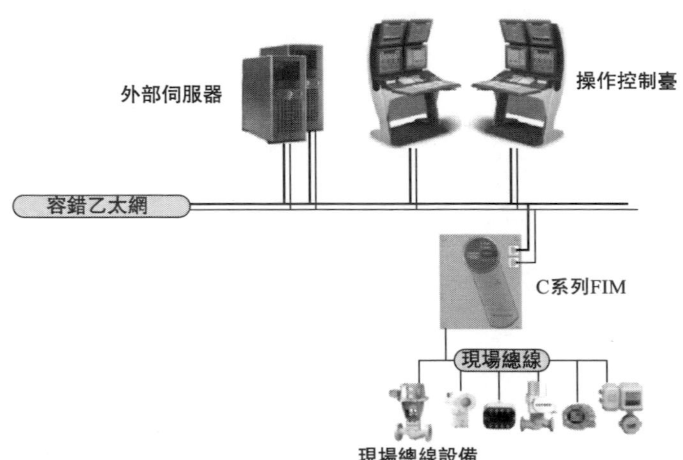

圖 5-27 某 FF 現場總線結構

圖 5-28 LonWorks 現場總線

LonWorks 現場總線綜合了當今現場總線的多種功能，同時具備區域網路的一些特點，廣泛地應用於航空航太、農業、電腦/外圍設備、診斷/監控、測試設備、醫療衛生、軍事/防衛、辦公室設備系統、機器人、安全警衛、運輸設備等領域。其通用性表明，它不是針對某一個特殊領域的總線，而是具有可將不同領域的控制系統綜合成一個以 LonWorks 為基礎的更複雜系統的網路技術[70]。

③ PROFIBUS 現場總線。PROFIBUS 是用於自動化技術的現場總線標準（圖 5-29），由德國西門子公司等十四家公司及五個研究機構共同推動制定，是程式總線網路，有 PROFIBUS-DP 和 PROFIBUS-PA 兩種。

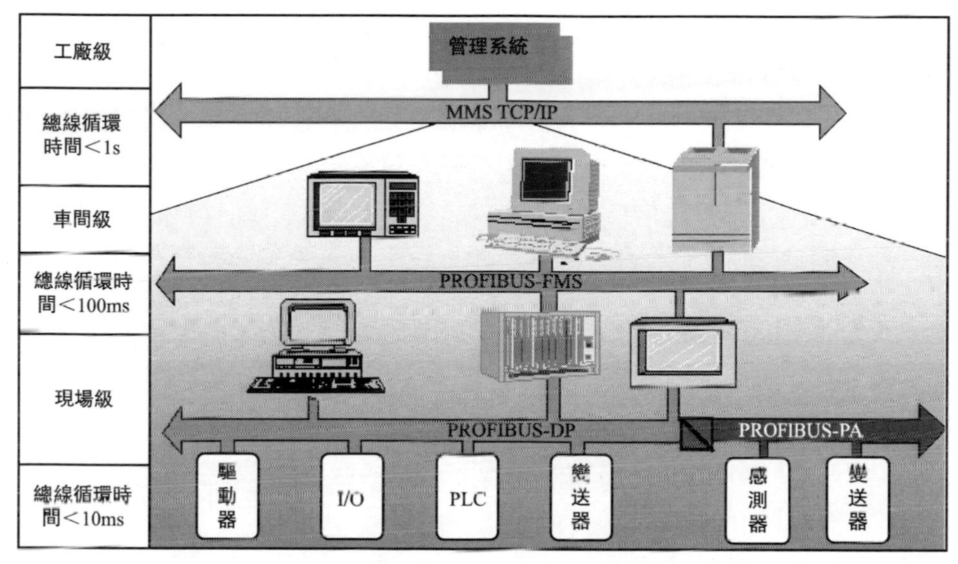

圖 5-29 PROFIBUS 總線

PROFIBUS-DP（分布式周邊，Decentralized Peripherals）用於工廠自動化中，可以由中央控制器控制許多感測器及執行器，也可以利用標準或選用的診斷機得知各模組的狀態。

PROFIBUS-PA（過程自動化，Process Automation）應用在過程自動化系統中，由過程控制系統監控測量設備進行控制，是本質安全的通訊協議，可適用於防爆區域（工業防爆危險區分類中的 Ex-zone 0 及 Ex-zone 1）。其物理層匹配 IEC 61158-2，允許由通訊線纜提供電能給現場設備，即使有故障時也可限制電流量，避免出現可能導致爆炸的情形。使用網路供電時，一個 PROFIBUS-PA 網路能連接的設備數量受到限制。PROFIBUS-PA 的通訊速率為 31.25Kbps。PROFIBUS-PA 使用的通訊協議和 PROFIBUS-DP 相同，只要有轉換設備就可以和 PROFIBUS-DP 網路連接，由速率較快的 PROFIBUS-DP 作為網路主幹，將訊號傳遞給控制器。在一些需要同時處理自動化及過程控制的應用中，可以同時使用 PROFIBUS-DP 及 PROFIBUS-PA。

PROFIBUS 現場總線的傳輸速率為 9.6Kbps～12Mbps，最遠傳輸距離在 12Mbps 時為 1km，可用中繼器延長至 10km。傳輸介質可以是雙絞線，也可以是光纜，最多可掛接 127 個站點。PORFIBUS 支援主從系統、純主站系統、多主多從混合系統等傳輸方式。主站可主動發送資訊，有對總線的控制權。多主站系統主站之間採用令牌方式傳遞資訊，得到令牌的站點在規定的時間內擁有總線控制權。主站擁有控制權時，可以按主從方式向從站發送或索取資訊。

④ CAN 現場總線。CAN（圖 5-30）是控制器區域網路（Controller Area Network，CAN）的簡稱，起初是由德國 BOSCH 公司開發用於汽車內部測量與執行部件之間的數據通訊，現在成為國際上應用最廣泛的現場總線之一，總線規範現已被 ISO 國際標準組織制定為國際標準，CAN 協議也是建立在國際標準組織的開放系統互連模型基礎上的。訊號傳輸介質為雙絞線，通訊速率最高可達 1Mbps/40m，直接傳輸距離最遠可達 10km/Kbps，可掛接設備最多達 110 個。由於其高性能、高可靠性、即時性等優點現已廣泛應用於工業自動化、交通工具、醫療儀器以及建築等行業。

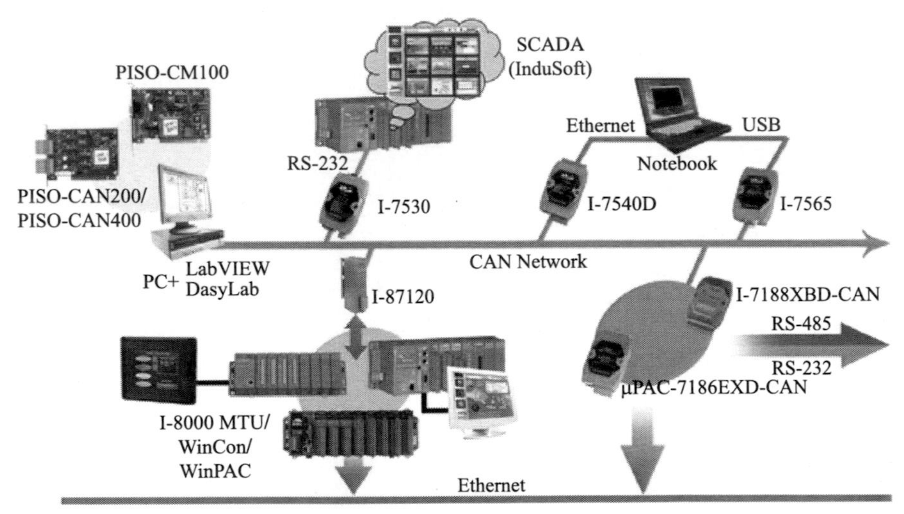

圖 5-30 CAN 總線

應用 CAN 總線可以減少車身布線，模組之間的訊號傳遞僅需要兩條訊號線，車上除掉總線外其他所有橫貫車身的線都不再需要，大大節省成本。CAN 總線系統數據穩定可靠，線間干擾小、抗干擾能力強。某車型有車身、舒適、多媒體等多個控制網路，其中車身控制使用 CAN 網路，控制引擎、變速箱、ABS

等車身安全模組，並將轉速、車速、油溫等共享至全車，實現汽車智慧化控制，如高速時自動鎖閉車門，安全氣囊彈出時自動開啟車門等功能。圖 5-31 所示為某車型 CAN 總線。

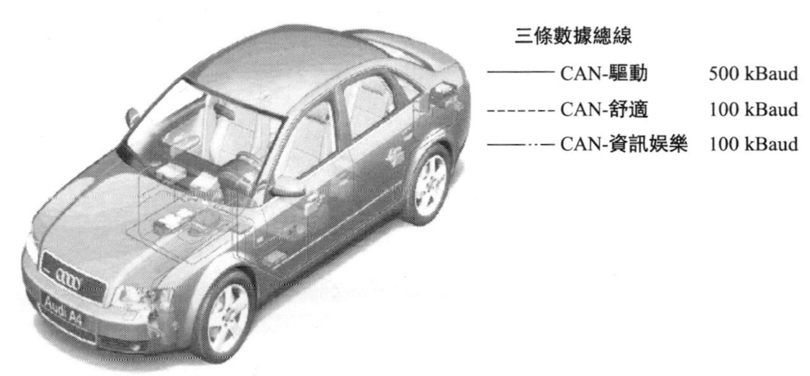

圖 5-31 某車型 CAN 總線

⑤ Devicenet 現場總線。Devicenet（圖 5-32）是一種低成本的通訊總線，使用控制器區域網路（CAN）為其底層的通訊協定，其應用層有針對不同設備所定義的行規，應用包括資訊交換、安全設備及大型控制系統。它將工業設備連接到網路，消除了昂貴的硬接線成本，改善了設備間的通訊。

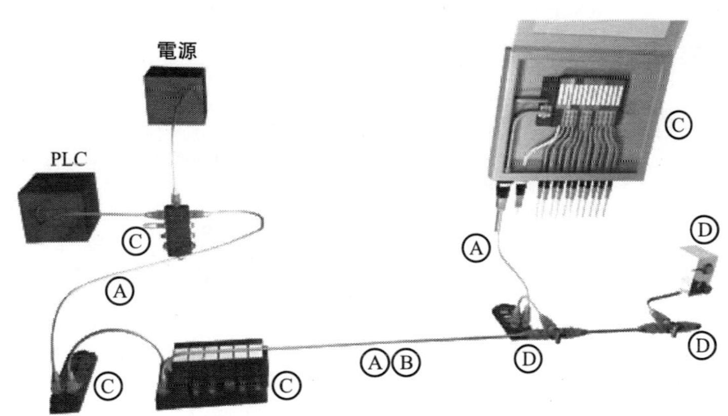

圖 5-32 Devicenet 總線

Devicenet 定義 OSI 模型七層架構中的物理層、數據鏈路層及應用層，網路中可以使用扁平電纜，可傳輸訊號，也可給小型設備供電。允許三種比特率：125Kbps、250Kbps 及 500Kbps，主幹線長度和比特率成反比，單一網路中最多可以有 64 個節點，有重複節點位址偵測的功能。允許單一網路中多重主站的功能，可以在高噪音的環境下使用。

Devicenet 規範和協議都是免費開放的。Devicenet 的主要特點有：短幀傳輸，每幀的最大數據為 8 個字節；無破壞性的逐位仲裁技術；網路最多可連接 64 個節點；數據傳輸波特率為 125Kbps、250Kbps、500Kbps；點對點、多主或主/從通訊方式；採用 CAN 的物理和數據鏈路層規約。

⑥ HART 現場總線。HART（Highway Addressable Remote Transducer）通訊協議，是美國 ROSEMOUNT 公司於 1985 年推出的一種用於現場智慧儀表和控制室設備之間的通訊協議，提供具有相對低的帶寬、適度響應時間的通訊，已成為全球智慧儀表的工業標準。

HART 現場總線（圖 5-33）採用統一的設備描述語言 DDL 描述設備特性。HART 能利用總線供電，滿足本質安全防爆要求，協議可以雙向傳送數位資訊，突破了傳統儀表只能從主機接收控制資訊的情況，傳輸資訊量大，每個 HART 設備中包括諸如設備狀態、診斷警報、過程變量、單位、迴路電流、廠商等多達 40 個標準資訊項。在數位通訊模式下，一對電纜可以處理多個變量，在現場儀表中，HART 協議支援 256 個過程變量，且不同廠商的 HART 兼容產品和主系統都可以協同工作。

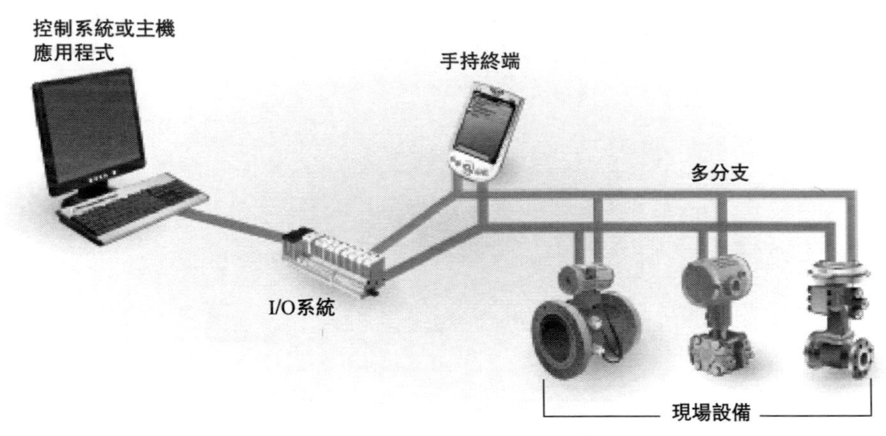

圖 5-33　HART 現場總線

⑦ CC-Link 現場總線。CC-Link（Control & Communication Link）是一開放式現場總線，如圖 5-34 所示，其數據容量大，通訊速度多級可選擇，是複合的、開放的、適應性強的網路系統，傳輸速率 10Mbps，性能卓越，使用簡單，應用廣泛，不僅解決了工業現場配線複雜的問題，同時具有優異的抗噪性能和兼容性。CC-Link 是一個以設備層為主的網路，同時也可覆蓋較高層次的控制層和

較低層次的感測層。

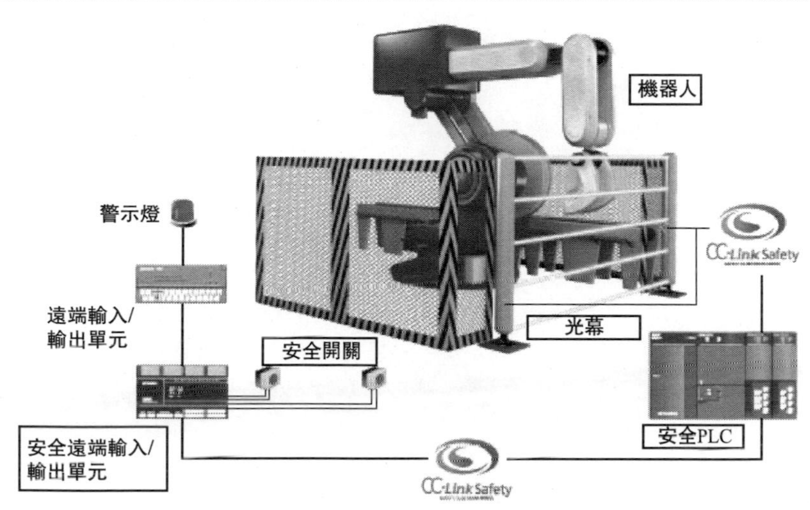

圖 5-34 CC-Link 現場總線

CC-Link 是一個技術先進、性能卓越、應用廣泛、使用簡單、成本較低的開放式現場總線，利用 CC-Link 開發的網路控制系統具有即時性、開放性、保護功能齊全、通訊速率快、網路先進、布線方便等優點，有利於分散系統實現集中監控，提高系統自動化水平，減輕工人勞動強度。

⑧ INTERBUS 現場總線。INTERBUS 是德國 Phoenix 公司推出的較早的現場總線（圖 5-35），2000 年 2 月成為國際標準 IEC61158。作為一種開放的總線系統，INTERBUS 與任何 PC 平台兼容，並可用於全世界 80％的 PLC。INTERBUS 推行開放控制的控制方式，開放控制由開放式總線系統 INTERBUS、Microsoft 的開放式程式、WindowsNT 結構和工業 PC 電腦組成，目標是將辦公室和生產現場基於同一平台，實現通行的、統一的資訊流。通過所有的層面而不停留，實現完全垂直的集成（Complete Vertical Integration，CVI）。使用開放控制，不同的硬體和軟體製造商的單個部件可集成到一個自動化系統中，真正實現不同製造商的可互操作性，無須任何介面介面，廣泛地應用到汽車、菸草、倉儲、造紙、包裝、食品等工業，成為國際現場總線的領先者。

(4) 現場總線技術展望與發展趨勢

現場總線技術已經在工控領域得到了廣泛的應用，發展現場總線技術已成為工業自動化領域廣為關注的焦點課題。隨著網路技術的發展，低速現場總線領域將繼續發展和完善，高速現場總線技術也會蓬勃發展。目前現場總線產品主要是

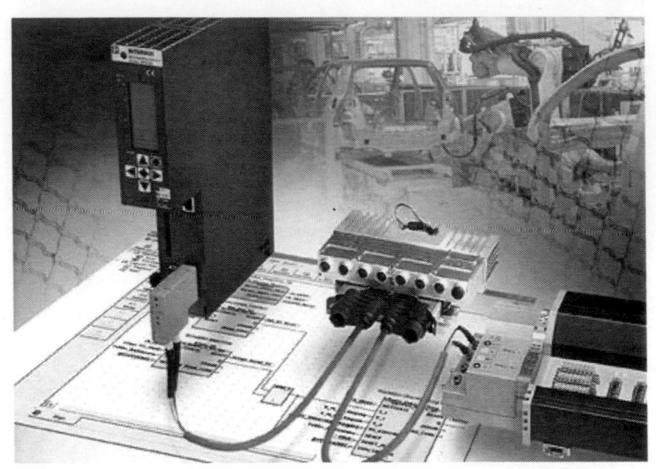

圖 5-35 INTERBUS 現場總線

低速總線產品，應用於運行速率較低的領域，對網路的性能要求不是很高。無論是哪種形式的現場總線，都能較好地實現速率要求較慢的過程控制。現場總線的關鍵技術之一是互操作性，所以實現標準化，實現現場總線技術的統一是所有使用者的願望。具有發展前景的現場總線技術有：智慧儀表與網路設備開發的軟硬體技術；組態抗術，包括網路拓撲結構、網路設備、網段互連等；網路管理技術，包括網路管理軟體、網路數據操作與傳輸；人機介面、軟體技術；現場總線系統集成技術。

高速現場總線主要用於控制網內的互聯，連接控制電腦、PLC 等智慧程度較高、處理速度快的設備，以及實現低速現場總線網橋間的連接，它是充分實現系統的全分散控制結構的必要技術。未來現場總線的競爭可能是高速現場總線的設計開發[71,72]。

5.5.5 PC 數控

(1) PC 系統的組成

應用領域不同，PC 系統[73]的組成結構有較大差別。常用的為普通 PC、工業 PC 和基於 PC104 的嵌入式 PC 系統。

在普通 PC 系統中，將 CPU、記憶體、I/O 控制器、介面電路、總線插槽等硬體模組配置在一個較大的主板上，並將其固定於帶有穩壓電源、硬碟、光驅等的機箱中，由此構成 PC 系統的主機。主機再連接顯示器、鍵盤、滑鼠等標準外部設備，即構成基本的 PC 系統。根據應用的需要，在基本系統基礎上進一步連接印表機、掃描儀、手寫板、繪圖儀、投影儀、送話器、音響裝置等外圍設備，即可構成面向特定應用的 PC 系統。

工業 PC 系統則多採用無源底板＋獨立插板的結構。無源底板固定於高強度機箱中，主機的硬體電路（如 CPU 板、輸入輸出電路、應用模組等）做成獨立板卡，插接於無源底板上，並通過機箱中的緊固裝置予以固定。工業 PC 的機箱及其供電系統均採用高抗干擾設計，進出風口還採取了特殊的防塵措施，有的甚至採用全密封結構，通過空調系統進行冷卻。此外，為保證硬碟、光驅等裝置在工業現場可靠運行，機箱中還採取了特殊的抗震措施。

PC104 系統則將組成電腦的單元電路設計成具有相同尺寸的獨立模組，如 CPU 模組、電子盤模組、網路模組、訊號採集模組等，然後通過堆棧方式將這些模組連接起來，構成一個完整系統。PC104 系統一般不設計獨立的電腦機箱，而是將以堆棧方式構成的 PC 系統作為一個部件嵌入到應用系統內部，與其融為一體，形成一個完整的設備。

儘管不同應用領域的 PC 系統在外部形式和組成環節上不盡相同，其物理結構也有一定的差別，但 PC 系統核心部分的硬體結構和軟體系統卻是相同的，並且在資訊層面上採用相同的或相兼容的規範和標準。例如，普通 PC 與 PC104 嵌入式電腦，雖然在外部形式、組成環節和物理結構等方面完全不同，但這兩類 PC 系統所採用的系統軟體（操作系統等）卻可以完全相同，系統核心與外部設備間進行資訊交換所基於的規範和標準也可以完全相同。這就使得能在普通 PC 上運行的應用軟體，也可直接在 PC104 系統中運行；能與普通 PC 連接的外部設備，也能直接連接到 PC104 系統上。對於完成具體任務來說，兩者沒有多大差別，只不過前者成本低，後者更可靠。

(2) PC 系統的工作原理

PC 系統的核心硬體包括 CPU、記憶體等，外圍硬體包括 I/O 控制器和介面電路（如硬碟控制器、軟驅控制器、USB 控制器、網路介面、鍵盤介面、滑鼠介面、並行介面、串行介面等）等。應用軟體是為完成某方面任務而配置的軟體系統。操作系統是支援應用軟體運行的軟體平台。

由圖 5-36 可見，PC 系統的工作過程可看作一個資訊處理與變換的過程。對於某一具體應用（如設計、運算、分析等），首先將完成該任務所需的原始資訊通過 PC 系統的輸入設備，如軟驅、優盤、掃描儀、聯網裝置等輸入 PC 內；其次通過 PC 主機內的硬體系統和操作系統，將輸入資訊傳遞給完成該任務的應用軟體，應用軟體通過與操作系統、PC 核心硬體相配合，共同完成資訊變換與處理任務，產生所需的輸出資訊；然後通過操作系統和硬體系統，將輸出資訊送往 PC 外部；最後通過 PC 系統的輸出設備，如印表機、繪圖儀、投影儀、外部儲存設備等，將輸出資訊顯示和保存到合適的載體上。

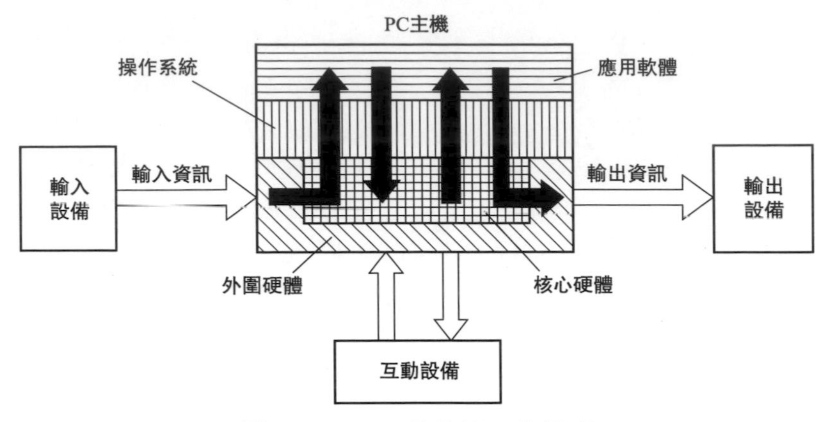

圖 5-36　PC 系統的工作原理

應指出的是，PC 系統完成任務的過程一般是一個人機協調、反覆互動的過程。在這個過程中，操作人員需通過鍵盤、滑鼠、顯示器等互動設備與電腦反覆交流，才能完成任務。例如，利用 PC 系統進行工程設計，在設計過程中，設計人員需根據自己的知識和經驗，反覆與電腦互動才能產生一個理想的設計。

PC 數控系統的基本結構如圖 5-37 所示。PC 數控系統的控制器（PC 數控裝置）是以 PC 為核心構成的數位控制器，其基本結構由硬體系統和軟體系統兩大部分組成。

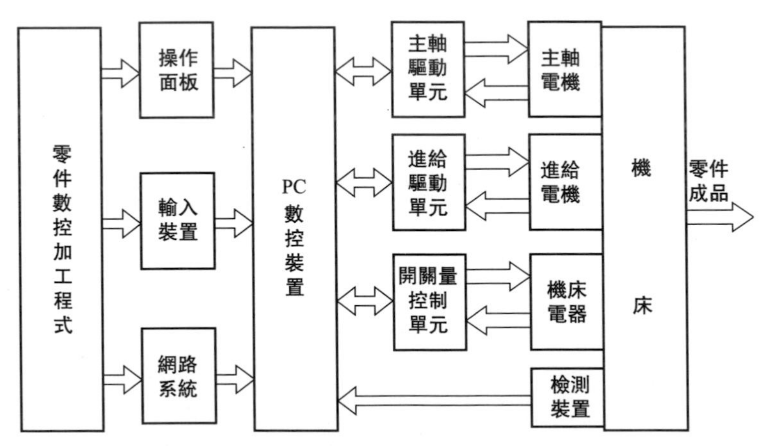

圖 5-37　PC 數控系統的基本結構

硬體系統由 PC 硬體平台和附加的數控硬體模組組成。無論是普通 PC 還是工業 PC，其硬體平台都是通用的，無須數控系統生產廠家自己生產。數控硬體模組是為完成特定數控任務而附加到 PC 硬體平台上的功能模組，這些模組一般需由數控系統生產廠家自行設計製造。

軟體系統包括 PC 操作系統和數控應用軟體兩大部分。PC 操作系統屬於系統軟體，是通用的，可從市場上選購。數控應用軟體由完成數控任務的各種資訊處理軟體模組和控制軟體模組組成，具有很強的針對性，需由數控系統生產廠家自行開發。PC 數控系統的功能與性能主要由數控應用軟體決定，因此數控應用軟體開發是 PC 數控系統開發的主要任務。

5.5.6 先進控制技術方法

（1）神經網路學習智慧控制

神經網路是指由大量與生物神經系統的神經細胞相類似的人工神經元互連而組成的網路，或由大量像生物神經元的處理單元並聯而成的。這種神經網路具有某些智慧和仿人控制功能。學習演算法是神經網路的主要特徵和研究的主要課題。神經網路具備類似人類的學習功能，學習是指機體在複雜多變的環境中進行有效的自我調節。神經網路的學習過程是修改輸入端加權係數的過程，最終使其輸出達到期望值。常用的學習演算法有 Hebb 學習演算法、Widrow Hoff 學習演算法、反向傳播學習演算法——BP 學習演算法、Hopfield 回饋神經網路學習演算法等。神經網路利用大量的神經元，按一定的拓撲結構和學習調整方法，實現並行運算、分佈儲存、可變結構、高度容錯、非線性運算、自我組織、學習或自學習等，在智慧控制的參數、結構或環境的自適應、自組織、自學習等控制方面具有獨特的能力。

（2）自適應控制

自適應控制和常規的回饋控制和最佳控制一樣，也是一種基於數學模型的控制方法。自適應控制的研究對象是對具有一定程度不確定性的系統進行控制。不確定性是指描述被控對象及其環境的數學模型不是完全確定的，包含一些未知因素和隨機因素。自適應控制依據的關於模型和擾動的先驗知識比較少，需要在系統的運行過程中不斷提取有關模型的資訊，使模型逐步完善。依據對象的輸入輸出數據，不斷地辨識模型參數，這個過程稱為系統的線上辨識。隨著生產過程的持續進行和線上辨識的運用，模型會變得越來越準確，越來越接近於實際。模型是隨環境變化的，所以基於這種模型的控制作用也將隨之不斷地調整和改進，控制系統具有一定的適應能力。

（3）魯棒控制

魯棒性是指控制系統在一定結構、大小的參數攝動下，維持某些性能的特性。對性能的定義不同，可分為穩定魯棒性和性能魯棒性。以閉環系統的魯棒性作為目標設計得到的固定控制器稱為魯棒控制器。主要的魯棒控制理論有 Kharitonov 區間理論、$H\infty$控制理論、結構奇異值理論（μ 理論）等。魯棒控制的研究始於 1950 年代，是國際自控界的研究焦點之一。

魯棒控制將經典頻域設計理論和現代控制理論的優點融合在一起，系統地給出了在頻域中進行迴路成形的技術和手段，並充分考慮了系統不確定性的影響，不僅能保證控制系統的魯棒穩定性，而且能優化某些性能指標。採用狀態空間方法，具有時域方法精確運算和最佳化的優點，多種控制問題均可變換為 H∞ 魯棒控制理論的標準問題，具有一般性，並適於實際工程應用。

5.6 PLC 控制系統設計

進行 PLC 控制系統設計時，首先要熟悉被控對象並運算輸入/輸出設備，然後進行 PLC 選型及確定硬體配置，在此基礎上設計電氣原理圖並設計控制臺(櫃)，最後編制控制程式、進行程式除錯和編制技術文件，如圖 5-38 所示。

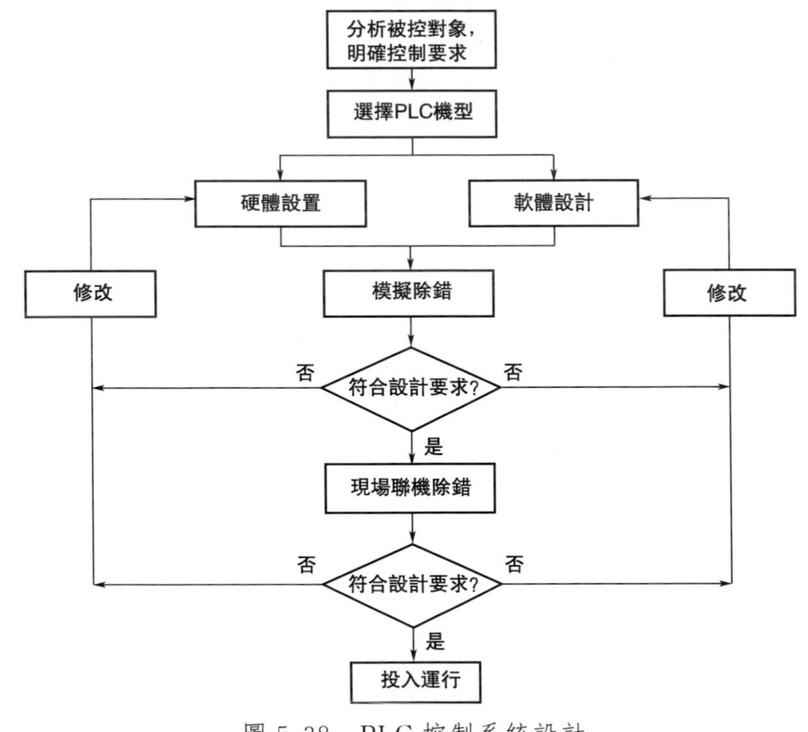

圖 5-38 PLC 控制系統設計

首先要熟悉被控對象，設計工藝布置圖，這是系統設計的基礎。詳細了解被控對象的工藝過程和它對控制系統的要求，各種機械、液壓、氣動、儀表、電氣系統之間的關係，系統工作方式（如自動、半自動、手動等），PLC與系統中其他智慧裝置之間的關係，人機介面的種類，通訊聯網的方式，警報的種類與範圍，電源停電及緊急情況的處理等。此外，還要選擇使用者輸入設備（如按鈕、操作開關、限位開關、感測器等），輸出設備（如繼電器、接觸器、訊號指示燈等執行元件），以及由輸出設備驅動的被控對象（如電機、電磁閥等）。

確定哪些訊號需要輸入給PLC、哪些負載由PLC驅動，並分類統計出各輸入量和輸出量的性質及數量——是數字量還是模擬量，是直流量還是交流量，以及電壓的大小等級，為PLC的選型和硬體配置提供依據。最後將控制對象和控制功能進行分類，可按訊號用途或按控制區域進行劃分，確定檢測設備和控制設備的物理位置，分析每一個檢測訊號和控制訊號的形式、功能、規模、互相之間的關係。訊號點確定後，設計出工藝布置圖或訊號圖。

5.6.1 PLC控制系統的硬體設計

隨著工控現場PLC的推廣普及，PLC產品的種類和數量越來越多。國外PLC產品、中國產品已有幾十個系列、上百種型號。PLC的品種繁多，其結構形式、性能、容量、指令系統、組態方法、編程方法、價格等各有不同，使用場合也各有側重。進行控制系統設計時，應根據實際情況合理選擇PLC。

（1）PLC機型的選擇

PLC機型的選擇應是在滿足控制要求的前提下，保證可靠、維護使用方便以及最佳的CP值。根據現場應用要求，通常可按控制功能或輸入輸出點數選型。整體型PLC的I/O點數固定，因此使用者選擇的餘地較小，用於小型控制系統；模組型PLC提供多種I/O卡件或插卡，因此使用者可較合理地選擇和配置控制系統的I/O點數，功能擴展方便靈活，一般用於大中型控制系統。

輸入輸出模組的選擇應考慮與應用要求相統一。對輸入模組，應考慮訊號電平、訊號傳輸距離、訊號隔離、訊號供電方式等應用要求。對輸出模組，應考慮選用的輸出模組類型，通常繼電器輸出模組具有價格低、使用電壓範圍廣、壽命短、響應時間較長等特點；晶閘管輸出模組適用於開關頻繁，電感性低功率因數負荷場合，但價格較貴，過載能力較差。輸出模組還有直流輸出、交流輸出和模擬量輸出等，應與應用要求一致。

電源模組在引進設備中的同時引進PLC中，但應根據產品說明書要求設計和選用，一般PLC的供電電源應設計選用220V AC電源，與中國電網電壓一致。重要場合還應採用不間斷電源或穩壓電源供電。為防止電壓波動損毀PLC，有必要對輸入和輸出訊號進行隔離，有時也可採用簡單的二極管或熔絲管隔離。

此外，選擇PLC時，應考慮CP值。考慮經濟性時，應同時考慮應用的可擴展性、可操作性、投入產出比等因素，進行比較和兼顧，最終選出較滿意的產品。點數的增加對 CPU、儲存器容量、控制功能範圍等的選擇都有影響，在估算和選用時應充分考慮，提高控制系統的 CP 值。

① 運算控制功能的選擇。PLC 的運算功能包括邏輯運算、計時和計數、數據移位、比較功能、代數運算、數據傳送、PID 運算和其他高級運算功能，目前的 PLC 都已具有通訊功能。設計選型時應從實際應用的要求出發，合理選用所需的運算功能。

對於小型單臺、僅需要數字量控制的設備，一般的小型 PLC（如西門子公司的 S7-200 系列、OMRON 公司的 CPM1/CPM2 系列等）可以滿足要求。對於以數字量控制為主，帶少量模擬量控制的應用系統，如工業生產中常遇到的溫度、壓力、流量等連續量的控制，應選用帶有 A/D 轉換、D/A 轉換的模擬量輸入、輸出模組，配接相應的感測器、變送器和驅動裝置，並選擇運算、數據處理功能較強的小型 PLC（如西門子公司的 S7-200 或 S7-300 系列等）。

對於控制比較複雜，控制功能要求更高的工程項目，例如要求實現 PID 運算、閉環控制、通訊聯網等功能時，視覺控制規模及複雜程度，選用中檔或高檔機（如西門子公司的 S7-300 或 S7-400 系列等）。

控制功能包括 PID 控制運算、前饋補償控制運算、比值控制運算等，應根據控制要求確定是否需要採用 PID 控制單元、高速計數器、帶速度補償的模擬單元、ASC 碼轉換單元等，需要考慮實際情況確定。

② 編程功能。PLC 控制系統有五種標準化編程語言：順序功能圖（SFC）、梯形圖（LD）、功能模組圖（FBD）三種圖形化語言和語句表（IL）、結構文本（ST）兩種文本語言。選用的編程語言應遵守其標準（IEC6113123），同時，還應支援多種語言編程形式，如 C、Basic 等，以滿足特殊控制場合的控制要求。

PLC 編程方式有離線編程方式和線上編程方式兩種。離線編程方式是指 PLC 和編程器共用一個 CPU，編程器在編程模式時，CPU 只為編程器提供服務，不對現場設備進行控制，完成編程後，編程器切換到運行模式，CPU 對現場設備進行控制，不能進行編程。離線編程方式可降低系統成本，但使用和除錯不方便。線上編程方式是指 CPU 和編程器有各自的 CPU，主機 CPU 負責現場控制，並在一個掃描週期內與編程器進行數據交換，編程器把線上編制的程式或數據發送到主機，下一個掃描週期中，主機根據新收到的程式運行。這種方式成本較高，但系統除錯和操作方便，在大中型 PLC 中常採用。

便攜式簡易編程器主要用於小型 PLC，其控制規模小，程式簡單，可用簡易編程器。CRT 編程器適用於大中型 PLC，除用於編制和輸入程式外，還可編輯和列印程式文本。由於 IBM-PC 已得到普及推廣，IBM-PC 及其兼容機編程軟體包是 PLC 很好的編程工具。

③ 掃描速度。PLC 採用掃描方式工作，處理速度與使用者程式的長度、CPU 處理速度、軟體質量等有關。目前，PLC 接點的響應快、速度高，每條二進制指令執行時間為 0.2～0.4ns，因此能適應控制要求高、相應要求快的應用需要。掃描週期（處理器掃描週期）應滿足：小型 PLC 的掃描時間不大於 0.5ms/K；大中型 PLC 的掃描時間不大於 0.2ms/K。設計時應根據情況選擇合適的型號。

④ 聯網通訊功能。PLC 作為工廠自動化的主要控制裝置，大多數產品都具有通訊聯網能力。選擇時應根據需要選擇通訊方式。大中型 PLC 系統應支援多種現場總線和標準通訊協議（如 TCP/IP），需要時應能與工廠管理網（TCP/IP）相連接。通訊協議應符合 ISO/IEEE 通訊標準。PLC 系統的通訊介面應包括串行和並行通訊介面（RS-232C/422A/423/485）、RIO 通訊口、工業乙太網、常用 DCS 介面等；大中型 PLC 通訊總線（含介面設備和電纜）應 1：1 冗餘配置，通訊總線應符合國際標準，通訊距離應滿足裝置實際要求。

⑤ 其他要求。考慮被控對象對於模擬量的閉環控制、高速計數、運動控制和人機介面（HMI）等方面的特殊要求，可以選用有相應特殊 I/O 模組的 PLC。在某些可靠性要求極高的應用場景，應採用冗餘控制系統或備份系統。

系統設計時，除了硬體，PLC 的編程問題亦非常重要。除了詳細了解硬體，使用者應當對所選擇 PLC 產品的軟體功能有所了解。對於網路控制結構或需用上位電腦管理的控制系統，有無通訊軟體包是選用 PLC 的主要依據。通訊軟體包往往和通訊硬體一起使用，如調變解調器等。

PLC 通常直接用於工業控制，一般工業現場都能可靠地工作，在選用時應對環境條件給予充分的考慮。一般 PLC 及其外部電路（包括 I/O 模組、輔助電源等）都能可靠工作。

(2) PLC 容量估算

PLC 的容量包括輸入輸出總點數和使用者儲存器的儲存容量兩方面。在選擇 PLC 型號時應根據實際情況，不必盲目追求過高的性能指標，滿足實際要求即可。一般來說，在輸入輸出點數和儲存器容量方面除了要滿足控制系統要求外，建議適當留有餘量，以做壞點備用或裝備擴展功能、系統擴展時使用。

① I/O 點數的確定。PLC 的 I/O 點數以系統實際的輸入輸出點數為基礎確定。在確定 I/O 點數時，應考慮適當餘量，以便維護和擴展。通常 I/O 點數可按實際需要的 10%～15% 考慮餘量；當 I/O 模組較多時，一般按上述比例留出備用模組。實際訂貨時，還需根據製造廠商 PLC 的產品特點，對輸入輸出點數進行圓整。

② 儲存器容量的確定。儲存器容量是可編程式控制器本身能提供的硬體儲存單元大小，程式容量是儲存器中使用者應用項目使用的儲存單元的大小，因此

程式容量小於儲存器容量。使用者程式占用多少儲存器容量與許多因素有關，如I/O點數、控制要求、運算處理量、程式結構等。由於使用者應用程式還未編制，因此在程式編制前只能粗略地估算。儲存器記憶體容量的估算沒有固定的公式，許多文獻資料中給出了不同的公式，大體上都是按數字量I/O點數的10～15倍，加上模擬I/O點數的100倍，以此數為記憶體的總字數（16位為一個字），另外再按此數的25%考慮餘量。

（3）I/O模組的選擇

PLC控制系統中，需要將對象的各種測量參數輸入PLC，經過CPU運算、處理後，再將結果以數字量的形式輸出，PLC和生產過程之間需要輸入/輸出（I/O）模組。生產設備或控制系統的開關、按鈕、繼電器觸點等，只有通或斷兩種狀態資訊，對這類訊號的拾取需要通過數字量輸入模組來實現。輸入模組最常見的為24V直流輸入，還有直流5V、12V、48V，交流115V、220V等。對指示燈的亮滅、電機的啟停、晶閘管的通斷、閥門的開閉等的控制只需利用「1」和「0」二值邏輯，通過數字量輸出模組去驅動。

諸如溫度、壓力、液位、流量等參數，可以通過不同的檢測裝置轉換為相應的模擬量訊號，然後再將其通過模擬量輸入模組輸入PLC，並轉換為數字量。生產設備或過程的許多執行機構，往往要求用模擬訊號來控制，而PLC輸出的控制訊號是數字量，這就要求有相應的模組將其轉換為模擬量。這種模組就是模擬量輸出模組。

（4）分配輸入/輸出點

PLC機型選擇完成後，輸入/輸出點數的多少是決定控制系統價格及設計合理性的重要因素，因此在完成同樣控制功能的情況下可通過合理設計以簡化輸入/輸出點數。PLC機型及輸入/輸出（I/O）模組選擇完畢後，設計出PLC系統總體配置圖。然後依據工藝布置圖，參照具體的PLC相關說明書或手冊將輸入訊號與輸入點、輸出控制訊號與輸出點一一對應，畫出I/O接線圖即PLC輸入/輸出電氣原理圖。

（5）安全迴路設計

安全迴路是保護負載或控制對象以及防止操作錯誤或控制失敗而進行連鎖控制的迴路，一般考慮短路保護、互鎖、失壓停車等。在PLC外部輸出各個負載的迴路安裝熔斷器進行短路保護，熔斷器規格要根據負載參數合理選擇。控制軟體要保證電路的互鎖，除此之外，PLC外部接線中應採取硬體的互鎖措施，確保系統安全可靠地運行。PLC外部負載的供電線路應具有失壓保護措施，當臨時停電再恢復供電時，必須按下「啟動」按鈕PLC的外部負載才能自行啟動。緊急狀況時，按下「急停」按鈕就可以切斷負載電源，程式中斷，保護人身財產和設備安全。在某些超過限位可能產生危險的場合，比如電梯、塔吊等，還應設置極限保護，當極限保護動作時，直接切斷負載電源，同時將訊號輸入 PLC。

5.6.2 PLC 控制系統的軟體設計

軟體設計是 PLC 控制系統設計的核心。PLC 的應用軟體設計是指根據控制系統硬體結構和工藝要求，使用相應的組態軟體和編程語言，對使用者控制程式進行編制和形成相應文件的過程。要設計好 PLC 的應用軟體，必須充分了解被控對象的生產工藝、技術特性、控制要求等。通過 PLC 的應用軟體完成系統的各項控制功能。軟體設計包括系統初始化程式、主程式、子程式、中斷程式、故障應急措施和輔助程式的設計，小型開關量控制系統一般只有主程式。根據總體要求和控制系統的具體情況，確定程式的基本結構，畫出控制流程圖或功能流程圖，簡單的系統可以用經驗法設計，複雜的系統一般用順序控制設計法設計。

（1）PLC 應用軟體設計內容

PLC 應用軟體設計的主要內容包括：確定程式結構，定義輸入/輸出、中間標誌、定時器、計數器和數據區等參數表，編制程式，編寫程式說明書。PLC 應用軟體設計還包括文本顯示器或觸摸屏等人機介面（HMI）設備及其他特殊功能模組的組態。

（2）熟悉被控制對象制定設備運行方案

PLC 硬體設計包括 PLC 及外圍線路的設計、電氣線路的設計和抗干擾措施的設計等。

選定 PLC 的機型和分配 I/O 點後，硬體設計的主要內容就是電氣控制系統原理圖的設計、電氣控制元件的選擇和控制櫃的設計。電氣控制系統的原理圖包括主電路和控制電路。電氣元件的選擇主要是根據控制要求選擇按鈕、開關、感測器、保護電器、接觸器、指示燈、電磁閥等。

這些工作完成後，以此為基礎，根據生產工藝的要求，分析各輸入/輸出與各種操作之間的邏輯關係，確定檢測量和控制方法，設計出系統中各設備的操作內容和操作順序。對於較複雜的系統，可按物理位置或控制功能將系統分區控制，如圖 5-39 所示為作者所在團隊開發的大型中空玻璃自動生產線關鍵設備合片機 PLC 控制流程。較複雜系統一般還需畫出系統控制流程圖，用以清楚表明動作的順序和條件。由於 PLC 的程式執行為循環掃描工作方式，因而 PLC 程式框圖在進行輸出刷新後，再重新開始輸入掃描，循環執行。表 5-5～表 5-9 為合片機 PLC 控制對應的參數表。

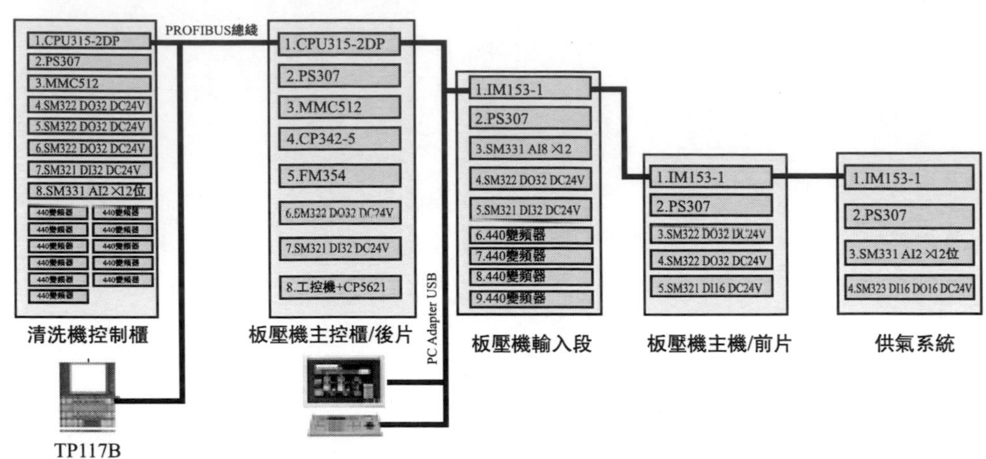

圖 5-39 合片機 PLC 控制流程

表 5-5 各控制櫃相應的 I/O 變量表

控制櫃	I/O 模組	位址
控制櫃 I（主控櫃）	SM321 DI 32	0.0～3.7
	SM322 DO 32	0.0～3.7
	FM354-1	304～319
	FM354-2	320～335
控制櫃 II（輸入＋檢測）	SM321 DI 32	4.0～7.7
	SM322 DO 32	4.0～7.7
	SM331 AI8×12	256～271
控制櫃 III（主機前片）	SM321 DI 16	8.0～9.7
	SM322 DO 32	8.0～11.7
	SM322 DO 32	12.0～15.7
控制櫃 IV（惰性氣體）	SM323 DI 16 DO 16	10.0～11.7
		16.0～17.7
	SM331 AI2×12	272～275
	SM331 AI2×12	276～279

表 5-6 櫃子 I 的變量表

訊號描述	符號	PLC I/O 位址	上位位址（WinCC）	數據類型
轉軸前限位	Spindle-L-1	I 0.0		
轉軸後限位	Spindle-L-2	I 0.1		

續表

訊號描述	符號	PLC I/O 位址	上位位址(WinCC)	數據類型
活動片前限位	Mov Piece-L-1	I 0.2		
活動片後限位	Mov Piece-L-1	I 0.3		
		I 0.4		
		I 0.5		
		I 0.6		
檢修限位	Examine Limit	I 0.7		
傳送帶左缸＋位	Belt-L-Cylinder＋	I 1.0		
傳送帶左缸－位	Belt-L-Cylinder－	I 1.1		
傳送帶中缸＋位	Belt-M-Cylinder＋	I 1.2		
傳送帶中缸－位	Belt-M-Cylinder＋	I 1.3		
傳送帶右缸＋位	Belt-R Cylinder＋	I 1.4		
傳送帶右缸 位	Belt-R-Cylinder＋	I 1.5		
		I 1.6		
		I 1.7		
活動片左缸 1＋位	M-L-Cldr-1＋	I 2.0		
活動片左缸 1－位	M-L-Cldr-1－	I 2.1		
活動片左缸 2＋位	M-L-Cldr-2＋	I 2.2		
活動片左缸 2－位	M-L-Cldr-2－	I 2.3		
活動片右缸 1＋位	M-R-Cldr-1＋	I 2.4		
活動片右缸 1－位	M-R-Cldr-1－	I 2.5		
活動片右缸 2＋位	M-R-Cldr-2＋	I 2.6		
活動片右缸 2－位	M-R-Cldr-2－	I 2.7		
		I 3.0		
		I 3.1		
		I 3.2		
		I 3.3		
		I 3.4		
		I 3.5		
		I 3.6		
		I 3.7		

續表

訊號描述	符號	PLC I/O 位址	上位位址(WinCC)	數據類型
伺服Ⅰ上電	Serve-Ⅰ-On	Q 0.0		
伺服Ⅱ上電	Serve-Ⅱ-On	Q 0.1		
風機開	Fan-On	Q 0.2		
真空泵開	Vacuum-On	Q 0.3		
傳送帶左缸＋位	Belt-L-Cylinder＋	Q 0.4		
傳送帶左缸－位	Belt-L-Cylinder－	Q 0.5		
傳送帶中缸＋位	Belt-M-Cylinder＋	Q 0.6		
傳送帶中缸－位	Belt-M-Cylinder＋	Q 0.7		
傳送帶右缸＋位	Belt-R-Cylinder＋	Q 1.0		
傳送帶右缸－位	Belt-R-Cylinder－	Q 1.1		
左門氣缸上＋	Dr-L-Cldr-U＋	Q 1.2		
左門氣缸上－	Dr-L-Cldr-U－	Q 1.3		
左門氣缸上定	Dr-L-Cldr-U Static	Q 1.4		
左門氣缸下＋	Dr-L-Cldr-D＋	Q 1.5		
左門氣缸下－	Dr-L-Cldr-D－	Q 1.6		
左門氣缸下定	Dr-L-Cldr-D Static	Q 1.7		
右門氣缸上＋	Dr-R-Cldr-U＋	Q 2.0		
右門氣缸上－	Dr-R-Cldr-U－	Q 2.1		
右門氣缸下＋	Dr-R-Cldr-D＋	Q 2.2		
右門氣缸下－	Dr-R-Cldr-D－	Q 2.3		
檢修安全氣缸＋	Examine-Cldr＋	Q 2.4		
檢修安全氣缸－	Examine-Cldr－	Q 2.5		
檢修大氣缸＋	Examine-BigCldr＋	Q 2.6		
檢修大氣缸－	Examine-BigCldr－	Q 2.7		
活動片左缸 1＋位	M-L-Cldr-1＋	Q 3.0		
活動片左缸 1－位	M-L-Cldr-1－	Q 3.1		
活動片左缸 2＋位	M-L-Cldr-2＋	Q 3.2		
活動片左缸 2－位	M-L-Cldr-2－	Q 3.3		
活動片右缸 1＋位	M-R-Cldr-1＋	Q 3.4		
活動片右缸 1－位	M-R-Cldr-1－	Q 3.5		

續表

訊號描述	符號	PLC I/O 位址	上位位址(WinCC)	數據類型
活動片右缸 2＋位	M-R-Cldr-2＋	Q 3.6		
活動片右缸 2－位	M-R-Cldr-2－	Q 3.7		

表 5-7　櫃子Ⅱ變量表（輸入＋檢測）

訊號描述	符號	PLC I/O 位址	上位位址(WinCC)	數據類型
輸入段感測器 1	Input Sensor-1	I 4.0		
輸入段感測器 2	Input Sensor-2	I 4.1		
輸入段感測器 3	Input Sensor-3	I 4.2		
輸入段感測器 4	Input Sensor-4	I 4.3		
輸入段感測器 5	Input Sensor-5	I 4.4		
輸入段感測器 6	Input Sensor-6	I 4.5		
輸出段感測器 1	Output Sensor-1	I 4.6		
輸出段感測器 2	Output Sensor-2	I 4.7		
腳踏開關	Foot Switch	I 5.0		
		I 5.1		
		I 5.2		
		I 5.3		
		I 5.4		
		I 5.5		
		I 5.6		
		I 5.7		
測高感測器 1	H M-Sensor 1	I 6.0		
測高感測器 2	H-M-Sensor 2	I 6.1		
測高感測器 3	H-M-Sensor 3	I 6.2		
測高感測器 4	H-M-Sensor 4	I 6.3		
測高感測器 5	H-M-Sensor 5	I 6.4		
測高感測器 6	H-M-Sensor 6	I 6.5		
測高感測器 7	H-M-Sensor 7	I 6.6		
測高感測器 8	H-M-Sensor 8	I 6.7		
測高感測器 9	H-M-Sensor 9	I 7.0		
測高感測器 10	H-M-Sensor 10	I 7.1		
測高感測器 11	H-M-Sensor 11	I 7.2		

續表

訊號描述	符號	PLC I/O 位址	上位位址(WinCC)	數據類型
		I 7.3		
		I 7.4		
		I 7.5		
		I 7.6		
		I 7.7		
上框 X 向定位	Frame-X orientation	I 256.0～257.7		
上框 Y 向定位-1	Frame-Y orientation-1	I 258.0～259.7		
上框 Y 向定位-2	Frame-Y orientation-2	I 260.0～261.7		
高度檢測	H-Measure	I 262.0～263.7		
玻厚檢測	Thickness-Measure	I 264.0～265.7		
鋁框寬檢測	Aluminum Measure	I 266.0～267.7		
		I 268.0～269.7		
		I 270.0～271.7		
變頻器上電	Transducer On	Q 4.0		
		Q 4.1		
		Q 4.2		
		Q 4.3		
		Q 4.4		
		Q 4.5		
		Q 4.6		
		Q 4.7		
測高缸＋	H-Measure Cldr＋	Q 5.0		
測高缸－	H-Measure Cldr－	Q 5.1		
玻璃測厚缸＋	T-Measure Cldr＋	Q 5.2		
玻璃測厚缸－	T-Measure Cldr－	Q 5.3		
		Q 5.4		
		Q 5.5		
		Q 5.6		
		Q 5.7		
上框缸上＋	Frame-Cldr-U＋	Q 6.0		
上框缸上－	Frame-Cldr-U－	Q 6.1		
上框缸下＋	Frame-Cldr-D＋	Q 6.2		

續表

訊號描述	符號	PLC I/O 位址	上位位址(WinCC)	數據類型
上框缸下一	Frame-Cldr-D—	Q 6.3		
		Q 6.4		
		Q 6.5		
		Q 6.6		
		Q 6.7		
直流Ⅰ正轉	Dc Motor-I+	Q 7.0		
直流Ⅰ反轉	Dc Motor-I—	Q 7.1		
直流Ⅱ正轉	Dc Motor-Ⅱ+	Q 7.2		
直流Ⅱ反轉	Dc Motor-Ⅱ—	Q 7.3		
直流Ⅲ正轉	Dc Motor-Ⅲ+	Q 7.4		
直流Ⅲ反轉	Dc Motor-Ⅲ—	Q 7.5		
		Q 7.6		
		Q 7.7		

表 5-8 櫃子Ⅲ變量表前片

訊號描述	符號	PLC I/O 位址	上位位址(WinCC)	數據類型
吸盤微動開關 1	Sucker ctrl switch-1	I 8.0		
吸盤微動開關 2	Sucker ctrl switch-2	I 8.1		
吸盤微動開關 3	Sucker ctrl switch-3	I 8.2		
吸盤微動開關 4	Sucker ctrl switch-4	I 8.3		
		I 8.4		
		I 8.5		
		I 8.6		
		I 8.7		
		I 9.0		
		I 9.1		
		I 9.2		
		I 9.3		
		I 9.4		
		I 9.5		
		I 9.6		
		I 9.7		

續表

訊號描述	符號	PLC I/O 位址	上位位址(WinCC)	數據類型
吸盤 1	sucker 1	Q 8. 0		
吸盤 2	sucker 2	Q 8. 1		
吸盤 3	sucker 3	Q 8. 2		
吸盤 4	sucker 4	Q 8. 3		
吸盤 5	sucker 5	Q 8. 4		
吸盤 6	sucker 6	Q 8. 5		
吸盤 7	sucker 7	Q 8. 6		
吸盤 8	sucker 8	Q 8. 7		
吸盤 9	sucker 9	Q 9. 0		
吸盤 10	sucker 10	Q 9. 1		
吸盤 11	sucker 11	Q 9. 2		
吸盤 12	sucker 12	Q 9. 3		
吸盤 13	sucker 13	Q 9. 4		
吸盤 14	sucker 14	Q 9. 5		
吸盤 15	sucker 15	Q 9. 6		
吸盤 16	sucker 16	Q 9. 7		
吸盤 17	sucker 17	Q 10. 0		
吸盤 18	sucker 18	Q 10. 1		
吸盤 19	sucker 19	Q 10. 2		
吸盤 20	sucker 20	Q 10. 3		
吸盤 21	sucker 21	Q 10. 4		
吸盤 22	sucker 22	Q 10. 5		
吸盤 23	sucker 23	Q 10. 6		
吸盤 24	sucker 24	Q 10. 7		
吸盤 25	sucker 25	Q 11. 0		
吸盤 26	sucker 26	Q 11. 1		
吸盤 27	sucker 27	Q 11. 2		
吸盤 28	sucker 28	Q 11. 3		
吸盤 29	sucker 29	Q 11. 4		
吸盤 30	sucker 30	Q 11. 5		
吸盤 31	sucker 31	Q 11. 6		
吸盤 32	sucker 32	Q 11. 7		

續表

訊號描述	符號	PLC I/O 位址	上位位址(WinCC)	數據類型
吸盤 33	sucker 33	Q 12.0		
吸盤 34	sucker 34	Q 12.1		
吸盤 35	sucker 35	Q 12.2		
吸盤 36	sucker 36	Q 12.3		
吸盤 37	sucker 37	Q 12.4		
吸盤 38	sucker 38	Q 12.5		
吸盤 39	sucker 39	Q 12.6		
吸盤 40	sucker 40	Q 12.7		
吸盤 41	sucker 41	Q 13.0		
吸盤 42	sucker 42	Q 13.1		
吸盤 43	sucker 43	Q 13.2		
吸盤 44	sucker 44	Q 13.3		
吸盤 45	sucker 45	Q 13.4		
吸盤 46	sucker 46	Q 13.5		
吸盤 47	sucker 47	Q 13.6		
		Q 13.7		
隔門Ⅰ上氣缸＋	Baffle-Ⅰ-Cldr-U＋	Q 14.0		
隔門Ⅰ上氣缸－	Baffle-Ⅰ-Cldr-U－	Q 14.1		
隔門Ⅰ中氣缸＋	Baffle-Ⅰ-Cldr-M＋	Q 14.2		
隔門Ⅰ中氣缸－	Baffle-Ⅰ-Cldr-M－	Q 14.3		
隔門Ⅰ下氣缸＋	Baffle-Ⅰ-Cldr-D＋	Q 14.4		
隔門Ⅰ下氣缸－	Baffle-Ⅰ-Cldr-D－	Q 14.5		
隔門Ⅱ上氣缸＋	Baffle-Ⅱ-Cldr-U＋	Q 14.6		
隔門Ⅱ上氣缸－	Baffle-Ⅱ-Cldr-U－	Q 14.7		
隔門Ⅱ中氣缸＋	Baffle-Ⅱ-Cldr-M＋	Q 15.0		
隔門Ⅱ中氣缸－	Baffle-Ⅱ-Cldr-M－	Q 15.1		
隔門Ⅱ下氣缸＋	Baffle-Ⅱ-Cldr-D＋	Q 15.2		
隔門Ⅱ下氣缸－	Baffle-Ⅱ-Cldr-D－	Q 15.3		
		Q 15.4		
導輪氣缸	Guide wheel Cldr	Q 15.5		
		Q 15.6		
		Q 15.7		

表 5-9 櫃子Ⅳ變量表（惰性氣體）

訊號描述	符號	PLC I/O 位址	上位位址(WinCC)	數據類型
		I 10.0		
		I 10.1		
		I 10.2		
		I 10.3		
		I 10.4		
		I 10.5		
		I 10.6		
		I 10.7		
		I 11.0		
		I 11.1		
		I 11.2		
		I 11.3		
		I 11.4		
		I 11.5		
		I 11.6		
		I 11.7		
氣體流量檢測	Gas flux examine	I 272.0～273.7		
		I 274.0～275.7		
供氣壓力開關 1	Gas Pressure Switch 1	I 276.0～277.7		
供氣壓力開關 2	Gas Pressure Switch 2	I 278.0～279.7		
氣體 1 電磁閥	Gas Ⅰ Valve	Q 16.0		
氣體 2 電磁閥	Gas Ⅱ Valve	Q 16.1		
		Q 16.2		
		Q 16.3		
		Q 16.4		
		Q 16.5		
		Q 16.6		
		Q 16.7		
分區Ⅰ電磁閥	Subarea Ⅰ Valve	Q 17.0		
分區Ⅱ電磁閥	Subarea Ⅱ Valve	Q 17.1		
分區Ⅲ電磁閥	Subarea Ⅲ Valve	Q 17.2		
		Q 17.3		

續表

訊號描述	符號	PLC I/O 位址	上位位址(WinCC)	數據類型
		Q 17.4		
		Q 17.5		
		Q 17.6		
		Q 17.7		

(3) 熟悉編程語言和編程軟體

各個廠家的 PLC 不同，進行 PLC 程式設計需要掌握編程語言和編程軟體，根據有關手冊詳細了解所使用的編程軟體及其操作系統，選擇一種或幾種合適的編程語言形式，熟悉其指令系統和參數分類並編制一些試驗程式上機操作實訓，在模擬平台上進行試運行。

(4) 定義參數表

參數表的定義包括對輸入/輸出、中間標誌、定時器、計數器和數據區的定義。參數表的定義格式和內容沒有統一的標準，根據系統和個人愛好的情況而異，但所包含的內容基本是相同的。參數表整體設計原則是盡可能詳細。程式編制開始以前需根據 PLC 輸入/輸出電氣原理圖定義輸入/輸出訊號表。每一種 PLC 的輸入點編號和輸出點編號都有自己明確的規定，在確定了 PLC 型號和配置後，要對輸入/輸出訊號分配 PLC 的輸入/輸出編號（位址），並編制成表。

輸入/輸出訊號表要明顯地標出模板的位置、輸入/輸出位址號、訊號名稱和訊號類型等，輸入/輸出定義表註釋註解內容應盡可能詳細。位址盡量按由小到大的順序排列，沒有定義或備用的點也需要考慮進行編號，以便於在編程、除錯和修改程式時查找使用，也便於以後功能的擴展。中間標誌、定時器、計數器和數據區一般是在程式編寫過程中使用時定義，在程式編制過程中間或編制完成後連同輸入/輸出訊號表統一整理。

(5) 程式的編寫

簡單的 PLC 程式，可以用翻譯法編寫。用所選機型的 PLC 中功能相當的元件代替原繼電器-接觸器控制線路原理圖中的裝置，將繼電器-接觸器控制線路翻譯成 PLC 梯形程式圖。對於順序控制方式或步進控制方式的程式設計，可以採用功能圖或狀態流程圖，清晰直觀。

對於比較複雜的邏輯控制，在進行程式設計時以布爾邏輯代數為理論基礎，以邏輯變量「0」或「1」作為研究對象，以「與」、「或」、「非」三種基本邏輯運算為分析依據，對電氣控制線路進行邏輯運算，把觸點的「通」「斷」狀態用邏輯變量「0」或「1」來表示，具有多變量「與」邏輯關係的表達式可以直接轉化為觸點串聯的梯形圖。具有多變量「或」邏輯關係的表達式可以直接轉化為觸點並聯的梯形圖。具有多變量「與或」、「或與」邏輯關係的表達式可以直接轉化為觸點串並聯的梯形圖。

如果有操作系統支援，盡量使用編程語言高級形式，如梯形圖語言。在編寫過程中，根據實際需要，對中間標誌訊號表和儲存單元表進行逐個定義，要注意留出足夠的公共暫存區，以節省記憶體的使用。

許多小型 PLC 使用的是簡易編程器，只能輸入指令代碼。梯形圖設計好後，還需要將梯形圖按指令語句編出代碼程式，列出程式清單。在熟悉所選的 PLC 指令系統後，可以很容易地根據梯形圖寫出語句表程式。

和其他高級語言編程類似，PLC 編寫程式過程中要及時對編出的程式進行註釋，以免忘記其間的相互關係，增加程式的可讀性和可糾錯性。註釋應包括對程式段功能、邏輯關係、設計思想、訊號的來源和去向等的說明，以便於程式的閱讀和除錯，提高編程效率。

(6) 程式的測試

PLC 程式編寫完後，需要進行程式測試。程式測試是整個程式設計工作中的一項重要內容，可以檢驗程式的實際運行效果。程式測試和程式編寫往往是交替進行的，測試可以發現程式的一些問題，然後再進行編程修改，如此反覆，提高程式的可靠性。測試時先從各功能單元模組入手，設定輸入訊號，觀察輸入訊號的變化對系統的作用，必要時可以借助儀器儀表。各功能單元模組測試完成後，再連通全部程式，測試各部分的介面情況，直到滿意為止。

程式測試可以在實驗室進行，也可以在現場進行。如果是在現場進行程式測試，需要將 PLC 與現場訊號隔離，以免由於程式不完善引發安全事故。

(7) 程式說明書

程式說明書是整個程式內容設計和綜合性說明的技術文件，目的是讓程式的使用者了解程式的基本結構和某些問題的處理方法，以及程式閱讀方法和使用中應注意的事項。程式說明書一般包括程式設計的依據、程式的基本結構、各功能單元分析、使用的公式和原理、各參數的來源和運算過程、程式的測試情況等。

上面流程中的各個步驟都是應用程式設計中不可缺少的環節。要設計一個優秀的 PLC 應用程式，必須做好每一個環節的工作。但是，應用程式設計中的核心是程式的編寫，其他步驟都是為其服務的。

(8) 常用編程方法

PLC 的編程方法主要有經驗設計法和邏輯設計法。邏輯設計法是以邏輯代數為理論基礎，列寫輸入與輸出的邏輯表達式，再轉換成梯形圖。由於一般邏輯設計過程比較複雜，而且週期較長，大多採用經驗設計法。如果控制系統比較複雜，可以借助流程圖。經驗設計法是在一些典型應用基礎上，根據被控對象對控制系統的具體要求，選用一些基本環節，適當組合、修改、完善，使其成為符合控制要求的程式。這裡所說的基本環節很多是由繼電接觸器控制線路轉換而來的，與繼電接觸器線路圖畫法十分相似，訊號輸入、輸出方式及控制功能也大致相同。對於熟悉繼電接觸器控制系統設計原理的工程技術人員來講，很快可以掌握梯形圖語言設計。程式設計的質量和設計效率與編程者的經驗有很大關係。經驗設計法沒有普遍規律可循，必須在實戰中不斷積累、豐富自己，逐漸形成自己的設計風格。

以作者所在科學研究團隊開發的大型機電一體化智慧製造裝備——中空玻璃生產線關鍵設備合片機為例，介紹 PLC 工藝流程。

雙腔（3 層玻璃、2 鋁框）等片惰性氣體介質中空玻璃（圖 5-40）合片流程如圖 5-41 所示。

圖 5-40　雙腔中空玻璃

玻璃Ⅰ流程：

合片機上電待機，此時兩壓板張開（默認寬度），清洗機輸出端無玻璃通過訊號時，合片機始終在待機狀態；

清洗機輸出端有玻璃通過時，合片機輸入段傳動輪開始動作，玻璃Ⅰ進入輸入段，待感測器檢測到玻璃末端進入輸入段時，傳動輪停止動作，操作工肉眼檢查玻璃潔淨程度，並貼標籤（標籤也可貼到玻璃Ⅱ的外側），踩下腳踏開關，傳動輪動作，玻璃繼續前行；

待檢測段感測器檢測到有玻璃進入時，檢測段傳動輪停止，與此同時自動進行玻璃厚度、高度、寬度及鋁框厚度的檢測（寬度檢測在玻璃進入過程中進行）；

檢測完畢後，確認主機空閒時，玻璃Ⅰ進入板壓機主機（主機傳動帶），末端通過主機右側感測器一定距離 Δx 時，傳送帶停止，小導輪回退，右側擋板閉合，傳送帶反向運動，玻璃回退靠擋板定位；擋板打開，小導輪復位；

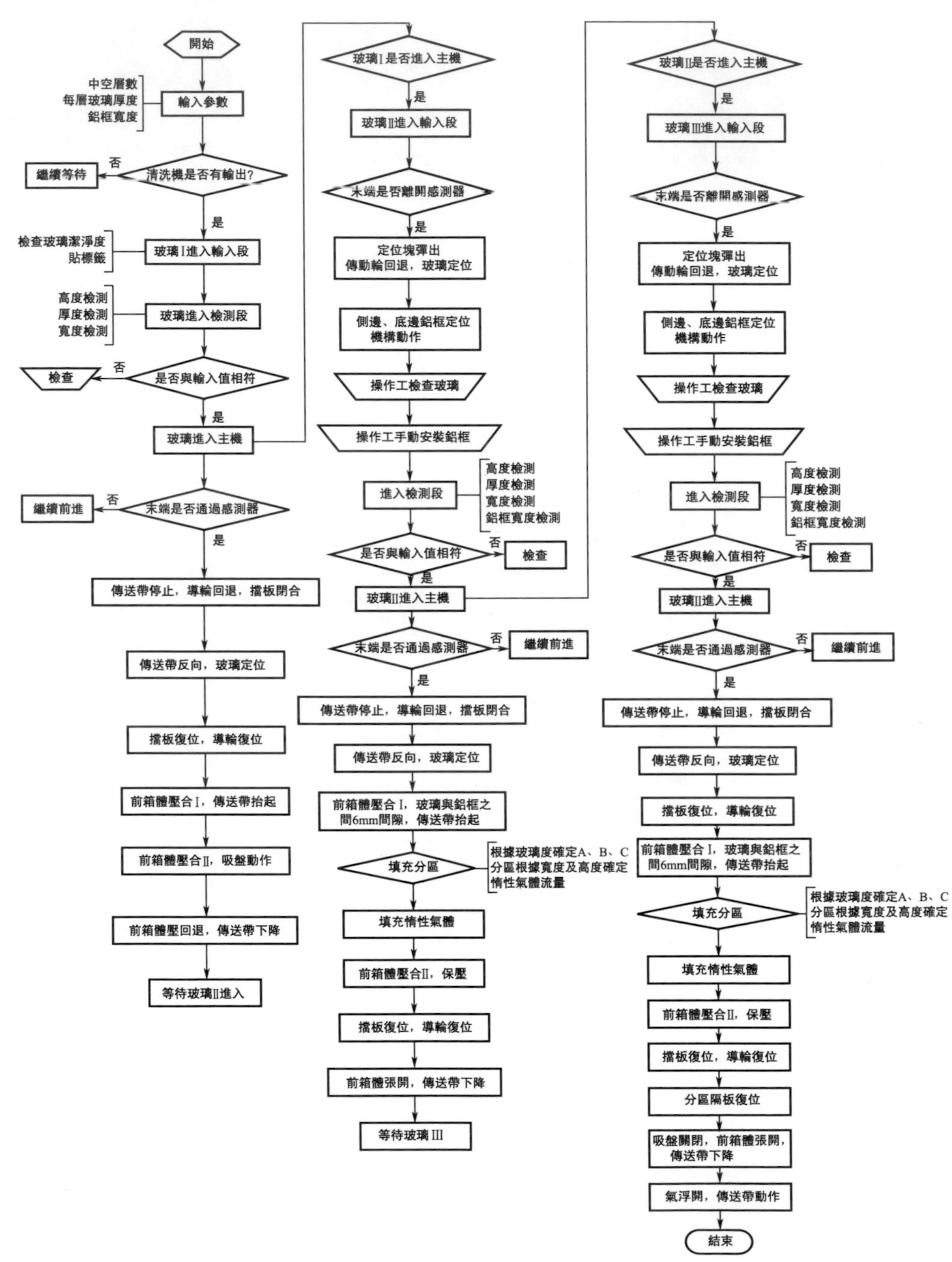

圖 5-41　雙腔中空玻璃板壓流程（惰性氣體介質）

主機前箱體閉合（行程Ⅰ），傳送帶抬起，前箱體壓合（行程Ⅱ到位），吸盤動作吸住玻璃Ⅰ，前箱體回退，箱體張開，傳送帶下降，等待玻璃Ⅱ進入。

玻璃Ⅱ流程：

清洗機輸出端有玻璃通過訊號時，輸入段傳動輪開始動作，玻璃Ⅱ進入輸入段，待感測器檢測到玻璃末端進入輸入段並移動 Δx 時，傳動輪停止，定位塊彈出，傳動輪反向運動，玻璃回退，由定位塊定位；

鋁框定位系統動作（側面鋁框定位機構、底面鋁框定位機構），操作工首先檢查玻璃潔淨程度，合格後手動安裝鋁框、定位，鋁框安裝結束後，踩下腳踏開關，傳動輪動作，玻璃前行至檢測段，進行玻璃厚度、高度、寬度及鋁框厚度的檢測；

玻璃Ⅰ進入板壓機主機（主機傳動帶），末端通過主機右側感測器一定距離 Δx 時，傳送帶停止，小導輪回退，右側擋板閉合，傳送帶反向運動，玻璃回退靠擋板定位；

前箱體壓合到工位Ⅰ（主機箱體帶動玻璃Ⅰ與鋁框保持一定間隙，約6mm），傳送帶抬起；根據玻璃面積自動確認分區（A、B、C三區），傳送帶Z向位置調整，使傳送帶中間氣孔對準玻璃Ⅰ與玻璃Ⅱ鋁框之間的間隙，惰性氣體開始填充；

確認填充完畢後，前箱體壓合到工位Ⅱ，並保壓；

擋板打開，小導輪復位。

玻璃Ⅲ流程：

合片機上電待機，此時兩壓板張開（默認寬度），清洗機輸出端無玻璃通過訊號時，合片機始終在待機狀態；

清洗機輸出端有玻璃通過時，合片機輸入段傳動輪開始動作，玻璃Ⅲ進入輸入段，待感測器檢測到玻璃末端進入輸入段時，傳動輪停止動作，操作工肉眼檢查玻璃潔淨程度，並貼標籤（標籤也可貼到玻璃Ⅲ的外側），踩下腳踏開關，傳動輪動作，玻璃繼續前行；

待檢測段感測器檢測到有玻璃進入時，檢測段傳動輪停止，與此同時自動進行玻璃厚度、高度、寬度及鋁框厚度的檢測（寬度檢測在玻璃進入過程中進行）；

檢測完畢後，確認主機空閒時，玻璃Ⅱ進入板壓機主機（主機傳動帶），末端通過主機右側感測器一定距離 Δx 時，傳送帶停止，小導輪回退，右側擋板閉合，傳送帶反向運動，玻璃回退靠擋板定位；

擋板打開，小導輪復位；

主機前箱體閉合（行程Ⅰ），傳送帶抬起，前箱體壓合（行程Ⅱ到位）；擋板復位，導輪復位；吸盤關閉前箱體張開，傳送帶下降。

5.6.3 PLC 系統的抗干擾設計

PLC 環境適應性強，抗干擾能力強，在工業生產中獲得了極為廣泛的應用。即使如此，為提高控制的可靠性和穩定性，在使用時也要進行抗干擾設計，尤其在過惡劣、強電磁干擾環境中。PLC 系統的抗干擾性設計需要考慮以下內容。

（1）抗電源干擾

電源干擾能夠引起 PLC 控制系統故障。輸電電網覆蓋範圍廣，受到所有空間電磁干擾並線上路上產生感應電壓和電流。除此之外，工廠內部影響電源的因素很多，如開關操作浪湧、大型電力設備頻繁啟停、交直流傳動裝置引起的諧波、電網短路暫態衝擊等，都通過輸電線路傳到電源。為減小電源波動對 PLC 運行的影響，可以採取以下措施：

① 採用性能優良的電源。電網干擾主要通過 PLC 系統的供電電源（如 CPU 電源、I/O 電源等）、變送器供電電源和與 PLC 系統具有直接電氣連接的儀表供電電源等耦合串入 PLC 系統的。PLC 系統供電電源一般採用隔離性能較好的電源，而變送器供電電源、與 PLC 系統直接通過電氣連接的儀表的供電電源往往由使用者自己設計，並沒受到足夠的重視。對於變送器和共用訊號儀表供電應選擇分布電容小、抑制帶大（如採用多次隔離和封鎖及漏感技術）的配電器，以減少 PLC 系統的干擾。

② 採用不間斷供電電源。為保證電網饋電不中斷，現代控制系統需要採用具有較強的干擾隔離性能的不間斷供電電源（UPS）供電，提高供電的安全可靠性。UPS 具有很強的抗干擾隔離性能。

③ 硬體濾波措施。在干擾較強或可靠性要求較高的場合，應該使用帶封鎖層的隔離變壓器對 PLC 系統供電。

④ 正確選擇接地點，完善接地系統。

⑤ 電纜敷設要合理、規範。強弱電嚴格分開。

（2）控制系統的接地設計

接地指電力系統和電氣裝置的中性點、電氣設備的外露導電部分和裝置外導電部分經由導體與大地相連。根據目的不同，可以分為工作接地、防雷接地和保護接地。良好的接地可以避免偶然發生的電壓衝擊危害，是保證 PLC 可靠工作的重要條件。完善的接地系統是 PLC 控制系統抗電磁干擾的重要措施之一。接地系統的接地方式一般可分為串聯式單點接地、並聯式單點接地、多分支單點接地三種形式。

PLC 控制系統的地線包括系統地、封鎖地、交流地和保護地等。接地系統混亂對 PLC 系統的干擾主要是各個接地點電位分布不均，不同接地點間存在地電位差，引起地環路電流，影響系統正常工作。電纜封鎖層必須一點接地，如果電纜封鎖層兩端都接地，就存在地電位差，有電流流過封鎖層，當發生異常狀態（如雷擊）時，地線電流將更大。此外，封鎖層、接地線和大地有可能構成閉合環路，在變化磁場的作用下，封鎖層內又會出現感應電流，通過封鎖層與芯線之間的耦合，干擾訊號迴路。若系統地與其他接地處理混亂，所產生的地環流就可能在地線上產生不等電位分布，影響 PLC 內邏輯電路和模擬電路的正常工作。PLC 工作的邏輯電壓干擾容限較低，邏輯地電位的分布干擾容易影響 PLC 的邏輯運算和數據儲存。模擬地電位的分布將導致測量精度下降，引起測控訊號的失真。

（3）防 I/O 干擾

訊號引入干擾會引起 I/O 訊號工作異常和測量精度下降，嚴重時將引起元件損傷。對於隔離性能差的系統，還將導致訊號間互相干擾，引起共地系統總線回流，造成邏輯數據變化、誤動作或當機。防 I/O 干擾可以選擇抗干擾性能強的 I/O 模組，除此之外，還可以採取如下措施。

① 布線時 PLC 的輸入與輸出分開走線，開關量與模擬量也分開敷設。模擬量訊號應採用封鎖線，封鎖層應一端接地，接地電阻應小於封鎖層電阻的 1/10。動力線、控制線以及 PLC 的電源線和 I/O 線應分別配線，隔離變壓器與 PLC 和 I/O 之間應採用雙絞線連接。將 PLC 的 I/O 線和大功率線分開，如必須在同一線槽內，可加隔板，分槽走線最好。遠離強干擾源，如電焊機、大功率矽整流裝置和大型動力設備，避免與高壓電器安裝在同一個開關櫃內，根據安裝說明書，櫃內 PLC 應遠離動力線。與 PLC 靠近的電感性負載，如功率較大的繼電器、接觸器的線圈等，應並聯 RC 電路。交流輸出線和直流輸出線不要共線，遠離高壓線和動力線，避免並行。

② I/O 端輸入接線一般不要太長。如果距離長，需要封鎖電纜，輸入/輸出線要分開。輸出端接線分為獨立輸出和公共輸出，在不同組中，可採用不同類型和電壓等級的輸出電壓。使用電感性負載時應合理選擇，或加隔離繼電器。

③ 正確選擇接地點，完善接地系統以及對變頻器干擾的抑制措施等。

5.6.4 PLC 系統的除錯

在硬體、軟體設計完成的基礎上，要進行 PLC 系統除錯。機電聯調是系統在正式投入使用之前的必經步驟。PLC 系統既需要對硬體部分進行除錯，又需要對軟體進行除錯。PLC 系統的硬體除錯相對簡單，主要是 PLC 程式的編制和除錯。

離線進行應用程式的編制，離線除錯通過後，進行控制系統硬體檢查，沒有問題後，可以下載應用程式進行線上除錯，進而線上修改程式直到邏輯無誤運行穩定為止，最後總結整理相關資料。

5.7 電氣控制系統設計

5.7.1 概述

電氣控制系統由若干電氣元件組合，用於實現對某個或某些對象的控制（自動控制、保護、監測），從而保證被控設備安全、可靠地運行。電氣控制系統工藝設計的目的是滿足電氣控制設備的製造和使用要求。無論是 PLC 系統，還是其他諸如開放式數控系統等，電氣控制都是必不可少的，是智慧製造裝備控制系統的重要組成部分，因此對電氣系統進行正確合理的設計非常必要。

一般電氣控制系統要進行三部分的設計。

① 輸入部分設計。這部分主要包括感測器、開關、按鈕等硬體及接線的設計。

② 邏輯部分設計。這部分主要包括繼電器、觸點等的設計。

③ 執行部分設計。這部分的主要設計內容有電磁線圈、指示燈等執行部分。

擬定電氣設計任務書；確定電力拖動方案與控制方式；選擇電機容量、結構形式；設計電氣控制原理圖，運算主要技術參數；選擇電氣元件，制訂電氣元件一覽表；編寫設計運算說明書。

在完成電氣原理圖設計及電氣元件選擇之後，就可以進行電氣控制設備的總體配置，即總裝配圖和總接線圖的設計，然後再設計各部分的電氣裝配圖與接線圖，並列出各部分的元件目錄、進出線號以及主要材料清單等技術資料，最後編寫使用說明書。

電氣控制系統設計要最大限度地滿足生產機械和工藝對電氣控制線路的要求，在滿足生產要求的前提下，力求使控制線路簡單、經濟、安全可靠、操作維修方便。電氣原理圖是電氣線路安裝、除錯、使用與維護的理論依據，是進行工藝設計和制訂其他技術資料的依據，是整個設計的中心環節。電氣控制系統圖是主要包括電氣原理圖、電氣安裝接線圖、電氣元件布置圖。

進行電氣控制系統設計的前提是會讀圖。先讀機，後讀電。先了解機電裝備的基本結構、運行情況、工藝要求和操作方法，對裝備的機械結構、被控量以及運行情況有所了解，這樣才能明確對電氣控制的要求，為分析電路做好前期準備。此外，還要先讀主，後讀輔。先從主迴路開始讀圖，弄清楚機電裝備有多少軸（電機）驅動以及各軸的功能，結合加工工藝與主電路，分析電機的制動方式，弄清楚用電設備的電氣元件。

設計的時候也是如此。先機再電，先主後輔，最後進行總體檢查，分析各個局部電路的工作原理以及各部分之間的控制關係後，再兼顧整個控制線路，從整體角度去進一步檢查和理解各控制環節之間的連繫。

為保證一次設備運行的可靠性與安全性，需要有許多輔助電氣設備為之服務，即需要有能夠實現某項控制功能的若干個電氣組件的組合，稱為控制迴路或二次迴路。這些設備要有以下功能：

① 保護功能。電氣控制系統發生故障（過流或過載），需要一套故障檢測電路，並能對設備和線路進行斷開或切換迴路等操作的自動保護設備。

② 自動控制。在一些高壓、大電流開關設備應用場合，一般不要人直接操作，需要設計自動操控裝置。當設備運行時，自動實現吸合等動作；出現故障時，自動切斷電路，對供電設備進行自動控制。

③ 監視功能。機電設備需要設置各種視聽訊號，如警示燈、蜂鳴器、音響、監視器等，對一次設備進行電氣監視。

④ 測量功能。機電裝備運行過程中需要有各種儀表測量設備，測量線路的各種參數，如電壓、電流、頻率和功率的大小等。

5.7.2 常用的控制線路的基本迴路

① 電源供電迴路。供電迴路的供電電源有交流 380V、220V 和直流 24V 等多種。

② 保護迴路。保護（輔助）迴路的工作電源有單相 220V（交流）、36V（直流）或直流 220V、24V 等多種，對電氣設備和線路進行短路、過載和失壓等各種保護，由熔斷器、熱繼電器、失壓線圈、整流組件和穩壓組件等保護組件組成。

③ 訊號迴路。能及時反映或顯示設備和線路正常與非正常工作狀態資訊的迴路，如不同顏色的號誌，不同聲響的音響設備等。

④ 自動與手動迴路。電氣設備為了提高工作效率，一般都設有自動環節，但在安裝、除錯及緊急事故的處理中，控制線路中還需要設置手動環節，用於除錯。通過組合開關或轉換開關等實現自動與手動方式的轉換。

⑤ 制動停車迴路。切斷電路的供電電源，並採取某些制動措施，使電機迅速停車的控制，如能耗制動、電源反接制動，倒拉反接制動和再生發電制動等。

⑥ 自鎖及閉鎖迴路。啟動按鈕鬆開後，線路保持通電，電氣設備能繼續工作的電氣環節叫自鎖環節，如接觸器的動合觸點串聯在線圈電路中。兩臺或兩臺以上的電氣裝置和組件，為了保證設備運行的安全性與可靠性，只能一臺通電啟動，另一臺不能通電啟動的保護環節，叫閉鎖環節。如兩個接觸器的動斷觸點分

別串聯在對方線圈電路中。

5.7.3 常用保護環節

電氣控制系統必須在安全可靠的前提下來滿足生產工藝要求。電氣控制系統設計與運行時，必須充分考慮系統可能發生的各種故障和不正常情況，並設置相應的保護裝置。保護環節是所有電氣控制系統不可缺少的組成部分。低壓電機常用的保護環節有：

（1）短路保護

當電器或線路出現絕緣遭到損壞、負載短路、接線錯誤等情況時就會發生短路現象。短路時產生的瞬時故障電流可達到額定電流的十幾倍到幾十倍，使電氣設備或配電線路因過電流而損壞，甚至會因電弧而引起火災。短路保護要求具有瞬時特性，即要求在很短時間內切斷電源。短路保護常用的方法有熔斷器保護和低壓斷路器保護。

（2）過電流保護

過電流保護是區別於短路保護的一種電流型保護。過電流是指電機或電氣元件超過額定電流的運行狀態。瞬間過電流時，電氣元件並不會立即損壞，只要在達到最大允許溫升之前電流值恢復正常就可以。但過大的衝擊負載會引起過大的衝擊電流而損壞電機。過大的電機電磁轉矩也會使機械轉動部件受到損壞，因此要瞬時切斷電源。電機在運行中產生過電流的可能性比發生短路要大，特別是在頻繁啟動和正反轉、重複短時工作的工況下。

過電流保護常用過電流繼電器與接觸器配合實現。將過電流繼電器線圈串接在被保護電路中，過電流繼電器常閉觸頭串接在接觸器線圈電路中。當電路電流達到限定值時過電流繼電器動作，常閉觸頭斷開，接觸器線圈斷電釋放，接觸器主觸頭斷開來切斷電機電源。這種過電流保護環節常用於直流電機和三相繞線轉子異步電機的控制電路中。

（3）過載保護

過載保護是過電流保護的一種。過載是指電機的運行電流大於其額定電流，但在 1.5 倍額定電流以內。運行過程負載突然增加、缺相運行或電源電壓降低等均會引起過載。長期過載運行會損壞電氣設備。通常用熱繼電器作過載保護。當有 6 倍以上額定電流通過熱繼電器時，需經 5s 後才動作，這樣在熱繼電器未動作前，可能先燒壞熱繼電器的發熱元件，所以在使用熱繼電器作過載保護時，還必須裝有熔斷器或低壓斷路器的短路保護裝置。值得指出的是，不能用過電流保護方法來進行過載保護。

(4) 失壓保護

電機因為電源電壓驟降或消失而停車，一旦電源電壓恢復，有可能自行起動，極易造成生產安全事故。為防止電壓恢復時電機自行啟動或電氣元件自行投入工作而設置的保護，稱為失電壓保護。採用接觸器和按鈕控制的啟動、停止裝置，就具有失電壓保護作用。這是因為當電源電壓消失時，接觸器就會自動釋放而切斷電機電源；當電源電壓恢復時，由於接觸器自鎖觸頭已斷開，不會自行啟動。

(5) 欠壓保護

當電源電壓降低到60%～80%額定電壓時，需要將電機電源切除而停止工作，這種保護稱欠電壓保護。除採用接觸器及按鈕控制方式，即利用接觸器本身的欠電壓保護作用外，還可採用欠電壓繼電器進行保護。將電壓繼電器線圈跨接在電源上，其常開觸頭串接在接觸器線圈電路中，當電源電壓低於釋放值時，電壓繼電器動作使接觸器線圈釋放，其主觸頭斷開電機電源，實現欠電壓保護。

(6) 過壓保護

大電感負載及直流電磁機構、直流繼電器等，在電流通斷時會產生較高的感應電動勢，使電磁線圈絕緣擊穿而損壞，這種情況需要採用過電壓保護措施。方法是在線圈兩端並聯一個電阻，電阻與電容串聯或二極管與電阻串聯，形成一個放電迴路，實現過電壓時的保護。

(7) 弱磁保護

直流電機磁場的大幅下降會引起電機超速，需弱磁保護。通過在電機勵磁線圈迴路中串入欠電流繼電器來實現弱磁保護。電機運行時若勵磁電流過小，欠電流繼電器釋放，其觸頭斷開電機電樞迴路線路接觸器線圈電路，接觸器線圈斷電釋放，接觸器主觸頭斷開電機電樞迴路，電機斷開電源，達到保護電機的目的。

(8) 其他保護

除上述保護外，還有超速保護、行程保護、壓力保護等，這些都是在控制電路中串接一個受這些參量控制的常開觸頭或常閉觸頭來實現對控制電路的控制。這些裝置有機械式的，也有電氣式的，如離心開關、測速發電機、行程開關、壓力繼電器等。

5.7.4 故障維修

電氣控制電路發生故障，輕者使電氣設備不能工作，影響生產等，重者會造成人身傷害事故。因此，要求在發生故障時，必須及時查明原因並迅速排除。故障檢修大體上可按下列幾個步驟操作：

（1）觀察調查故障

電氣故障是多種多樣的，同一故障可能有不同的故障現象，不同類故障也可能出現同種故障現象。故障現象的同一性和多樣性，給查找故障帶來了困難。但是，故障現象是查找電氣故障的基本依據，是查找電氣故障的起點，因而要仔細觀察並分析故障現象，找出故障現象中最主要的、最典型的方面，搞清故障發生時間、地點、環境等。

（2）分析故障原因

根據故障現象分析故障原因，是查找電氣故障的關鍵。在分析電氣設備故障時，常用到狀態分析法、圖形分析法、單元分析法、迴路分析法、推理分析法、簡化分析法、樹形分析法、電腦輔助分析法等。

（3）確定故障部位

確定故障部位是查找電氣設備故障的最終目的。確定故障部位可理解成確定設備的故障點，如短路點、損壞元件等，也可理解為確定某些運行參數的變異，如電壓波動、三相不平衡等。確定故障部位是在對故障現象進行周密的考察和細緻分析的基礎上進行的。在這一過程中，往往要採用多種手段和方法，可採用調查研究法、通電試驗法、測量法、類比法等。

5.8 本章小結

本章主要介紹了智慧製造裝備控制系統。首先闡述了智慧製造裝備控制系統的分類等基本知識，然後介紹了智慧製造裝備控制系統硬體平台設計以及軟體設計方法。以現代工業自動控制主要手段 PLC 為代表，闡述了其設計方法。結合現場總線控制的發展趨勢，補充了現場總線的相關知識。最後簡單介紹了電氣控制系統的設計。

第6章

智慧物聯網機電裝備系統的設計

物聯網（Internet of Things，IoT）即萬物相連的互聯網，是在互聯網基礎上延伸和擴展的網路，通過資訊感測器、射頻辨識技術、全球定位系統、紅外感應器、雷射掃描器等裝置與技術，即時採集任何需要監控、連接、互動的物體或過程，採集其聲、光、熱、電、力學、化學、生物、位置等各種需要的資訊，通過各類可能的網路連結，實現物與物、物與人的泛在連接，實現對物品和過程的智慧化感知、辨識和管理。物聯網是一個基於互聯網、傳統電信網等的資訊承載體，它讓所有能夠被獨立尋址的普通物理對象形成互聯互通的網路。物聯網發展的最終目標就是使物-物之間、物-人之間、人-人之間的廣泛連接成為現實，從而進行相關的資訊交流、管理、控制及辨識[74]。物聯網的應用如圖 6-1 所示，基於智慧感測的物聯網路如圖 6-2 所示。

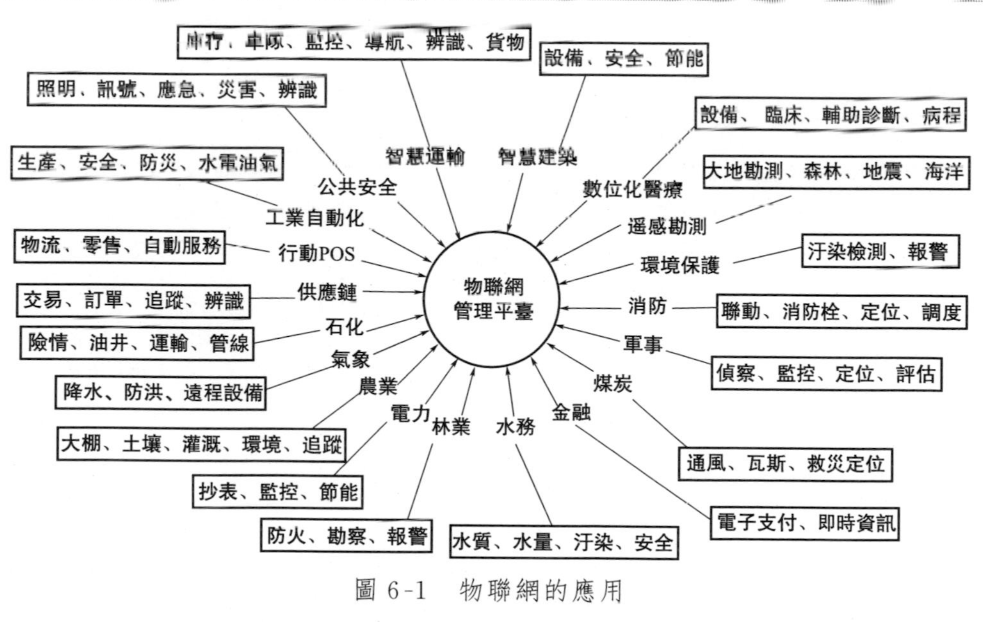

圖 6-1　物聯網的應用

未來的智慧製造裝備應該通過可連接性和智慧特性，提高其核心價值，為使用者創造價值。其實現在「傻瓜」似的智慧製造裝備已經走進了我們的日常生活。

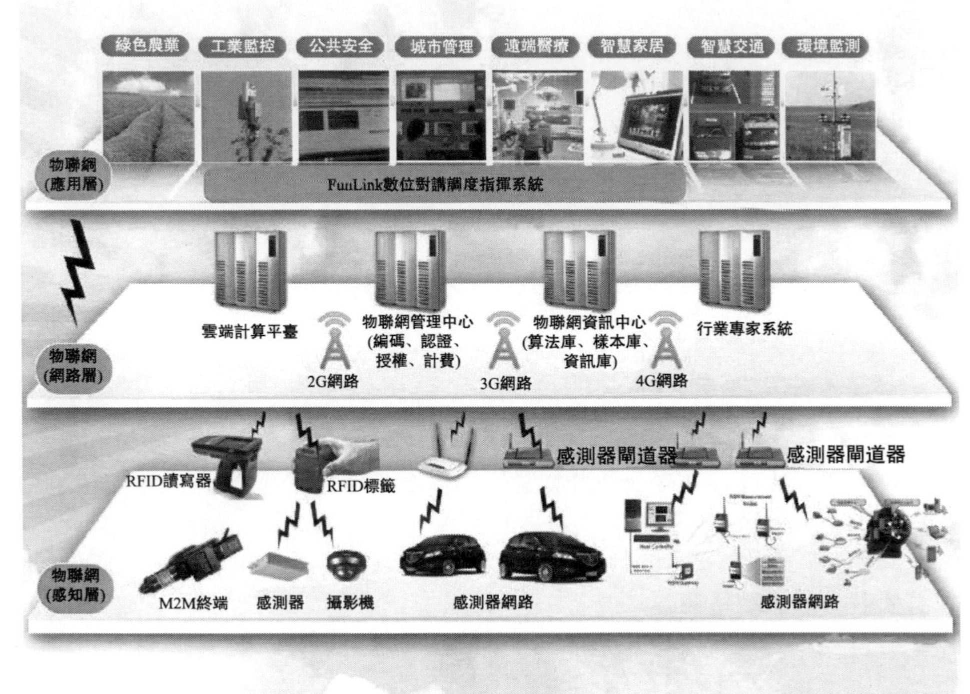

圖 6-2 基於智慧感測的物聯網路

且不說智慧汽車、無人駕駛汽車已初見端倪，日常生活生活中的小產品也處處體現著智慧，比如智慧燒水壺（泡茶壺）中的水沸騰時，可自動保溫，並且可以根據需要選擇「泡茶」功能；家用烤面包機能夠自動和面、投料、烘烤，還可預約，自助設置各種口味及火候；智慧洗滌器能夠在產品損壞前自動連繫維修，還能夠協調好清潔劑量和水溫。智慧家居、智慧家電可以依託物聯網技術，將家裡的所有家電聯網，消費者在任何時間任何地點都可以操控、監視家裡的設備。

6.1 物聯網概述

1990 年代，物聯網概念出現，並引起了人們的興趣。物聯網是在電腦互聯網的基礎上，利用射頻辨識、無線數據通訊、電腦等技術，構造一個覆蓋世界上萬事萬物的實物互聯網。物聯網是未來網路的整合部分，它是以標準、互通的通訊協議為基礎，具有自我配置能力的全球性動態網路設施。在這個網路中，所有實質和虛擬的物品都有特定的編碼和物理特性，通過智慧介面無縫連結，實現資訊共享。

工業互聯網是一種連結物品、機器、電腦和人的互聯網，是連結工業全系統、全產業鏈、全價值鏈，支援工業智慧化發展的關鍵基礎設施。

工業互聯網包含資料採集（邊緣層）、工業 PaaS（平台層）和工業 APP（應用層）三要素。資料採集層是基礎，構建一個精準、即時、高效的資料採集體系，負責採集現場數據並進行協議轉換和邊緣運算，採集的數據一部分在邊緣側進行處理並直接返回到機器設備，另一部分傳至雲端進行綜合利用分析，進一步優化形成決策。平台層是核心，用來構建一個可擴展的操作系統，為工業 APP 應用開發提供基礎平台。應用層是關鍵，形成滿足不同行業、不同場景的應用服務，並以 APP 形式呈現出來。自動化設備是工業數據產生的源頭，是工業互聯網的基礎。機器人是自動化設備的典型代表，反映了一個國家的自動化發展水平。

物聯網可以看作是資訊空間和物理空間的融合，將一切事物數位化、網路化，在物品之間、物品與人之間、人與現實環境之間實現高效資訊互動，並通過新的服務模式使各種資訊技術融入社會行為中，是資訊化在人類社會綜合應用達到的更高境界。物聯網應用如圖 6-3 所示。

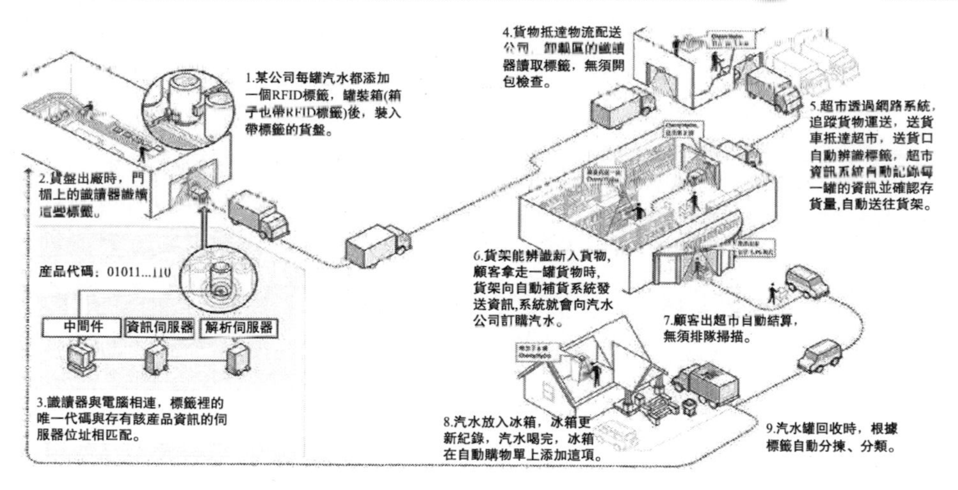

圖 6-3　物聯網應用

物聯網的創新至少體現在以下四個方面[75]。

第一，物聯網首次提出資訊技術社會化的全景式框架。資訊化產業被列為工業、農業、服務業之後的第四產業。物聯網激發了社會各行各業應用資訊技術改變生產方式和生活方式的熱情。中國劉海濤提出了「感知社會論」，資訊技術社會化將使物聯網技術進入社會生產和生活的各個層面。

第二，物聯網以感知為顯著特徵。通訊網路加上感測器，讓網路的觸角向物體延伸。物聯網與傳統互聯網最大的區別是感知，感知是通過人類生活空間中日益部署的大規模多種類感測器來實現的，通過感知來獲取社會個體行為的數據資訊。可以預見，感知的範圍是全球化的，感知的資訊將在全球範圍內無縫集成，形成智慧化網路。

第三，物聯網將形成海量數據。各種感測器產生的數據將形成數據的海洋。物聯網時代是大數據降臨的時代。面對海量數據，如何儲存、傳輸、分析數據將是一個新的課題。

第四，物聯網以智慧為根本。微處理器是一個歸一化的智力內核。它以通用電腦與嵌入式系統方式賦予物聯網所有節點、終端、伺服器無限的智慧能力。微處理器的無限數量與無限智慧，突出了物聯網的智慧特徵。

物聯網使用者端實現了任何物物之間的資訊交換和通訊，是互聯網基礎之上的延伸和擴展，其核心和基礎仍然是互聯網。物聯網的基本特徵是全面感知、可靠傳送和智慧處理。

① 全面感知。利用射頻辨識（RFID）、QR Code、感測器等技術，通過感知、捕獲、測量，對物或人的狀態進行全面即時資訊採集和獲取。

② 可靠傳送。將聯網物體連結資訊網路，依託各種通訊網路，全球範圍內隨時隨地進行可靠的資訊互動和共享。

③ 智慧處理。利用運算技術和資料庫技術，對海量的感知數據和資訊進行分析和處理，實現智慧化的決策和控制[76]。

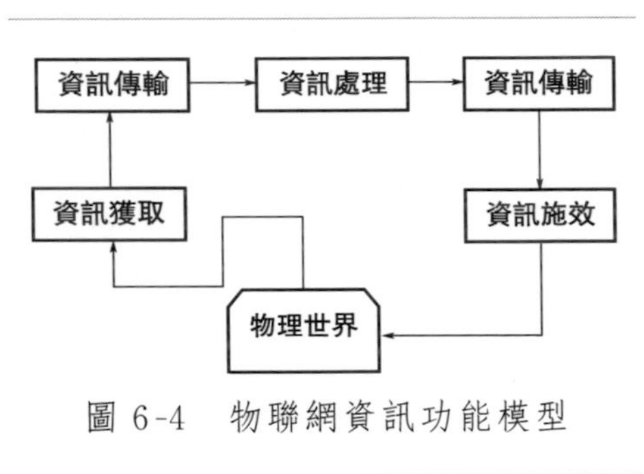

圖 6-4　物聯網資訊功能模型

為了更清晰地描述物聯網的關鍵環節，按照資訊科學的觀點，圍繞資訊流動過程，抽象出物聯網的資訊功能模型，如圖 6-4 所示。

6.1.1　物聯網的主要功能

物聯網的主要功能有：

① 資訊獲取。包括資訊的感知和資訊的辨識。資訊感知指對事物狀態及其變化方式的敏感和知覺；資訊辨識指把所感受到的事物運動狀態及其變化方式表示出來。

② 線上監測。包括資訊發送、傳輸和接收等環節，最終把事物狀態及其變化方式表現出來，還可通過 GPS 和北斗實現定位追溯，是物聯網最基本的功能

之一。

③ 資訊處理。指資訊的加工過程，是獲取知識，實現對事物的認知並對已有的資訊進行數據挖掘、統計分析，產生新的資訊，並制訂決策支援、統計報表的過程。

④ 指揮調度。指資訊最終起效用的過程，具有很多不同的表現形式，其中最重要的就是調節對象的狀態及其變換方式，基於預先設定的規章或法規對事物產生的事件進行處置，使對象處於預期的運動狀態。

⑤ 警報聯動。主要提供事件警報和提示，有時還會提供基於工作流或規則引擎的聯動功能。

⑥ 遠端維保。這是物聯網技術能夠提供或提升的服務，主要適用於企業產品售後聯網服務。

6.1.2 物聯網的關鍵技術

如圖 6-5 所示，物聯網的關鍵技術有射頻辨識、QR Code 感測網路、雲端運算、雲端儲存等。

(1) 射頻辨識技術

射頻辨識（Radio Frequency Identification，RFID）技術的基本原理是利用無線射頻訊號的空間耦合實現對被辨識物體的自動辨識。RFID 系統一般由 RFID 和讀寫器組成，是物聯網發展中備受關注的技術。RFID 是始 1990 年代的一種自動辨識技術，利用射頻訊號通過空間耦合實現無接觸資訊傳遞，並通過所傳遞的資訊達到辨識目的的技術[77]。一套完整的 RFID 系統由一個閱讀器、多個應答器（或標籤）和應用軟體組成，閱讀器與標籤之間進行非接觸式的數據通訊。標籤由耦合元件及晶片組成，每個標籤具有擴展詞條唯一的電子編碼，附著在物體上標識目標對象，它通過天線將射頻資訊傳遞給閱讀器，閱讀器就是讀取資訊的設備。射頻技術在物流、交通、身分辨識、防偽、資產管理、食品、資訊統計、資料查閱、安全控制等方面均獲得了廣泛的應用。射頻辨識技術的特性有：

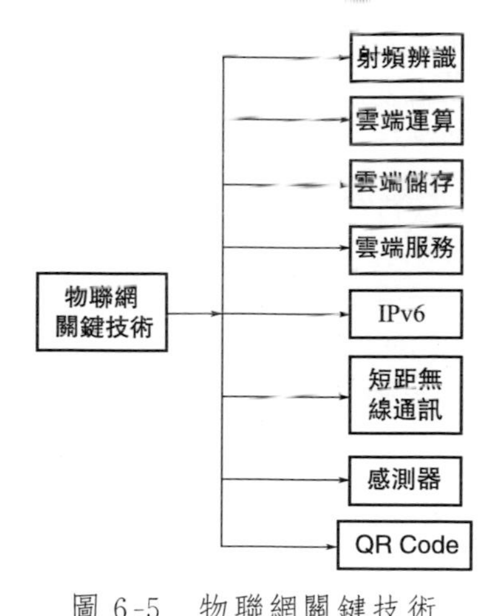

圖 6-5 物聯網關鍵技術

① 適應性廣。RFID 技術依靠電磁波非接觸傳遞資訊，不受塵、霧、塑料、紙張、木材以及各種障礙物的影響，直接完成通訊。

② 傳輸效率高。RFID 系統的讀寫速度極快，通常不到 100ms。高頻段的 RFID 閱讀器甚至可以同時辨識、讀取多個標籤的內容，極大地提高了資訊傳輸效率。

③ 唯一性。每個 RFID 標籤都是獨一無二的，通過 RFID 標籤與產品的一一對應關係，可以清楚地追蹤每一件產品的「前生今世」。

④ 結構簡單。RFID 標籤結構簡單，辨識速率高，所需讀取設備簡單。尤其是隨著 NFC 技術在智慧手機上逐漸普及，每個使用者的手機都將成為最簡單的 RFID 閱讀器。

(2) QR Code

QR Code 又稱二維條碼，是近十年來行動設備上超流行的一種編碼方式。相較傳統條形碼，QR Code 的資訊儲存容量大、編碼範圍廣，可對圖片、聲音、文字、簽字、指紋等可數位化的資訊進行編碼，成本低，持久耐用，安全性好，誤碼率小於千萬分之一，可靠性高。

QR Code 是用某種特定的幾何圖形按一定規律在平面維度上分布的、深淺相間的，用於紀錄數據符號資訊的圖形。在代碼編制上，巧妙地利用構成電腦內部邏輯基礎的「0」、「1」比特流的概念，使用若干個與二進制相對應的幾何形體來表示文字數值資訊，通過圖像輸入設備或光電掃描設備自動識讀，以實現資訊自動處理。它具有條碼技術的一些共性：有其特定的字符集；每個字符占有一定的寬度；具有一定的校驗功能等。同時還具有對不同行資訊的自動辨識功能，還可處理圖形旋轉變化點。

智慧終端的普及推廣了 QR Code 的應用領域。QR Code 技術已經滲透到生活的方方面面，廣泛應用於行動支付、商品溯源、電子票務、防偽溯源、健康出行、資訊獲取、網站跳轉、廣告推送等多個領域，並將在未來得到更廣闊的發展。

(3) 感測網

感測網是隨機分布的，集成感測器、數據處理單元和通訊單元微小節點的，通過自組織方式構成的無線網路。無線感測器網路（WSN）是由大量感測器節點通過無線通訊方式形成的一個多跳的自組織網路系統，其作用是合作地感知、採集和處理網路覆蓋區域中感知對象的資訊，它能夠實現數據的採集量化、處理融合和傳輸應用。

無線感測器網路（WSN）是電腦、通訊、網路、智慧運算、感測器、嵌入式系統、微電子等多個領域技術交叉綜合的新興技術，它將大量的多種類感測器節點組成自治的網路，實現對物理世界的動態智慧協同感知。無線感測器網路最初起源於戰場監測等軍事應用，而現今無線感測器網路被應用於環境監測、農業監測、健康監護、醫療領域、交通控制等很多民用領域。

(4) 雲端儲存、雲端運算

雲端運算旨在通過網路把多個成本相對較低的運算實體整合成一個具有強大運算能力的完美系統。雲端運算的一個核心理念就是通過不斷提高「雲端」的處理能力，不斷減少使用者終端的處理負擔，最終使其簡化成一個單純的輸入/輸出設備，並能按需享受「雲端」強大的運算處理能力。物聯網感知層獲取大量數據資訊，在經過網路層傳輸以後，放到一個標準平台上，再利用高性能的雲端運算對其進行處理，賦予這些數據智慧，才能最終轉換成對終端使用者有用的資訊。

雲端儲存（圖 6-6）是在雲端運算的概念上延伸和衍生發展出來的，雲端儲存通過集群應用、網格技術或分布式文件系統等功能，將網路中大量不同類型的儲存設備通過應用軟體集合起來協同工作，共同對外提供資料儲存和業務訪問功能，保證數據的安全性，並節省儲存空間。簡單來說，雲端儲存就是將儲存資源放到雲端上供人存取的一種新興技術。使用者可以在任何時間、任何地方，通過任何可聯網的裝置連接到雲端上方便地存取數據。

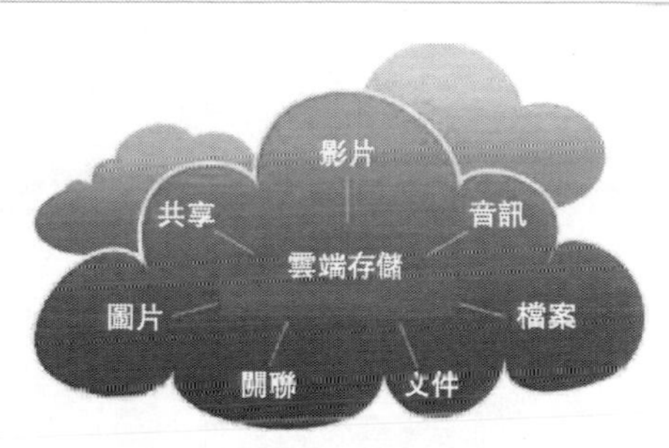

圖 6-6 雲端儲存示意圖

(5) IPv6

IPv6 是互聯網協議 6 的縮寫，是互聯網工程任務組（IETF）設計的用於替代 IPv4 的 IP 協議，IPv6 中 IP 位址的長度為 128，即位址個數最多為 2^{128}，可以有效解決 IPv4 網路位址資源不足，掃清連結設備連入互聯網的障礙，促進物聯網的應用和發展。

6.1.3 物聯網的應用

現在的世界是物聯網的世界。物聯網用途廣泛，應用領域涉及方方面面，智慧交通、環境保護、政府工作、公共安全、平安家居、智慧消防、智慧醫療、智慧教育、工業監測、環境監測、照明管控、老人護理、個人健康、花卉栽培、水系監測、食品溯源、敵情偵查和情報蒐集等，有效地推動了這些領域的智慧化發展，使資源使用分配更加合理，從而提高了行業效率、效益。在工業領域，物聯網的應用大大提高了設備的聯網率，並在設備狀態監控、故障診斷、維修保養等方面表現優異；在生活服務領域，物聯網使服務範圍、服務方式、服務質量等都有了極大的改進，提高了人們的生活質量；在國防軍事領域方面，大到衛星、導彈、飛機、潛艇等裝備系統，小到單兵作戰裝備，物聯網技術的嵌入有效提升了軍事智慧化、資訊化、精準化，極大地提升了軍事戰鬥力，是未來軍事變革的關鍵。物聯網應用領域如圖 6-7 所示。

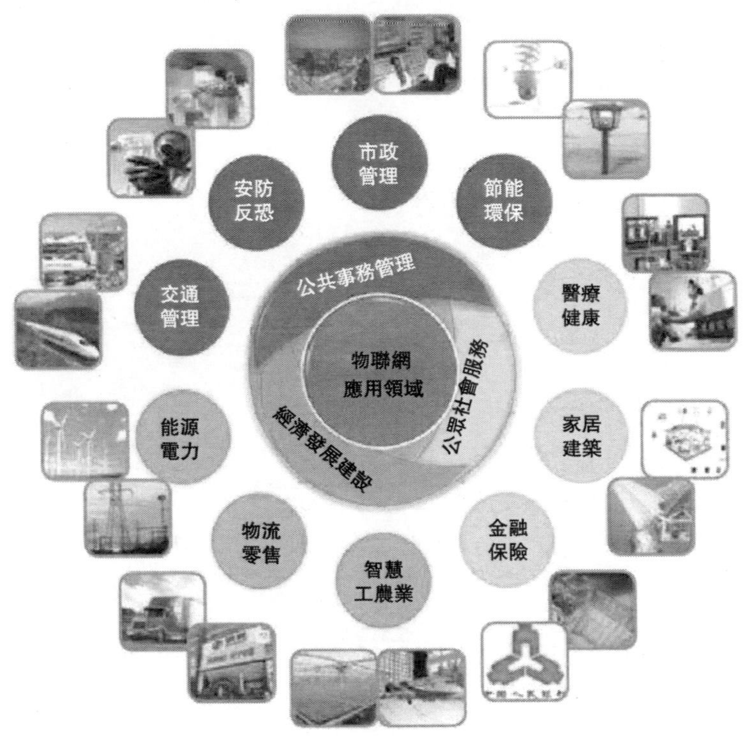

圖 6-7 物聯網應用領域

（1）智慧水務

智慧水務（圖 6-8）是指把新興的資訊技術充分運用在城市水務綜合管理中，把感測器嵌入和裝備到自然水和社會水循環系統中，通過數採儀、無線網路、水質、水位、水壓等線上監測設備即時感知城市供排水系統及地表水、水源地的狀態，並整合共享氣像水文、水務環境、市容綠化、建設交通等涉水領域的資訊，通過普遍連接形成「感知物聯網」；然後通過超級電腦和雲端運算將「水務物聯網」整合起來，形成「城市水務物聯網」，以多源耦合的二元水循環模擬、水資源調控、水務虛擬實境平台等為支援，完成數位城市水務設施與物理城市水務設施的無縫集成，做出相應的處理結果並提出決策建議，實現對水務系統整個生產、管理和服務流程的精準管理，從而能以更加精細、動態、靈活、高效的方式對城市水務進行規劃、設計和管理，達到智慧水務的狀態，為電子政務、水務業務管理、涉水事務跨行業協調管理、社會公眾服務等各個領域提供智慧化的支援。

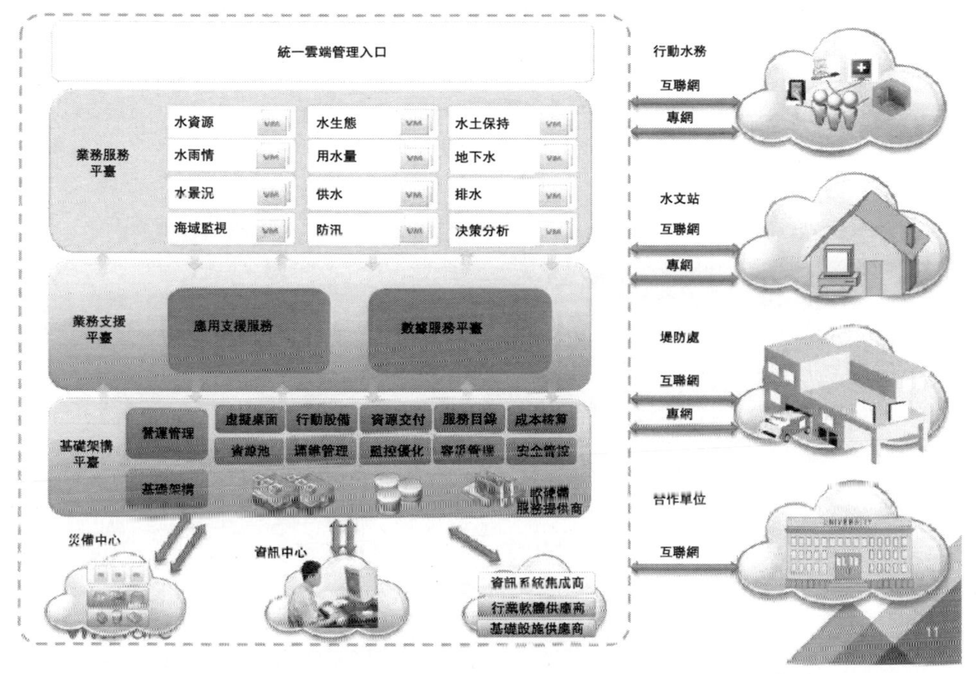

圖 6-8 智慧水務平台

智慧水務的建設目標是：通過多年的實施，建成集高新技術應用於一體的智慧化水務管理體系，基本實現資訊數位化、控制自動化、決策智慧化，使感知內容全覆蓋，採集資訊全掌握，傳輸時間全天候，應用貫穿全過程。

(2) 智慧交通

物聯網技術在道路交通方面的應用比較成熟。隨著社會車輛越來越普及，大城市交通擁堵甚至癱瘓已成為城市的一大問題，人們花在自駕通勤的時間越來越多，嚴重影響著生活質量，同時造成了極大的能源浪費、大氣汙染、噪音汙染，加劇了城市熱島效應。智慧交通系統是指利用鏡頭及各種無線感測技術，對車流進行數據收集、整理和分析，使道路系統依靠自身智慧將交通運量調整至最佳狀態，保障交通安全、節能、高效的系統。對道路交通狀況即時監控並將資訊及時傳遞給駕駛員，讓駕駛員及時做出出行調整，有效緩解了交通壓力；高速路口設置道路自動收費系統（簡稱 ETC），免去進出口取卡、還卡的時間，提升了車輛的通行效率；公車上安裝定位系統，能及時了解公車行駛路線及到站時間，乘客可以根據搭乘路線確定出行，免去不必要的時間浪費。社會車輛增多，除了會帶來交通壓力外，停車難也日益成為一個突出問題，不少城市推出了智慧路邊停車管理系統，該系統基於雲端運算平台，結合物聯網技術與行動支付技術，共享車位資源，提高車位利用率和使用者的方便程度。該系統可以兼容手機模式和射頻辨識模式，通過手機端 APP 軟體可以實現及時了解車位資訊、車位位置，提前做好預定並實現交費等操作，很大程度上解決了「停車難、難停車」的問題[78]。智慧交通範例如圖 6-9 所示，城市智慧監管如圖 6-10 所示。

圖 6-9　智慧交通範例

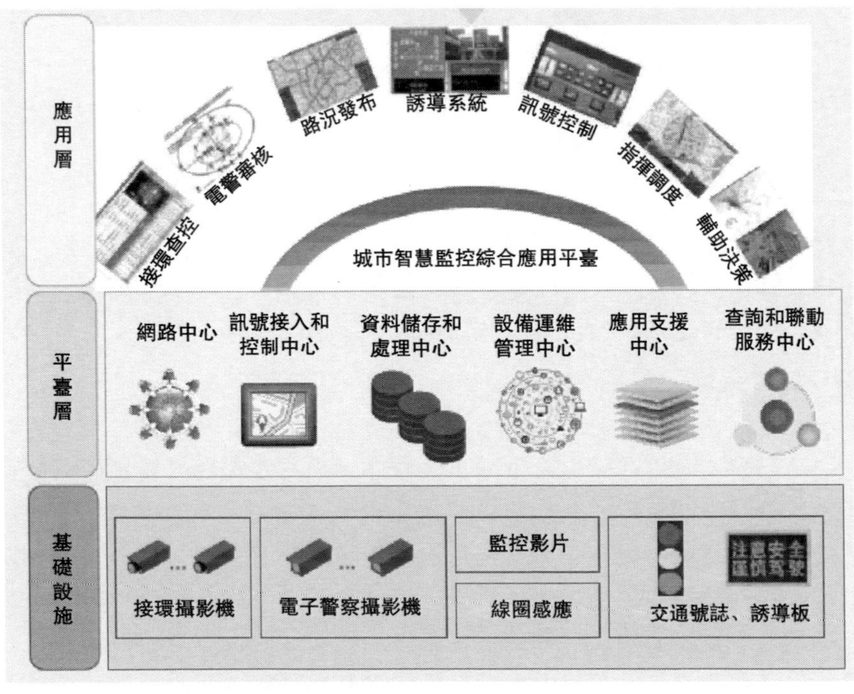

圖 6-10　城市智慧監管

「最後一公里」出行也是市民關注的問題。隨著物聯網技術的發展，近幾年陸續上市了多家「共享單車」資源。基於物聯網技術的共享出行，給人們的生活帶來了極大的便利，共享出行已是大勢所趨。基於移動互聯網、物聯網的遠端開鎖、行動支付、定位導航等，給人們的生活帶來了極大的便利。圖 6-11 所示為共享單車原理。

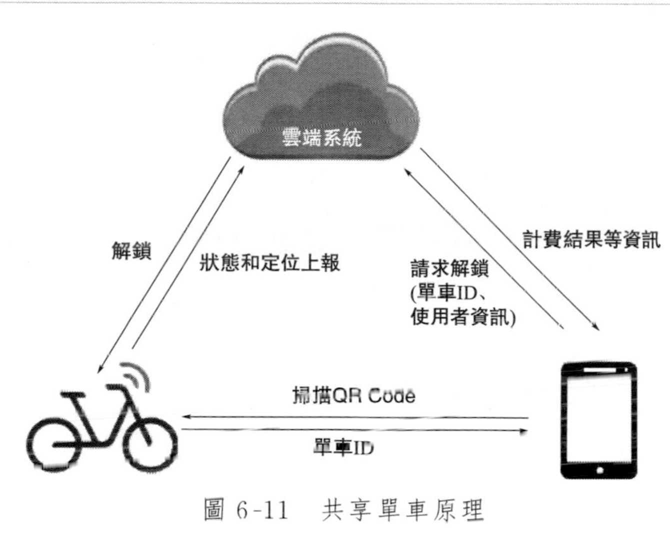

圖 6-11　共享單車原理

(3) 智慧家居

智慧家居是物聯網在家庭中的基礎應用，隨著寬頻業務的普及，智慧家居產品涉及方方面面。家中無人時，可利用手機等產品客戶端遠端操作智慧空調，調節室溫，甚者還可以學習使用者的使用習慣，從而實現全自動的溫控操作；通過客戶端實現智慧燈的開關、亮度和顏色的調節等；智慧插座內置 Wifi，可實現遙控插座定時通斷、監測設備用電情況、生成用電圖表等；智慧體重計內置可監測血壓、脂肪的感測器，具有數據分析功能，可根據身體狀態提出健康建議；智慧牙刷與客戶端相連，對刷牙時間、刷牙位置進行提醒，還可根據刷牙的數據生產圖表，即時監測口腔的健康狀況。智慧鏡頭、窗戶感測器、智慧門鈴、煙霧探測器、智慧警報器等都是家庭不可少的安全監控設備，使用者可在任意時間、地點查看家中的即時狀況，消除安全隱患。隨著 5G 技術的推廣，智慧家居將迎來更加廣闊的市場。圖 6-12 所示為家居自動化解決方案，圖 6-13 所示為智慧家居範例。

(4) 公共安全

近年來，全球氣候異常情況頻發，災害的突發性和危害性進一步加大。互聯

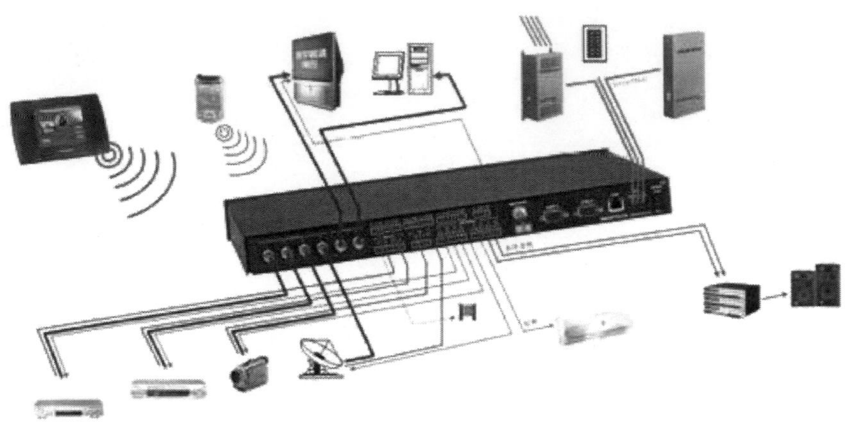

圖 6-12 家居自動化解決方案

圖 6-13 智慧家居範例

網可以即時監測環境中的安全隱患，做到提前預防、即時預警、及時採取應對措施，降低災害對人類生命財產的威脅。美國布法羅大學在 2013 年提出了深海互聯網項目，在海底深處放置感測器分析水下情況，可以對海洋汙染進行防治、對海底資源進行探測、甚至對海嘯進行預警。利用物聯網技術可以智慧感知大氣、土壤、森林、水資源等的指標數據，對於改善人類生活環境起巨大作用。利用遙感＋物聯網技術，可以預測洪水、森林火險、山體滑坡、泥石流等自然災害，造福人類。

2019 年底突發的新型冠狀病毒肺炎疫情給世界人民健康帶來了嚴重的威脅，「健康碼」技術在中國疫情防控中造成了重要作用。健康碼是運用物聯網以及大數據技術進行防控的手段。公民根據自主自願辦理原則，線上填寫資訊，數據後臺自動比對資訊並進行審核，然後根據審核結果出示不同顏色的 QR Code。在使用階段，採取差異化管理原則，根據不同顏色的健康碼科學安全地指導人們復工復產以及日常出行。健康碼具有精準性、科學性、動態性的特點，「一人一碼」監測每一個人的健康狀況，後臺數據依據客觀的評判標準和指數生成結果，健康碼的顏色會隨本人的行動軌跡和體溫等而動態變化，通過即時監控最大限度地降低疫情蔓延的風險。基於大數據技術、物聯網技術，城市突發聚集性感染時，可在第一時間確定源頭，鎖定高風險人群，進行精準防控，短時間內遏制病毒的蔓延，大大降低了社會風險。

(5) 智慧農業

傳統農業中，人們主要通過人工測量獲取農田資訊，往往消耗大量人力。物聯網通過使用無線感測器網路獲取農田資訊，可以有效降低人力消耗和對農田環境的影響，獲取精確的作物環境和作物資訊。「面朝黃土背朝天」的場景將不復存在。

隨著物聯網技術在農業領域的應用推廣，我們的農業生產變得更加智慧化和自動化，智慧農業（圖 6-14）也將得到廣泛的應用。根據先進技術帶來的資訊，主動選擇適合自己農業生產的智慧化系統，以提高農產品產量，增加收益。

圖 6-14 智慧農業

農業專家智慧系統是以開發利用智慧專家系統為先導，對氣候、土壤、水質等環境數據進行分析研判，系統規劃園區分布，合理選配農產品品種，科學指導生態輪作的系統。農業生產物聯網控制系統是基於農業物聯網技術，通過各種無線感測器即時採集農業生產現場的光照、溫度、濕度等參數及農產品的生長情況等資訊，遠端監控生產環境的系統[79~81]有機農產品安全溯源系統是在生產環節給有機農產品本身或貨運包裝加裝 RFID 電子標籤，並在運輸、倉儲、銷售等環節不斷添加、更新資訊的系統。從而搭建有機農產品安全溯源系統[82,83]。農業物聯網範例如圖 6-15 所示。

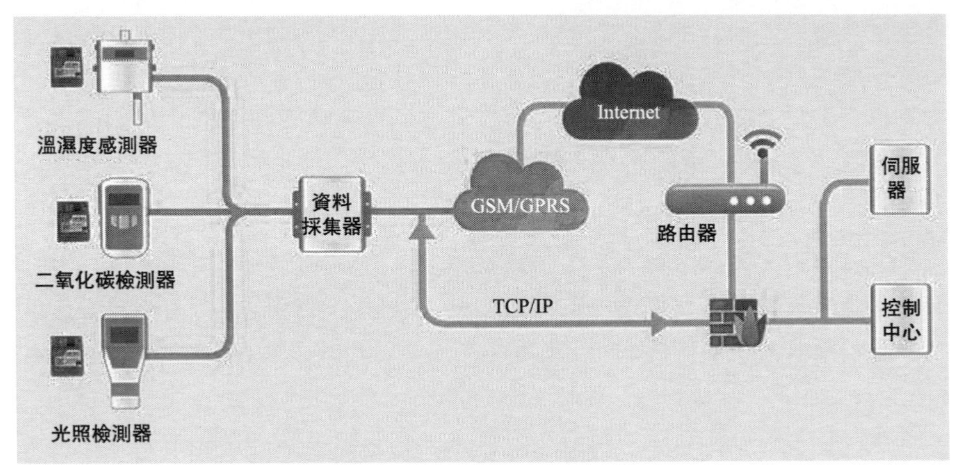

圖 6-15 農業物聯網範例

物聯網技術在農業方面的應用主要表現在：

① 即時監測。通過感測設備即時採集溫室內的空氣溫度、空氣濕度、二氧化碳、光照、土壤水分、土壤溫度、棚外溫度與風速等數據；將數據通過移動通訊網路傳輸給服務管理平台，對數據進行分析處理。

② 遠端控制。條件較好的大棚安裝有電動捲簾、排風機、電動灌溉系統等機電設備，可實現遠端控制功能。農戶可以通過手機或電腦登入農業物聯網系統平台，控制溫室內水閥、排風機、捲簾機的開關；也可設定好控制邏輯，系統根據內外情況自動開啟或關閉捲簾機、水閥、風機等。

③ 雲端查詢。農戶使用手機或電腦登入系統後，可以即時查詢溫室內的各項環境參數、歷史溫濕度曲線、歷史機電設備操作紀錄、歷史照片等資訊；登入系統後，還可以查詢當地的農業政策、市場行情、供求資訊、專家通告等，實現有針對性的綜合資訊服務。

④ 遠端預警。警告功能需預先設定適合條件的上限值和下限值，設定值可根據農作物種類、生長週期和季節變化進行修改。當某個數據超出限值時，系統立即將警告資訊發送給相應的農戶，提示農戶及時採取措施[84]。

(6) 智慧醫療

智慧醫療（圖 6-16）是以醫療大數據為基礎，以電子病歷、居民健康檔案為依據，以資訊化、自動化、智慧化為體現，綜合物聯網、射頻辨識、無線感測器、雲端運算等技術構建的高效資訊支援體系、規範化的資訊標準體系、常態化的資訊安全體系、科學化的政府管理體系、專業化的業務應用體系、便捷化的醫療服務體系，人性化的健康管理體系。醫院資訊集成平台如圖 6-17 所示。

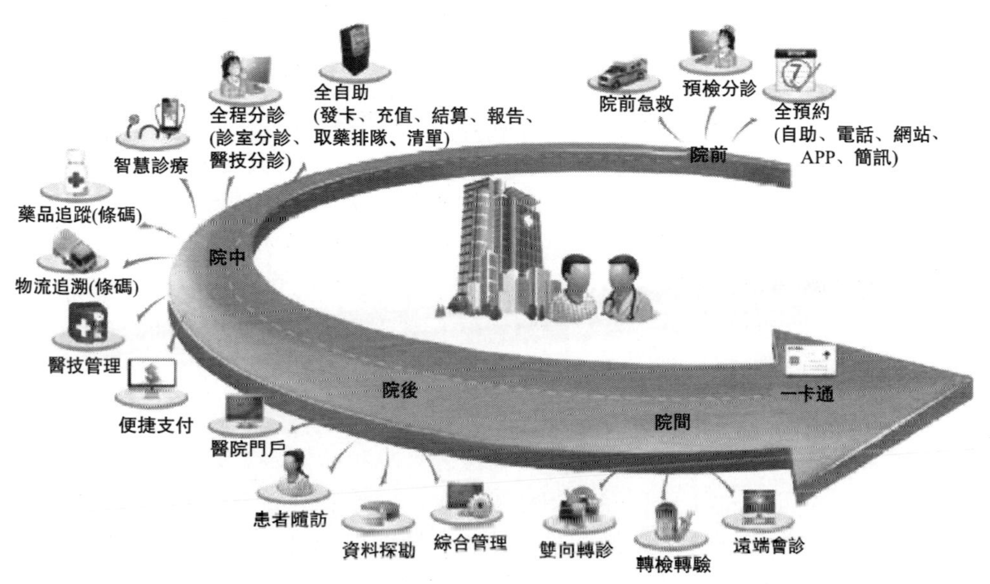

圖 6-16 智慧醫療

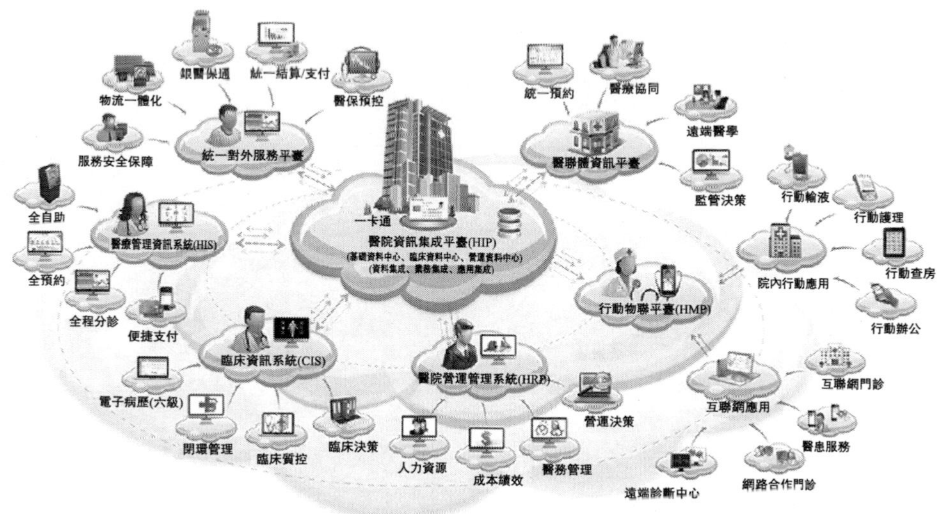

圖 6-17 醫院資訊集成平台

健康衛生行業是物聯網應用的重要發展方向。智慧手環等智慧穿戴設備

(圖 6-18)連接到與其他應用共享數據的應用，在個人健康領域建立起一套完整的產品和服務生態系統，從鍛鍊到營養一應俱全。卡路里和營養資訊不需要人工紀錄在表格中。這些設備通過加速計測量活動情況，使用條形碼掃描器極為全面地掌握卡路里、營養和鍛鍊情況。這些數據經雲端分析後，通過網頁或智慧手機等終端，以圖表、圖解和圖片的形式傳遞給個人。

除了可穿戴設備，日常家居等也會採集人的各種活動資訊。聯網體重計將數據傳遞到雲端伺服器，而雲端伺服器又將數據傳遞到網頁或智慧手機應用的個人資訊儀表板中。睡眠追蹤器系統紀錄諸如噪音等級、室內溫度和光亮等環境數據，與放在床墊下面的感測器聯合起來，提供有關夜間睡眠規律和週期的詳細資訊，通過大數據分析，給人類健康提供指導和建議。這些與智慧手機應用結合成一體的系統製作出了越來越多的個性化程式，用於助眠和早叫。另外，現在也出現了測量和矯正姿勢的系統、測量鍛鍊過程中運動程度和氧氣消耗的設備以及通過智慧手機應用及時提供回饋的訓練器。

越來越多的醫療設備已經出現在互聯網領域，包括血壓計、血糖儀及會發出提醒、配置合適的藥量並在出現異常時向護理人員和醫療人員警報的居家配藥系統。在不遠的將來，醫生可以在我們體內嵌入微型感測器和奈米機器人來檢測我們的器官和組織，確定什麼時候需要服藥並按最佳劑量配藥。磁控微型膠囊胃鏡機器人已經進入了我們的生活，它可以讓人們告別胃鏡檢查的痛苦，只需「服用」一個機器人（圖 6-19)，就可以完成全消化道無死角的檢查，給出詳細資訊並傳遞給臨床醫生輔助診斷。

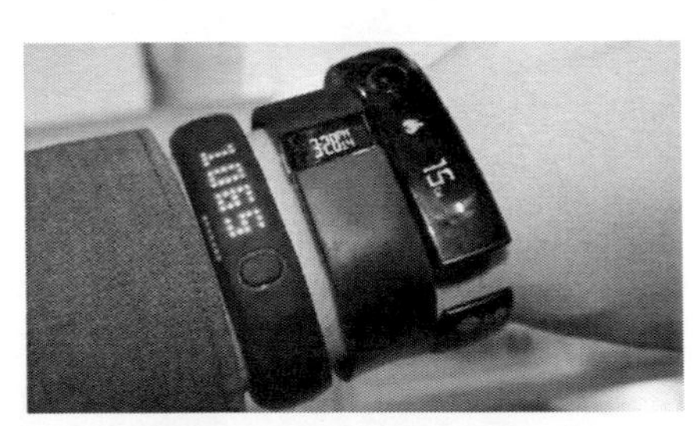

圖 6-18　智慧穿戴設備

圖 6-19　磁控微型膠囊胃鏡機器人

物聯網很可能在醫藥行業掀起一場革命。人們將不需要每年去醫院做個幾分鐘的檢查，護士也不需要不斷地對高危病人進行巡視，感測器將全天 24 小時、全年無休地提供監測數據。使用新一代軟體和精細演算法，智慧醫療儀器就能分析詳細的數據流，在早期查找出潛在的問題和觸發點，這樣醫生和其他從業人員就可以制訂更加積極和充分的方案治療病症。未來的智慧病房管理系統如圖 6-20 所示。

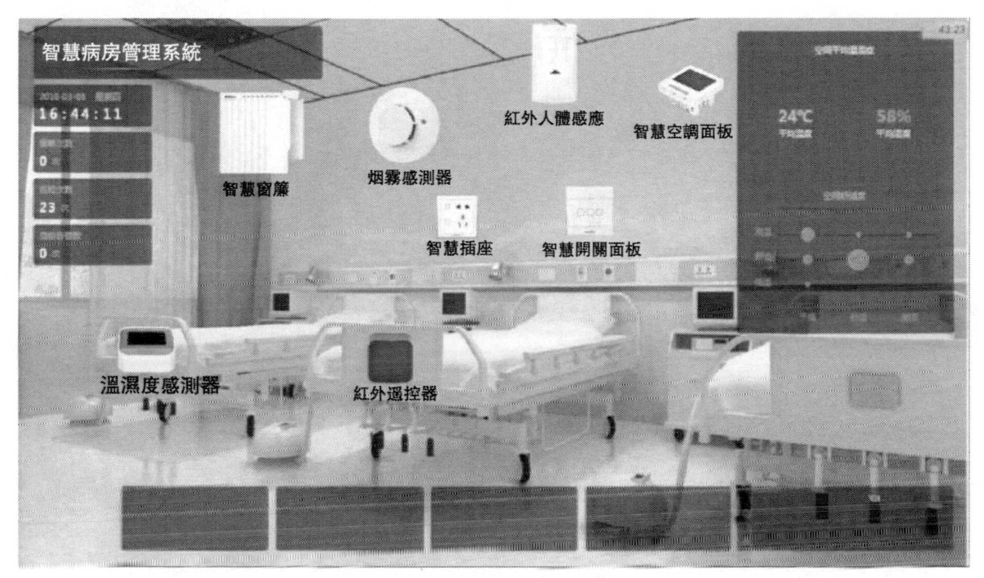

圖 6-20 智慧病房管理系統

(7) 智慧教育

教育資訊化飛速發展，尤其 2020 年新冠肺炎疫情期間，大學都採取線上教學模式，教育資訊化迎來了更大的發展空間。

智慧教育（圖 6-21）是以數位化資訊和網路為基礎，在電腦和網路技術上建立起來的，對教學、科學研究、管理、技術服務、生活服務等校園資訊進行收集、處理、整合、儲存、傳輸和應用，使數位資源得到優化利用的一種虛擬教育環境，拓展了現實教育的時間和空間維度，實現了教育過程全面資訊化。

(8) 智慧社區

在物聯網、下一代互聯網、雲端運算等新一輪資訊技術變革加速推進的背景下，世界各國和政府組織都提出了以資訊技術來改變城市未來發展藍圖的計劃，即建設智慧城市。智慧城市是繼數位城市和智慧城市之後出現的新概念，是工業化、資訊化與城鎮化建設的一個深度融合，是城市資訊化的高級形態[85]。智慧社區是智慧城市的一個有機組成部分，是智慧城市所涉及的虛擬政務、公共服務和安全監控等系統的延伸，其基本組成包括感測器層、公共數據專網、應用系統、綜合應用介面和資料庫[86]。

圖 6-21 智慧教育

6.2 物聯網架構

物聯網應用非常廣泛，隨著應用需要的不斷發展，各種新技術將逐漸納入物聯網體系中，系統規劃和設計時需建立具有框架支援作用的體系構架，它決定了物聯網的技術細節、應用模式和發展趨勢。物聯網的感知環節具有很強的異構性，為實現異構資訊之間的互聯、互通與互操作，未來的物聯網需要一個開放的、分層的、可擴展的網路體系結構為框架。

中國研究人員多以 USN 高層架構作為基礎，自下而上分為底層感測器網路、泛在感測器連結網路、泛在感測器網路基礎骨幹網路、泛在感測器網路中間件、泛在感測器網路應用平台 5 個層次。

物聯網的技術體系框架（圖 6-22）包括感知層技術、網路層技術、應用層技術和公共技術。

(1) 感知層

感知層負責資料採集與感知，主要利用感測器、RFID、多媒體資訊採集、

QR Code和即時定位等技術實現，用於採集物理世界中發生的物理事件和數據，包

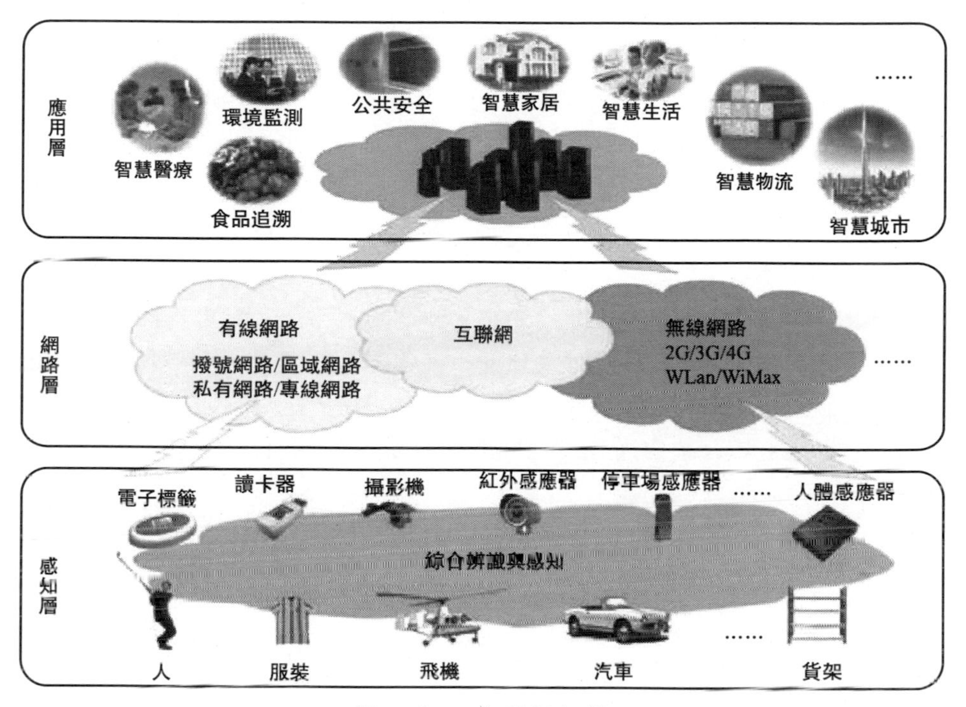

圖 6-22　物聯網架構

括各類物理量、標識、音訊、影片數據。物聯網的資料採集感測器網路組網和協同資訊處理技術實現了感測器、RFID等獲取數據的短距離傳輸、自主組網以及多感測器對數據的協同資訊處理。

（2）網路層

實現更加廣泛的互聯功能，能夠把感知到的資訊進行無障礙、高可靠性、高安全性地傳送，但是需要感測器網路與移動通訊技術、互聯網技術相融合。移動通訊、互聯網等技術的成熟，尤其是5G通訊技術的發展，能夠滿足物聯網數據傳輸的需要。

（3）應用層

應用層主要包含應用支援平台子層和應用服務子層。其中應用支援平台子層用於支援跨行業、跨應用、跨系統之間的資訊協同、共享、互通的功能。應用服務子層包括智慧交通、智慧醫療、智慧家居、智慧物流、智慧電力等行業應用。

(4) 公共技術

公共技術不屬於物聯網技術的某個特定層面，而是與物聯網技術架構的三層都有關係，它包括標識與解析、安全技術、網路管理和服務質量（QoS）管理[87]。

6.3 物聯網的終端

6.3.1 物聯網終端的概念

物聯網終端是物聯網中連接感測網路層和傳輸網路層，實現資料採集、發送的設備，具有資料採集、初步處理、加密、傳輸等多種功能。終端設備總體可分為情景感知層、網路連結層、網路控制層以及應用層，各層均與網路側的控制設備對應。終端應當具有感知場景變化的能力以及為使用者選擇最佳服務通道的能力。

6.3.2 物聯網終端的基本原理及作用

物聯網終端是感測網路層和傳輸網路層的中間設備，也是物聯網的關鍵設備，通過它進行轉換和採集，才能將各種外部感知數據彙集和處理，並將數據通過各種網路介面方式傳輸到互聯網中。如果物聯網終端不存在，感測數據將無法送到指定位置，「物」的聯網將不復存在。

物聯網終端由外圍感測器介面、中央處理模組和外部通訊介面三個部分組成，通過外圍感知介面與感測設備（如 RFID 讀卡器、紅外感應器、環境感測器等）連接，對這些感測設備的數據進行讀取並通過中央處理模組處理後，按照網路協議，通過外部通訊介面（如 GPRS 模組、乙太網介面、Wifi 等）發送到乙太網的指定中心處理平台。

6.3.3 物聯網終端的分類

(1) 按行業應用

按行業應用場景，物聯網終端可分為工業設備檢測終端、農業設施及參數檢測終端、物流 RFID 辨識終端、電力系統檢測終端、安防影片監測終端等。

① 工業設備檢測終端。工業設備檢測終端主要用來採集工廠大型設備或工礦企業大型機械上位移感測器、位置感測器、振動感測器、液位感測器、壓力感測器、溫度感測器等的數據，並通過終端的有線網路或無線網路介面發送到上位

機進行數據處理，實現對工廠大型或重要設備運行狀態的及時追蹤和確認，達到安全生產的目的。

② 農業設施及參數檢測終端。農業設施及參數檢測終端用來採集空氣溫濕度感測器、土壤溫度感測器、土壤水分感測器、光照感測器、氣體含量感測器等的數據，並將數據打包、壓縮、加密後通過終端的有線網路或無線網路介面發送到中心處理平台進行數據的彙總和處理。這類終端一般安裝在溫室或大棚中，可以及時發現農業生產中的異常環境因素，保證農業生產安全。

③ 物流 RFID 辨識終端。物流 RFID 辨識終端設備分固定式、車載式和手持式。固定式終端設備一般安裝在倉庫門口或其他貨物通道，用於追蹤貨物的入庫和出庫；車載式終端安裝在運輸車上，手持式終端手持使用，這兩種終端具有 GPS 定位功能和基本的 RFID 標籤掃描功能，用來辨識貨物的狀態、位置、性能等參數。通過有線或無線網路將位置資訊和貨物基本資訊傳送到中心處理平台，提高物流的效率。比如我們網購商品，可以在平台隨時關注物流資訊狀態，大大提升了購物體驗。

（2）按使用場合

按使用場合，物聯網終端主要包括固定終端、行動終端和手持終端。

① 固定終端。固定終端應用在固定場合，常年固定不動，具有可靠的外部供電和可靠的有線數據鏈路，檢測各種固定設備、儀器或環境的資訊，如前文所述物流倉儲、設施農業、工業設備等所使用的終端。

② 行動終端。行動終端應用在終端與被檢測設備同時移動的場合，一般通過無線數據鏈路進行數據的傳輸，主要檢測如圖像、位置、設備狀態等，需要具備良好的抗震、抗電磁干擾能力。一些車載儀器、車載影片監控、貨車/客車 GPS 定位等均使用此類終端。現在的客車和貨車一般都有定位系統及行車紀錄儀，使用汽車電源，配以大容量記憶體卡，可以有效紀錄行車影像，在發生意外的時候，可以溯源。

③ 手持終端。手持終端小巧、輕便、便攜、易操作，是行動終端的改造和升級，有可以連接外部感測設備的介面，採集的數據一般可以通過無線進行及時傳輸，或在積累一定程度後連接有線傳輸。該類終端大部分應用在物流射頻辨識、工廠參數表巡檢、農作物病蟲害普查等領域。

（3）按傳輸方式

按傳輸方式，物聯網終端可分為乙太網終端、Wifi 終端、3G 終端、4G 終端、5G 終端等，有些智慧終端具有上述多種介面。

① 乙太網終端。該類終端一般應用在數據量傳輸較大、乙太網條件較好的場合，現場很容易布線，並具有連接互聯網的條件。一般應用在工廠的固定設備

檢測、智慧樓宇、智慧家居等環境中。

② Wifi 終端。該類終端一般應用在數據量傳輸較大、乙太網條件較好，但終端部分布線不容易或不能布線的場合，通過在終端周圍架設 Wifi 路由或 Wifi 網關等設備實現聯網。一般應用在無線城市、智慧交通等需要大數據無線傳輸的場合或其他終端周圍不適合布線但需要高數據量傳輸的場合。

③ 3G 終端。該類終端應用在小數據量移動傳輸的場合或小數據量傳輸的野外工作場合，如車載 GPS 定位、物流 RFID 手持終端、水庫水質監測等。該類終端具有移動中或野外條件下的聯網功能，為物聯網的深層次應用提供了更加廣闊的市場。

④ 4G、5G 終端。該類終端是 3G 終端的升級，提高了上下行的通訊速度，以滿足移動圖像監控、下發影片等應用，如警車巡警圖像的回傳、動態即時交通資訊的監控等，在一些大數據量的感測應用中，如振動量的採集或電力訊號實施監測，也可以用到該類終端。

隨著移動互聯網的發展，越來越多的設備連結到行動網路中，必須解決高效管理各個網路、簡化互操作、增強使用者體驗的問題。5G 就是為解決上述挑戰，滿足日益成長的行動流量需要而誕生的。5G 時代已經到來，其優勢在於：數據傳輸速率遠遠高於以前的蜂巢式網路，最高可達 10Gbps，比當前的有線互聯網要快。

(4) 從使用擴展性

從使用擴展性劃分，物聯網終端主要分為單一功能終端和通用智慧終端兩種。

① 單一功能終端。單一功能終端功能簡單，外部介面較少，僅適用在特定場合，滿足單一應用或單一應用的部分擴展。目前市場上此類終端較多，如汽車監控用的圖像傳輸服務終端、電力監測用的終端、物流用的 RFID 終端，成本較低，易於標準化。

② 通用智慧終端。通用智慧終端綜合考慮行業應用的通用性，外部介面較多，能滿足兩種或更多場合的應用，可通過內部軟體設置、修改參數，或通過硬體模組的組合來滿足不同的應用需要，具有網路連接的有線、無線多種介面方式以及藍牙、Wifi、ZigBee 等介面，除此之外，還預留一定的輸出介面。

(5) 從傳輸通路分

① 數據透傳終端。數據透傳終端在輸入口與應用軟體之間建立數據傳輸通路，使數據可以通過模組的輸入口輸入，通過軟體直接輸出，相當於一個「透明」的通道，稱數據透傳終端。該類終端在物聯網集成項目中得到了大量應用。其優點是容易構建出符合應用要求的物聯網系統，缺點是功能單一。目前市面上

的大部分通用終端都是數據透傳終端。

② 非數據透傳終端。該類終端一般將外部多介面採集的數據通過終端內的處理器合並後傳輸，因此具有多路同時傳輸的優點，減少了終端數量。缺點是只能根據終端的外圍介面選擇應用，如果滿足所有應用，該終端就需要很多外圍介面種類，應用中會造成介面資源的浪費，因此介面的可插拔設計是此類終端的共同特點。

6.3.4 物聯網終端的標準化

終端推廣的最大障礙是終端的標準化。物聯網技術在中國的蓬勃發展，據估計未來將是萬億級規模的大市場。現制約物聯網技術大規模推廣的主要原因是終端的不兼容問題，不同廠商的設備和軟體無法在同一個平台上使用，設備間的協議沒有統一的標準。因此，在物聯網普及和終端大規模推廣前必須解決標準化問題，具體表現為以下幾個方面：

① 硬體介面標準化。物聯網的感測設備由不同廠商提供，如果每家的介面規則或通訊規則都不同，便會導致終端介面設計不同，而終端不可能為每個廠商都預留介面，所以需要感測設備廠商和終端廠商共同制定標準的物聯網感測器與終端間的介面規範和通訊規範，以滿足不同廠商設備間的硬體互通、互連需要。

② 數據協議標準化。數據協議指終端與平台層的數據流互動協議，該數據流可以分為業務數據流和管理數據流。中國移動與愛立信合作制定的 WMMP 協議就是一個很好的管理協議，它的推廣和普及必將推動數據協議的標準化進程，方便新研發終端的網路連結及管理。物聯網的發展需要國家相關部門主導，相關行業聯合制定出類似 WMMP 的更完善的通用協議，以滿足各種應用和不同廠家終端的互聯問題，擴大未來物聯網的推廣。

目前，物聯網終端的規模推廣主要侷限在國家重點工程的安保、物流、環境監測等領域，並沒有在其他領域大規模使用，其主要原因是：物聯網的概念及其帶來的效益還不完全為人所知；在一些行業推廣方和使用方還很難找到各自的盈利點和盈利模式，系統的高成本和運行的高費用使得客戶熱情不高。剖析行業應用和降低系統成本（尤其是運行成本）是物聯網大規模推廣的必由之路。降低終端成本、感測器成本和部署成本。隨著物聯網各種技術的成熟和終端的標準化，物聯網中各環節的成本會大大降低。

6.4 物聯網技術在裝備中的應用

早期的互聯網實現了人與靜態資訊的連接，現在互聯網則發展到了人與人的連接。物聯網實現了人與物、物與物的連接，涉及生產生活的方方面面，通過晶片、感測器互聯，即時感知、捕獲、交流並主動響應數十億個智慧裝備的資訊，真正意義上實現了「地球村」。物聯網的應用如圖 6-23 所示。

圖 6-23 物聯網的應用

多個不同的市場研究報告顯示，美國每個家庭都大約有 7 件聯網設備。同時，經濟合作與發展組織預測，到 2020 年達到 20 件。調查數據顯示，88％的行動設備使用者已經對家庭自動化系統有所了解，越來越多的智慧手機、電子書，藍光播放器等設備使用者表示，互聯網連通性及查看內容的功能性是購買產品時首先考慮的。

物聯網時代，使用者是設備的使用者和控制者，網路中的設備應該以使用者體驗和使用者定義的價值作為設計的標準，這對物聯網的廣泛應用至關重要。隨著越來越多的設備變得智慧化並連接在一起，現有的許多實體產品將會轉變成數位體驗。許多人機互動將會被機器與機器之間的互動所取代，而新的機器與人的互動模式將會出現。大多數的機器與機器之間的通訊交流將變得無形，同時人機通訊溝通將變得更具有互動性。成功的物聯網解決方案必須做到簡單和可靠。設計物聯網智慧裝備時，需考慮以下因素。

（1）簡化入門

設計一款新的智慧產品時，將使用者引入新系統的第一步是最困難的。在多設備互動的情況下，通常意味著重複認證，例如不同設備之間的網關進程以及切換到其他服務。簡化輸入，例如輕鬆使用代碼、手勢、人臉、語音等而不是密碼進行安全驗證，是一項很好的舉措。考慮到使用物聯網系統通常意味著在行動終端設備或嵌入式軟體之間切換設備，簡單、安全和智慧的驗證顯得尤為重要。

（2）跨平台設計和互動

雲端是跨多種物聯網產品實現一致使用者體驗的關鍵。基於雲端的應用程式和網路設備以最簡單高效的方式為使用者提供了系統元素之間的無縫轉換。同時，物聯網的響應性設計涵蓋了所有設備、平台和軟體，超越了 Web 或移動端的體驗一致性。

（3）個性化和背景

自由、個性是現代人的追求，對產品也是如此。小眾化、個性化是現代智慧產品的必然要求。越來越多的數位工具可以從使用者行為中學習和辨識模式，從而提供更精細的體驗。物聯網系統的使用者體驗應該是個性化的，就像網路設備的個性化表現一樣。隨著互聯網和物聯網技術的發展，人們可以隨時隨地客製屬於自己的產品，實現真正意義上的「私人訂製」。

（4）一體化體驗

物聯網使用者體驗設計中最困難的任務之一是使網路設備與現實世界的差距最小化，並在所有系統元素之間建立平滑的體驗。網路產品的設計者和工程師應該盡最大努力為物聯網系統創造一個統一的環境。根據權限級別，最終使用者應該能夠從設備、感測器和集成平台訪問數據，並在不同的終端平台執行高質量的數據視覺化和分析。

（5）創新體驗方式

面向消費者的物聯網產品設計師們已經開始關注語音產品，越來越多的智慧助理出現在家中，智慧家居系統也具備智慧助理技能，但聲音不是唯一的交流方式。一個流暢的使用者體驗在未來將變得更加情境化和自然化。智慧車的副駕駛員使用手勢來確保安全駕駛。生物特徵的激活功能可以實現更快、更安全的認證。這對醫療物聯網系統、工業物聯網和其他訪問受限的領域尤為重要。

以智慧穿戴產品為例，智慧穿戴裝備是物聯網時代的關鍵入口，是物聯網中人與物相連的關鍵。智慧穿戴不僅指人體可穿戴設備，而且覆蓋各行業的智慧化未來。隨著醫學需要的拉動，在醫療智慧可穿戴的帶動下，專家預言智慧穿戴市場將會迎來新一波的熱潮。智慧穿戴的設計需要考慮佩戴的舒適度、佩戴的位置。從人機互動的角度，關注「人」、「機」、「環境」三者之間的因素，在產品的不同週期採用不同的體驗設計策略。智慧穿戴的互動解放了雙手，以語音互動為主，採用多設備、多模態的互動方式。

6.5 機電裝備物聯網設計

6.5.1 概述

機電一體化涉及機械、電子、控制、網路等多項技術，物聯網在其中起的作用越來越大。當今的機電一體化產品不僅僅是一款冰冷的機電產品，而是有「智慧」的產品。

物聯網技術實現了人、機器設備和系統軟體三者的互聯。生產工廠機電設備繁多，需要將全部的機器設備及工裝夾具統一連接進行網路管理，實現人-機電設備的「物聯」。數控編程工作人員在 PC 上編寫程式，發送至 DNC 網路伺服器，機器設備實際操作人員能夠下載需要的程式進行加工生產，待任務完成後，再通過 DNC 互聯網將數控機床程式流程傳回至網路伺服器中，由程式流程管理人員或加工工藝人員進行整理，全部生產流程保持數位化、追溯化管理方法。工業生產過程控制系統、物聯網、ERP、CAD/CAM/CAE/CAI 等技術可離開生產製造公司獲得市場應用。生產製造公司生產流水線高速運行，由生產線設備產生、收集和解決的資訊量遠高於公司中電腦和人工服務統計的數據，對統計數據的實用性規定也更高。

工廠及工廠設備通過條碼、QR Code、RFID、工業感測器等將不同的設備連繫起來，每過幾秒鐘就蒐集一次統計數據，通過這些統計數據可以剖析主軸軸承運行率、主軸軸承負荷率、運行率、返修率、產出率、機器設備綜合性使用率(OEE)、零部件達標率、質量百分數等。同時，還可使生產製造文本文件無紙化，保持高效率、智慧製造。

6.5.2 物聯網平台架構設計過程

（1）方案設計階段

物聯網工程總體方案設計包括工程項目網路總體方案設計以及系統功能總體方案設計等，其中網路設計又分為邏輯網路設計和物理網路設計。

總體方案設計通常由系統設計階段和結構設計階段組成，系統設計階段確定系統的總體架構和邏輯網路選擇；結構設計階段確定具體實現方案，包括物理網路的選擇和設備選型、數據中心的選擇和確定、安全的實施策略、軟體模組結構的詳細設計等。

系統設計工作應該自上向下地進行。首先設計總體結構，設計系統的框架和概貌，向使用者單位和部門做詳細報告。然後在此基礎上再逐層深入，直至進行每一個模組的詳細設計。

綜上，物聯網系統的總體方案設計也是在前期系統分析的基礎上，對整個系統的劃分、機器設備（包括軟、硬設備）的配置、數據的儲存規模以及整個系統實現規劃等進行的整體框架結構設計。

（2）核心架構設計及網路通訊選取階段

一個完整的物聯網平台必須具備設備管理、使用者管理、數據傳輸管理、數據管理這四大核心模組，而所有其他的功能模組都可以認為是此四大功能模組的延展。圖 6-24 所示為機電設備物聯網架構。

① 設備管理。設備管理包含設備類型管理和設備資訊管理兩部分。設備類型管理即定義設備的類型，其功能一般由設備的製造商定義。設備資訊管理即定義設備相關資訊，根據定義的使用者屬性選擇設備類型，使用者激活設備後就對該設備有完全的控制權。

② 使用者管理。使用者管理包含組織、使用者、使用者組、權限管理四部分。組織管理即對所有的設備、使用者、數據都基於組織進行管理。使用者管理即基於一個組織下的人員構成的管理，每個組織的管理員可以為其服務的組織添加不同的使用者，並分配每個使用者不同的權限。一個使用者也可以屬於多個不同的組織，並且扮演不同的組織管理員。

③ 數據傳輸管理。數據傳輸管理包含基本格式、數據解析定義、資料儲存三部分。基本格式即定義針對一類型設備的數據傳輸協議，包含設備序列號、命令碼以及數據三個組成因素。數據解析定義即組織管理員可根據需要為同種設備類型定義多條使用不同解析方式的命令。資料儲存要支援分布式架構，可以為每個設備定義不同的儲存位置，每條數據定義生命週期，在生命結束後，系統將自動刪除。

④ 數據管理。數據管理包含權限管理、大數據、數據導出三部分。權限管理即數據歸屬權，數據屬於誰是一個非常重要的概念，只有設備的擁有者才能定義數據可以給誰看，數據的權限在物聯網平台中至關重要。大數據的作用為依靠大數據平台實現物聯網海量數據的視覺化分析處理，並得到有價值的資訊。數據導出即使用者可導出物聯網部分數據進行本地分析。

網路通訊選型也是物聯網設計中的關鍵內容。目前雲端的物聯網平台和設備之間的通訊，本質上都是建構在 TCP/IP 協議之上的，區別只是對數據包的再封裝。基於此目前廣泛使用 Wifi、4G 來實現設備和雲端平台的通訊。隨著 5G 的推廣，通訊選型又有了更廣闊的天地。設備與設備之間的通訊可以有 Wifi、藍牙、ZigBee 等多種方式，常見的通訊架構選取如表 6-1 所示。

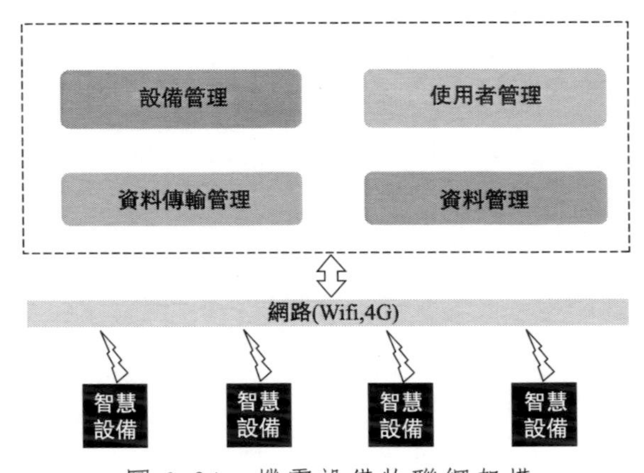

圖 6-24 機電設備物聯網架構

表 6-1 物聯網通訊架構

通訊架構	主要特點	存在問題
基於行動網路 3G/4G 的通訊	最簡單的架構,基於移動通訊來上網	每個設備都需要一個 SIM 卡;數據流量問題;通訊質量問題
基於 Wifi 區域網路	適合於所有的物聯網設備都運行在一個局部環境中	區域網路內的智慧設備是沒有公網獨立的 IP 的,只有一個區域網路內的 IP;功耗問題;干擾問題
基於藍牙通訊	典型的點對點的通訊方式	藍牙網關的容量問題;藍牙的配對問題
基於 ZigBee	ZigBee 本身是針對感測器之間的聯網設計的,具有非常強的低功耗	設備能力和功耗本身是自相矛盾導致的數據量問題

(3) 工業級物聯網項目架構設計階段

一個典型的物聯網項目，至少由設備端、雲端、監控端三部分組成。

① 設備端架構設計。設備端主要負責資料採集、工藝邏輯執行及控制。從功能層面上分，設備端架構一般可分三層：一是資料採集、控制輸出層；二是工藝流程執行層；三是數據上傳、命令接收通訊層。

② 雲端架構設計。雲端一般包含 Web 前臺、Web 後臺及中間件三部分。作為工業級的物聯網項目，Web 前臺一般會顯示四部分內容：工藝畫面、各種數據報表、運行日誌以及系統診斷資訊。Web 後臺相對複雜，一般需要處理 Get 和 Put 請求；向前臺介面傳輸即時數據；建立設備數據和各種報表、曲線、日誌的對應關係，以便於適用盡可能多的現場等。中間件主要功能就是負責與現場設備進行通訊，獲取數據或發送相關控制指令。中間件程式一般是系統的一個服務程式或普通應用程式，生命週期較長，可長時間連續運行，因此可以處理一些相對複雜的業務邏輯、數據換算及數據轉儲工作。

③ 監控端架構設計。監控端一般包含 PC、手機或平板監控。從功能上劃分，架構可以相對簡單地分為兩層，一是 UI 介面顯示及操作層，二是數據通訊層，實現和伺服器資訊互動。

(4) 後期維護階段

物聯網平台開發完畢後，並非是一個成熟的應用平台，維護工作將占據很多時間。維護工作不僅僅是開發團隊的維護，更為重要的是現場維護，排除問題，及時定位，及時解決。針對如上問題，需要在設計之初考慮統一化和組態化的架構設計。

6.6 本章小結

本章介紹了物聯網的概念、主要功能和關鍵技術，並闡述了物聯網終端和架構。在此基礎上，介紹了物聯網技術在裝備中的應用以及機電裝備物聯網設計方法。物聯網技術的發展日新月異，有關物聯網發展的最新進展和應用，需要及時關注資料庫和媒體，以獲得最新的資訊。

第7章

具有複雜工藝與高性能運動要求的工業裝備系統

7.1 案例一　中空玻璃全自動塗膠機開發

玻璃被廣泛應用於建築、交通運輸、船舶、航空、製冷等行業，它不僅是良好的透明材料，而且是一種具有良好熱導性的材料。無論玻璃被應用於哪個領域，通過玻璃的熱傳導會導致大量的能量損失。隨著玻璃加工行業的發展，越來越多的人認識到中空玻璃具有顯著的節能效果，中空玻璃在中國的應用也越來越多，尤其是建築中越來越多地採用幕牆結構，更加促進了中空玻璃的應用。此外，國外的實踐證明，提高建築物圍護結構的保溫性能，特別是提高窗戶的保溫性能，是防止建築物熱量散失的最經濟、最有效的方法。中空玻璃在相關的建築應用中造成了關鍵的作用。

中空玻璃是兩片（或多片）玻璃用有效的支承件（一般為內裝乾燥劑的中空鋁隔條或實心熱塑隔條）均勻隔開，周邊黏結密封，使玻璃層間形成乾燥氣體腔室的產品，如圖 7-1 所示[88]。

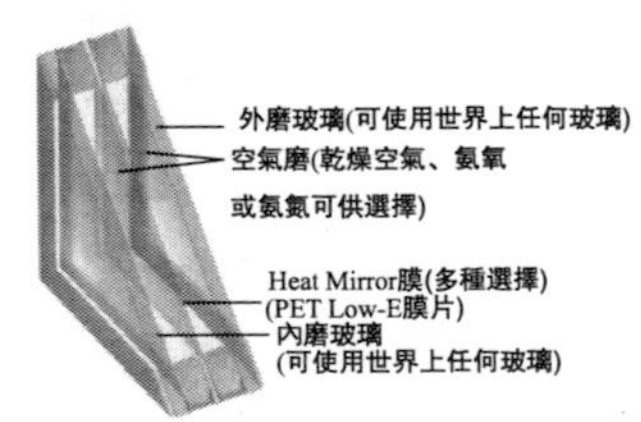

圖 7-1　中空玻璃結構

中空玻璃的密封過程有兩道操作工藝，即第一道密封和第二道密封。第一道密封工序主要採用熱熔型丁基膠將已折彎成形的鋁隔框和兩塊或多塊玻璃黏結為一體。第二道密封工序是將聚硫膠和矽酮膠混合後均勻地塗在玻璃與鋁隔框形成的凹槽中，保證了玻璃和鋁隔框之間的結構性黏結，如圖 7-2 所示。中空玻璃生產線就是專門用來生產中空玻璃的設備，作為一套完整的中空玻璃生產線，應包括主要的加工設備（如玻璃劃片機、磨邊機、玻璃清洗機、合片-壓合機、塗膠機等）以及必要的輔助設備（如鋁隔條存放機、玻璃裝載機、卸料機、原料輸送車、成品輸送車等）。

全自動塗膠機是全自動中空玻璃生產線非常重要的組成部分，也是中空玻璃生產線的核心設備，負責對玻璃周邊進行塗膠密封（即二次密封），如圖 7-2 所示，塗膠機塗膠速度的快慢直接影響整個生產線的生產速度，塗膠質量直接影響中空玻璃的質量。作者所在的團隊在充分研究市場和了解國外玻璃深加工設備的基礎上，研發了基於工業電腦＋運動控制卡的總線控制的中空玻璃生產線全套設備。全自動塗膠機器人是有代表性的一款大型智慧製造裝備，實現了從配膠到各種運動（12 個軸）的控制，用比較低的成本實現了設備的智慧化，代替進口設備。

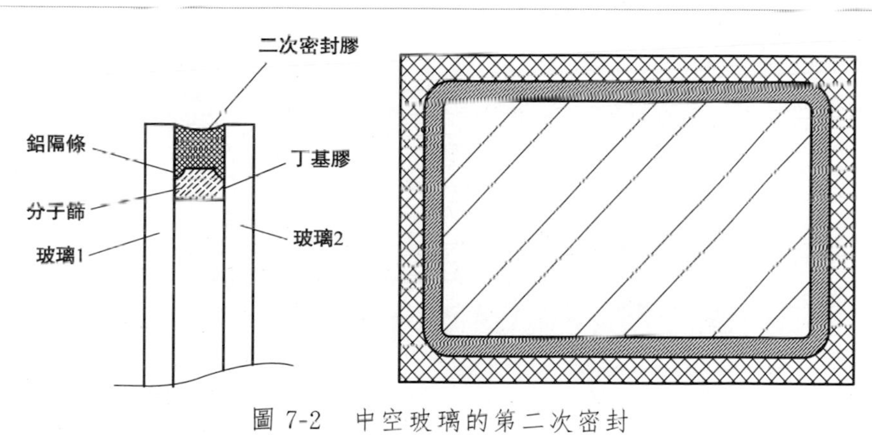

圖 7-2　中空玻璃的第二次密封

7.1.1 中空玻璃全自動塗膠機機械本體設計

塗膠機的整體機械簡化結構如圖 7-3 所示，其實體圖如圖 7-4 所示。該設備按照機械功能主要分為供膠部分、混合膠部分、打膠部分及玻璃輸送部分。

① 供膠部分。負責從膠桶向（A 組分、B 組分）柱塞泵提供膠體，兩膠桶各有一個氣泵擠壓桶內膠體，以輔助供膠。A、B 組分別由 A、B 電機帶動柱塞泵工作。同時，為了最大限度地克服膠體黏度的影響，柱塞泵前端設置了輔助供膠氣缸，可以在打膠時提前將膠體吸入該氣缸處的儲膠缸內，供下一次膠體回吸使用。

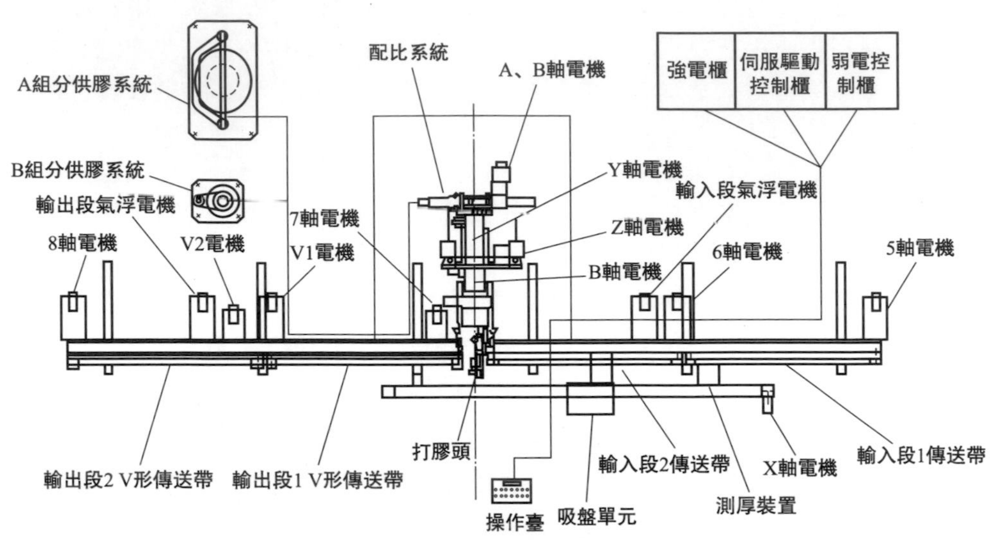

圖 7-3　塗膠機整體機械簡化結構

圖 7-4　中空玻璃全自動塗膠機實體圖

② 混合膠部分。A、B 柱塞泵通過電機帶動將膠體按對應的比例（不同的膠體比例不同，一般為 10∶1）擠入混合膠部分的混合器中，兩種膠體在混合器內進行充分混合後可以送至打膠部分的打膠頭，供打膠使用。

打膠部分由打膠頭、抹板、月牙板等組成，完成打膠工藝的相關動作。

玻璃輸送部分由兩套輸入同步帶、兩套輸出同步帶、X 軸以及測厚單元等裝置組成。輸入段 1 由減速器、聯軸器、同步帶結構組成，用於將玻璃運送至打膠區，在段末有玻璃厚度檢測裝置，當玻璃運送至該部位時檢測玻璃厚度；輸入段 2 結構除末端沒有測厚裝置和感測器功能不同外，其他與輸入段 1 相同，玻璃長度測量主要在該段完成，輸入段 2 與輸出段 1 是打膠過程中 X 方向打膠的執行部件；吸盤組件由吸盤、同步帶結構、導軌等組成，用於在打膠過程中吸合固定玻璃，保持玻璃的穩定，也是 X 方向打膠的執行部件，其動作過程中始終保持與6 軸、7 軸同步；輸出段 1 由兩條同步帶以 V 形分布組成，除是 X 方向打膠的執行部件外，玻璃的回退動作等由該段完成；輸出段 2 結構與輸出段 1 相同，用於將打膠完畢的玻璃輸出至本段末，等待卸載。

打膠頭部分主要包括膠頭、抹板、打膠深度檢測裝置（月牙板）等。打膠頭對玻璃周邊填塗膠體，是塗膠機的核心部件之一。

7.1.2 中空玻璃全自動塗膠機驅動系統設計

中空玻璃全自動塗膠機驅動系統採用電機驅動加氣動的形式。系統使用 12 個運動控制電機、2 個氣浮電機外加 1 個單端編碼器。

9 個伺服電機分別為 A 組分、B 組分、輸入段 1、輸入段 2、輸出段 1、輸出段 2、打膠頭升降軸、吸盤單元（以下簡稱 X 軸）和膠頭旋轉功能段上的電機。3 個步進電機，分別為輸出段 1 V 帶 V1 調整軸、輸出段 2 V 帶 V2 調整軸以及打膠頭伸縮（Y 軸）功能段上的電機。

1 個增量式編碼器，該編碼器占用一個軸卡通道，但沒有實際意義上的電機，它與月牙板轉動軸相連，系統通過讀取編碼器脈衝數來測量月牙板的轉動量，經運算後得到月牙板測量的深度。月牙板的測量數值是影響打膠質量的一個重要因素，同上一代設備採用的測量準確度低且易受到干擾的電位計相比，該編碼器大大提高了測量精度（理論精度為 0.1°/脈衝），同時，由於編碼器傳輸的是數位訊號，較電位計的模擬量訊號抗干擾能力大大增強，打膠質量明顯改善。

2 個三相異步電機用來帶動氣浮風機。氣浮結構為機械部分新採用的玻璃靠板支承技術。前一代膠機靠板上安裝的是若干排滾輪，通過滾輪支承使玻璃運輸過程中始終保持在一個特定的平面上。但由於所需滾輪數量比較多，要做到使所有滾輪都處在同一平面上除錯工作相當繁瑣，且困難較大，且玻璃傳送過程中滾輪對玻璃存在一定的摩擦阻力。因此新設計出的氣浮結構可以使玻璃與靠板間形成一層均勻的「氣墊」，中間空隙均勻，阻力比滾輪小很多。

膠槍的部分動作、供膠部分動作以及其他輔助動作驅動機構由高性能氣動系統實現。

增量編碼器用來測量月牙板打膠深度，該編碼器占用第 13 路軸卡通道，9 個電機軸為安川伺服驅動器和安川伺服電機，另外 3 個軸使用的是斯達特步進電機。伺服電機採用脈衝加方向控制方式，在安川伺服驅動器上，需要設置的參數為 Pn000 的第 1 位為 1，即選擇「位置控制（脈衝列指令）」方式，另外，根據機械設備的安裝特性，可以通過設置的參數為 Pn000 的第 0 位來選擇。「旋轉方向選擇」，部分參數設置參見表 7-1。

表 7-1 部分控制參數

電機每轉步數設定（細分數設定）	每一種型號驅動器都有 16 種步數（細分數）可選，通過驅動器上的撥位開關的第 1、2、3、4 位設定，此 16 種步數基本涵蓋了使用者對電機步距的要求，步數設定必須在驅動器未加電或已加電但電機未運行時才有效
驅動器輸出電流設定	每一種型號驅動器都有 16 擋輸出電流可選，由驅動器上的撥位開關的第 7、8、9、10 位設定，驅動器輸出相正弦電流給電機，電流大小以有效值標稱
控制訊號方式設定	每一種型號驅動器都有 2 種控制訊號方式可選，由驅動器上的撥位開關的第 5 位設定。 Cpd 方式：電機的旋轉方向由 DIR 換向電平控制，而步進訊號取決於 CP。DIR 為高電平時電機為順時針旋轉，DIR 為低電平時電機則為反方向逆時針旋轉。此種換向方式稱為單脈衝方式。撥位開關的第 5 位設定在「0」位置。 CW/CCW 方式：驅動器接收兩路脈衝訊號（一般標註為 CW 和 CCW），當其中一路（如 CW）有脈衝訊號時，電機正向運行；當另一路（如 CCW）有脈衝訊號時，電機反向運行，我們稱之為雙脈衝方式。撥位開關的第 5 位設定在「1」位置
自動半電流	自動半電流是指驅動器在脈衝訊號停止施加 1 秒左右，自動進入半電流狀態，這時電機相電流為運行時的一半，以減小功耗和保護電機，此功能由驅動器上的撥位開關的第 6 位設定：0——無此功能；1——有此功能
相位記憶功能（無時間限制）	驅動器斷電時處於某一相位，下次加電時如果和此相位不同，電機就會「抖動」一下，為了消除電機抖動就需要保護功能——過溫保護、過流保護、欠壓保護、保護訊號輸出必須把斷電時的相位記住。此功能在某些行業非常重要，記憶時間為無限
保護功能	過溫保護、過流保護、欠壓保護、保護訊號輸出

7.1.3 中空玻璃全自動塗膠機控制系統

(1) 塗膠的主要工藝及流程

合理的工藝動作流程是完成整個塗膠動作的關鍵，是塗膠機設備高效率生產的前提。掌握合理的塗膠機工藝流程及其邏輯時序關係，可以為編制塗膠機控制程式奠定堅實的理論基礎。數控塗膠機的主要工藝過程是將中空玻璃由輸入段傳送至塗膠區域，對玻璃各邊塗膠，最終由輸出段輸出成品的過程。塗膠機整個工作流程如圖 7-5 所示。

上電回零：對各軸按照順序自動回零，確保軸與軸之間不發生運動干涉，且該操作僅在上電後執行一次。

參數初始化：在加工同一批次的產品前，輸入玻璃厚度、膠體比例值、打膠速度、膠槍翻轉判定值等參數。

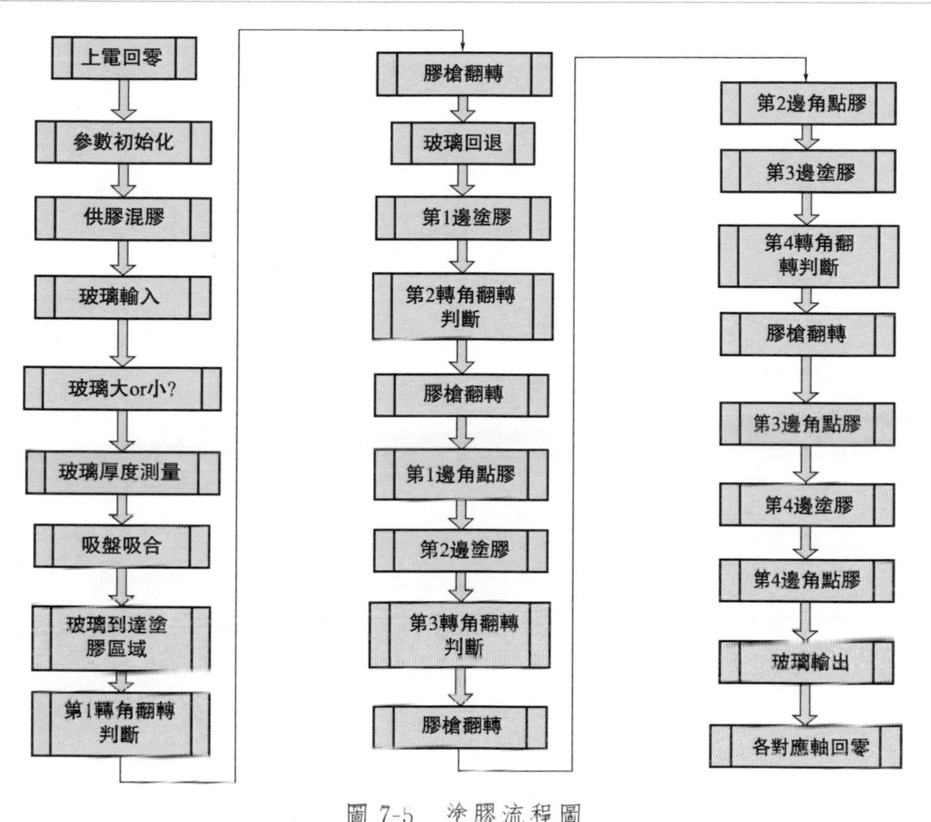

圖 7-5　塗膠流程圖

玻璃輸入：在膠桶膠源充足、膠壓正常，設備各段無玻璃，膠槍混合器在位、腳踏開關按下的情況下，玻璃輸入段電機啟動，傳送玻璃，當玻璃尖端經過光電開關時，減速傳送；當玻璃尖端經過下一個光電開關後，伺服電機制動，測量玻璃厚度。

玻璃厚度測量：氣動電磁閥在光電開關訊號作用下打開，驅動測厚機構壓緊玻璃，電位計讀數發生變化，上位機通過模數轉換，同時執行必要的濾波程式，得到準確的玻璃厚度值，玻璃厚度值為膠槍對中和型帶調整獲得的驅動數據。

吸盤吸取：當玻璃傳送至塗膠區域時，停止傳送，吸盤組件後支承氣缸先動作，吸盤氣缸再動作，真空發生器隨之啟動，吸緊玻璃。軸內設置的真空度感測器的真空度達到一定值時產生訊號輸出，此時可以確定吸盤吸合緊實，然後鎖緊氣缸鎖，後支承氣缸退回，吸盤與輸入輸出傳送帶同步運動，將玻璃傳送至塗膠區域[89,90]。

塗膠工藝過程：主要包括四邊分別塗膠、膠槍翻轉、三邊邊角點膠。在塗膠系統中，定義與垂直平面成 90°角的平面為平面，與該面平行的軸設置為 Z 軸。

圖 7-6　塗膠機第一邊塗膠

如圖 7-6 所示為塗膠系統沿軸正向運動為中空玻璃第一邊塗膠。第一邊塗膠結束時，配比部分停止供膠，轉為由膠桶向混合器補充膠體。膠槍停止塗膠，膠槍組件相對其旋轉中心逆時針旋轉 90° 使膠槍口對正玻璃第二邊。此時抹板靠緊第一邊，膠槍對第一邊邊角進行點膠，抹板離開玻璃後，對第二邊塗膠。採用相同的操作工藝依次完成對玻璃其他各邊的塗膠。

(2) 塗膠機的控制系統

智慧製造裝備全自動塗膠機以工業控制電腦＋臺達運動控制卡為硬體平台，以 Windows 操作系統為軟體操作平台，通過臺達 DMC-NET 總線技術實現數位控制器與驅動器、I/O 模組等之間的即時高速通訊，研發用於全自動塗膠機的開放式數控系統，塗膠機控制系統硬體構架如圖 7-7所示，部分控制參數如表 7-1所示，控制系統總體框架如圖 7-8 所示。

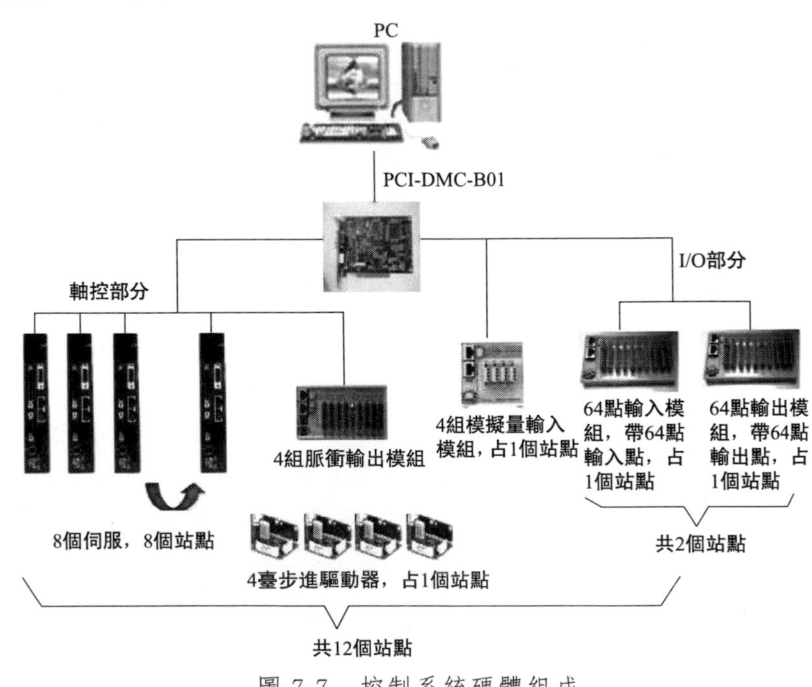

圖 7-7　控制系統硬體組成

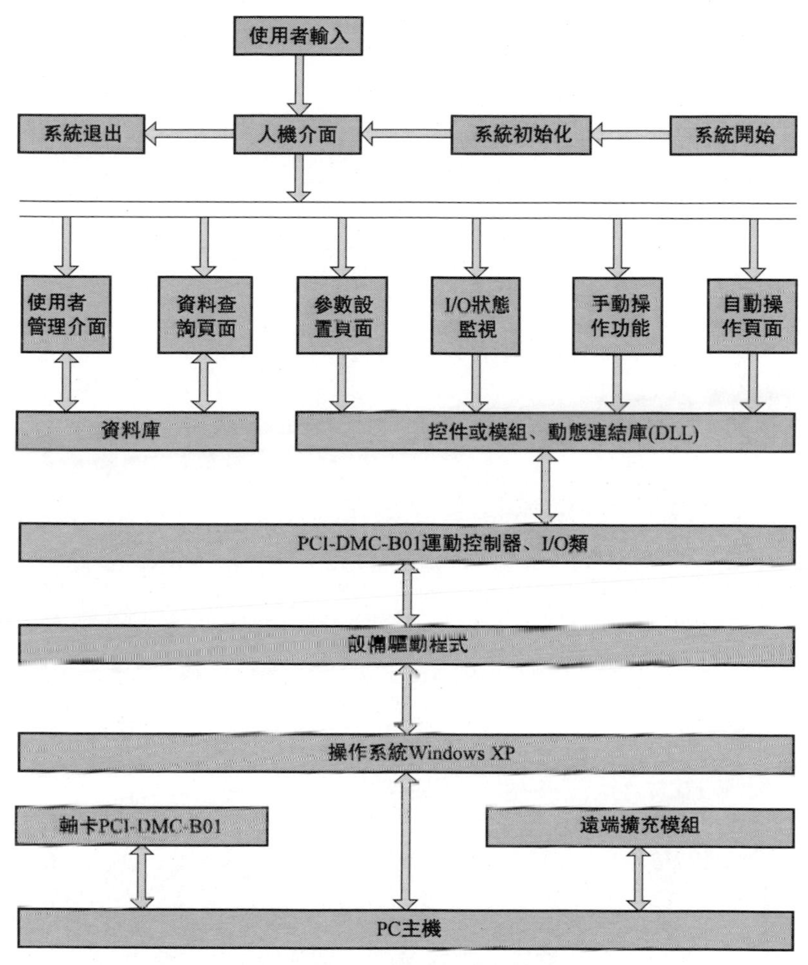

圖 7-8 控制系統整體框架

本案例中用到的上位軟體為基於 Windows 操作系統的 Visual Studio 2005，下位機配套除錯軟體包括 Pewin32Pro、Pmac Plot Pro、Pmac Turning Pro。為方便使用者開放，還提供了 Windows 下的動態連結庫 Pcomm32. dll。

Pewin32Pro 是 Delta Tau UMAC 控制器的 Windows 系統可執行程式，是下位程式在上位機上的開發、除錯工具。根據功能需要，並借鑑了前一代開發經驗，本控制程式上位設計了一套功能齊全、操作簡便的人機互動介面（圖 7-9）。通過此介面，並配合操作臺上的按鈕，幾乎可以完成塗膠的所有工作。本介面在內容上分為四大部分：生產管理、打膠設置、手動操作和使用幫助。

生產管理包括生產查詢和操作人員管理。通過生產查詢，可以查出該設備工作的詳細紀錄。通過操作人員管理項，可以為操作人員設定帳號及登入密碼等，避免非操作人員對該設備進行操作。生產管理介面如圖 7-10 所示。

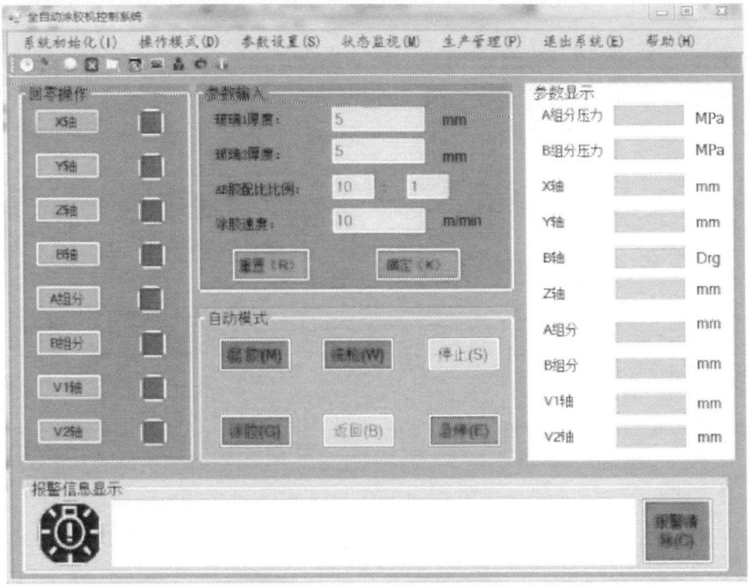

圖 7-9　控制系統的主介面

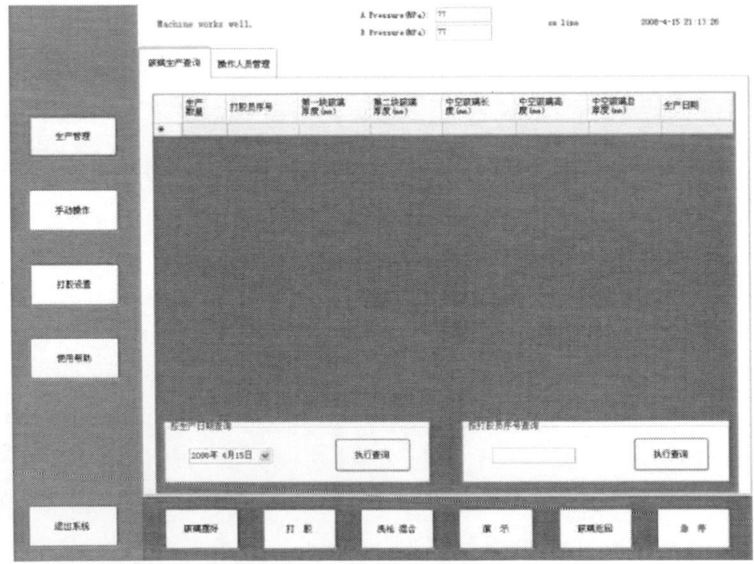

圖 7-10　生產管理介面

打膠設置介面允許使用者進行各邊及拐角點膠處的膠量修改，見圖 7-11。

基本設置與前面講述的玻璃參數初始化相對應，通過介面上相應的選項設置初始玻璃厚度、膠體配比以及鋁隔條圓角面積等，基本設置介面見圖 7-12。

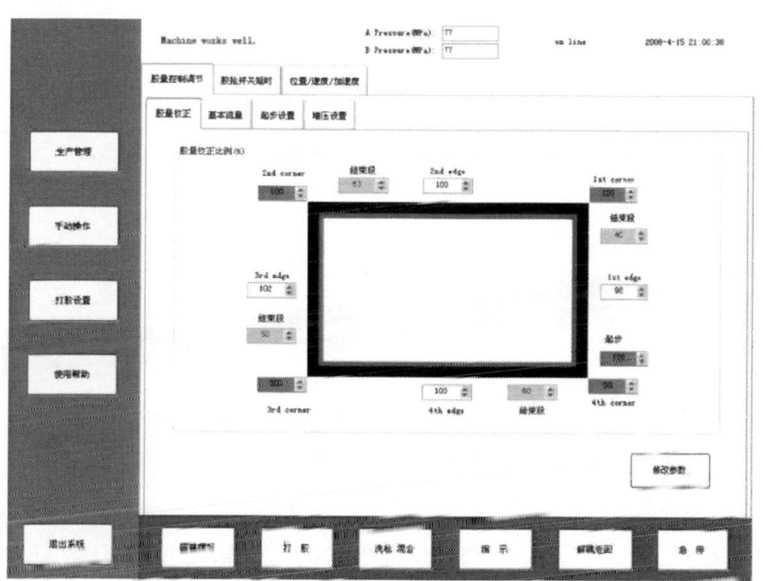

圖 7-11　膠量校正介面

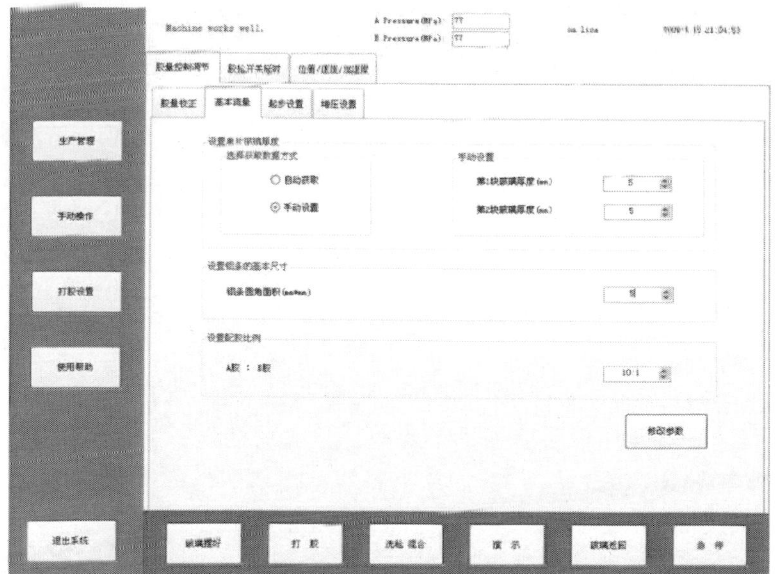

圖 7-12　基本設置介面

各邊打膠起始位置可以通過上位機進行調整。起步設置用來調整起步出膠量的比例，根據當前打膠效果可以隨時進行調整。膠槍開啟位置也直接關係到打膠質量，在理論建議數值基礎上，結合實際情況允許使用者進行調整，起步設置介面見圖 7-13。

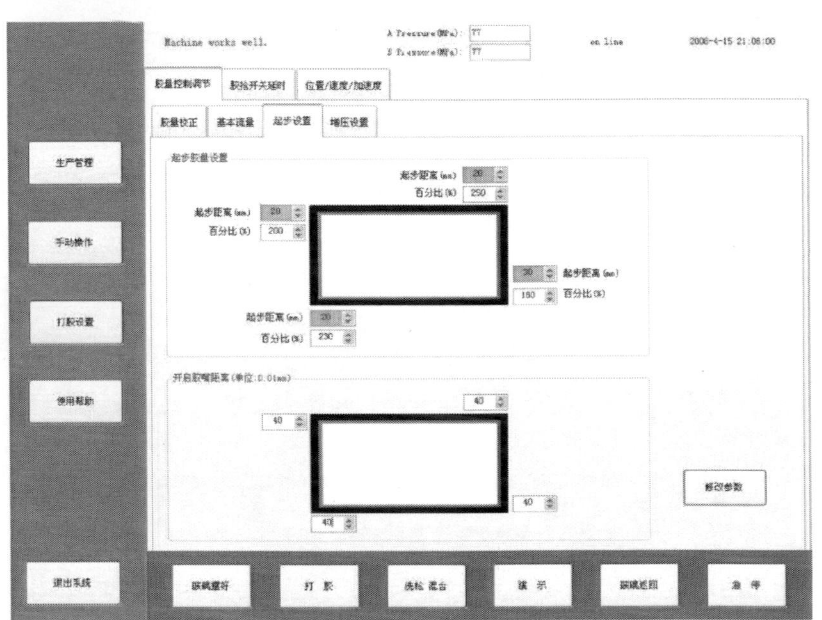

圖 7-13　起步設置介面

膠槍的開關時間對打膠各邊起始段以及各拐角點膠也存在較大的影響，尤其是影響點膠的質量。當打膠環境（如工廠溫度）、膠體或其配比等發生變化時除了調整以上介面中的相關參數外，還可以調整膠槍在每邊末端的關閉延時和每邊始端的開槍延時，見圖 7-14。

打膠設置中還包括對打膠過程中位置、速度及加速度等相關參數的控制調節。開關膠嘴位置、玻璃運送位置、塗膠速度、運送速度及加速度等都已經參數化，在上位介面上都能方便地做出調整，見圖 7-15～圖 7-19。

Pewin32Pro 為使用者開發提供了齊全、強大的功能，其中最具有代表性的就是手動操作介面。因此，以 UMAC 控制器為控制下位的系統，手動操作介面對使用者來講顯得尤為重要，功能上不可或缺。

Pewin32Pro 功能雖然很強大，但由於其介面為英文介面，操作也只針對變量，對使用者來講必然不便，加之該介面過於專業，不適用於工業生產。因此，本團隊編寫了簡潔但功能齊全針對工業生產上使用的介面。

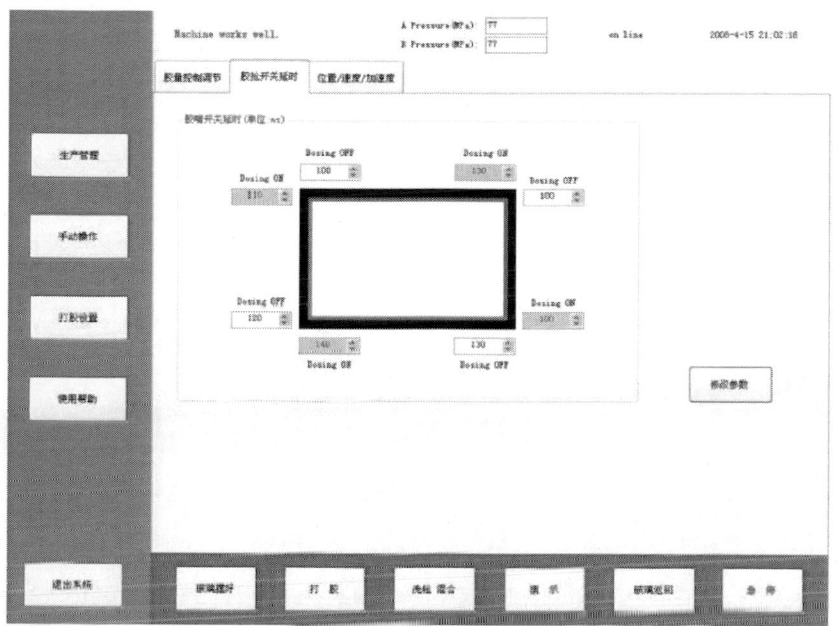

圖 7-14　膠槍開關延時

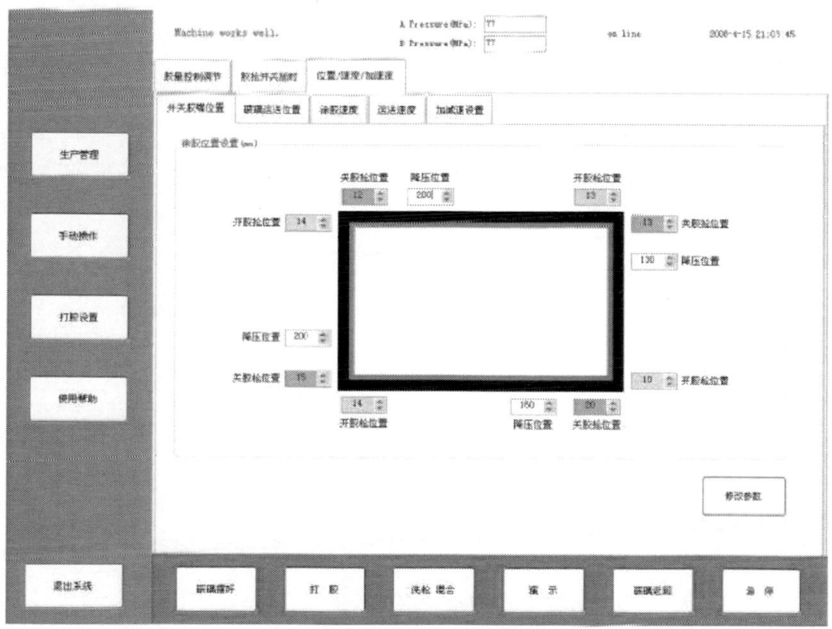

圖 7-15　開關膠嘴位置

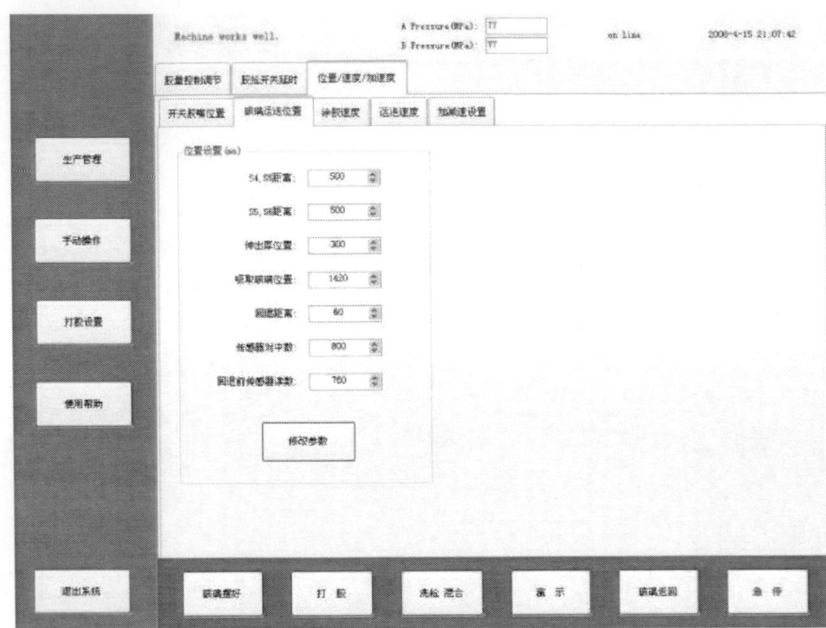

圖 7-16 玻璃運送位置

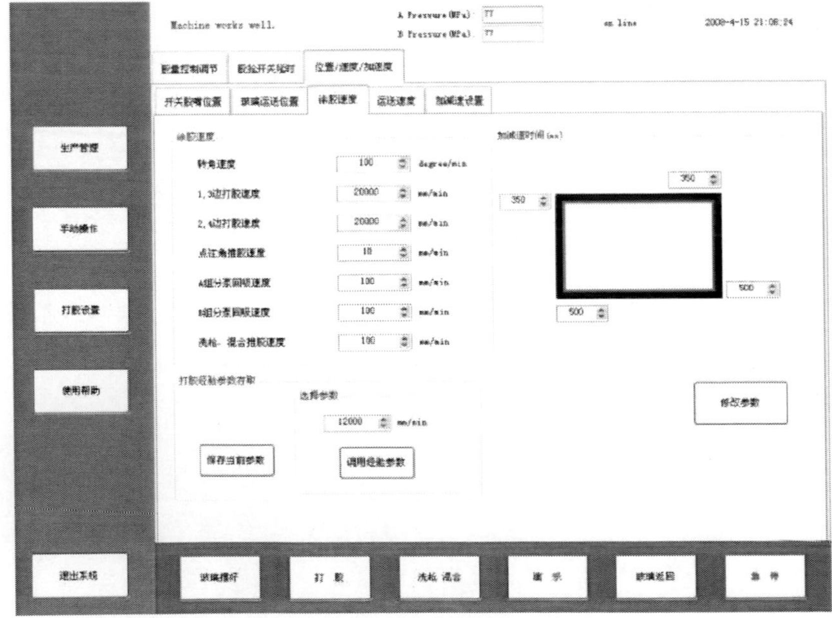

圖 7-17 塗膠速度

圖 7-18 運送速度

圖 7-19 加速度

該介面上包括了很多手動設置內容，幾乎涉及需要操作的各個方面，包括對操作過程中需要手動功能的電機設置了手動功能，通過介面的複選功能，配合操作臺面板上的「正向」與「反向」按鈕進行操作。介面上還設置了電機速度的調整條，見圖 7-20。

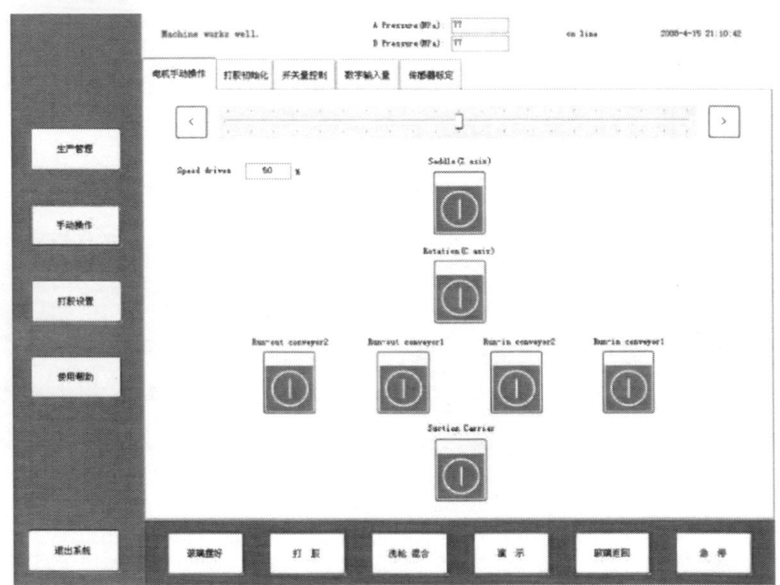

圖 7-20　電機手動操作

回零工藝是進行打膠程式的基礎，在打膠初始化介面中設置了各軸回零操作相應的功能按鈕。同時，打膠初始壓力值也在該介面上設置，見圖 7-21。

手動功能方面還設置了各 I/O 口中輸出口的狀態控制按鈕，在對設備除錯、維護時操作相當方便。數位輸入量介面可以即時顯示各輸入口的狀態，使用者可以即時監測所關心的狀態量的情況，見圖 7-22、圖 7-23。

(3) 使用幫助

① 快捷按鈕。在任何一個介面的下端都對應著一些最常用的按鈕，通過對應按鈕可以快速地進入相應功能的介面進行操作，無須通過多級選單進入，提高了操作的便利性，提高了工作效率。

② 狀態顯示欄。打膠過程中最重要的一些資訊或常用資訊需要時刻顯示，程式上部設置了顯示上位與下位的連接狀態，A、B 膠體的壓力，當前時間等資訊。當系統出現異常或提示使用者進行某一操作時，相關的提示或警報資訊也會在該狀態欄上顯示。

圖 7-21 打膠初始化

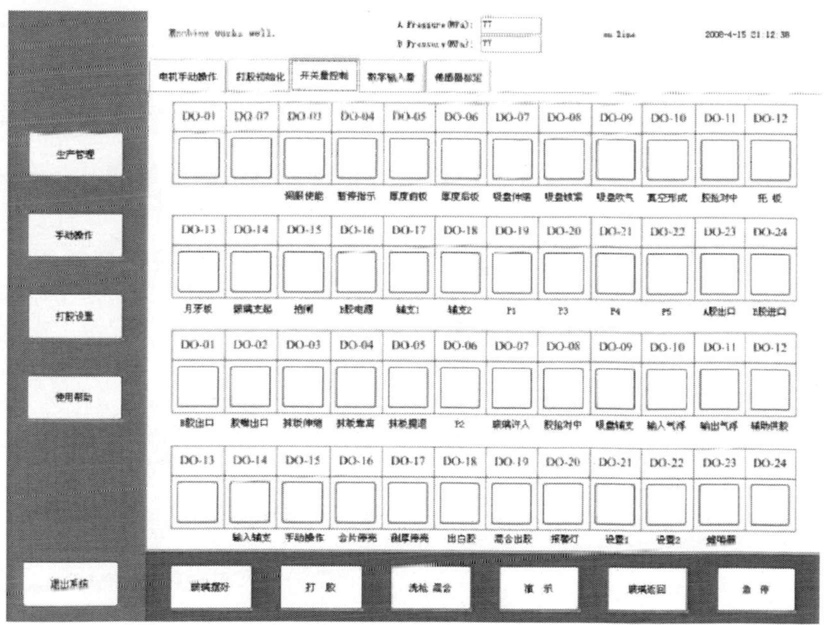

圖 7-22 開關量控制

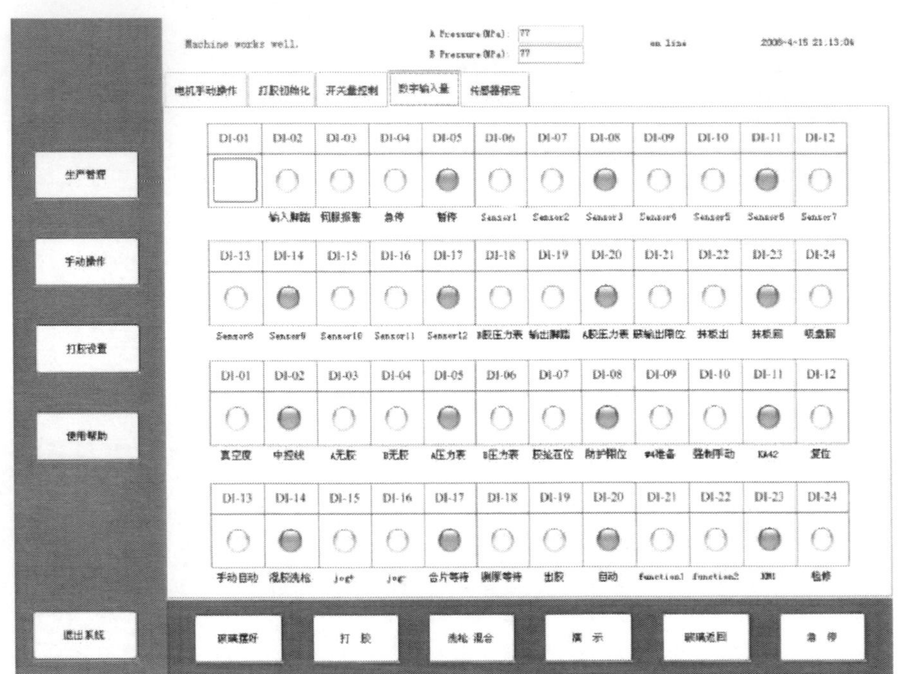

圖 7-23 數位輸入量

③ 操作臺面板。操作面板給使用者提供方便、快捷的操作，合理的功能布置會使工人的操作變得簡單，提供高效率和可靠的安全保障。

塗膠機的操作面板採用如圖 7-24 所示的布置，各個按鈕除通過下位程式實現對應的功能外，還可通過按鈕之間的狀態組合，實現更加靈活的功能。

斷電/接通：無指示燈旋轉開關，控制電腦及 UMAC 控制器的電源通斷，一般情況下不允許頻繁操作。

正向：無指示燈的非自鎖按鈕，在「手動/自動」旋轉至手動的情況下按住有效，配合程式介面上選中的電機進行正方向動作。

反向：無指示燈的非自鎖按鈕，在「手動/自動」旋轉至手動的情況下按住有效，配合程式介面上選中的電機進行負方向動作。

自動/手動：選擇開關，有指示燈，用來選擇塗膠機的控制方式為自動或手動動作，手動位置時燈亮。若在手動狀態時，上位程式會具有干涉防撞判斷。

合片等待：帶指示燈的雙狀態非自鎖按鈕，按下後（燈亮），玻璃在合片後停止在合片完畢位置，等待，至重新按下（燈滅）方可繼續按程式運行。

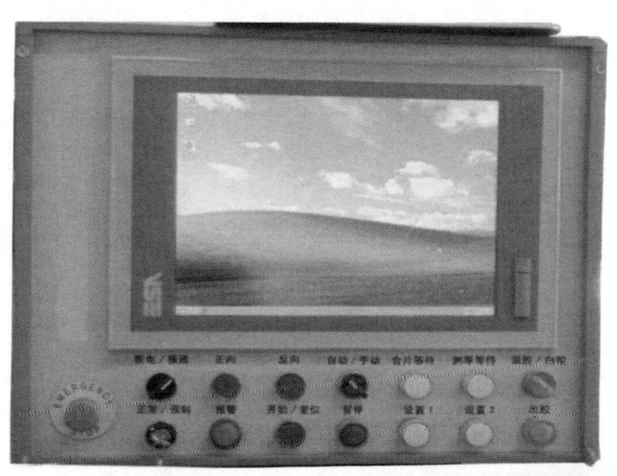

圖 7-24 操作臺面板

測厚等待：帶指示燈的雙狀態非自鎖按鈕，按下後（燈亮），玻璃在測量完厚度後停止當前位置，等待，至重新按下（燈滅）方可繼續按程式運行。

混膠/白膠：帶指示燈的旋轉開關，混膠位置時燈滅；白膠位置時，燈亮，僅出白膠，可配合出膠按鈕進行人工取膠或洗槍操作。

正常/強制：帶鑰匙的旋轉開關，一般正常操作時都處於正常狀態；強行手動操作只允許專業技術人員進行，強行操作功能是在機器不響應程式或手動操作失效等情況下使用。為保證安全，此時機器速度很慢。強制功能很少使用，因為此時不判斷干涉情況，所以需操作人員明白此操作可能引起的後果，確保絕對安全的情況下才能使用。

警報：指示燈，程式或動作出現錯誤或有提示資訊時閃動，操作面板內的蜂鳴器配合間斷的聲音提醒/警報。

開始/復位：無指示燈的非自鎖按鈕，a. 自動打膠程式開始按鈕，自動/手動旋鈕旋轉至自動情況下有效；b. 暫停後的恢復按鈕；c. 清除警報指示燈警報或提醒資訊。

暫停：帶指示燈的雙狀態非自鎖按鈕，停止或暫停操作按鈕，有效狀態時燈亮，停止或暫停的狀態通過「開始/復位」按鈕恢復。

出膠：帶指示燈的非自鎖按鈕，自動打膠時指示燈顯示膠槍嘴的開關狀態，膠槍嘴開時燈亮，膠槍嘴關燈滅；手動狀態下按住（燈亮），膠槍嘴出膠，配合「混膠/白膠」按鈕人工取混合膠或洗槍。

設置 1：帶指示燈的雙狀態非自鎖按鈕，配合程式上位介面中的自定義選項 1 中的相關設置執行打膠，有效時燈亮。

設置 2：帶指示燈的雙狀態非自鎖按鈕，配合程式上位介面中的自定義選項

2 中的相關設置執行打膠，有效時燈亮。

ENMERGENCY STOP：急停。

7.1.4 中空玻璃全自動塗膠機下位控制

為使膠機運行可靠且有較好的反應速度，UMAC 給使用者提供類似於 BASIC 語言形式的 PLC 和運動控制編程語言，UMAC 最多允許 256 個運動程式（PROG）和 32 個 PLC 程式同時運行。使用者編寫的程式可以通過 UMAC 配備的基於 Windows 下的 Pewin32Pro 軟體包在上位機上進行除錯、狀態監控並提供下載功能，允許使用者將編寫好的下位程式下載（寫入）到 UMAC 的 EEPROM 中去，完成下位機程式的編寫。此外，使用者只要編寫好相應的下位機程式並將其下載到 UMAC 中去，UMAC 就可以實現獨立運行。

UMAC 內部變量（I、M、P、Q 變量）是 PMAC 內部變量的 4 倍，使用更方便、靈活。

塗膠機在工作過程中需要大量的邏輯判斷，所以下位程式使用 PLC 程式編寫。在下位機程式的編寫過程中，主要依據打膠工藝的需要兼顧硬體的功能編寫對應的子程式模組。

Delta Tau 公司為方便使用者開發，提供了基於 Windows 以及 Lunix 等操作系統的動態連結庫，Windows 下動態連結庫為 Pcomm32. dll，動態連結庫支援 VB、VC、Dephi、C＋＋Builder 等語言進行上位程式的開發。該動態連結庫包含了 499 個庫函數，使用者可以根據需要方便地調用這些函數，如：

OpenPmacDevice（）——打開 UMAC 數據交換通道；

ClosePmacDevice（）——關閉 UMAC 數據交換通道，釋放系統資源；

PmacGetResponseA——用來向 PMAC 發送一條線上指令，這是一個應用最廣的函數，它可以是 UMAC 所辨識的各種指令，還能從 UMAC 獲得響應。

通過諸多函數，使用者可以訪問卡上幾乎所有的記憶體和寄存器位址空間，實現上位機與下位機的通訊，通過上位介面將需要的配置數據寫入下位機以及在上位機上顯示各種下位資訊等，比如各控制軸的狀態、各 I/O 口的開關狀態、A/D 感測器採集數值以及下位機的各種警報資訊等，該動態連結庫使使用者進行上位程式的開發變得相當方便。塗膠機上下位機通訊原理見圖 7-25。

① 下位 PLC 程式。根據塗膠機工藝，採用模組結構對下位程式進行編寫。根據不同的功能編寫子 PLC 程式塊，根據打膠流程調用相應功能的 PLC，同時對已經使用完畢的功能，關閉其 PLC 程式，最大限度地節省系統資源。

本膠機下位程式對應的 PLC 程式，見表 7-2。

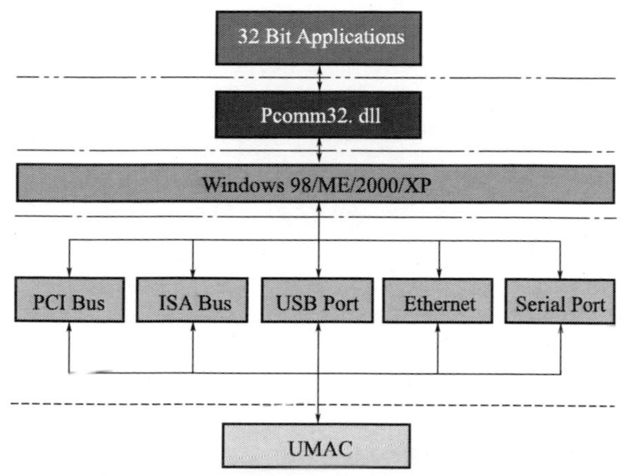

圖 7-25 上下位機通訊原理框圖

表 7-2 PLC 程式彙總表

編號	程式對應功能
PLC0	暫停程式
PLC1	玻璃打膠深度測量、濾波程式
PLC2	各軸手動回零程式
PLC3	下位 I/O 口檢測掃描程式
PLC4	控制臺操作面板中正向、反向操作
PLC5	參數初始化程式
PLC6	IP1 玻璃運送程式
PLC7	IP2 玻璃運送程式
PLC8	膠槍 Y 軸與 V1 調整程式
PLC9	V2 調整程式
PLC10	第一邊打膠、高度測量、第二轉角及回吸
PLC11	點膠、第二邊打膠、第三轉角及回吸
PLC12	點膠、第三邊打膠、第四轉角及回吸
PLC13	點膠、第四邊打膠、第四轉角點膠及 X、B、Z、A、B 等軸回零
PLC14	點膠程式
PLC15	A、B 電機回吸程式
PLC16	打膠完畢後 Z 軸、B 軸回零程式
PLC17	OP1 玻璃運送程式

續表

編號	程式對應功能
PLC18	OP2 玻璃運送程式
PLC19	玻璃厚度測量、濾波程式
PLC21	操作臺面板按鈕操作掃描程式
PLC22	警報資訊程式
PLC29	A、B 膠壓力採集、濾波程式
PLC30	回退感測器位置採集、濾波程式

② 跟隨的實現。根據打膠的跟隨工藝，本設備很好地實現了出膠量的控制。打膠過程中對相關數據進行了採集（通過 Pmac Turning Pro 軟體工具），根據相關數據來驗證本跟隨工藝的實現。

打膠過程中第二邊打膠時，對打膠速度、A 電機的跟隨速度、B 電機的跟隨速度以及打膠深度進行了採集。

圖 7-26 為打膠速度採樣曲線圖。曲線 1 為 A 電機的跟隨速度，圖中曲線 2 為 B 電機的跟隨速度，曲線 3 為 6 軸的運動速度，即使用者設定的打膠速度。

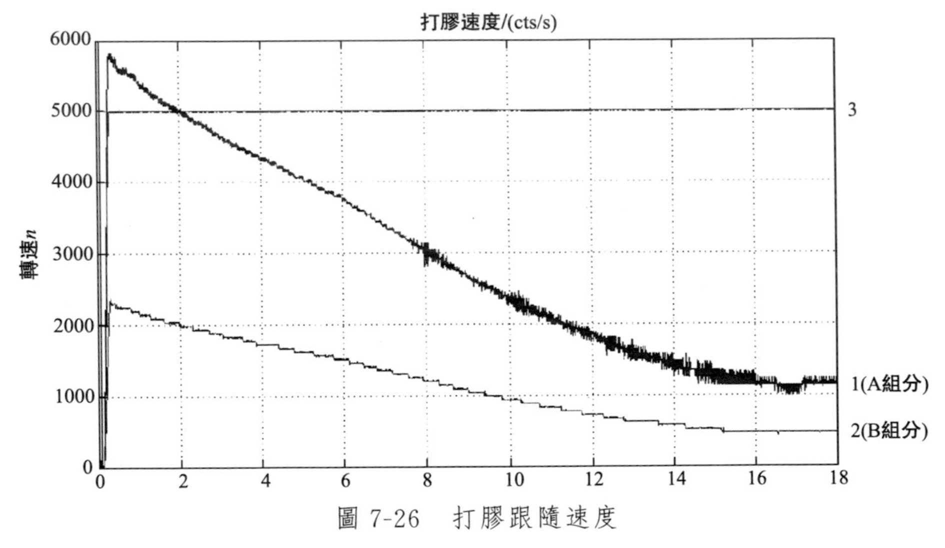

圖 7-26 打膠跟隨速度

圖 7-26 所示為打膠跟隨速度，從圖中可以看出，A 組分與 B 組分的跟隨速度比大約為 2.5∶1。運算得到 A、B 組分實際速比理論值應為：

$$n_b \xi_b = \frac{5.01}{N} n_a \xi_a \tag{7-1}$$

其中，$\xi_b = 39.322$，$\xi_a = 31.667$，$N = 10$，代入式(7-1) 得：

$$\frac{n_a}{n_b}=\frac{10\times39.322}{5.01\times31.667}=2.48 \tag{7-2}$$

由式(7-1)可以看出，A、B電機跟隨速度的實際採集數據數值與運算的理論數值吻合。通過曲線3可以看出打膠過程中打膠速度為一恆定值，即使用者設定的打膠速度。

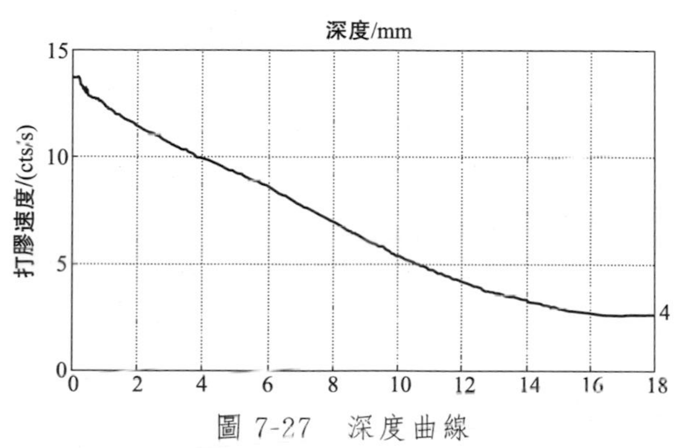

圖 7-27 深度曲線

因為在打膠過程中打膠速度 U 不變，打膠寬度 b 不變，打膠比例 N 不變，A組分電機的轉速 n_a 與打膠深度 h 成線性比例關係。根據式(7-2)可知，A、B組分電機轉速間具有良好的線性度，轉速即對應打膠速度，見圖7-27。

③ 警報資訊的監控。完善的上位介面不僅要使操作人員操作簡潔，而且需要給使用者提供完整的資訊，其中警報資訊就是重要的一項。設備對下位機的各種狀態應該做到即時監控，根據本設備的特點以及各種資訊的嚴重程度，將需要使用者必須進行介入的情況設置為警報資訊。表7-3為本工藝中採用的警報資訊統計，可以完全滿足使用者的需要。

警報資訊應該設置為最高級別，並且需要在最短的時間內給使用者發出警報，所以本工藝中為提高系統警報的即時性，特將警報資訊的檢測放置在獨立的PLC22程式內，並保證其掃描週期，保證系統警報的優先級，相關的警報資訊見表7-3。

表 7-3 警報資訊表

編號	警報內容	處理措施
1	上下位機通訊失敗	停止所有程式,需使用者重新建立連接
2	急停或未使能	檢查急停狀況、是否使能
3	伺服驅動器有警報	停止所有程式,檢查伺服驅動器
4	1～12號電機開環警報	停止所有程式,排除故障,將開環電機閉環

續表

编號	警報內容	處理措施
5	1～12 號正限位警報	停止所有程式，檢查電機位置，消除限位
6	1～12 號負限位警報	停止所有程式，檢查電機位置，消除限位
7	厚度異常	停止所有程式，檢查玻璃、檢查測量環境
8	長度異常	停止所有程式，檢查玻璃、測量環境、檢查感測器
9	深度異常	停止所有程式，檢查玻璃深度，檢查測厚編碼器
10	A 組分缺膠	停止所有程式，A 組分換膠
11	B 組分缺膠	停止所有程式，B 組分換膠
12	A 組分壓力異常	停止所有程式，檢查 A 膠管道壓力，檢查壓力感測器
13	B 組分壓力異常	停止所有程式，檢查 B 膠管道壓力，檢查壓力感測器
14	KM1-2 未吸合	檢測 KM1-2 接觸器
15	輸入段檢修 1 開啟	停止所有程式，確認檢修 1 段狀態
16	輸入段檢修 2 開啟	停止所有程式，確認檢修 2 段狀態
17	回退位置異常	停止所有程式，監測回退位置，感測器狀態
18	觸發玻璃輸出限位開關	停止所有程式，檢查玻璃輸出位置
19	抹板未伸到位	程式在當前狀態等待，檢測抹板，檢查膠頭伸縮感測器，檢查對應氣缸電磁閥
20	抹板未回退到位	程式在當前狀態等待，檢測抹板，檢查膠頭伸縮感測器，檢查對應氣缸電磁閥
21	吸盤未縮回到位	程式在當前狀態等待，檢測吸盤，檢查吸盤伸縮感測器，檢查對應氣缸電磁閥
22	吸盤未達到真空度	程式在當前狀態等待，檢查吸盤，檢查真空發生器，檢查真空度感測器
23	膠槍不在位	程式在當前狀態等待，檢查膠槍位置
24	Z 軸伺服未準備好	檢測 Z 軸電機狀態，檢查使能、抱閘狀態
25	強行手動操作	高危險性，不允許一般使用者操作
26	Y 軸調整異常	停止所有程式，檢查 Y 軸調整位置
27	V1 調整異常	停止所有程式，檢查 V1 軸調整位置
28	V2 調整異常	停止所有程式，檢查 V2 軸調整位置
29	轉角 1 不滿足反轉條件	停止所有程式，檢查該角反轉條件、狀態
30	轉角 2 不滿足反轉條件	停止所有程式，檢查該角反轉條件、狀態
31	轉角 3 不滿足反轉條件	停止所有程式，檢查該角反轉條件、狀態
32	轉角 4 不滿足反轉條件	停止所有程式，檢查該角反轉條件、狀態
33	混膠狀態超過 15min 未打膠	發出警報資訊及蜂鳴，提醒使用者進行打膠操作或進行洗槍

7.2 案例二　全自動立式玻璃磨邊機開發

節能玻璃深加工設備中的關鍵設備——大型立式玻璃磨邊機，因其獨特的結構特性，已得到各玻璃加工企業的信賴與認可。

與臥式玻璃磨邊機相比，全自動立式玻璃磨邊機（圖 7-28）有三個方面優勢：其一是立式磨邊機設備向空間發展，減小占地面積[91～93]；其二是從材料力學理論出發，薄脆性物體豎起後，強度大，所以加工操作過程中玻璃破損率低；其三是能夠充分保證批量加工的裝卸方便性。

圖 7-28　全自動立式玻璃磨邊機

7.2.1 全自動立式玻璃磨邊機機械本體設計

大型立式自動砂輪玻璃磨邊機主要用於玻璃四邊的磨削，因此主要組成結構可分為傳送部分和磨削部分。傳送部分又包括滾輪傳送部分和聚酯乙烯材料包裹的夾送機構。其中滾輪傳送部分主要用於將待磨玻璃與磨削後的玻璃送入與送出磨削部分；夾送結構主要用於磨削過程中玻璃的磨削夾緊與傳送。磨削部分的組成機構主要有機架、磨頭機構（包括上磨頭和下磨頭）、支承架等。為了保證玻璃遞送與磨削的可靠性，機架部分通過地腳螺栓固定，並與垂直方向呈 7°傾斜；通過滾珠絲槓副帶動上下磨頭機構上下移動與其內轉筒的轉動，實現對玻璃四邊的磨削；支承架則是用於夾送機構及上下磨頭的準確定位。具體的結構如圖 7-29所示[94]。

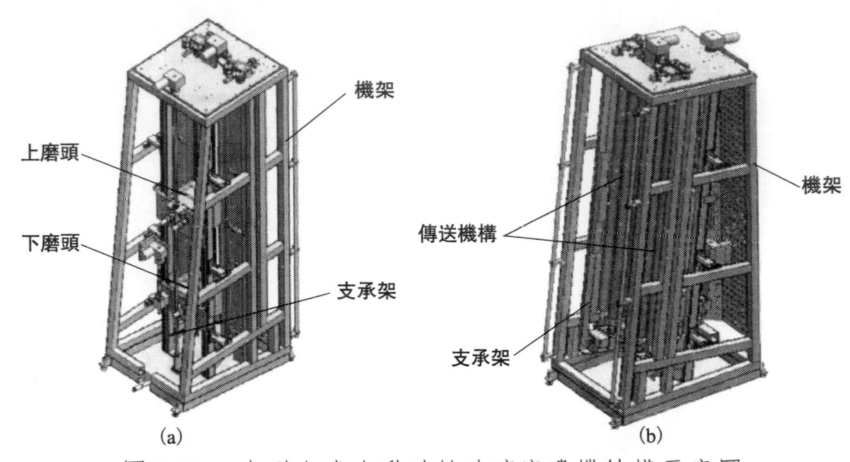

圖 7-29　大型立式自動砂輪玻璃磨邊機結構示意圖

立式玻璃磨邊機的機架是一種由標準空心方管型材銲接而成的框架結構，長 1780mm，寬 1360mm，高 3800mm。空心方管的邊長為 100mm，壁厚為 5mm。機架主要由多個方管銲接而成的框架體、兩個後門和四個支腳組成。具體結構如圖 7-30 所示。

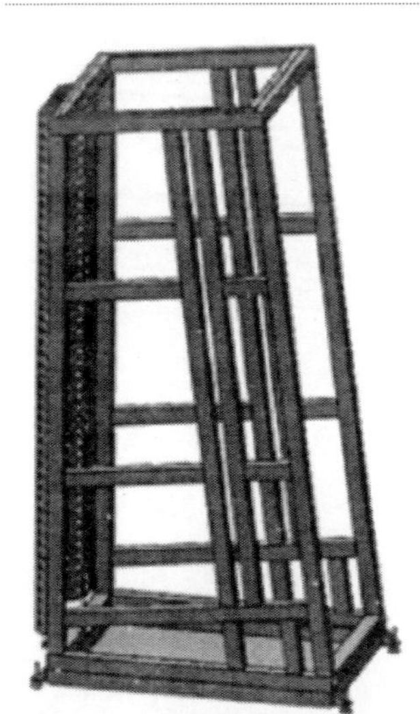

圖 7-30　機架結構圖

機架是立式玻璃磨邊機的外部框架結構，主要作用是固定支承架、下磨頭和其他的附屬機構。支承架通過兩邊的六個支承板和下面的四個螺栓固定在機架上，同時與下磨頭相連的絲槓固定在機架的頂板上。因此，機架主要承受支承架的壓力和下磨頭的重力。

機架採用的材料是 Q235 碳素鋼，彈性模量為 2.06×10^{11} Pa，泊松比為 0.3。

立式玻璃磨邊機的支承架是一個由標準空心方管型材和空心矩形管型材銲接而成的結構，總長 900mm，寬 800mm，高 3700mm。空心方管的尺寸為 100mm × 100mm × 5mm，空心矩形管的尺寸為 100mm×50mm×5mm。立式玻璃磨邊機支承架的結構主要由兩個前立柱、兩個後立柱、兩個橫梁和四個加強筋板組成，支承架的頂面板和底面板分別通過螺栓與機架相連，具體的結構形式如圖 7-31 所示。

支承架是玻璃磨邊機的核心支承部件，用於支承夾送輥和上磨頭機構，同時上、下磨頭機構通過導軌固定在支承架上，支承架的變形將直接影響上、下磨頭的運動精度和夾送輥的變形。

支承架採用的材料是 Q235 碳素鋼，彈性模量為 2.06×10^{11} Pa，泊松比為 0.3。

立式玻璃磨邊機的夾送輥是一個外面附有一層聚氨酯橡膠的空心鋼管，外徑 120mm，長 2870mm。其中聚氨酯橡膠層的厚度為 9mm，鋼管的壁厚為 15mm。夾送輥是用於實現玻璃磨削過程中玻璃夾緊和傳送的機構。玻璃的傳送動作由兩個完全相同的夾送輥組件執行。一個夾送輥組件中包含四個夾送輥，按功能不同將四個夾送輥分為兩個主動輥和兩個從動輥，從動輥的位置可調，用於夾緊，主動輥和從動輥相向旋轉用來傳送玻璃。這兩個夾送輥組件分別安裝在支承架的兩個橫梁上，夾送輥組件的具體結構形式如圖 7-32 所示。

圖 7-31　支承架結構

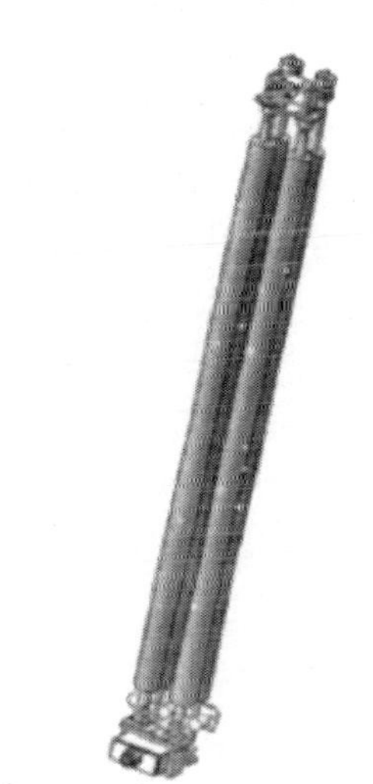

圖 7-32　夾送輥組件結構

夾送棍的鋼管材料是 45 號優質碳素結構鋼，彈性模量為 2.1×10^{11} Pa，泊松比為 0.3；夾送輥的外層橡膠是聚氨酯橡膠，彈性模量為 8.0×10^{7} Pa，泊松比為 0.47。

立式玻璃磨邊機下磨頭傳動系統和上磨頭傳動系統相互配合，用三步完成對玻璃四邊的高精度磨削。下磨頭傳動系統負責對玻璃的底邊進行磨削，涉及的主要運動包括上下運動和旋轉運動，工作原理如圖 7-33 所示。

在下磨頭開始磨削玻璃前，下磨頭距離玻璃底邊有一段距離，為了使下磨頭在較短的距離內更快速地移動到玻璃底邊，要求下磨頭傳動系統有較好的起動響

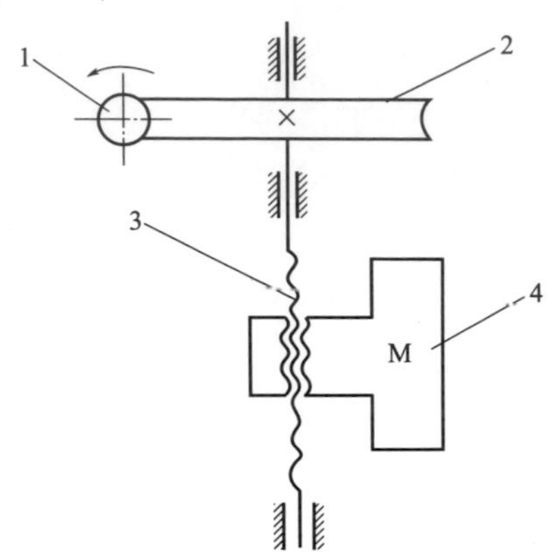

圖 7-33　下磨頭傳動系統原理圖

1—蝸桿；2—蝸輪；3—絲槓；4—下磨頭機構

應特性，而整個傳動系統的轉動慣量對起動響應特性有重要的影響，因此，該結構設計以整個傳動系統的轉動慣量最小為優化目標來提高下磨頭傳動系統的起動響應特性。

立式玻璃磨邊機的玻璃傳送系統包含 8 個夾送輥——4 個主動輥和 4 個從動輥，從動輥位置可調，用於夾緊，主動輥和從動輥相向旋轉用以傳送玻璃。玻璃傳送系統的工作原理如圖 7-34 所示。

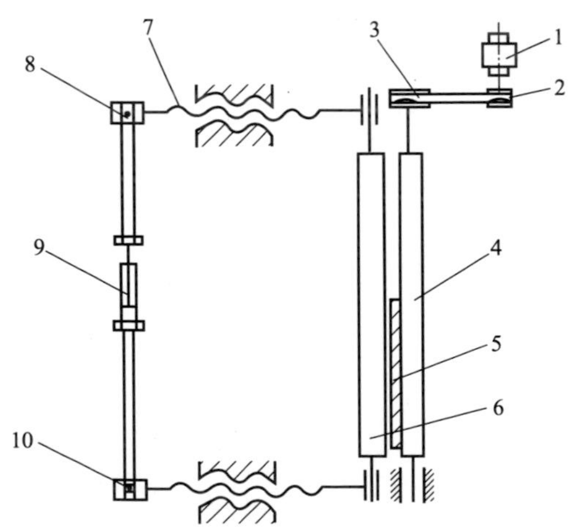

圖 7-34　玻璃的傳送系統原理圖

1—電機；2—帶輪 1；3—帶輪 2；4—主動輥；5—玻璃；6—從動輥；7—絲槓；8—同步帶輪 1；9—氣缸；10—同步帶輪 2

如圖 7-34 所示，主動輥在電機的驅動下自轉，並且位置固定不變。從動輥在絲槓的作用下位置可變，並且在與同步帶相連的氣缸的作用下可夾緊玻璃。在玻璃磨削過程中主動輥和從動輥負責夾緊玻璃或通過相向旋轉帶動玻璃前後移動。與氣缸相連的同步帶能夠使主動輥和從動輥的運動保持一致[95]。

根據工程實踐可知，立式玻璃磨邊機的玻璃傳送系統的起動響應特性對玻璃的磨削效率有重要影響。系統的起動響應特性越好，立式玻璃磨邊機的玻璃磨削效率和精度越高。夾送輥是該傳送系統的核心部件，它的轉動慣量對傳送系統的起動響應特性具有巨大影響，其影響程度遠大於其他機構的影響程度。因此，設計時主要通過優化夾送輥的轉動慣量來提高玻璃傳送系統的起動響應特性，夾送輥的結構形式與尺寸如圖 7-35 所示。

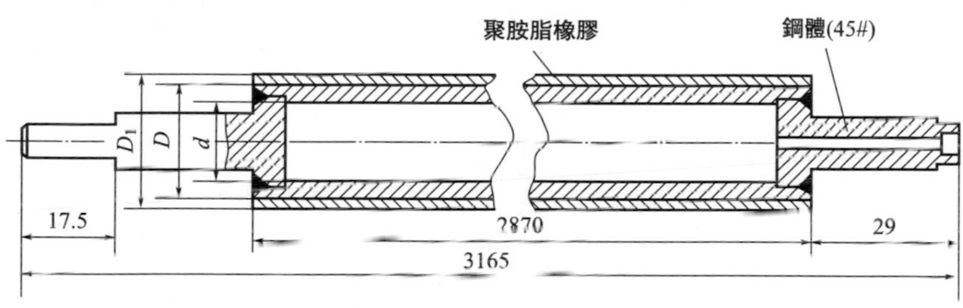

圖 7-35　夾送輥的結構形式與尺寸

由圖 7-35 可知，夾送輥的結構是一個表層附有聚氨酯橡膠的空心方管。為了方便優化，設計中將忽略夾送輥端的階梯軸，簡化後的夾送輥的結構是一個附有聚氨酯橡膠層的長 $L=3000$mm 的空心鋼管。磨頭及夾送輥關鍵部件如圖 7-36 所示。

圖 7-36　磨頭及夾送輥關鍵部件

7.2.2 全自動立式玻璃磨邊機控制系統設計

全自動立式玻璃磨邊機控制系統開發流程類似於全自動塗膠機，這裡不再詳述，其控制系統軟體介面如圖 7-37 所示。

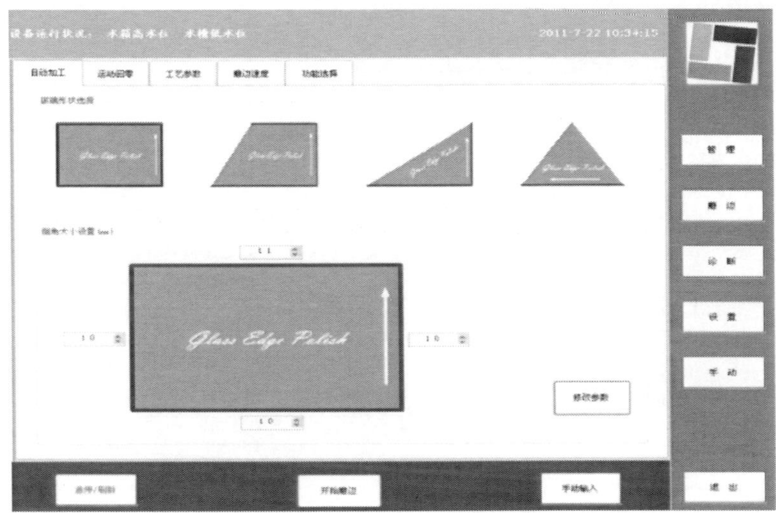

圖 7-37　全自動立式玻璃磨邊機控制系統

參考文獻

[1] 譚建榮，劉振宇．智能製造關鍵技術與企業應用[M]．北京：機械工業出版社，2017.

[2] 西門子工業軟件公司．工業 4.0 實戰－裝備製造業數字化之道[M]．北京：機械工業出版社，2016.

[3] 國家製造強國建設戰略諮詢委員會．中國製造 2025 藍皮書[M]．北京：電子工業出版社，2018.

[4] 張策．機械工程史[M]．北京：清華大學出版社，2015.

[5] 萬榮，張澤工，高謙，等．互聯網＋智能製造[M]．北京：科學出版社，2016.

[6] Brauckmann，O. 智能製造：未來工業模式和業態的顛覆與重構[M]．張瀟，郁汲譯．北京：機械工業出版社，2015.

[7] 吳軍．智能時代[M]．北京：中信出版社，2016.

[8] 孫磊，孫吉南．中國工業經濟智能製造發展面臨機遇及挑戰[J]．財經界，2020(20)：19-20.

[9] Serope Kalpakjian，Steven R. Schmid. 王

先達 . Manufacturing Engineering and Technology-Machining[M]. 北京：機械工業出版社，2012.

[10] 焦波 . 智能製造裝備的發展現狀與趨勢[J]. 內燃機與配件，2020（09）：214-215.

[11] 文丹楓、韋紹鋒 . 互聯網＋醫療——移動互聯網時代的醫療健康革命[M]. 北京：中國經濟出版社，2015.

[12] 肖昕 . 環境監測[M]. 北京：科學出版社，2017.

[13] 張福，王曉方 . 機械製造裝備設計[M]. 武漢：華中科技大學出版社，2017.

[14] Kalma Toth. 人工智能時代[M]. 趙俐，譯. 北京：人民郵電出版社，2017.

[15] 喬雪濤，張力斌，閆存富，等 . 中國工業機器人 RV 減速器發展現狀分析[J]. 機械強度，2019，41（06）：1486-1492.

[16] 中國製造 2025 再度力挺工業機器人發展[J]. 工具技術，2015，49（08）：58.

[17] 趙杰 . 中國工業機器人發展現狀與面臨的挑戰[J]. 航空製造技術，2012（12）：26-29.

[18] 雷宗友 . 高端裝備製造業[M]. 上海：上海科學技術文獻出版社，2014.

[19] 孟慶春，齊勇，等 . 智能機器人及其發展[J]. 中國海洋大學學報：自然科學版，2004，34（5）：831-838.

[20] 姚其槐 . 精密機械工程學[M]. 北京：機械工業出版社，2015.

[21] 黎恢來 . 產品結構設計設計實例教程：入門、提高、精通、求職[M]. 北京：電子工業出版社，2013.

[22] 盧耀舜，張予川 . 設計決策分析及評價模型[J]. 武漢理工大學學報（交通科學與工程版），2000，24（002）：185-188.

[23] 關慧貞 . 機械製造裝備設計[M]. 北京：機械工業出版社，2019.

[24] ——機械工程學會機械設計分會，謝里陽 . 現代機械設計方法[M]. 北京：機械工業出版社，2007.

[25] 王先逵，易紅，唐小琦 . 機床數字控制技術手冊[M]. 北京：國防工業出版社，2013.

[26] 成湖 . 直線運動滾動導軌工程設計[J]. 河北工業科技，2003，20（3）：38-42.

[27] 胡秋 . 數控機床伺服進給系統的設計[J]. 機床與液壓，2004（6）：54-56.

[28] 耿曙光，張立新 . 機械執行系統的方案設計[J]. 吉林工程技術師範學院學報，2004（06）：29-31.

[29] Robert L. Norton. 機械設計[M]. 黃平，李靜蓉，翟敬梅，等，譯 . 北京：機械工業出版社，2017.

[30] 吳康平 . 機械機構優化設計理念及方法探討[J]. 內燃機與配件，2018（12）：34-35.

[31] 王大康 . 計算機輔助設計及製造技術[M]. 北京：機械工業出版社，2005.

[32] 劉檢華，孫連勝，張旭等 . 三維數字化設計製造技術內涵及關鍵問題[J]. 計算機集成製造系統，2014，20（03）：494-504.

[33] 王隆太 . 先進製造技術[M]. 北京：機械工業出版社，2019.

[34] 李書權 . 電機學[M]. 北京：機械工業出版社，2015.

[35] 武銳 . 直線電機伺服控制技術研究[D]. 新鄉：河南師範大學，2012.

[36] 洪乃剛 . 電機運動控制系統[M]. 北京：機械工業出版社，2015.

[37] 包西平，吉智，朱濤 . 高性能永磁同步伺服系統研究現狀及發展[J]. 微電機，2014，47（07）：84-88.

[38] 約瑟夫· 迪林格 . 機械製造工程基礎[M]. 楊祖群，譯 . 長沙：湖南科學技術出版社，2007.

[39] 胡泓，姚伯威 . 機電一體化原理及應用[M]. 北京：國防工業出版社，2002.

[40] 趙波，王宏元 . 液壓與氣動技術[M]. 北京：機械工業出版社，2017.

[41] 王軍政，趙江波，汪首坤 . 電液伺服技術的發展與展望[J]. 液壓與氣動，2014

(05): 1-12.

[42] 沈嬋, 路波, 惠偉安. 氣動技術的發展與創新[J]. 流體傳動與控制, 2011 (04): 7-10.

[43] 宋玉生. 中國氣動工具行業現狀及發展趨勢[J]. 鑿岩機械氣動工具, 2020 (01): 40-46.

[44] 趙惟, 張文瀛. 智慧物流與感知技術[M]. 北京: 電子工業出版社, 2016.

[45] 高成. 傳感器與檢測技術[M]. 北京: 機械工業出版社, 2015.

[46] 吳建平, 彭穎, 覃章健. 傳感器原理及應用[M]. 北京: 機械工業出版社, 2017.

[47] Tero Karvinen, Kimmo Karvinen, Ville Valtokari. 傳感器實戰全攻略[M]. 于欣龍, 李澤, 譯. 北京: 人民郵電出版社, 2016.

[48] Jacob Fraden. 現代感測器手冊: 原理、設計及應用[M]. 宋萍, 隋麗, 潘志強, 譯. 北京: 機械工業出版社, 2019.

[49] 安森美. 智能無源傳感器助力智能汽車發展[J]. 汽車工藝師, 2016 (11): 69-71.

[50] Michael J. McGrath, Cliodhna Ni Scanaill. 智能傳感器: 醫療、健康和環境的關鍵應用[M]. 胡寧, 王君, 王平, 譯. 北京: 機械工業出版社, 2017.

[51] Reza Ghodssi, Pinyen Lin. MEMS MATERIALS AND PROCESSES HANDBOOK[M]. 黃安慶, 譯. 南京: 東南大學出版社, 2014.

[52] 王淑華. MEMS 傳感器現狀及應用[J]. 微奈電子技術, 2011, 4808: 516-522.

[53] 劉月, 鮑容容, 陶娟, 等. 觸覺傳感器及其在智能系統中的應用研究進展[J]. Science Bulletin, 2020, 65 (01): 70-88.

[54] 景博, 張劼, 孫勇. 智能網絡傳感器與無線傳感器網絡[M]. 北京: 國防工業出版社, 2011.

[55] 王小強, 歐陽駿, 黃寧淋. ZigBee 無線傳感器網絡設計與實現[M]. 北京: 化學工業出版社, 2012.

[56] Gerard Meijer, Michiel Pertijs, Kofi Makinwa. 智能傳感器系統新型技術及其應用[M]. 靖向萌, 明安杰, 劉豐滿, 等譯. 北京: 機械工業出版社, 2018.

[57] 樊尚春. 傳感器技術及應用[M]. 北京: 北京航空航天大學出版社, 2010.

[58] 徐科軍. 傳感器與檢測技術[M]. 北京: 電子工業出版社, 2016.

[59] 楊咸啓, 常宗瑜. 機電工程控制基礎[M]. 北京: 國防工業出版社, 2005.

[60] 楚焱芳, 張瑞華. 模糊控制理論綜述[J]. 科技信息, 2009, 000(020): 161-162.

[61] 張煜東. 專家系統發展綜述[J]. 計算機工程與應用, 2010, 46(19): 43-47.

[62] 張國忠. 智能控制系統及應用[M]. 北京: 中國電力出版社, 2007.

[63] 田茂勝, 唐小琦, 孟國軍等. 基於嵌入式 PC 的工業機器人開放式控制系統交互控制的實現[J]. 計算機應用, 2010, 30(11): 3087-3090.

[64] 李嵐, 梅麗鳳. 電力拖動與控制[M]. 北京: 機械工業出版社, 2016.

[65] 高安邦, 石磊, 張曉輝. 西門子 S7-200/300/400 系列 PLC 自學手冊[M]. 北京: 中國電力出版社, 2012.

[66] 馬丁. 西門子 PLC 常用模塊與工業系統設計實例精講[M]. 北京: 電子工業出版社, 2009.

[67] 蘇紹璟. 數字化測試技術[M]. 北京: 國防工業出版社, 2015.

[68] 馮冬芹, 施一明, 褚健. "基金會現場總線(FF)技術"講座 第 1 講 基金會現場總線(FF)的發展與特點[J]. 自動化儀表, 2001(06): 54-56.

[69] 王俊杰, 張偉, 謝春燕. "LonWorks 技術及其應用"講座 第一講 現場總線的發展與 LonWorks 技術[J]. 自動化儀表, 1999(07): 3-5.

[70] 田敏, 高安邦. LonWorks 現場總線技術的新發展[J]. 哈爾濱理工大學學報, 2010, 15(01): 33-39.

[71] 高杰,高艷,蔣登科,史紅軍,等. 現場總線的現狀和發展[J]. 煤礦機械,2006(06):915-916.

[72] 範鎧. 現場總線的發展趨勢[J]. 自動化儀表,2000(02):1-4.

[73] 周凱. PC 數控原理、系統及應用[M]. 北京:機械工業出版社,2007.

[74] 劉陳,景興紅,董鋼. 淺談物聯網的技術特點及其廣泛應用[J]. 科學諮詢,2011(9):86.

[75] 俞建峰. 物聯網工程開發與實踐[M]. 北京:人民郵電出版社,2013.

[76] 韵力宇. 物聯網及應用探討[J]. 信息與電腦,2017(3):3.

[77] 王愛英. 智能卡技術:IC 卡、RFID 標籤與物聯網[M]. 北京:清華大學出版社,2015.

[78] 李雨澤. 物聯網發展現狀及應用研究[J]. 數字通信世界,2020(03):234-235.

[79] 李道亮,楊昊. 農業物聯網技術研究進展與發展趨勢分析[J]. 農業機械學報,2018,49(01):1-20.

[80] 田宏武,鄭文剛,李寒. 大田農業節水物聯網技術應用現狀與發展趨勢[J]. 農業工程學報,2016,32(21):1-12.

[81] 李瑾,郭美榮,高亮亮. 農業物聯網技術應用及創新發展策略[J]. 農業工程學報,2015,31(S2):200-209.

[82] 葛文杰,趙春江. 農業物聯網研究與應用現狀及發展對策研究[J]. 農業機械學報,2014,45(07):222-230,277.

[83] 徐剛,陳立平,張瑞瑞,等. 基於精準灌溉的農業物聯網應用研究[J]. 計算機研究與發展,2010,47(S2):333-337.

[84] 物聯網技術在中國農業生產中的應用[OL]. http://www.qianjia.com/zhike/html/2020-09/15_28713.html.

[85] 魏曉光. 現代工業系統集成技術[M]. 北京:電子工業出版社,2016.

[86] 王喜富,陳肖然. 智慧社區-物聯網時代的未來家園[M]. 北京:電子工業出版社,2016.

[87] 陳天超. 物聯網技術基本架構綜述[J]. 林區教學,2013(3):64-65.

[88] 孟廣軍,謝富春,羅學科. UMAC 運動控制器在全自動打膠機上的應用[J]. 機械研究與應用,2007(06):66-69.

[89] 王強,羅學科,謝富春. 基於 PMAC 的開放式數控系統在全自動打膠機中的應用[J]. 機電工程技術,2006(02):85-87,95,105.

[90] 劉瑛,謝富春. 打膠機多組分配比和出膠速度控制的數控實現[J]. 機床與液壓,2008,36(12):117,144-146.

[91] 高文生,崔建忠,賈獻貴. 平板玻璃磨邊工藝探討[C]//第十一屆中國科協年會會議論文集,重慶,2009:1-6.

[92] Popov A V. Increasing the efficiency of diamond edging of flat glass[J]. Steklo i Keramika,2009(6):16-17.

[93] Popov A V. Increasing the quality of diamond wheels for edge grinding flat glass[J]. Glass and Ceramics,2010,67(7/8):252-254.

[94] 徐宏海,李曉陽. 立式玻璃磨邊機砂輪架升降傳動系統傳動比優化設計[J]. 機械設計,2013,30(12):37-41.

[95] 鄭曉麗. 基於 MATLAB 的立式玻璃磨邊機傳送輥的優化設計[J]. 機械研究與應用,2012(05):89-91.

智慧機電裝備系統設計與實例

作　　者：徐明剛，張從鵬等
發 行 人：黃振庭
出 版 者：崧燁文化事業有限公司
發 行 者：崧燁文化事業有限公司
E-mail：sonbookservice@gmail.com
粉 絲 頁：https://www.facebook.com/sonbookss/
網　　址：https://sonbook.net/
地　　址：台北市中正區重慶南路一段六十一號八樓 815 室
Rm. 815, 8F., No.61, Sec. 1, Chongqing S. Rd., Zhongzheng Dist., Taipei City 100, Taiwan
電　　話：(02)2370-3310
傳　　真：(02)2388-1990
印　　刷：京峯數位服務有限公司
律師顧問：廣華律師事務所 張珮琦律師

定　　價：750 元
發行日期：2024 年 04 月第一版
◎本書以 POD 印製

國家圖書館出版品預行編目資料

智慧機電裝備系統設計與實例 / 徐明剛，張從鵬等 著 . -- 第一版 . -- 臺北市：崧燁文化事業有限公司，2024.04
面；　公分
POD 版
ISBN 978-626-394-120-5(平裝)
1.CST: 自動控制 2.CST: 系統設計 3.CST: 機械設備 4.CST: 人工智慧
448.9　　113002978

電子書購買

臉書

爽讀 APP